GRUNDZÜGE

DER

PHYSISCHEN ERDKUNDE

VON

† DR. ALEXANDER SUPAN

PROFESSOR DER GEOGRAPHIE AN DER UNIVERSITÄT BRESLAU

SIEBENTE, GÄNZLICH UMGEARBEITETE AUFLAGE

UNTER MITARBEIT VON

PRIVATDOZENT DR. **KURT BRÜNING** IN HANNOVER, PROF. DR. **WALTER GEORGII** IN DARMSTADT, PROF. DR. **GERHARD SCHOTT** IN HAMBURG, PROF. DR. **FRITZ MACHATSCHEK** IN WIEN, PROF. DR. **ERICH LEICK** IN GREIFSWALD UND PROF. DR. **FERDINAND PAX** IN BRESLAU

HERAUSGEGEBEN VON

DR. ERICH OBST

PROFESSOR DER GEOGRAPHIE AN DER TECHN. HOCHSCHULE HANNOVER

BAND II, TEIL 2

PFLANZEN- UND TIERGEOGRAPHIE

MIT 1 TAFEL UND 00 FIGUREN IM TEXT

BERLIN UND LEIPZIG 1930

WALTER DE GRUYTER & CO.

VORMALS G. J. GÖSCHEN'SCHE VERLAGSHANDLUNG — J. GUTTENTAG, VERLAGS-BUCHHANDLUNG — GEORG REIMER — KARL J. TRÜBNER — VEIT & COMP.

vormals G. J. Göschen'sche Verlagshandlung — J. Guttentag, Verlagsbuchhandlung — Georg Reimer — Karl J. Trübner — Veit & Comp.
Berlin W. 10, Genthiner Straße 38.

Druck von Walter de Gruyter & Co., Berlin W 10

Vorwort.

Von der Verzögerung in der Fertigstellung des Gesamtwerkes wurden meine Freunde Prof. Dr. LEICK und Prof. Dr. PAX in besonderem Maße betroffen, denn ihr längst druckfertiges Manuskript blieb immer und immer wieder liegen und mußte schließlich, ehe zum Ausdrucken geschritten werden konnte, noch einmal gründlich überarbeitet werden. Es ist mir ein aufrichtiges Bedürfnis, den Herren Verfassern der Abschnitte Pflanzen- und Tiergeographie für ihre wirklich auf eine harte Probe gestellte Geduld und für ihr bereitwilliges Eingehen auf alle meine Vorschläge herzlich zu danken.

Während in der Altauflage der Pflanzendecke und der Tierwelt insgesamt nur 99 Seiten gewidmet waren, umfaßt die Darstellung heute 251 Seiten. Diese wesentliche Vermehrung des Umfanges bedarf kaum einer Begründung. Pflanzen- wie Tiergeographie haben sich in den letzten Jahrzehnten zu selbständigen Disziplinen entwickelt und eine Fülle neuer Erkenntnisse gefördert, mit denen der Geograph, soweit er sich der physischen Erdkunde widmen will, unbedingt vertraut sein muß. Es geht nicht an, sich auf diesem wichtigen Gebiet mit elementaren Feststellungen und grober Skizzierung zu begnügen, sondern es muß auch hier tief geschürft und das Forschungsergebnis dieser Wissenschaften ausgewertet werden. Ob ein Geograph dazu imstande ist, bleibe dahingestellt. Uns ist in der „Allgemeinen Geographie" nicht das Wer, sondern das Was die Hauptsache, und deshalb freuen wir uns aufrichtig, daß zwei geographisch gut geschulte Fachleute sich bereit erklärten, die Abschnitte Pflanzengeographie und Tiergeographie für den neuen »Supan« zu bearbeiten. Daß von dem Text der Altauflage nichts mehr Verwendung finden konnte, sei hier ausdrücklich hervorgehoben; die Herren Prof. Dr. LEICK und Prof. Dr. PAX lieferten gänzlich neue Beiträge unter sorgfältiger Berücksichtigung dessen, was dem Geographen zu wissen not tut. Sie werden damit ohne Frage nicht nur der Geographie, sondern auch der Botanik bzw. Zoologie einen wesentlichen Dienst erwiesen haben.

Dem Verlag WALTER DE GRUYTER & Co. gebührt für die glänzende Ausstattung auch dieses Bandes herzlicher Dank.

Möge dieser Schlußband dazu berufen sein, die Brücke zwischen der Geographie auf der einen, Botanik und Zoologie auf der anderen Seite zu schlagen. Möge er die Fruchtbarkeit der Zusammenarbeit erweisen und allen drei Wissenschaften neue Freunde werben.

Hannover, 24. Dezember 1929.

Erich Obst

Inhalt von Band II, Teil 2.

Fünfter Abschnitt.
Die Pflanzendecke.

Von **Erich Leick.**

Sechster Abschnitt.
Die Tierwelt.

Von **Ferdinand Pax.**

Fünfter Abschnitt.

Die Pflanzendecke.

Von

Erich Leick.

Allgemeine Vorbemerkungen.

Inhalt und Bedeutung der Pflanzengeographie[1]. Das Pflanzenleben umspannt den ganzen Erdball. Selbst die von Eis und Schnee bedeckten polaren Gebiete ebenso wie die Firn- und Gletscherregionen der Hochgebirge entbehren nicht völlig des pflanzlichen Lebens. Eine gewisse Berühmtheit erlangte der zuerst 1760 von TH. DE SAUSSURE in den Savoyischen Alpen beobachtete »rote Schnee«, der später auch auf vielen anderen Hochgebirgen und an der Grönländischen Küste (JOHN ROSS 1818) angetroffen wurde und seine Entstehung einer massenhaften Entwicklung roter Schneealgen (Chlamydomonas nivalis) verdankt.

Atmosphäre, Hydrosphäre und Lithosphäre sind von pflanzlichen Keimen durchdrungen. Die in der Luft schwebenden, meist den Staubpartikelchen anhaftenden Sporen von Bakterien, Schimmelpilzen und anderen niederen Pflanzen, denen sich oft die Blütenstaubkörner höherer Gewächse beigesellen, faßt man unter dem Namen des Aeroplanktons (H. MOLISCH[2], 1912) zusammen. Meere, Seen und Flüsse werden ebenso wie jede winzige, ephemere Wasseransammlung von einer Lebensgemeinschaft kleinster tierischer und pflanzlicher Organismen erfüllt, die in ihrer Gesamtheit als Plankton[3] (pflanzliches Plankton = Phytoplankton; tierisches Plankton = Zooplankton) bezeichnet wird. Die Ackerkrume beherbergt ein reiches Tier- und Pflanzenleben, das für die Umwandlung und Aufschließung des Bodens von größter Bedeutung ist. Man hat sich in neuerer Zeit daran gewöhnt, diese Kleinlebewelt des Erdbodens mit dem Namen Edaphon (R. H. FRANCÉ[4]) zu belegen.

Die pflanzlichen Großformen, die hauptsächlich das Interesse des Pflanzengeographen erregen, treten überall dort auf, wo Wasser, Luft und Erdreich sich gegenseitig durchdringen und wo außerdem dauernd oder zeitweilig eine genügende Wärme herrscht, um den Ablauf der Lebensprozesse zu gewährleisten. Das ist aber auf dem weitaus größten Teile der Landoberfläche der Fall, nämlich überall dort, wo ein hinreichend lockeres (Durchlüftung), mehr oder weniger befeuchtetes und nicht ganz nährstoffarmes Substrat vorliegt. Je nach der Gunst der Lebensbedingungen erfährt die Pflanzendecke bald eine sehr lückenhafte (z. B. Wüste, Wüstensteppe), bald eine geschlossene (z. B. Prärie, Wiese, Buschwald), bald sogar eine etagenweise (z. B. tropischer Regenwald) Ausbildung. Neben den Großformen, die mit wenigen Ausnahmen den Samenpflanzen (Spermatophyten) angehören, können gelegentlich auch Kleinformen infolge massenhaften Auftretens einen maßgebenden Einfluß auf das Antlitz der Erde ausüben, wie uns das z. B. bei der Flechtentundra (Flechten gehören zu den Lagerpflanzen = Thallophyten), dem Moosmoore (Moose [5] = Bryophyten) und der Wasserblüte unserer Seen und Teiche (hervorgerufen durch Algen, die den Thallophyten zuzurechnen sind) vor Augen tritt.

Die Pflanzengeographie (Phytogeographie), die einen Teil der Biogeographie darstellt, hat die Aufgabe, alle Auswirkungen des ungemein vielgestaltigen Pflanzenlebens, die in unmittelbarer Beziehung zu Klima, Boden und belebter Umwelt stehen, zu erforschen und die zahllosen Einzeltatsachen nach Möglichkeit durch kausale Verknüpfung zu einem in sich geschlossenen Gesamtbilde zu vereinigen. Die außerordentliche Weite des damit umschriebenen Aufgabenkreises erhellt sofort, wenn wir uns vergegenwärtigen, daß außer der Feststellung der in den verschiedenen Zonen, Erdteilen, Ländern und Provinzen auftretenden Pflanzenarten und der den Familien, Gattungen und Arten zukommenden Areale (Verbreitungsgebiete) auch alle Fragen, die den Zusammenschluß der Gewächse zu charakteristischen Verbänden, die Anpassung dieser Verbände — ebenso wie der Einzelformen — an ihr Milieu und schließlich die Entstehungs- und Umwandlungsgeschichte ganzer Floren wie einzelner Familien und Assoziationen behandeln, unserem Wissenschaftszweige zufallen. Da die pflanzengeographische Forschung spezialistische Kenntnisse in der allgemeinen und systematischen Botanik voraussetzt, wird sie in der Hauptsache von Botanikern betrieben. Dieser engen Bindung hat man dadurch Ausdruck zu geben versucht, daß man (namentlich in der Schweiz) die Bezeichnung Pflanzengeographie durch »Geobotanik«[6] ersetzt hat. Das berechtigt zu der Frage, ob dieses Wissensgebiet heutzutage dem Geographen noch unentbehrliches Rüstzeug zu liefern vermag. In wie hohem Grade diese Frage zu bejahen ist, mag die folgende kurze Übersicht lehren.

1. In den weitaus meisten Fällen spielt die Vegetationskulisse eine wichtige, wenn nicht maßgebende Rolle im Landschaftsbilde. Pflanzenkleid und Bodenformen sind nicht voneinander zu trennen und bedingen sich bis zu einem gewissen Grade gegenseitig [7].

2. Wesensart und Vorstellungswelt der Menschen hängen in hohem Grade von der heimatlichen Scholle ab. Da aber der Landschaftscharakter oft durch die Vegetationsformen beherrscht wird, so üben auch diese einen tiefgehenden Einfluß in der genannten Richtung aus.

3. Die grüne Pflanze ist es, die durch ihre Massenentfaltung die ungeheuren, von der Sonne gespendeten Energiemengen in ihrer Stoffproduktion (Assimilation) bindet und damit die Lebensgrundlage für alle tierischen Organismen und für den Menschen schafft. So stehen — wenigstens auf niedriger Wirtschaftsstufe — Bevölkerungsdichte und Pflanzenreichtum in einer gewissen Proportionalität. Auch die Hauptenergiequelle der Industrie, die Kohle, ist ja ursächlich auf die Vegetation früherer Erdperioden zurückzuführen.

4. Wirtschafts- und Siedelungsform des primitiven Menschen werden überhaupt nur im engsten Zusammenhange mit der Pflanzendecke des Lebensraumes verständlich. Aber auch wirtschaftlich hoch entwickelte Länder vermögen sich nur teilweise von ihrer Pflanzenwelt zu emanzipieren, die als Kultursteppe den Ackerbau und als künstlicher Forst den Waldbau beherrscht.

5. Die geopolitischen Zusammenhänge und Wechselwirkungen sind aufs engste mit der weltwirtschaftlichen Produktion verknüpft, deren Grundlage zu einem sehr wesentlichen Teile pflanzliche Rohstoffe bilden. Nur die Kenntnis des Vegetationscharakters und der Anbaufähigkeit ferner Länder vermittelt uns oft die tiefere Einsicht in das politische Geschehen.

6. Die Pflanze verhält sich gegenüber dem Boden, auf dem sie wächst, nicht nur passiv; sie vermag ihn vielmehr in mannigfacher Weise aktiv umzugestalten. Ihrer Pionierarbeit ist es zu verdanken, wenn nackter Fels sich nach und nach mit einer ertragfähigen Ackerkrume bedeckt, wenn lockerer Sand gebunden und mit humosen Bestandteilen durchmengt wird, wenn Gewässer zur Verlandung kommen und Sümpfe durch Aufhöhung eine Trockenlegung erfahren. Ja, die Pflanze ist sogar imstande, sich in nicht unerheblichem Umfange als Baumeister von Landschaftsformen zu betätigen durch Schaffung sog. Biolithe, die uns nicht nur als Lager von Steinkohle, Braunkohle und Torf (Kaustobiolithe), sondern auch als Kieselgur, Sintergesteine, Kalktuffe usw. entgegentreten können (J. Pia [8]).

7. Ebenso wie fossile Pflanzenreste (Paläobotanik) dem Geologen unentbehrliche Fingerzeige geben, spiegeln sich in der heutigen Pflanzenverbreitung und im Florencharakter oft erdgeschichtliche Vorgänge (Vorhandensein von Landbrücken, Abtrennung von Inseln, frühere Vereisung usw.) wider, die durch die Pflanzengeographie, wenn auch nicht erschlossen, so doch in ihrer Rekonstruktion wesentlich unterstützt werden können.

In den nachfolgenden Darstellungen, die naturgemäß nur eine erste Einführung zu bieten vermögen, sollen die für den Geographen wichtigen Gesichtspunkte besonders hervorgehoben werden.

Geschichte und Einteilung der Pflanzengeographie [9]. Während Altertum und Mittelalter der Verbreitung der Pflanzen in der damals bekannten Welt nur wenig Beachtung schenkten, begann man im Zeitalter der großen Entdeckungsreisen (15. bis 17. Jahrhundert) der Tatsache Rechnung zu tragen, daß jedes Land seine besondere, nur ihm eigentümliche Flora aufzuweisen hat. Man war aber viel zu sehr mit der Beschreibung der zahlreichen neuen Pflanzenformen und mit ihrer Einordnung in ein übersichtliches System beschäftigt, um der Ursache dieser Verschiedenheiten nachzuspüren und um den Versuch einer einheitlichen Gliederung der Gesamtvegetation der Erde zu wagen. Erst mit dem Beginn des 18. Jahrhunderts begegnen wir schüchternen Ansätzen zu einer pflanzengeographischen Betrachtungsweise. So weist JOSEPH PITTON DE TOURNEFORT (1656—1708) nach seiner Besteigung des Ararat zum ersten Male auf die Ähnlichkeit zwischen der Höhen- und Breitengliederung der Vegetation hin. Der weitgereiste CHRISTIAN MENTZEL (1622—1701), Leibarzt des Kurfürsten von Brandenburg, erkannte zwar die Bedeutung des Klimas für die Pflanzenverbreitung, kam aber mit seinem Vorschlage, die Erdoberfläche in 324 gleich große Vegetationsprovinzen einzuteilen, kaum über eine Gliederung des »Erdgartens« in »große Beete« hinaus.

Als Begründer der modernen Pflanzengeographie wird in der Regel ALEXANDER V. HUMBOLDT (1769—1859) bezeichnet, der auf seiner großen Weltreise (1799—1804) Gelegenheit hatte, Beobachtungen über das Pflanzenleben der verschiedensten Länder anzustellen. Es darf aber nicht vergessen werden, daß schon vor HUMBOLDT der Berliner Botaniker KARL LUDWIG WILDENOW in seiner 1792 erschienenen »Kräuterkunde« sehr beachtliche Angaben über die Abhängigkeit der Vegetation von Klima und Boden sowie über die Verbreitung und Wanderung der Arten gemacht hatte. HUMBOLDTS [10] Feststellung, daß unter ähnlichen klimatischen Verhältnissen auch ähnliche »Pflanzenformen« zustandekommen, gab ihm Veranlassung zu seinem Werke: »Ideen zu einer Physiognomik der Gewächse« (Tübingen 1806). War auch der Versuch, mit Hilfe von 16 Pflanzenformen (Laubholzform, Nadelholzform, Myrtenform, Palmenform, Bananenform, Grasform usw.) die Pflanzendecke aller Erdteile und Länder zu charakterisieren, verfehlt, so brachte seine »Physiognomik« doch eine ganz neue Betrachtungsweise in die Pflanzengeographie, nämlich die physiologische, die die Form durch die spezifische Funktion zu erklären versucht. Zunächst allerdings führte der neue Weg kaum zu greifbaren Resultaten, da die Typen zu willkürlich gewählt und ihrer Zahl nach zu gering waren, um der Verschiedenartigkeit der Vegetationscharaktere gerecht werden zu können. Die von A. GRISEBACH vorgenommene Vermehrung der »Vegetationsformen» auf 54 war zu äußerlich, um zu einer klaren, übersichtlichen Darstellung zu führen. Erst die vertiefte physiologisch-ökologische Durchdringung des pflanzengeographischen Stoffes, wie wir sie besonders bei A. F. W. SCHIMPER und bei EUGEN WARMING finden, hatte den Ausbau eines ganz neuen Zweiges der

Pflanzengeographie zur Folge, den wir heute als ökologische Pflanzengeographie bezeichnen [11].

Da sich aber die pflanzengeographischen Probleme von vornherein als viel zu mannigfaltig erwiesen, um von einem einzigen Standpunkte aus eine erschöpfende Betrachtung zu ermöglichen, kamen schon frühzeitig verschiedenartige Gesichtspunkte bei der Gruppierung des reichhaltigen Tatsachenmaterials zur Geltung. 1823 versuchte der dänische Botaniker J. F. Schouw, die Florenreiche nach den in ihnen vertretenen, besonders hervorstechenden Pflanzenfamilien zu unterscheiden. So war für ihn das arktische Gebiet das Reich der Steinbreche (Saxifragaceen), Nordeuropa das Reich der Doldengewächse (Umbelliferen) und Kreuzblütler (Cruciferen), das Mittelmeergebiet das Reich der Lippenblütler (Labiaten) und Nelkengewächse (Caryophyllaceen) u. s. f. Da eine derartige Einteilungsweise jegliche scharfe Abgrenzung unmöglich machte, wandte man sich in der Folgezeit mehr einer klimatologischen Zonenbildung zu. Das geschah zunächst in sehr schematischer Weise durch F. J. F. Meyen [12], der mehr oder weniger willkürlich 8 Zonen durch Parallelkreise voneinander schied und entsprechend auch für die Höhengliederung der Gebirge 8 Zonen aufstellte. Später hat dann die klimatologische Einteilung des Erdballs eine wesentliche Verfeinerung und Vertiefung erfahren, indem man neben der Temperatur auch die Verteilung der Niederschläge sowie den jahreszeitlichen Wechsel der übrigen Klimafaktoren berücksichtigte [13]. Der große Fortschritt kommt aufs deutlichste in den Vorschlägen zum Ausdruck, die neuerdings von W. Köppen [14] (1918) und von E. de Martonne [15] (1924) gemacht worden sind. Natürlich ist dem Pflanzengeographen mit einer solchen Einteilung auch noch nicht gedient, da es bei ihm ja auf die charakteristische Ausprägung der Pflanzendecke ankommt, die keineswegs nur vom Klima, sondern auch von der Wandelbarkeit der Pflanzenarten selber, ferner vom Boden, von der Umwelt und vor allem von zahlreichen historischen bzw. erdgeschichtlichen Momenten abhängt.

Eine befriedigendere Lösung der Einteilungsfrage wurde erst erzielt, als man unter dem Einflusse von Adolf Engler dazu überging, neben der Florenstatistik und der Klimatologie auch der Entwicklungsgeschichte der Floren gebührend Rechnung zu tragen. So ist man heute zu einer Gruppierung gelangt, der zwar gewisse, bei der notwendigen Generalisierung unvermeidliche Mängel anhaften, die aber trotzdem mit verhältnismäßig geringfügigen Abweichungen in allen neueren pflanzengeographischen Werken, wie denen von O. Drude, L. Diels, P. Graebner, M. Rikli, A. Hansen und A. Hayek, Aufnahme gefunden hat. Auch wir wollen uns im folgenden dieser Übersicht — allerdings unter verschiedenen, aus methodischen Gründen vorgenommenen Vereinfachungen — bedienen. Dazu sei noch bemerkt, daß die Hauptgruppen als »Florenreiche» bezeichnet werden und daß »Gebiete«, »Provinzen« und »Bezirke« die abgestuften Unterabteilungen des Systems darstellen.

I. Nördliches außertropisches (boreales oder holarktisches) Florenreich.
   1. Arktisches Florengebiet.
   2. Eurasiatisches Waldgebiet.
      A. Nord- und mitteleuropäische Provinz.
      B. Sibirische Provinz.
      C. Ostasiatische Provinz.
   3. Pontisch-zentralasiatisches Steppengebiet.
   4. Mediterranes Florengebiet (mit Einschluß des makaronesischen Übergangsgebietes).
   5. Nordamerikanisches Florengebiet.
      A. Atlantische Provinz.
      B. Prärieprovinz.
      C. Pazifische Provinz.

II. Altweltliches Tropenreich (paläotropisches Florenreich; einschließlich der angrenzenden subtropischen Gebiete).
   1. Afrikanisches Tropengebiet.
      A. Afrikanisch-arabische Wüstenprovinz.
      B. Afrikanische Wald- und Savannenprovinz.
      C. Provinz der Kalahari.
   2. Kapländisch-madagassisches Florengebiet *.
   3. Vorderindisches Florengebiet.
   4. Hinterindisch-malayisches Monsungebiet.
   5. Polynesisches Florengebiet.

III. Neuweltliches Tropenreich (neotropisches Florenreich).
   1. Zentralamerikanisches Florengebiet.
   2. Südamerikanisches Tropengebiet.
      A. Westindische Provinz.
      B. Subäquatoriale Provinz.
      C. Brasilianische Waldprovinz (Hyläa).
      D. Brasilianische Savannenprovinz.
      E. Provinz der Pampas.
   3. Andines Florengebiet.

IV. Austral-antarktisches (altozeanisches) Florenreich.
   1. Australisches Florengebiet.
      A. Nordaustralische Tropenprovinz.
      B. Zentralaustralische Wüsten- und Steppenprovinz.

* Wird häufig seiner reichhaltigen und eigenartigen Flora wegen zu einem besonderen Florenreich (Kapensis) erhoben.

C. Südostaustralisch-tasmanische Provinz.
D. Südwestaustralische Provinz.
2. Neuseeländisches Florengebiet.
3. Patagonisches Florengebiet.
4. Gebiet des antarktischen Kontinentes und der antarktischen Inseln.

Aus der kurzen geschichtlichen Darstellung geht bereits mit aller Deutlichkeit hervor, daß die in ihrem Anfangsstadium rein beschreibende Pflanzengeographie sich in steigendem Maße physiologisch-ökologischen und genetischen Gesichtspunkten zugänglich erwies. Wollen wir die heutige Reichweite der pflanzengeographischen Einsichten sowie die längst zur Notwendigkeit gewordene Aufspaltung des Gesamtgebietes in Teildisziplinen richtig verstehen, so müssen wir uns kurz vergegenwärtigen, welche Probleme allgemeiner Art es sind, deren Lösung die moderne Pflanzengeographie anstrebt. Das sei hier in Kürze angedeutet. Es handelt sich um folgende Probleme [16]:

1. Das Raumproblem. Zahllose Pflanzenindividuen, unter denen sich mehr als 200 000 Arten unterscheiden lassen, bevölkern unseren Erdball. Die Verteilung der Individuen und Arten ist keineswegs eine gleichförmige, sondern eine höchst verschiedenartige, so daß wir nicht nur viele deutliche Verdichtungszentren wahrnehmen, sondern in der Pflanzendecke auch alle denkbaren Abstufungen von einer vollkommen homogenen Zusammensetzung bis zu einer ungemein bunten Musterung unterscheiden können. Bald gibt es Arten, die nur vereinzelt oder in größerer Zahl an weit voneinander entfernten Orten angetroffen werden, bald wieder solche, die mit ihrem massenhaften Vorkommen geradezu den Erdball umspannen. Die Registrierung aller Erscheinungen, die mit der Raumverteilung der Pflanzen im Zusammenhange stehen, sowie der Versuch, durch geeignete Verknüpfung dieser Tatsachen zu ihrer ursächlichen Deutung zu gelangen, liegt im Rahmen der sogenannten floristischen Pflanzengeographie (= chorologische Geobotanik).

2. Das Umwandlungsproblem. Wie uns die Erdgeschichte lehrt, hat sich nicht nur die Verteilung von Wasser und Land in tiefgreifender Weise verändert, sondern auch das Klima der Erdteile und Länder ist sehr starken Schwankungen ausgesetzt gewesen. Dementsprechend mußte auch die Pflanzendecke Umgestaltungen der mannigfachsten Art erfahren, deren Kenntnis oft Vorbedingung für die richtige Beurteilung des gegenwärtigen Zustandes ist. Aber auch die Pflanze selber hat aktiv an der Änderung und Neugestaltung der Flora teilgenommen, bald durch Ausbildung von Verbreitungsmitteln, die ihr umfangreiche Wanderungen gestatteten, bald durch Aufspaltung der ursprünglichen Arten in eine mehr oder weniger große Zahl von Neuformen. Schließlich hat auch die menschliche Kultur in so grundlegender Weise

Lebenshaltung und Zusammensetzung des Pflanzenkleides verändert, daß wir ohne Berücksichtigung dieser Kultureinflüsse vielen Tatsachen der Pflanzenverbreitung ratlos gegenüberstehen würden. Den ganzen, hier kurz angedeuteten Fragenkomplex behandelt die genetische Pflanzengeographie (= epiontologische Geobotanik).

3. Das Standortsproblem. In noch viel höherem Maße als das Tier ist die Pflanze in ihrer Gestaltung wie in ihrem physiologischen Verhalten von dem ihr zugewiesenen Lebensraume abhängig. Die enge Verknüpfung mit der Scholle bringt es mit sich, daß sie nicht nur in ihrer Ernährung von lokal begrenzten Bedingungen abhängt, sondern auch allen Einflüssen des Klimas und der belebten Umwelt preisgegeben ist. »Unter Standort verstehen wir die Gesamtheit der an einer bestimmten Örtlichkeit auf die Pflanzenwelt wirkenden Einflüsse« (E. Rübel[16], 1922). Das wichtige Teilgebiet der Pflanzengeographie, das mit Hilfe physiologischer Methoden den »Haushalt« (Oikos) der Pflanzenarten, mit Hilfe meteorologischer und bodenkundlicher Methoden die besonderen Standortsbedingungen studiert und das schließlich die Pflanzengestalt ebenso wie den anatomischen Bau zu den gewonnenen Resultaten in Beziehung setzt, bezeichnet man als ökologische Pflanzengeographie (= autökologische Geobotanik). Sie versucht also die Physiognomie einer Vegetation aus den besonderen Verhältnissen des Klimas, des Bodens und der Umwelt zu erklären.

4. Das soziologische Problem. Die Pflanzendecke besteht nicht aus einer regellosen Mischung von Arten, sondern vielmehr aus deutlich gegliederten Pflanzenverbänden (Formationen und Assoziationen), die wir als Wald, Wiese, Heide, Steppe, Hochmoor usw. zu bezeichnen pflegen. Sprechen wir von der »Vegetation« eines bestimmten Gebietes, so meinen wir das soziale Gepräge seiner Pflanzenwelt, während wir unter der »Flora« die Summe der dem betreffenden Erdraume eigentümlichen Arten verstehen. Es gilt nun, nicht nur die Verbreitung der einzelnen Assoziationen auf dem Erdenrund festzustellen und deren floristischen Inhalt, der trotz gleicher Physiognomie der Verbände sehr verschieden sein kann, zu ermitteln, sondern vor allem auch die Ursachen aufzudecken, die unter den gegebenen Verhältnissen gerade diesen und keinen anderen Pflanzenverband entstehen ließen. Dabei verdient auch hier wieder die ökologische Betrachtungsweise, die die charakteristische Ausprägung der Assoziationen zu deuten versucht und uns so den Pflanzenverband als Individuum höherer Art verstehen lehrt, ganz besondere Beachtung. Schließlich umfaßt unser Problem auch noch den zeitlichen Wechsel, die sogenannte Sukzession der soziologischen Typen, wie sie teils durch den Wandel der äußeren Bedingungen erzwungen, teils durch Gesetzmäßigkeiten, die den Pflanzenverbänden selber innewohnen, herbeigeführt worden sind. Die soziologische Pflanzengeographie (= synökologische Geobotanik;

Pflanzensoziologie) hat demnach eine floristische, eine genetische und eine ökologische Seite und ließe sich dementsprechend auch im Rahmen der drei erstgenannten Probleme abhandeln. Ihrer von Jahr zu Jahr wachsenden Bedeutung wegen hielten wir es für besser, ihr hier die Stellung einer besonderen Teildisziplin einzuräumen.

Den vier Hauptproblemen entsprechend wollen wir unseren Stoff in folgende Abschnitte gliedern:

1. Floristische Pflanzengeographie.
2. Genetische Pflanzengeographie.
3. Ökologische Pflanzengeographie.
4. Soziologische Pflanzengeographie.

Literaturnachweise. [1] Auf pflanzengeographischem Gebiete liegt ein überaus reichhaltiges Schrifttum vor. Naturgemäß beschäftigen sich die meisten Arbeiten mit bestimmt umschriebenen Gebieten der Erdoberfläche oder auch mit einzelnen Assoziationen, Formationen oder Formationsgruppen. Andere wiederum machen sich die Lösung von Einzelfragen innerhalb der pflanzengeographischen Teildisziplinen zur Aufgabe. Zusammenfassende Darstellungen des Gesamtgebietes oder bestimmter Kapitel desselben sind demgegenüber nur in verhältnismäßig geringer Zahl vorhanden. Der Mangel eines neuzeitlichen Handbuches der Pflanzengeographie macht sich gegenwärtig recht empfindlich bemerkbar.

Ich gebe im folgenden nur eine Auswahl der bekanntesten und verbreitetsten Werke, die entweder die ganze Pflanzengeographie oder wichtige Abschnitte derselben behandeln. Auf Spezialarbeiten kann aus Raummangel nur an verhältnismäßig wenigen Stellen verwiesen werden.

I. Größere zusammenfassende Darstellungen.

A. Grisebach, Die Vegetation der Erde nach ihrer klimatischen Anordnung; 2 Bde., Leipzig 1872.

A. Engler, Versuch einer Entwicklungsgeschichte der extratropischen Florengebiete der nördlichen Hemisphäre; Leipzig 1879.

O. Drude, Handbuch der Pflanzengeographie (Bibliothek geogr. Handb., herausgeg. von Fr. Ratzel); Stuttgart 1890.

—, Pflanzengeographie; in Neumayer: Anleitung zu wissenschaftlichen Beobachtungen auf Reisen; 3. Aufl. 1905.

—, Die Ökologie der Pflanzen; Braunschweig 1913.

A. Engler u. O. Drude, Die Vegetation der Erde. Fortlaufendes Sammelwerk, bisher 15 Bde; Leipzig, seit 1896.

H. Graf zu Solms-Laubach, Die leitenden Gesichtspunkte einer allgemeinen Pflanzengeographie; Leipzig 1905.

A. F. W. Schimper, Pflanzengeographie auf physiologischer Grundlage; 2. Aufl., Jena 1908.

E. Warming, Lehrbuch der ökologischen Pflanzengeographie; 3. Aufl., bearbeitet von P. Graebner, Berlin 1918.

P. Graebner, Lehrbuch der allgemeinen Pflanzengeographie nach entwicklungsgesch. und physiologisch-ökologischen Gesichtspunkten; 2. Aufl., Leipzig 1929.

A. Kerner v. Marilaun u. A. Hansen, Pflanzenleben; 3. Aufl., Leipzig 1913—16, 3. Bd.: Die Pflanzenarten als Floren u. Genossenschaften.

A. Hayek, Allgemeine Pflanzengeographie; Berlin 1926.

H. Walter, Einführung in die allgemeine Pflanzengeographie Deutschlands; Jena 1927.

II. Wichtige Karten- und Abbildungswerke.

O. DRUDE, Atlas der Pflanzenverbreitung; in BERGHAUS: Physikalischer Atlas; Gotha 1887.

E. HANNIG und H. WINKLER, Die Pflanzenareale; Sammlung kartographischer Darstellungen von Verbreitungsbezirken der leb. und foss. Pflanzen-Familien, -Gattungen und -Arten; Jena, seit 1926. Fortlaufendes Sammelwerk, bisher 2 Reihen.

G. KARSTEN und H. SCHENCK, Vegetationsbilder; Jena, seit 1903. Fortlaufendes Sammelwerk, bisher 20 Reihen.

M. KRONFELD, Bilderatlas zur Pflanzengeographie; 2. Aufl., Leipzig u. Wien 1913.

H. ILTIS, Totius orbis Flora Photographica arte depicta. Typische Assoziationen in photographischen Originalkopien; Brünn u. Leipzig, seit 1928. Bisher 2 Bde.

R. SCHARFETTER, Projektions-Atlas; Reihe A: Botanik, Heft 1: Die Verbreitung europäischer Waldpflanzen I; Graz 1929.

K. HUECK, Die Pflanzenwelt der deutschen Heimat und der angrenzenden Gebiete in Naturaufnahmen dargestellt u. beschrieben; Berlin, seit 1929. Bisher 3 Hefte.

III. Kurze Übersichten.

L. DIELS, Pflanzengeographie; 3. Aufl., Berlin u. Leipzig 1929. Sammlung Göschen Nr. 389.

P. GRAEBNER, Pflanzengeographie; Leipzig 1909. Wissenschaft und Bildung Nr. 70.

A. HANSEN, Die Pflanzendecke der Erde, eine allgemeine Pflanzengeographie; Leipzig u. Wien 1920.

R. PILGER, Pflanzengeographie; in: Das Leben d. Pflanze; Bd. 6, Stuttgart 1913.

HUB. WINKLER, Die Pflanzenwelt der Tropen; in: Das Leben d. Pfl.; Bd. 6, Stuttgart 1913.

A. VOIGT, Lehrbuch d. Pflanzenkunde; 3. Teil: Anfangsgründe d. Pflanzengeographie; Hannover u. Leipzig 1908.

F. RAWITSCHER, Die heimische Pflanzenwelt in ihrer Beziehung zu Landschaft, Klima und Boden; Freiburg i. Br. 1927.

IV. Zusammenfassung der Literatur.

Bericht über die Fortschritte in der Geographie der Pflanzen; in: BEHM-WAGNERS Geogr. Jahrb.; Gotha 1866—1876 von A. GRISEBACH, 1876—1904 von O. DRUDE, seit 1905 von L. DIELS.

[2] H. MOLISCH, Vortrag über »Aeroplankton«; Mitteil. d. naturwiss. Ver. d. Univers. Wien, 1912, S. 8. Ders., Biologie des atmosphärischen Staubes; Ver. zur Verbr. naturwiss. Kenntnisse in Wien, 1917. — [3] Die Bezeichnung »Plankton« wurde von V. HENSEN eingeführt; Ber. d. Komm. z. wiss. Unters. d. deutschen Meere, 1887. Vgl. A. STEUER, Planktonkunde; Leipzig 1910. — [4] R. H. FRANCÉ, Das Edaphon. Studien über Boden bewohnende Mikroorganismen; 2. Aufl. München 1916. — [5] Vgl. TH. HERZOG, Geographie der Moose; Jena 1926. — [6] Vgl. E. RÜBEL, C. SCHRÖTER, H. BROCKMANN-JEROSCH, Programme für geobotanische Arbeiten; Beitr. z. geobot. Landesaufnahme 2, Zürich 1916. — [7] S. PASSARGE, Die Landschaftsgürtel der Erde. Natur u. Kultur; Breslau 1923. Ders., Klima und Landschaftsbild; Monogr. z. Erdk., Bd. 36, Bielefeld 1927. — [8] JUL. PIA, Pflanzen als Gesteinsbildner; Berlin 1926. — [9] AD. ENGLER, Die Entwicklung der Pflanzengeographie in d. letzten 100 Jahren; Berlin 1899. — [10] Vgl. auch A. v. HUMBOLDT, Essai sur la géographie des plantes; Paris 1805. Abgedruckt in: Ansichten d. Natur, 2. Bd. Ders., De distributione geographica plantarum secundum coeli temperiem et altitudine motium prolegomena; Paris 1817. — [11] Vgl. hierzu: H. FITTING, Aufgaben u. Ziele einer vergleichenden Physiologie auf geographischer Grundlage; Jena 1922. Ders., Die ökologische Morphologie d. Pflanzen im Lichte neuer physiolog. u. pflanzengeogr. Forschungen; Jena 1926. — [12] F. J. F. MEYEN, Grundriß der Pflanzengeographie mit ausführl. Untersuchungen üb. d. Vaterland, den Anbau u. d. Nutzen d. vorzüglichsten Kulturpflanzen; Berlin 1836. — [13] ALPH. DE CANDOLLE, Géographie botanique raisonnée; Paris et Genève 1855. — [14] W. KÖPPEN, Versuch einer Klassifikation d. Klimate; Hettners Geographische Ztschr. Bd. 6, 1901. Ders., Klassifikation der Klimate nach Temperatur, Niederschlag u. Jahresverlauf; Petermanns Geogr. Mittl. Bd. 64, 1918. Ders., Die Klimate der Erde;

Grundriß der Klimakunde; Berlin 1923. Vgl. auch Bd. 1, Abschn. 2 des vorliegenden Lehrbuches. — [15] E. DE MARTONNE, Traité de Géographie physique; Paris 1909. Neuauflage 1924. — [16] Vgl. E. RÜBEL, Geobotanische Untersuchungsmethoden; Berlin 1922, Einleitung.

Floristische Pflanzengeographie [1].

Allgemeines. Wie das Kartenbild der Erde letzten Endes durch das Aneinanderfügen und Generalisieren einer sehr großen Zahl von Meßtischaufnahmen zustande kommt, so kann auch das Gesamtbild der Pflanzenverbreitung lediglich durch Vergleich und Zusammenfassung möglichst vieler lokaler Florenlisten gewonnen werden. Es liefert also die Floristik mit ihrer mühevollen Kleinarbeit das Fundament, auf dem sich die ganze Pflanzengeographie aufbaut. Da »Fundamente« aber niemals Selbstzweck sind, so muß auch die Floristik ihre Daseinsberechtigung von den höheren Zielen ableiten, denen ihre Resultate zu dienen bestimmt sind. Die Ergebnisse der Florenvergleichung finden zunächst ihren Niederschlag in der Florenstatistik und in der Abgrenzung von Verbreitungsarealen und Vegetationslinien. Diese wiederum vermitteln eine Reihe grundlegender Einsichten, wenn man sie zu den topographischen, klimatologischen, erdgeschichtlichen und ökologischen Tatsachen in Beziehung setzt.

Florenstatistik. Sie lehrt uns die mehr oder weniger große Übereinstimmung bzw. Gegensätzlichkeit in der Florenzusammensetzung der verschiedenen Erdräume und liefert so die Grundlage für die Aufstellung von Florenreichen [2]. Leider haftet ihr — wenigstens heute noch — eine nicht geringe Zahl von Mängeln an, die sich teils aus unseren sehr lückenhaften Kenntnissen, teils auch aus der Schwierigkeit der Artabgrenzung und der Artbewertung ergeben.

Immerhin vermag die statistische Vergleichung der Florenräume uns auch jetzt schon manche wichtigen Einsichten zu vermitteln:

1. Im Vergleich zur Landflora weist die Süßwasserflora und erst recht die Meeresflora eine viel größere Gleichförmigkeit auf. Familien wie die Laichkräuter (Potamogetonaceen), Wasserlinsengewächse (Lemnaceen) und Nixkräuter (Najadaceen) sind fast über die ganze Erde, Familien wie die Rohrkolbengewächse (Typhaceen), Froschbißgewächse (Hydrocharitaceen), Igelkolbengewächse (Sparganiaceen) und Seerosengewächse (Nymphaeaceen) wenigstens über sehr weite Räume verbreitet. Das gleiche gilt von den Algen, die neben einigen »Seegräsern« die Meeresflora völlig beherrschen. Bei ihnen haben wir außer reinen Süßwasser- (bzw. Brackwasser-)familien und reinen Seewasserfamilien auch solche, die im süßen wie im salzigen Wasser vertreten sind. Innerhalb der gewaltigen Meeresräume zeigt sich in der Hauptsache nur eine Gliederung nach warmen und kalten Meeren, wobei die ersteren durch hohe Artenzahl, die letzteren dagegen durch hohe Individuenzahl ausgezeichnet sind.

2. Die in einer Flora vorhandenen Arten sind — wenigstens im allgemeinen — um so zahlreicher, je ausgedehnter das Wohngebiet ist, je mehr es von den Polen entfernt liegt, je offener seine Grenzen gegenüber andersartigen Florengebieten sind, je länger erdgeschichtlich die Zuwanderungsmöglichkeiten bestanden und je mannigfacher die Existenzbedingungen innerhalb des betreffenden Lebensraumes abgestuft sind. Reichtum der Vegetation und Artenreichtum der Flora können Hand in Hand gehen, wie das z. B. in der Ebene des Amazonenstromes der Fall ist; nicht selten aber divergieren die genannten Größen erheblich. So sind in der an Pflanzenmasse armen vorderasiatischen Steppe allein die beiden Gattungen Astragalus und Oxytropis mit mehr als tausend Arten vertreten, während Neuseeland trotz seiner üppigen Pflanzenfülle verhältnismäßig arm an Arten erscheint (L. Diels[3]).

3. Unmittelbare Beziehungen zwischen dem Artenreichtum einer Familie und ihrer Verbreitung bestehen nicht (Tabelle 1). Aus der beigefügten Zusammenstellung der 14 größten Familien des Pflanzenreiches, die zusammen schon mehr als 75 000 Spezies, also rund ein Drittel aller vorhandenen, umfassen, geht zwar hervor, daß die Hälfte von ihnen kosmopolitisch ist, dafür ist aber die größte aller Familien, diejenige der Knabenkräuter (Orchidaceen), in ihrer Hauptmasse an die Tropen gebunden und greift nirgends in die kalten Gebiete hinüber. Andere große Familien wie die fast nur im tropischen und subtropischen Amerika vorkommenden Ananasgewächse (Bromeliaceen; 1000 Arten) und Kaktusgewächse (Cactaceen; 1500 Arten) oder auch die auf die Tropen der Alten Welt, besonders Indien, beschränkten Ingwergewächse (Zingiberaceen; 800 Arten) oder schließlich die den temperierten und kalten Teilen der Nordhalbkugel angehörigen Kreuzblütler (Cruciferen; 1900 Arten) zeigen uns deutlich, daß auch sehr artenreiche Familien ein mehr

Tabelle 1. Die größten Familien der Samenpflanzen, ihre Verbreitung und Artenzahl[4].

	Familie: Verbreitung	Arten
1.	Orchidaceen: Tropen der Alten und Neuen Welt, Australien, Subtropen, temp.	17000
2.	Compositen: überall	13000
3.	Leguminosen: überall	12000
4.	Rubiaceen: Tropen der Alten und Neuen Welt, Australien, Subtropen, temp.	4500
5.	Euphorbiaceen: Tropen der Alten und Neuen Welt, Australien, Subtrop., temp.	4500
6.	Gramineen: überall	4000
7.	Labiaten: meist warm und temp., wenig frigid, einige Tropen, Australien	3000
8.	Myrtaceen: Tropen der Alten Welt, Australien, Subtropen, temp.	2750
9.	Cyperaceen: überall	2600
10.	Liliaceen: überall	2600
11.	Scrophulariaceen: überall	2600
12.	Umbelliferen: temp., bes. nördl. Halbkugel	2600
13.	Rosaceen: überall	2000
14.	Acanthaceen: Tropen der Alten und Neuen Welt, Subtropen, temp	2000

oder weniger begrenztes Wohngebiet aufweisen können. Andererseits haben gerade manche ungewöhnlich artenarmen Familien es verstanden, sich den denkbar weitesten Lebensraum zu erobern. Ich nenne als solche die Natterzungenfarne (Ophioglossaceen), die mit ihren 47 Arten nur den kalten Gebieten fern bleiben, weiter die Blumenbinsengewächse (Butomaceen), die mit 7, und die Rohrkolbengewächse (Typhaceen), die mit 9 Arten in fast alle Florenreiche eingedrungen sind.

4. Es gilt jetzt noch die Frage zu erörtern, inwieweit man mit Hilfe der Florenstatistik einen Einblick in die Grundlagen der Pflanzenverbreitung auf der Erde zu gewinnen vermag (Tabelle 2). Wie die untenstehende Tabelle zeigt, kann mehr als die Hälfte der Familien als »Charakterfamilien« bei der Abgrenzung von Florenreichen Verwendung finden. Nur etwas über ein Drittel aller Familien zeigt infolge weiter Verbreitung ein mehr oder weniger unbestimmtes pflanzengeographisches Gepräge. Es muß aber betont werden, daß bei vielen der in dieser Kategorie untergebrachten Familien sehr wohl deutliche Artanhäufungen innerhalb feststellbarer Raumgrenzen vorliegen. Von den Charakterfamilien ist mehr als die Hälfte den Tropen zuzurechnen, ein deutlicher Ausdruck für die hier ganz besonders stark entwickelte

Tabelle 2. Die pflanzengeographische Verteilung von 240 Familien der Samenpflanzen[5].

Von 240 Familien der Samenpflanzen (Spermatophyten) waren:	Gymnospermen	Monocotylen	Dicotylen	Summe d. Fam.	% d. gesamten Fam.	% der Charakterfam.
1. In allen oder fast allen Florenreichen vertreten	—	14	78	92	38%	—
2. In wenigstens zwei Florenreichen vertreten	4	1	12	17	7%	—
3. Nur (oder so gut wie nur) in einem Florenreich vertreten (sog. Charakterfamilien)	1	25	105	131	55%	—
Unter den Charakterfamilien befanden sich:						
a) tropische	1	19	49	69	29%	53%
b) australe	—	5	17	22	9%	17%
c) boreale	—	1	39	40	17%	30%

Formenfülle. Selbst die so sehr beschränkte Fläche der australen Flora vermag 17% der Charakterfamilien für sich in Anspruch zu nehmen. Demgegenüber ist die gewaltige boreale Region der nördlichen Feste mit nur 30% der Charakterfamilien schlecht vertreten. Das entspricht aber durchaus der starken Abnahme des Formenreichtums mit der Überschreitung des nördlichen Wendekreises. Während wir im Norden eine zirkumpolare Zone feststellen können, die sowohl in der

Neuen wie in der Alten Welt ungefähr die gleichen Familien und Gattungen aufzuweisen hat, macht sich nach Süden fortschreitend ein stärker werdender floristischer Gegensatz zwischen der amerikanischen und der eurasiatischen Kontinentalmasse bemerkbar. Immerhin sind die Übereinstimmungen zunächst noch hinreichend, um die auseinanderstrebenden Gebiete wenigstens in ein boreales Florenreich zusammenzufassen. Erst mit dem Eintritt in die subtropische und tropische Zone ist das Auseinanderfallen der Florenreiche in westöstlicher Richtung nicht mehr aufzuhalten. Scharf tritt jetzt die Sonderung zwischen altweltlichem Tropenreich (Palaeotropicum) und neuweltlichem Tropenreich (Neotropicum) in der Verteilung der Familien und Gattungen zutage. Gleichzeitig macht sich besonders innerhalb des eurasiatischen Kontinentalblockes eine deutliche Grenzlinie bemerkbar, die nicht nur Afrika von Europa, sondern auch Südasien mit den anschließenden Inselgebieten von der Rumpfmasse abtrennt. So kommen wir hier zu einer floristischen Sonderung, die sich eigentlich nach den heute vorhandenen Nahtstellen zwischen Nord und Süd nicht in der tatsächlich vorhandenen Schärfe erwarten ließ. Nur in Ostasien tritt nördliche und südliche Flora in einen ähnlichen Konnex, wie es auf dem amerikanischen Festlande der Fall ist. Weitere Überraschungen bieten dann die südlichen Kontinente, wo nicht nur Räume, die heute weit voneinander getrennt sind, ähnliche Florenzusammensetzung aufweisen, sondern auch miteinander verbundene Gebiete ungewöhnlich starke florenstatistische Abweichungen zeigen. Die gemeinsamen Züge, die dem tropischen Afrika und Vorderindien einen Platz in demselben Florenreiche anweisen, müssen insofern wundernehmen, als das durch Inselgirlanden an die Alte Welt gekettete Australien in hohem Grade einen eigenen Florencharakter zur Schau trägt. Am wenigsten zu erwarten ist aber die Tatsache, daß die durch gewaltige Meeresräume getrennten, keilförmigen Ausläufer der südlichen Kontinente nicht nur eine von der übrigen Flora der betreffenden Festländer abweichende, sondern in manchen Punkten sogar miteinander übereinstimmende Pflanzenwelt aufzuweisen haben. Um nur ein Beispiel anzuführen: die höchst eigenartige, nicht weniger als 1100 Arten umfassende Familie der Proteaceen bereichert die australische Flora mit 720 Arten, denen sich 27 neukaledonische und 25 ostasiatische ungezwungen anschließen; weit hiervon getrennt finden sich zwei weitere Ausbreitungszentren der Proteaceen, nämlich ein südafrikanisches mit 262 Arten und ein südamerikanisches mit 36 Arten. Die Übereinstimmung der Floren auf der West-Ostlinie Patagonien—Tristan da Cunha—Kerguelen—Neuseeland reicht sogar hin, um unter Einschluß des australischen und des antarktischen Festlandes die Zusammenfassung zu einem einheitlichen Florenreiche zu rechtfertigen *. Damit wird im Süden ein

* Allerdings trennen viele Autoren ein besonderes »Antarktisches Florenreich« ab.

ähnlicher zirkumpolarer Ring angedeutet, wie er im Norden auf den engverbundenen Kontinentalrändern unverkennbar ist.

Diese kurze, auf Florenstatistik fußende Übersicht reicht hin, um die Fülle der Probleme erkennen zu lassen, die den Werdegang der Kontinente mit dem heutigen Zustande ihrer Pflanzendecke verknüpft. Inwieweit erdgeschichtliche und florengeschichtliche Tatsachen zur Deutung der auffälligen Verbreitungserscheinungen herangezogen werden können, wird uns die genetische Pflanzengeographie lehren.

Verbreitungsareale und Vegetationslinien. Durch Eintragung möglichst zahlreicher Fundorte von Vertretern derselben Familie, derselben Gattung, derselben Art in eine flächentreue Karte kann man eine deutliche Vorstellung von der Häufigkeit und der Ausbreitung der betreffenden systematischen Einheit gewinnen. Da zu dem genannten Zwecke nicht nur sehr genaue Florenaufnahmen, sondern auch große Kartenmaßstäbe erforderlich sind, begnügt man sich im allgemeinen mit den Punkten des peripheren Vorkommens, die dann durch eine Linie verbunden werden [6]. So gewinnt man das »Verbreitungsareal« oder kurz das »Areal« bestimmter Gruppen oder Arten, wobei naturgemäß die Grenzen der höheren systematischen Einheit diejenigen der niederen in sich schließen müssen. Ob man beim Studium pflanzengeographischer Probleme von Familienarealen, Gattungsarealen oder Artarealen ausgeht, das hängt einerseits von dem Wesen der zu lösenden Aufgabe, andererseits von dem Arealcharakter selber ab. Um das zu verstehen, müssen wir uns etwas näher mit dem Arealstudium befassen, wobei uns in Zukunft das großzügig angelegte Sammelwerk »Die Pflanzenareale« [7] vortreffliche Dienste wird leisten können.

Die Verteilung der Arten innerhalb ihrer Arealgrenzen kann recht verschiedenartig sein. In der Regel zeigt sich von einem Gebiete kompakter Anhäufung (Zentrum) aus ein mehr oder weniger gleichmäßiges Ausklingen in peripherer Richtung. Es kommt aber auch gar nicht selten vor, daß alle oder ein Teil der Grenzen völlig unvermittelt auftreten und dem massenhaften Vorkommen ein plötzliches Ziel setzen. Das ist vor allem dann der Fall, wenn die Grenzen topographisch (etwa durch Meeresküsten, Hochgebirge) oder edaphisch (d. h. durch die Bodenbeschaffenheit) oder schließlich soziologisch (etwa durch angrenzende Wald-, Wüsten-, Steppengebiete) bedingt sind. Klimatischen Schranken, die am häufigsten zu verzeichnen sind, pflegt die Schärfe zu fehlen. Aber gerade dann entsteht eine Unsicherheit darüber, ob man Vorkommen, die weit über den sonstigen Radius hinausliegen, noch in das Hauptareal miteinbeziehen oder als Exklaven für sich abgrenzen soll. Hier gilt als Regel, daß Standortsentfernungen, die durch die natürlichen Verbreitungsmittel der betreffenden Art häufig und ohne Schwierigkeit überwunden werden, keine Abtrennung isolierter Areale rechtfertigen. Nicht selten muß aber — besonders wenn es sich um Gattungs- oder gar Familienareale handelt — die Auflösung in Teilareale vorgenommen werden. Nach der Einheitlichkeit der Abgrenzung unterscheidet man:

a) Kontinuierliche Areale; sie bilden ein geschlossenes Ganzes (Fig. 1).
b) Diskontinuierliche Areale; sie bestehen aus einem deutlichen Hauptareal mit vorgelagerten Teilarealen (Fig. 2).
c) Disjunkte Areale; sie sind in annähernd gleich große, meist weit voneinander entfernt liegende Teilareale aufgelöst (Fig. 3)*.

Um die Bedeutung der verschiedenartigen Arealabgrenzung richtig zu bewerten, müssen wir uns vor Augen halten, daß die Pflanzen-

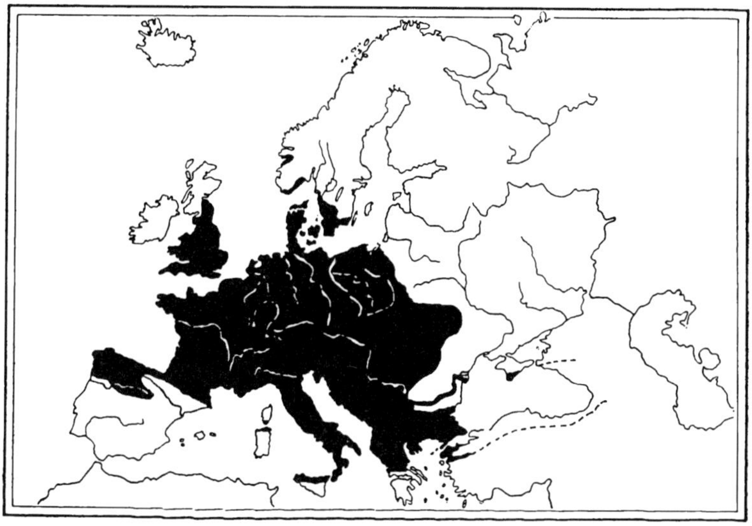

Fig. 1. Kontinuierliches Verbreitungsareal der Rotbuche (Fagus silvatica). Nach F. Oltmanns.

arten sowohl durch die oft stark ausgeprägte vegetative Reproduktionskraft als auch durch die Samen- bzw. Sporenerzeugung bestrebt sind, ihr Wohngebiet möglichst auszudehnen. Wie weit ihnen das im einzelnen Falle gelingt, hängt von verschiedenen Bedingungen ab, nämlich: 1. von dem Vorhandensein oder Nichtvorhandensein natürlicher Schranken (s. oben); 2. von der Gleichförmigkeit oder dem Wechsel der Standortsfaktoren; 3. von der Plastizität der Art, d. h. von ihrer Fähigkeit, sich Schwankungen der Außenverhältnisse innerlich und äußerlich anzupassen; 4. von den zu Gebote stehenden Verbreitungsmitteln der

* In der Literatur ist es vielfach üblich, die Bezeichnungen »diskontinuierlich« und »disjunkt« in völlig gleichem Sinne zu verwenden. Da aber diskontinuierliche und disjunkte Areale, so wie sie hier definiert werden, meist ganz verschiedenen Vorgängen ihre Entstehung verdanken, scheint mir eine Trennung beider Arealtypen notwendig.

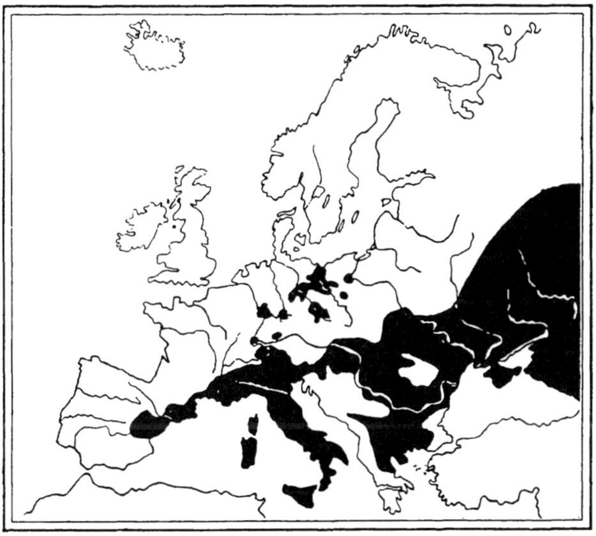

Fig. 2. Diskontinuierliches Verbreitungsareal des Haar-Pfriemengrases (Stipa capillata). Nach Braun-Blanquet.

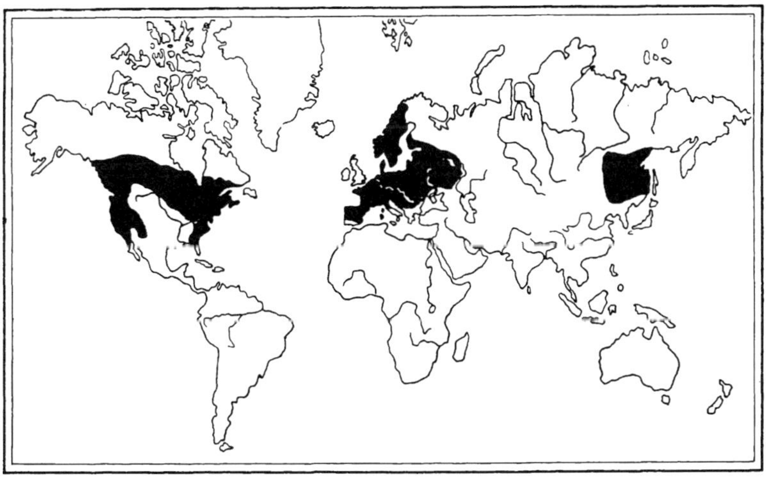

Fig. 3. Disjunktes Verbreitungsareal des Buschwindröschens (Anemone nemorosa). Nach E. Ulbrich.

Früchte und Samen (etwa durch den Wind, durch Tiere); 5. von dem Eingriff des Menschen in hemmendem oder förderndem Sinne. Aus der Mannigfaltigkeit der angeführten Verbreitungseinflüsse geht ohne weiteres hervor, daß es sehr schwer ist, in jedem Falle die Ursachen für den Verlauf der Arealgrenzen zu ermitteln.

Liegt ein diskontinuierliches Areal vor, so kann es sich um Vorpostenbildungen einer progressiven oder auch um Rückzugsetappen einer regressiven Arealentwicklung handeln. Die Entscheidung hierüber ist nicht immer leicht, kann aber für das Verständnis erdgeschichtlicher oder florengeschichtlicher Ereignisse von größter Tragweite sein. Wenn beispielsweise am Rande heißer Quellen auf Neuseeland drei typisch tropische Farne gefunden werden, so kann das seine Ursache entweder in der großen Transportfähigkeit der winzigen Sporen haben, die durch den Wind eine sehr weite Verbreitung erfahren, oder auch darin, daß hier in früheren Erdperioden eine Tropenflora vorhanden war, die unter später ungünstiger werdenden Verhältnissen ausstarb und die genannten Pflanzenarten als »Relikte« an einer weniger stark veränderten Stelle zurückließ. LUDWIG DIELS, dem ich die vorstehenden Angaben entnehme, hält mit Recht die erstgenannte Deutung für wahrscheinlicher, da sonst schwer zu verstehen wäre, weshalb sich nicht noch diese oder jene andere Tropenpflanze an den betreffenden Standorten sollte erhalten haben. Ein anderes Beispiel liefert uns das tatarische Milchkraut (Mulgedium tataricum), das sein Hauptverbreitungsgebiet in der südrussischen Steppe und eine Exklave an der rügisch-pommerschen Küste aufweist. Auch hier scheint es sich um einen weit vorgeschobenen Außenposten zu handeln, den die halophile Pflanze wahrscheinlich den Wanderungen der Steppenhühner in den 80 er Jahren des verflossenen Jahrhunderts zu verdanken hat [8]. Anders liegen die Verhältnisse bei der arktisch und subarktisch weit verbreiteten Zwergbirke (Betula nana), die gleichzeitig auch in den Alpen und an wenigen Stellen Nord- und Mitteldeutschlands gefunden wird. Hier hat die Deutung des diskontinuierlichen Vorkommens als einer durch den Rückgang der eiszeitlichen Flora bedingten Erscheinung (Glazialrelikt) eine gewisse Wahrscheinlichkeit für sich. Eine ausgeprägte Diskontinuität ist auch den Arealen vieler südosteuropäischer Steppenpflanzen (pontische Florenelemente) eigentümlich (Fig. 2) [9].

Disjunkte Areale finden ihre Erklärung entweder in ganz spezifischen Standortsansprüchen ihrer Inhaber oder aber in der fetzenartigen Auflösung einer ursprünglich weit ausgedehnten Siedelungsfläche durch eliminierende Faktoren. Ob auch innere, von der Außenwelt völlig unabhängige Ursachen gelegentlich Arealschrumpfung oder Arealzerstückelung nach sich ziehen können, ist nicht erwiesen, darf aber nicht als unmöglich von der Hand gewiesen werden. Eine typische Disjunktion der Areale finden wir bei der bekannten insektivoren Droseracee Aldrovandia vesiculosa, die eng umschriebene Verbreitungsgebiete in Zentralafrika, Ostindien, Australien, Japan, Südrußland, Deutschland, Italien und Frankreich besitzt [10]. Da die Aldrovandia sehr spezialisierte Anforderungen an ihre Wohnstätte stellt (ruhiges, seichtes, kalkarmes, im Sommer stark erwärmtes Wasser über moorigem Untergrunde), so mag einerseits ihre große Intoleranz, andererseits ihre leichte Übertragbarkeit durch Wasservögel zu dem heutigen Verbreitungsbild geführt haben. Weitere Beispiele eines disjunkten Gattungsareals liefern die Styraxbäume (Liquidambar) und der »Baum der Reisenden« (Ravenala). Die Gattung Liquidambar verteilt sich mit ihren wenigen Arten auf Nordamerika (L. styraciflua), Kleinasien (L. orientale) und Südchina (L. formosanum) und deutet uns durch ihre Zersplitterung ein wichtiges erdgeschichtliches Ereignis, nämlich den lebenvernichtenden Vorstoß der nordpolaren Eismassen in der Diluvialzeit, an. Wir müssen uns vorstellen, daß das Verbreitungszentrum der Gattung ursprünglich viel weiter nordwärts in der die ganze Hemisphäre umspannenden arktotertiären Flora lag und daß die heutigen disjunkten Vorkommen die Zufluchtsstätten der durch die Klimaverschlechterung der Eiszeit versprengten Sippe darstellen. Die Richtigkeit dieser Auffassung findet eine starke Stütze in der Feststellung, daß sich bis in den hohen Norden fossile Reste eines tertiären Styraxbaumes (L. europaeum) erhalten haben. Doch damit sind wir schon in den Bereich der genetischen Pflanzengeographie geraten. Daß auch bei Artarealen nicht selten Disjunktion vorkommt, beweist uns das bekannte Buschwindröschen (Anemone nemorosa). Es verfügt heute über völlig getrennte Teilareale in Nordamerika, Europa und Ostasien (Fig. 3).

Was nun die Größe der Areale anbelangt, so ist darüber bereits einiges in dem florenstatistischen Abschnitte gesagt worden. Ebenso wie Familien und Gattungen können auch Arten — allerdings seltener als die genannten höheren Einheiten — einen sehr weiten Wohnraum einnehmen. Macht die Arealgröße einen wesentlichen Bruchteil der bekannten Erdoberfläche aus, so spricht man von ubiquitären oder kosmopolitischen Arten (Ubiquisten = Kosmopoliten). Wie groß die Zahl der »Allerweltspflanzen«[11], abgesehen von den durch den Weltverkehr verbreiteten Unkräutern, ist, läßt sich aus verschiedenen Gründen sehr schwer entscheiden. Wir wollen uns daher mit dem Hinweise begnügen, daß A. DE CANDOLLE eine über den halben Erdraum hinausgehende Verbreitung 18 Arten von Blütenpflanzen und eine wenigstens ein Drittel der Erdoberfläche umfassende 117 Arten zuschreibt. Im Hinblick auf die bei solchen diffusen Formen nachweisbaren Wanderungen können die Kosmopoliten unter Umständen ein besonderes pflanzengeographisches Interesse für sich in Anspruch nehmen (vgl. S. 26 und 39). Im Gegensatz zu den höheren Gewächsen weisen pflanzliche Mikroorganismen oft eine die Erde umspannende Verbreitung auf[12].

Ungleich häufiger als Kosmopolitismus kommt Eurytopismus vor, d. h. Ausdehnung des Wohnraumes über ein weites, einem oder mehreren Florenreichen angehörendes Gebiet. Naturgemäß finden sich eurytope Arten besonders zahlreich in dem borealen Teile der Nordhemisphäre. Aber auch innerhalb des Tropengürtels begegnet man ihnen nicht selten; so ist hier z. B. der Wasserkohl (Pistia stratiotes; Aracee) als Schwimmpflanze und der Nestfarn (Asplenium nidus; Polypodiacee) als Überpflanze (Epiphyt) fast überall zu Hause *.

Weitaus am häufigsten ist aber das Areal der Pflanzenarten mehr oder weniger eng bemessen, wie das ja auch der engen Wechselwirkung zwischen Standort und Körpergestaltung in der Regel entspricht. Im Gegensatz zu den erstgenannten Arten heißen die örtlich beschränkten stenotop. Beispiele für Stenotopismus lassen sich in beliebiger Zahl anführen. Eine gewisse Berühmtheit erlangte die sehr eigenartige, auf die südwestafrikanische Steinwüste beschränkte Welwitschie (Tumboa Bainesii). Um einen zweiten auffälligen Stenotopisten zu nennen, sei auf den Kerguelenkohl (Pringlea antiscorbutica) hingewiesen, der zu den Kreuzblütlern (Cruciferen) gehört und nur auf den Kergueleninseln angetroffen wird. Es liegt auf der Hand, daß solchen stenotopen Formen ein besonders großer pflanzengeographischer Wert zukommt, wenn es sich um die Charakterisierung kleiner floristischer Einheiten (einer Insel, eines Tales, eines Gebirgszuges, eines einzelnen Berggipfels usw.) handelt oder wenn es gilt, den Zeitpunkt der Isolierung von Inseln, Gebirgsstöcken, Seen oder Erdräumen festzustellen. Allerdings kann durchaus nicht allen engbegrenzten Arten die gleiche Bedeutung beigemessen werden. Tritt zu einem vielgliedrigen, zusammenhängenden Artenkomplex hier und dort noch eine neue Splitterart hinzu, so ist damit pflanzengeographisch wenig gewonnen. Ganz anders, wenn der Stenotopist durch eine große verwandtschaftliche Kluft von seiner Umgebung getrennt ist, d. h. also eine isolierte Form darstellt Engmaschigkeit der Arten — man spricht von »kohärenten« Formen — ist meist nur ein Zeichen mannigfach abgestufter Lebensbedingungen. »Isolierte« und dementsprechend stark in die Augen fallende Florenbestandteile dagegen vermitteln oft die wertvollsten florengeschichtlichen Einsichten. Damit berühren wir die wichtige Frage des Endemismus, dem weiter unten (vgl. S. 21) ein besonderes Kapitel gewidmet ist.

Bei der floristischen Durchforschung von Gebietsteilen, die kleiner sind als die Areale der meisten in ihnen vertretenen Arten, fallen naturgemäß die Linien auf, die die Standorte dieser oder jener Spezies begrenzen. Man hat sie als Vegetationslinien bezeichnet. Sie stellen selbstverständlich nichts anderes dar als Teile von Arealgrenzen und verdienen nur insofern Beachtung, als es beim genauen Studium kleiner Räume am ehesten möglich ist, die Ursache der Grenzsetzung näher zu erforschen. Wenn das letztere nur verhältnismäßig selten mit Erfolg geschehen ist, so lag das einerseits an der oft falschen Voraussetzung, daß ein ganz bestimmter Faktor die Verbreitung der betreffenden Art beherrsche, andererseits an dem Mangel einer experimentellen Prüfung der spezifischen Bedürfnisse des Standortinhabers. Eine wesentlich

* Nach J. Leunis [13] sind etwa 3—400 Arten über den ganzen Tropengürtel und oft noch darüber hinaus verbreitet.

größere Bedeutung erlangt der Begriff der Vegetationslinie, wenn man ihn auf die Abgrenzung größerer systematischer Einheiten, die gleichzeitig auch physiognomisch von Bedeutung sind, ausdehnt. Besonders häufig findet man die Palmengrenze[14] auf Vegetationskarten eingezeichnet (siehe die beigegebene Karte!). Ein Vergleich der nördlichen und der südlichen Polargrenze der Palmen läßt uns sofort den großen Unterschied beider Linien erkennen, einen Unterschied, in dem sich die Gegensätzlichkeit nordhemisphärischer und südhemisphärischer Klimaeigenart deutlich widerspiegelt. Während die nördliche Palmengrenze den Wendekreis niemals in südlicher Richtung überschreitet und zum Teil weit polwärts vorstößt (bis etwa zum 45. Breitengrad), ist die südliche dem Äquator wesentlich näher gelegen und erreicht sowohl in Westafrika als auch in West- und Mittelaustralien nicht einmal den Wendekreis. Nur auf den klimatisch begünstigten Ostseiten der südlichen Kontinente greift die Linie polwärts etwas weiter vor. Höchst bezeichnend ist die Tatsache, daß Breitenlagen, die auf der Nordhalbkugel noch durch Palmenwuchs ausgezeichnet sind, auf der Südhalbkugel schon außerhalb der polaren Baumgrenze liegen können (die südpolare Baumgrenze erreicht den 38. Breitengrad, der auf der Nordhemisphäre die Südspitze von Kalabrien schneidet!). Die Ursache für diese auffällige Erscheinung ist darin zu suchen, daß die starke ozeanische, d. h. also ausgleichend wirkende Beeinflussung des südhemisphärischen Klimas nur so lange von der Pflanzenwelt als Gunstfaktor empfunden wird, als dadurch eine verlängerte Vegetationsperiode zustande kommt. In dem Augenblick aber, wo die Milderung des Winters durch eine stark ins Gewicht fallende Verschlechterung des Sommers erkauft wird, muß sich ein exzessives, kontinental beeinflußtes Klima, wie es die Nordhemisphäre vorwiegend besitzt, als überlegen erweisen; denn die winterliche Ungunst fällt ja in die Ruheperiode der Pflanze, die sommerliche Gunst dagegen in die Vegetationszeit. — Die Baumgrenze, die man ebenfalls zu den Vegetationslinien rechnen kann, soll in anderem Zusammenhange (vgl. S. 78) besprochen werden.

Endemismus. Die Florenstatistik führte zu dem Ergebnis, daß Familien, Gattungen und Arten in ihrem Vorkommen auf ganz bestimmte, eng umschriebene Gebiete beschränkt sein können. Man bezeichnet dann solche Einheiten in bezug auf ihren Wohnraum als endemisch und nennt die Vertreter dieser Erscheinung Endemiten oder Endemisten. Damit soll nicht gesagt sein, daß die endemischen Elemente in ihrem heutigen Verbreitungsgebiet entstanden sein müssen. Es ist vielmehr auch der Fall denkbar, daß sich eine Art von ihrer Geburtsstätte durch Wanderung entfernt hat und dann durch Beseitigung der verbindenden Etappen oder durch völlige Vernichtung des ursprünglichen, kompakten Areals zu einem typischen Endemiten geworden ist. Während die Frage nach dem Indigenat in den wenigsten Fällen mit einiger Sicherheit zu entscheiden ist, verrät uns die systematische

Stellung des Endemiten oft sehr viel über seine Vorgeschichte und den Zeitpunkt seiner Isolierung. Haben wir es mit ganz abseits stehenden Typen zu tun, die in der heutigen Pflanzenwelt keine nahen Verwandten mehr aufzuweisen haben, so deutet das auf eine weit zurückliegende Abtrennung, die die altertümlichen Formen vor der Konkurrenz mit neu auftauchenden, lebenskräftigeren bewahrte und so ihre Erhaltung möglich machte. Man spricht dann von konservativem Endemismus (Relikt-Endemismus, paläogenem Endemismus). Als Beispiele führe ich an: die nur auf den Juan-Fernandez-Inseln vorkommende, eine eigene Familie bildende Lactoris fernandeziana (C. Skottsberg) [15] und die durch die Größe ihrer Früchte (Malediven-Nüsse) bekannte Seychellen-Palme, Lodoicea seychellarum, die einzige Vertreterin ihrer Gattung *. Ist die Isolierung einer Art an zwei verschiedenen, in ihren Lebensbedingungen voneinander abweichenden Orten eingetreten, so kann das zu einer Spaltung der Ausgangsform führen, als deren Ergebnis wir zwei (oder auch noch mehr) »korrespondierende« Endemiten erhalten. Das sind Erscheinungen, die namentlich in Gebirgsfloren nicht selten zu sein pflegen; man spricht in solchen Fällen auch von »Repräsentativformen« oder von »vikariierenden« Formen. Ein bekanntes Beispiel für korrespondierenden Endemismus liefern uns die beiden Alpenrosen Rhododendron hirsutum und Rh. ferugineum, von denen die erstere Kalkgestein bevorzugt, während die letztere in der Regel auf Granit und Schiefer im Alpengebiet angetroffen wird. Um noch ein anderes Beispiel anzuführen, nenne ich die im Südosten der Alpen einheimische Steinbrechart Saxifraga crustata, die in den Westalpen durch die Schwesterart Saxifraga lingulata ersetzt wird (L. Diels [17]).

Ferner gibt es eine Art von Endemismus, die nicht mehr durch die Isoliertheit ihrer Vertreter, sondern vielmehr durch deren enge Kohärenz charakterisiert ist. Die Abgeschlossenheit eines Endemiten kann nämlich auch dazu führen, daß die zur Variabilität neigende Grundform sich mannigfach aufspaltet und so zum Ausgangspunkte eines engmaschigen endemischen Formenkreises wird. Bei einem derartigen Verhalten spricht man von progressivem Endemismus; er ist viel häufiger als der konservative und läßt — wenigstens in der Mehrzahl der Fälle — den Schluß zu, daß die Vielheit der Endemiten verhältnismäßig jugendlichen Bildungsvorgängen ihre Entstehung verdankt (neogener Endemismus) **. Dort, wo zahlreiche Abstufungen der Lebensbedingungen vorliegen, wird die endemische Progression besonders leicht Platz greifen. Voraussetzung dafür bleibt allerdings immer das Umgestaltungsstreben, die morphogenetische Virulenz der Ausgangs-

* Thyrsopteris elegans, ein Baumfarn der Juan-Fernandez-Inseln von fast karbonischem Gepräge, ist einziger Vertreter einer ganz isoliert stehenden Gruppe der Cyatheaceen. Offenbar handelt es sich um einen uralten Relikt-Endemismus (H. Christ [16]).

** O. Drude spricht in gleichem Sinne von »umgeformten« Endemismen.

form. Um das Gesagte durch ein typisches Beispiel zu erläutern, sei auf die Gattung Erica verwiesen, die allein mit mehr als 400 endemischen Arten im Kaplande vertreten ist. Man darf also die pflanzengeographische Bedeutung der Endemiten nicht einfach nach dem Prozentsatze, der ihnen in der Florenliste eines Gebietes zukommt, beurteilen, sondern muß das Auftreten isolierter Formen ungleich höher bewerten.

Literaturnachweise. [1] Außer den im vorigen Kapitel genannten Lehrbüchern der Pflanzengeographie kommen für die nachfolgende Darstellung noch in Betracht: A. Engler (in Verbindung mit vielen Fachgenossen), Das Pflanzenreich. Regni vegetabilis conspectus; Leipzig, seit 1900. Bis Ende 1928 waren 94 Hefte erschienen. A. Engler u. K. Prantl, Die natürlichen Pflanzenfamilien nebst ihren Gattungen u. wichtigsten Arten; Leipzig 1889—1909, 16 Bde u. 6 Bde Nachträge u. Reg.; 2. Aufl. seit 1924. Bisher 9 von 27 Bden erschienen. Für die floristische Pflanzengeogr. Mitteleuropas sind von größter Bedeutung: P. Ascherson u. P. Graebner (sen. u. jun.), Synopsis der mitteleurop. Flora; Berlin seit 1896. Bis jetzt 112 Lieferungen. G. Hegi, Illustrierte Flora von Mitteleuropa; München 1906—1928. 12 Bde. In dem letztgenannten Werke finden sich auch zahlreiche Verbreitungskarten. Viele wertvolle Einzeldarstellungen bestimmter Florenbezirke finden sich in den seit 1881 erscheinenden »Botanischen Jahrbüchern für Systematik, Pflanzengeschichte u. Pflanzengeogr.«, hrsg. von A. Engler. Bis 1928 61 Bde. Auch die von F. Fedde herausgegeb. Beihefte zum »Repertorium specierum novarum regni vegetabilis« — bisher etwa 50 an der Zahl — enthalten wichtiges pflanzengeogr. Material. Hinweise auf spezielle Arbeiten können hier nur in ganz geringem Umfange gegeben werden. — [2] M. Rikli, Florenreiche; in: Handwörterbuch der Naturwissenschaften, Bd. IV, Jena 1913. — [3] L. Diels, Über die Vegetationsverhältnisse Neu-Seelands; Englers Bot. Jahrb. Bd. 34, 1905. — [4] Syllabus der Pflanzenfamilien von Engler und Gilg, 9.—10. Aufl., 1924. — [5] Mit einigen Abänderungen nach O. Drude, Handbuch der Pflanzengeographie; Stuttgart 1890, S. 167/168. — [6] Vgl. J. Mattfeld, Anweisung zur Ausführung d. pflanzengeogr. Kartierung Deutschlands; Berlin-Dahlem 1927. W. Wangerin, Richtlinien für die pflanzengeogr. Kartographie im nordostdeutschen Flachlande; Westpr. Bot.-zoolog. Verein Bd. 43, Danzig 1920. — [7] Herausgegeben von E. Hannig und H. Winkler. Bisher erschienen 2 Reihen; Jena 1926—29. — [8] H. Preuss, Die Vegetationsverhältnisse d. deutsch. Ostseeküste. Ein Beitrag z. genet. u. ökol. Pflanzengeogr. Norddeutschlands; Sitz. d. Naturforsch. Ges. in Danzig, N. F. Bd. 13 (Heft 1 u. 2), 1911—12. E. Leick, Eine neue baltische Strandpflanze; Mitt. a. d. Naturwiss. Ver. f. Neuvorp. u. Rügen Bd. 48, 1921. — [9] Vgl. die Literaturangaben im genetischen Abschnitt. — [10] G. Hegi, Illustr. Flora von Mitteleuropa, Bd. 4, II, S. 507. H. Walter, Einführung in d. allgem. Pflanzengeogr. Deutschlands; Jena 1927, S. 14.— [11] F. Höck, Allerweltspflanzen in unserer einheimischen Phanerogamenflora; Deutsche Botan. Monatsschrift (mit 18 Fortsetzungen), 1897—1903. — [12] H. Molisch, Pflanzenbiologie in Japan auf Grund eigener Beobachtungen; Jena 1926, S. 622. — [13] J. Leunis, Synopsis d. Pflanzenkunde; 3. Aufl. bearb. von H. B. Frank, 3. Bd., Hannover 1883, S. 769. — [14] O. Drude, Die geographische Verbreitung d. Palmen; Petermanns geogr. Mitt. 1878. — [15] C. Skottsberg, The phanerogams of the Juan Fernandez Islands; Upsala 1921. — [16] H. Christ, Die Geographie der Farne; Jena 1910. — [17] L. Diels, Pflanzengeographie; 3. Aufl., Berlin u. Leipzig 1929, S. 26.

Genetische Pflanzengeographie [1].

Allgemeines. Schon aus der bisherigen Darstellung ging hervor, daß die mannigfachen Ergebnisse der floristischen Pflanzengeographie erst dann eine tiefere Bedeutung gewinnen, wenn man sie zu erdgeschichtlichen Tatsachen und Problemen in Beziehung setzt.

Die historische Bedingtheit der Pflanzendecke ist im großen wie im kleinen überall festzustellen und übt auf den heutigen Zustand der Vegetation einen viel tiefergreifenden Einfluß aus, als im allgemeinen zugestanden wird. Vor allem birgt die an sich so fruchtbare ökologische und soziologische Betrachtungsweise eine gewisse Gefahr in sich, die in der Neigung zum Ausdruck kommt, den einzelnen wie den sozialen Organismus zu ausschließlich als Spielball exogener Kräfte anzusehen.

Der genetischen Pflanzengeographie erwachsen insofern besondere Schwierigkeiten, als sie sich einer größeren Zahl von Hilfsdisziplinen bedienen muß, unter denen Phytopaläontologie (Paläobotanik), Stammesgeschichte der Pflanzen (Phylogenie), Geologie und Geographie, aber auch Prähistorie und Kulturgeschichte zu nennen sind. Diese vielseitige Gebundenheit erhöht einerseits den Wert vegetationsgeschichtlicher Einsichten, verleitet andererseits aber nicht selten zu einseitigen Deutungsversuchen. Dieser Gefahr sind denn auch die älteren Vertreter der genetischen Richtung, unter denen sich so hervorragende Männer wie A. Brongniart, H. R. Goeppert und F. Unger befanden, nicht entgangen. In neuerer Zeit waren es besonders A. Engler und seine Schüler, die diesen Zweig der Pflanzengeographie mit großem Erfolge ausbauten. Für uns soll es sich im folgenden nur darum handeln, die grundlegenden Probleme, ohne die das heutige Erdbild nicht zu verstehen ist, in möglichster Kürze und Anschaulichkeit zur Darstellung zu bringen.

Wir haben uns zunächst, um einen Überblick über das gesamte Stoffgebiet der genetischen Pflanzengeographie zu gewinnen, die Frage vorzulegen, welcher Art die Änderungen sein können, die die Pflanzen in geschichtlicher wie in prähistorischer Zeit erfahren haben. Wenn wir mit den der unmittelbaren Beobachtung zugänglichen Umgestaltungen beginnen und dann zu den in der Erdgeschichte weiter zurückliegenden fortschreiten, kommen wir zu folgender Gliederung:

1. Autogene Änderungen. Das sind solche, die im Wesen des pflanzlichen Organismus selber begründet liegen und auch ohne Zutun äußerer Faktoren wirksam werden können. Ihre Feststellung ist insofern mit großen Schwierigkeiten verknüpft, als es sich hier meist um Vorgänge von winzigem Ausmaße handelt, bei denen obendrein noch zu untersuchen ist, inwieweit nicht doch eine durch Mensch oder Lebensraum bewirkte Auslösung vorhanden war. Unter diesen Gesichtspunkt fallen einmal die Transmutationsvorgänge der Arten, zum anderen die autonomen Wanderungen der Pflanzen.

2. Anthropogene Änderungen. Sie gehören zu den durch die belebte Umwelt hervorgerufenen Erscheinungen (Wirkung biotischer Faktoren). Wir wollen aber die nachweisbar durch Menschenhand veranlaßten Umwandlungen in der Physiognomie und der Zusammensetzung der Pflanzendecke hier für sich behandeln, wie das ihrer großen Bedeutung entspricht. Wir werden unser Augenmerk vor allem auf

zwei Punkte zu richten haben, nämlich auf die beabsichtigte und unbeabsichtigte Einfuhr fremdstämmiger Florenelemente und auf die grundlegende Umgestaltung des Lebensraumes durch die menschliche Kultur.

3. Klimatogene Änderungen. Daß im Laufe der Erdgeschichte sehr erhebliche Verschiebungen in den klimatologischen Verhältnissen der einzelnen Erdräume stattgefunden haben, kann keinem Zweifel unterliegen. Da die Pflanze in Lebensform und Existenzmöglichkeit weitgehend vom Klima abhängig ist, so müssen Klimaschwankungen auch stets von analogen Florenschwankungen begleitet gewesen sein, deren Nachwirkungen sich oft über ungeheure Zeiträume hinaus bemerkbar machen können. Klimaänderungen, wie sie besonders in den sogenannten Eiszeiten zum Ausdruck kommen, sind wohl am stärksten an der Herausmodellierung der gegenwärtigen Vegetationscharaktere beteiligt gewesen. Dementsprechend werden wir unser Interesse zunächst dem voreiszeitlichen Pflanzenkleide zuzuwenden haben, werden dann den Wirkungen der Eiszeit selber nachgehen und schließlich die Vorgänge der nacheiszeitlichen Besiedelung ins Auge fassen.

4. Geogene Änderungen. Ruhelos wandelt sich das Antlitz der Erde: Gebirge heben sich, Landmassen versinken, Inseln steigen auf, Getrenntes wird vereinigt, durch Jahrmillionen Zusammengefügtes muß voneinander weichen. Und wie im großen, so ist es im kleinen: Abtragung und Aufarbeitung auf der einen Seite, Ablagerung und Neubildung auf der anderen! Auch durch diese Vorgänge wird die Pflanzenwelt in ganz bestimmte Bahnen gezwungen, die weit über die Dauer des Zwanges hinaus innegehalten werden oder sich doch noch aus Andeutungen rekonstruieren lassen. Die wichtigsten hier zu erörternden Probleme knüpfen sich an die Eigenarten der Gebirgsfloren, der Inselfloren und der südlichen Kontinentalfloren.

Autogene Änderungen[2]. Unsere heutigen Pflanzenformen sind aus den früher vorhandenen hervorgegangen. Über das Wie dieser Transformation gehen die Meinungen weit auseinander. Aber eins steht fest: die Pflanzenarten sind, wenn auch in sehr verschiedenem Umfange, befähigt, Mutanten, d. h. in ihrem Erbgute abgeänderte Formen, zu bilden[3]. Der Mutationsschritt ist meist sehr klein, kann aber in gleicher Richtung wiederholt werden. Mag nun auch eine Naturauslese bei Ungunst- bzw. Gunstmutanten alsbald wirksam werden, so kann es doch nicht zweifelhaft sein, daß auch häufig Bildungen zustande kommen, die weder nach der einen noch nach der anderen Richtung eine selektive Handhabe bieten. So wird es verständlich, daß wir keine strenge Proportionalität zwischen dem vorhandenen Formenreichtum und der Faktorenabstufung des Lebensraumes feststellen können. Also auch bei völliger Konstanz des Wohnbezirkes ist keine Fortdauer des gegenwärtigen Formenbestandes gewährleistet! Das muß klar erfaßt sein, wenn man sich vor Fehlschlüssen bewahren will.

Wir wenden uns nunmehr der Frage zu: sind Verschiebungen der Arealgrenzen möglich, ohne daß menschliche oder sonstige umweltliche Eingriffe, wenn auch nur geringfügiger Art, stattgefunden haben? Die Frage erscheint rein theoretisch, da ja ein völliger Stillstand aller Faktoren niemals vorliegt. Sie ist aber von großer Bedeutung hinsichtlich der Möglichkeit autonomer Wanderungen. Man könnte annehmen, daß in den Verbänden, die die ungestörte Pflanzendecke bilden, ein so strenger Gleichgewichtszustand ausgebildet sei, daß keine »natürliche« Wanderung von Arten stattfinden könne. Die häufig beobachtete Tatsache, daß Pflanzenarten, die in Länder mit noch unveränderter Vegetation gebracht wurden, es verstanden, sich auch ohne Zutun des Menschen über weite Strecken auszubreiten, scheint der vorstehenden Annahme zu widerstreiten. So berichtet z. Bsp. L. Diels über das massenhafte Vorkommen des mediterranen Zittergrases (Briza maxima) in ungestörten Formationen Südaustraliens. Sind demnach natürliche Pflanzenwanderungen an sich wohl möglich, so werden die Verschiebungen der Arealgrenzen doch in der Regel so langsam erfolgen, daß sie sich kurzfristiger Beobachtung entziehen. Wird aber, wie es fortwährend auf der Erde geschieht, an irgend einer Stelle besiedelbares Neuland durch die Natur selber geschaffen, dann zeigt sich in sehr anschaulicher Weise der »Zustrom« der »Wanderpflanzen«, die allerdings ihren schnell eroberten Raum meist wieder teilweise an die späteren Kolonisten, die ihnen als Standortskonkurrenten überlegen sind, abtreten müssen. Zu solchen Studien geben uns im kleinen Steiluferabbrüche und Schlammbänke Gelegenheit, in größerem Maßstabe die Bahnen der Wanderdünen und die Endmoränen der seit über 50 Jahren im Rückgange begriffenen Alpengletscher. In beiden Fällen sehen wir ein gleichmäßiges Nachdrängen des Pflanzenwuchses auf der freigegebenen Fläche [4]. Besonders lehrreich sind in dieser Beziehung neu auftauchende Inseln, wie sie sowohl durch Atollbildungen als auch durch submarine Vulkanausbrüche zustande kommen. Auf das am besten bekannte Beispiel sei hier kurz eingegangen. Im Mai des Jahres 1883 wurde durch einen furchtbaren Vulkanausbruch die zwischen Sumatra und Java gelegene Krakatau-Insel ihres tropischen Pflanzenkleides restlos beraubt. Die Entfernung bis zur nächsten Küste betrug 18,5 km. Nach 3 Jahren stellte A. Treub [5] die Ansiedelung von 15 Arten von Blütenpflanzen und 8 Farnarten auf der Inselruine fest, und zwar schienen 9 Arten mit Hilfe von Meeresströmungen ihre neue Wohnstätte erreicht zu haben, während die übrigen durch Windverbreitung an Ort und Stelle gelangt waren. Eine erneute Untersuchung im Jahre 1896 ergab [6], daß von den 15 Blütenpflanzenarten noch 9 und von den 8 Farnarten noch 7 vorhanden waren. Neu eingestellt hatten sich 26 Phanerogamenspezies und 1 Moos. Im Jahre 1904 (A. Ernst [7]) setzte sich die

Krakatauflora aus 58 Blütenpflanzen, 4 Farnen und 2 Moosen zusammen und stieg bis zum Jahre 1919 (Doctors van Leeuwen [8]) auf 96 Blütenpflanzen, 37 Farne und 32 Pilze. Es zeigte sich also eine erstaunlich schnelle Bereicherung der Flora. Die in Kulturländern häufig beobachteten »Pflanzenwanderungen« dürften wohl ausnahmslos in irgendeiner Weise mit menschlichen Einflüssen in Verbindung stehen. Sie sollen daher auch erst im folgenden Abschnitte besprochen werden.

Anthropogene Änderungen. Der Mensch, der von jeher gezwungen war, der Natur alle seine Lebensbedürfnisse abzuringen, hat schon auf niedrigster Kulturstufe absichtliche und unabsichtliche Veränderungen in der ihn umgebenden Pflanzenwelt hervorgerufen. Mit dem Beginn von Ackerbau und Viehzucht nahmen diese zwangsläufigen Umgestaltungen immer größere Ausmaße an. Der Wald, der dem sammelnden Menschen allenfalls noch gute Gelegenheit zum Nahrungserwerb bietet, tritt dem Viehzüchter und Ackerbauer hemmend und feindlich entgegen. Und so beginnt denn gegen ihn ein erbitterter Vernichtungskrieg, der es zuwege gebracht hat, daß die Kulturmenschheit in künstlich geschaffenen Steppenländern zu leben gewohnt ist. Durch Niederbrennen und Roden hat man überall versucht, an die Stelle des Waldes Wiesen, Weiden und Anbauflächen treten zu lassen. Heute, wo man den großen wirtschaftlichen Wert des Waldes längst erkannt hat, macht sich wieder eine rückläufige Bewegung, d. h. eine Vermehrung der Kunstforstfläche, bemerkbar. Dabei zeigt sich aber, daß die durch die Entwaldung hervorgerufenen Veränderungen der örtlichen Lebensbedingungen stellenweise (Abhänge der Gebirge, Heiden, Dünen) so groß sind, daß die Aufforstung alten Waldbodens unter Umständen große Schwierigkeiten bereitet. Wie sehr andererseits der natürliche Gleichgewichtszustand unseres Pflanzenkleides durch die Kultursteppe hintangehalten wird, das zeigt sich in voller Deutlichkeit in der nie ruhenden Eroberungssucht unserer Wälder, denen jede unbebaute, sich selbst überlassene Ackerfläche in kurzer Zeit zum Opfer fällt [9]. Zahlreiche Berichte aus alter und neuer Zeit geben uns Kunde von dem Rückgange der Wälder in Ländern mit steigender Bevölkerungsdichte [10]. Wir brauchen dabei nicht allein an Nordamerika zu denken, sondern können ebensogut auf China, Hindostan oder auch auf Kleinasien verweisen. In Rücksicht auf die jetzt allgemein anerkannte Bedeutung hinreichender Waldflächen sei hier der Holzbestand der europäischen Länder in Prozenten der Gesamtfläche kurz angeführt (nach Hübners geographisch-statistischen Tabellen 1929 und anderen Quellen) *:

Finnland (1920)	60,3%	Österreich (1928)	37,4%
Schweden (1925)	59,9%	Bulgarien (1908)	35,5%
Rußland (1920)	39,0%	Schweiz	28,0%

* Von dem Waldbestande der ganzen Erde entfallen auf Europa 10%, auf Deutschland 0,4%, auf Österreich 0,1%.

Deutschland (1927)	27,7%	Ungarn	11,8%
Rumänien (1927)	24,6%	Spanien (1913)	9,6%
Norwegen (1926)	23,2%	Dänemark (1919)	8,9%
Portugal (1913)	21,2%	Niederlande (1926)	7,6%
Frankreich (1925)	19,0%	Griechenland (1913)	6,8%
Italien (1927)	18,0%	England (1920)	3,9%
Belgien (1913)	17,0%		

Aber nicht nur die Waldfläche ist durch den Menschen verändert worden, sondern auch der Charakter des Waldes hat wenigstens in den älteren Kulturländern eine grundsätzliche Umgestaltung erfahren durch Schaffung künstlicher Forste. Diese verraten in ihrem Aufbau wie in ihrer Zusammensetzung oft wenig von der ursprünglichen Waldformation, da man einerseits zahlreiche fremde Baumarten (besonders aus dem nördlichen Amerika) einführte, andererseits nur solche einheimischen Hölzer duldete, die einen hohen Ertrag versprachen. Besonders auffällig ist bei uns der weitgehende Ersatz der ursprünglichen Buchen-, Eichen- und Mischwälder durch mehr oder weniger reine Kiefernbestände*. Die einseitige Bevorzugung der Kiefer hat u. a. darin ihren Grund, daß man gerade die fruchtbarsten Böden dem Ackerbau vorbehält und an deren Statt ungünstige Sand-, Heide- und Moorböden aufforstet, die oft nur dem genannten Baume ein Fortkommen gestatten. Langsamwüchsige Gehölze wie etwa die Eibe (Taxus baccata) sind durch die Forstwirtschaft beinahe zum Aussterben gebracht worden**. Erst in neuester Zeit findet durch den künstlich geschaffenen »Dauerwald«[11] wieder eine gewisse Angleichung an die urwüchsige Waldformation statt[12]. In diesem Zusammenhange sei auch des neuzeitlichen Naturschutzes gedacht[13], der darauf ausgeht, die letzten Zeugen unverfälschten Pflanzen- und Tierlebens zu erhalten, und dementsprechend auch die auf deutschem Boden noch vorhandenen Urwaldreste (Urwald am Kubany; Söllbachtal bei Tegernsee) vor dem Untergange bewahrt. Eine großzügige Auswirkung fand der gleiche Gedanke in den Vereinigten Staaten von Amerika, wo er 1872 zur Schaffung des Yellowstone-Nationalparkes, der ungefähr dem Freistaate Sachsen an Größe gleich kommt, Veranlassung gab.

An die Stelle des vernichteten Waldes traten an den Gebirgshängen nicht selten Einöden, die den Talbewohner durch Überschwemmungen, Murgänge, Lawinenstürze und Verschlammung der Wasserläufe mit schwerem Schaden bedrohten. Die Mittelmeerländer sind reich an Beispielen dieser Art. Einen weiteren Störungsfaktor brachte die später einsetzende Wiesenwirtschaft mit sich, die nicht nur durch regelmäßigen Schnitt Baum- und Strauchwuchs hintanhielt, sondern

---

* Die älteste urkundliche Nachricht über den Anbau von Kiefern stammt aus dem Jahre 1368, wo in der Nähe Nürnbergs Kiefernaussaaten stattfanden. Größeren Umfang gewann der künstliche Waldbau erst nach dem 30jährigen Kriege.

** Der 2600 Stämme zählende Eibenwald von Paterzell (Forstamt Dießen) in Oberbayern ist unter Naturschutz gestellt.

nach R. v. WETTSTEIN[14] auch zur Ausbildung »saisondimorpher« Rassen führte, indem nur die vor oder nach der Mahd blühenden Individuen zur Fortpflanzung kommen konnten. Geht die Wiesenwirtschaft mit Dränage, künstlicher Düngung und Verbesserungssaat Hand in Hand, dann entfernt sich die so erzielte Kulturformation immer mehr von einer den örtlichen Verhältnissen angepaßten Naturwiese

Die vom Menschen für die Saat zubereitete Fläche mußte es sich gefallen lassen, daß schnellwüchsige und verbreitungsfähige einheimische Arten einen gewissen Anteil erheischten. So begann also zugleich mit dem Ackerbau der Kampf mit dem Heer der Unkräuter, das alsbald durch Transport von Saatgut aus anderen Gegenden Zuzug erhielt *. Die Brache, die durch Jahrtausende geübt wurde, tat weiter das Ihrige, um Pflanzenverbände von oft fremdartigem (steppenartigem) Charakter zu schaffen. Mit steigender Bevölkerungsdichte und verbesserten Kulturmethoden nahm die Umprägung der ursprünglichen Pflanzendecke immer mehr zu. Vor allem die Änderung der Feuchtigkeitsverteilung, wie sie schon frühzeitig bald durch künstliche Bewässerung, bald durch Anlage von Abzugsgräben herbeigeführt wurde, trug im Verein mit der Düngung viel dazu bei, eine immer stärkere Kluft zwischen dem Kulturlande und den urwüchsigen Beständen zu schaffen. Namentlich die Intensivierung des Ackerbaues im letzten Jahrhundert sowie die gesteigerte Einfuhr landfremder Nutzpflanzen mitsamt den sie begleitenden Unkräutern hat eine so starke Vermischung der Floren zur Folge gehabt, daß wir uns heute in vielen Kulturländern kaum noch eine Vorstellung von dem ursprünglichen Aussehen ihrer Pflanzendecke machen können.

Das alles sind Dinge, die dem Pflanzengeographen stets klar vor Augen stehen müssen, da ihm sonst viele Erscheinungen unverständlich und rätselhaft bleiben würden. Er darf aber keineswegs seine Aufgabe nur darin erblicken, die »natürlichen« Äußerungen des Pflanzenlebens zu studieren und aus den vorhandenen Resten das primäre Pflanzenkleid der Kulturländer zu rekonstruieren, sondern er muß auch die eingeführten und verschleppten Florenelemente sowie die künstlich geschaffenen Kulturformationen aufs sorgfältigste untersuchen, da sich ja auch in ihrem Verhalten die Wechselwirkungen zwischen Organismus und Umwelt aufs deutlichste kundtun. Und weiter: in dem ganzen bunten Hinüber und Herüber offenbaren sich letzten Endes auch die dem menschlichen Wirtschafts- und Kulturleben zu Grunde liegenden inneren Gesetzmäßigkeiten, so daß hier ein Punkt gegeben ist, wo sich die Pflanzengeographie mit wirtschaftsgeographischen, geopolitischen und kulturgeschichtlichen Problemen berührt.

* Nach den Angaben von F. HÖCK sind von den 127 typischen Ackerunkräutern Norddeutschlands nur 15 Arten einheimisch. Als Altsiedeler haben 32 Arten zu gelten, während 80 Arten ihr Bürgerrecht erst in neuerer Zeit (etwa seit dem Mittelalter) erworben haben. Zu den Ackerunkräutern kommen dann noch 360 Arten von Adventivpflanzen hinzu, über deren endgültige Einbürgerung die Entscheidung noch nicht gefallen ist.

Die nachstehende Übersicht soll uns vor Augen führen, welchen Anteil das Kulturland an der Gesamtfläche der einzelnen Erdteile hat.

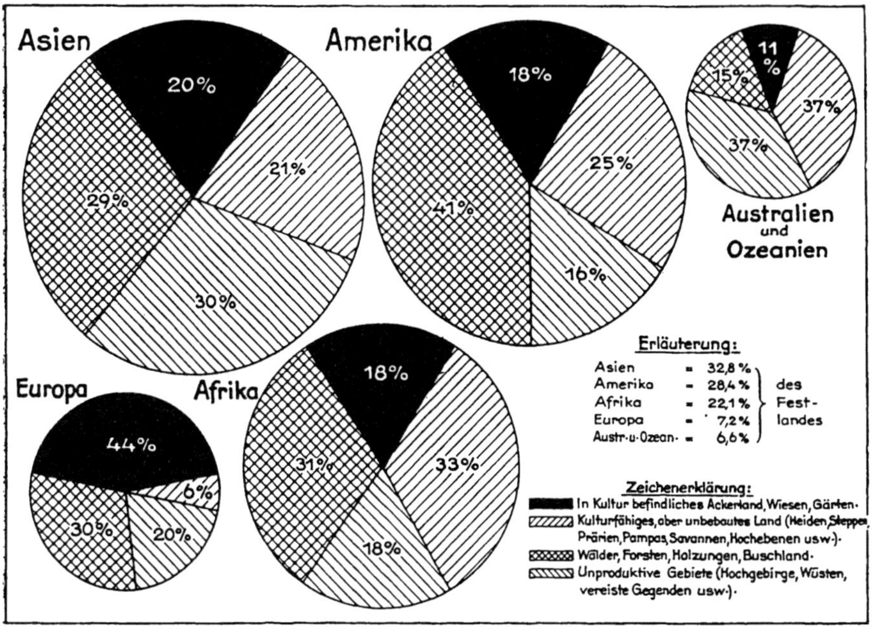

Fig. 4. Anteil des Kulturlandes an der Gesamtfläche der einzelnen Erdteile. Schematische Darstellung.

Wir gehen nun dazu über, uns an einer Reihe von Beispielen einen etwas tieferen Einblick in Reichweite und Bedeutung anthropogener pflanzengeographischer Einflüsse zu verschaffen. Dabei richten wir unser Augenmerk zunächst auf diejenigen Nutzpflanzen, die heute die Grundlage unserer Volkswirtschaft bilden. Das sind unzweifelhaft die Getreidearten, die ausnahmslos der Familie der Gräser (Gramineen) entstammen [15]. Unter ihnen sind in erster Linie Reis, Mais, Weizen, Roggen, Hafer und Gerste zu nennen. Die Anfänge des Getreidebaues reichen so weit zurück, daß uns von ihnen jegliche Überlieferungen fehlen. Auch das Aussehen der Gewächse hat sich unter der pflegenden und ausmerzenden Hand des Menschen nach und nach so sehr geändert, daß wir oft nicht mehr mit Sicherheit die Ursprungsart festzustellen vermögen.

Der Reis (Oryza sativa) [16], dessen Kultur wohl in Indien ihren Anfang nahm, bildet ungefähr für die Hälfte der heute lebenden Menschheit die Hauptnahrung. Der Reisbau breitete sich frühzeitig nach Ost- wie nach Westasien aus. Zur Zeit des Alexanderzuges waren bereits die Euphrat- und Tigrisländer in den Kreis dieser Kultur, die ein künstliches Bewässerungssystem zur Voraussetzung hat, eingetreten. Durch die Araber wurde dann der Anbau der sehr ertragreichen

Nutzpflanze auch auf Kleinasien, Syrien, Nordafrika und Spanien ausgedehnt. Zeitweise betrieben auch Italien und Südfrankreich einen umfangreichen Reisbau, der aber wegen der in seiner Gefolgschaft auftretenden Fiebergefahr (Malaria) bald wieder erheblich eingeschränkt wurde. Die Spanier brachten den Reis nach Amerika, wo seine Kultur heute etwa bis 38° n. Br. (in Europa bis zum 45. Breitengrad) reicht. Die Welternte der zahlreichen teils als »Wasserreis«, teils als »Bergreis« zusammengefaßten Sorten belief sich 1927 auf schätzungsweise 1200 Mill. dz; davon erzeugten Britisch-Indien 38,7%, China 30,0%, Japan 8,4%, Indochina 5,1%, Niederländisch-Indien 4,4%, Siam 4,4%.

Eine sehr große Bedeutung hat in den letzten Jahrhunderten der Mais (Zea Mais) [17] gewonnen, die einzige in der neuen Welt beheimatete Getreideart. Sie stellt an das Klima wesentlich geringere Ansprüche als der Reis und vermag in ihren widerstandsfähigeren Sorten in Amerika noch unter dem 50. nördl. Breitengrad (am Red River) zu gedeihen. In Europa, wohin die wichtige Pflanze kurze Zeit nach der Entdeckung Amerikas gelangte, spielte ihr Anbau alsbald eine wichtige Rolle, vermochte sich aber nicht über den 52. Parallelkreis hinaus auszudehnen. Schon 1539 schrieb Hieronymus Bock in seinem bekannten Kräuterbuch: »Unser Germania wird bald felix Arabia heißen, dieweil wir soviel fremdes Gewächs von Tag zu Tag aus fremden Landen in unseren Grund gewöhnen, unter welchen das groß Welschkorn (= Mais) nit das geringst ist.« Neben den südeuropäischen Ländern (die Polenta der Italiener wird aus Maismehl hergestellt) sind es besonders Nord- und Südamerika, Kleinasien, Ostasien und Afrika, die heute den Maisbau in größtem Umfange betreiben. In dem letztgenannten Erdteile verdrängt der Mais mehr und mehr die einheimische Mohrenhirse (Durra = Sorghum). Von der Weltmaisernte, die 1927 rund 1115 Mill. dz betrug, entfielen allein auf die Vereinigten Staaten 707,7 Mill. dz (63,4%), auf Argentinien 77,6 Mill. dz (7,0%) und auf Rumänien 35,3 Mill. dz (3,2%); das gesamte Amerika lieferte 859,6 Mill. dz (77,1%), während auf Europa ohne Rußland nur 124,4 Mill. dz (11,2%) kamen (einschl. Rußland 162,2 Mill. dz = 14,5%).

Uralt ist der Anbau des Weizens (Triticum sativum), der seine Heimat im vorderen Asien hat. Als »Einkorn« (Triticum monococcum) war er schon den Trojanern und den Pfahlbauern der Schweiz (O. Heer) bekannt [18]. Heute ist die Kultur dieser gehaltreichsten Getreideart über alle Länder mit genügender Sommerwärme verbreitet, bleibt aber in den Tropen auf die höheren Gebirgslagen und auf den Bereich des Seeklimas beschränkt. Große Ausdehnung hat der Weizenbau in den Vereinigten Staaten erlangt, wo seine Nordgrenze im Mackenziegebiet erst mit dem 62. Breitengrade (Fort Simpson) erreicht wird; nach Westen zu sinkt diese Grenze aber, ungefähr parallel der Baumgrenze, bis auf den 50. Parallelkreis herab. Einen ähnlichen Verlauf zeigt die Polargrenze des Weizenbaues in Eurasien, nur daß hier die Gegensätze zwischen Westen und Osten noch stärker hervortreten. Während der Weizen an der atlantischen Küste Norwegens noch unter dem 65. Breitengrade zu gedeihen vermag, sind in Ostasien Weizenfelder nicht jenseits des 45. Grades anzutreffen [19]. Auch in den südhemisphärischen Ländern mit gemäßigtem Klima wird der Weizen in großem Umfange kultiviert; das gilt besonders von Südostaustralien, Südafrika, Argentinien und Chile. Um eine Übersicht über Umfang und Ertrag des Weizenbaues in den wichtigsten in Frage kommenden Ländern zu gewinnen, gebe ich folgende Zusammenstellung, in der vergleichsweise auch die übrigen Körnerernten nebst den Anbauflächen enthalten sind:

Tabelle 3. Die Körnerernten der wichtigsten getreidebauenden Länder der Erde [20].

Anbau und Ertrag in Millionen ha und dz.

Land	Weizen		Roggen		Gerste		Hafer	
	ha	dz	ha	dz	ha	dz	ha	dz
Rußland								
Mittel 1909/13	30,0	206,0	25,1	189,1	10,5	90,5	16,7	134,3
1927	30,7	203,9	28,2	237,0	7,1	46,9	17,4	130,4
Vereinigte Staaten								
Mittel 1909/13	19,1	187,8	0,9	9,2	3,1	40,2	15,1	166,0
1927	23,7	237,2	1,5	14,9	3,8	57,8	17,1	173,5
Britisch-Indien								
Mittel 1909/13	11,8	95,8	—	—	3,6	31,7	—	—
1927	12,7	90,8	—	—	2,6	25,9	—	—
Argentinien								
Mittel 1909/13	6,0	40,0	0,03	0,2	0,05	0,4	0,8	7,9
1927	7,5	65,1	0,2	1,7	0,3	3,2	0,7	7,6
Frankreich								
Mittel 1909/13	6,8	88,6	1,3	13,3	0,8	11,5	4,0	53,5
1927	5,3	75,2	0,8	8,6	0,7	11,0	3,5	49,8
Italien								
Mittel 1909/13	4,7	49,9	0,1	1,4	0,2	2,2	0,5	5,4
1927	5,0	53,3	0,1	1,5	0,2	2,1	0,5	4,5
Kanada								
Mittel 1909/13	4,0	53,6	0,05	0,5	0,6	9,9	3,9	54,2
1927	9,1	119,8	0,3	3,8	1,4	21,1	5,4	67,8
Ungarn								
Mittel 1909/13	1,5	20,0	0,7	8,0	0,5	7,1	0,3	4,4
1927	1,6	20,9	0,6	5,6	0,4	5,2	0,3	3,3
Deutschland								
Mittel 1909/13	1,7	37,7	5,2	95,9	1,4	28,7	3,9	76,8
1927	1,7	32,8	4,7	68,3	1,5	27,2	3,5	63,5
Rumänien								
Mittel 1909/13	1,9	23,9	0,1	1,2	0,5	5,4	0,4	4,2
1927	3,1	26,3	0,3	2,4	1,8	12,6	1,1	8,7
Österreich								
Mittel 1909/13	0,2	2,7	0,4	5,7	0,1	1,7	0,3	4,1
1927	0,2	3,3	0,4	5,1	0,1	2,4	0,3	4,4

Das stark wechselnde Verhältnis zwischen Anbauflächen und Ernteerträgen erklärt sich nicht nur durch die verschiedene Gunst von Klima und Boden, sondern nicht zum wenigsten auch durch die verschiedenen Wirtschaftsformen (intensive und extensive Wirtschaft).

Der Roggen (Secale cereale), der wohl gleich dem Weizen vorderasiatischen Ursprungs ist, stellt verhältnismäßig geringe Anforderungen an Klima und Boden und ist daher in manchen Gebieten des mittleren und nördlichen Eurasiens zur Hauptbrotfrucht geworden. Aber auch in Nordamerika und in den gemäßigten Klimaten der Südhalbkugel (besonders Südostaustralien und Kapland) hat er sich einen, wenn auch geringen, Teil der Anbaufläche zu erobern gewußt. In Deutschland ist nicht weniger als rund ein Viertel des gesamten Ackerbodens mit Roggen bestellt.

Der wilde Hafer des Mittelmeergebietes ist wahrscheinlich der Stammvater des Kulturhafers (Avena sativa), der ebenso wie der Reis den Rispengräsern zuzuzählen ist. Diese Getreideart, die den Alten nur als »barbarisches Brotkorn« durch die Berührung mit den nördlich der Alpen wohnenden Völkern bekannt wurde, hat ihren Ausgang wohl vom südlichen Rußland in vorgeschichtlicher Zeit genommen[21]. Den Schweizer Pfahlbauern war sie bekannt, und unseren Vorfahren hat sie lange Zeit hindurch als Haferbrei (Habermus) und Fladenbrot einen wesentlichen Bestandteil der Nahrung geliefert. Der Hafer stellt zwar hinsichtlich des Bodens die geringsten Ansprüche von allen Getreidearten, verlangt aber bei verhältnismäßig langer Vegetationsdauer ungefähr die gleiche Sommerwärme wie der Weizen und obendrein eine nicht zu geringe Feuchtigkeit. Besonders als Futterpflanze spielt er im Welthandel eine wichtige Rolle; den ausgedehntesten Haferbau besitzen die Vereinigten Staaten, Rußland, Kanada und Deutschland.

Die Gerste (Hordeum vulgare), vielleicht die älteste europäische Getreideart, deren Anbau in prähistorischer Zeit durch zahlreiche Funde erwiesen ist, war im Altertum über die Randländer des Mittelmeerbeckens in gleicher Weise verbreitet wie über das mittlere Europa. Infolge ihrer geringen klimatischen Ansprüche und der Kürze ihrer Vegetationszeit (schon 90 Tage reichen für manche Sorten aus) ist sie heute die Hauptbrotfrucht nordischer Länder geworden, während sie in den wärmeren Gebieten vielfach dem Weizenbau hat weichen müssen. Sie ist es, die in der Hauptsache die polaren Grenzen des Getreidebaues kennzeichnet.

Diesen Grenzen wollen wir hier einen Augenblick noch unsere Aufmerksamkeit zuwenden. Zunächst ist zu sagen, daß die Getreidegrenzen zwar keineswegs den entsprechenden Baumgrenzen parallel verlaufen, wohl aber gleich diesen den klimatischen Gegensatz zwischen Ost- und Westseiten der nordhemisphärischen Kontinente deutlich erkennen lassen. Nur an der Westküste Skandinaviens erreicht die Getreidegrenze mit dem 70. Grad n. Br. ungefähr die Baumgrenze;

nach Osten zu stellt sich dann eine bis zur pazifischen Küste immer größer werdende Divergenz beider Linien ein. Während sich die Getreidegrenze Sibiriens noch etwas oberhalb des 60. Breitengrades bewegt, steigt sie längs der pazifischen Küstengebirge auf etwa 50 Grad n. Br. herab. Diese Erscheinung hat ihre Ursache in dem großen Wärmeverbrauch durch die Eisschmelze im ochotskischen Meere. In Kamtschatka greift der Getreidebau schon wieder erheblich polwärts (bis zum 57. Grad n. Br.). Im Bereiche des nordamerikanischen Kontinentalklimas springt die Getreidegrenze scharf nordwärts vor und erreicht im Mackenziegebiet sogar den 65. Grad n. Br. (bei Ft. Norman). Das ist insofern überraschend, als die Sommertemperaturen hier unter denen der sibirischen Getreidegrenze liegen. Maßgebend scheint in diesem Falle die Lage des Grundeises zu sein, das in Sibirien in geringerer Tiefe erreicht wird. Der weitere Verlauf der Getreidegrenze zeigt nach Osten zu einen schnellen Abfall, so daß in Labrador der 51. Grad n. Br. nicht mehr überschritten wird. Die Ursache liegt in der starken Herabminderung der Temperatur, die durch die aus N und W vorstoßenden, die Davis- und Hudsonstraße durchziehenden Eisströmungen bedingt ist. Über dem atlantischen Ozean erfolgt dann wieder ein schneller Anstieg der Grenze, so daß die Färöergruppe und, wie neuerdings geglückte Anbauversuche gezeigt haben, auch noch ein Teil von Island in die Getreidebauzone mit einzubeziehen sind. Die südpolare Getreidegrenze erreicht den Boden der Südkontinente nur bei Punta Arenas in Südamerika, wo infolge des trüben und kühlen Sommerwetters nur noch ausnahmsweise Roggen und Gerste zur Reife kommen. — Die Höhengrenzen des Getreidebaues weisen naturgemäß je nach Lage und klimatischem Charakter der betreffenden Gebirge sehr beträchtliche Schwankungen auf. Wie zu erwarten, entscheidet in erster Linie die sommerliche Temperaturgestaltung. Die feuchtkühle Witterung des ozeanischen Klimas drückt die Grenze herab, wie wir das an Schottland (57° n. Br., Getreidegrenze bei 370 m) und an Norwegen (64° n. Br., Westseite 340 m, Ostseite 540 m) sehen. In den Westalpen bewegt sich die Getreidegrenze zwischen 1100 und 2050 m; in den Ostalpen liegt sie meist etwas tiefer, da sich hier die Nachtfröste oft sehr frühzeitig einstellen. Die mittelmeerischen Gebirge ermöglichen den Getreidebau auch noch in höherer Lage, wobei der Gegensatz zwischen Nord- und Südabhang oft deutlich in die Erscheinung tritt (Sierra Nevada: 37° n. Br., Nordseite 1830 m, Südseite 2470 m). Das stark ausgeprägte Kontinentalklima Zentralasiens läßt die Getreidegrenze bis über 4000 m emporschnellen (Karakorum: $35^1/_2$° n. Br., 4100 m).

Unter den übrigen mehlhaltigen Kulturgewächsen steht die Kartoffel (Solanum tuberosum) obenan, die, aus den gemäßigten Gegenden des westlichen Südamerikas stammend, den Europäern bereits als eine durch uralte Zucht hochentwickelte Nutzpflanze entgegentrat.

Etwa 1560 gelangten die ersten Kartoffeln nach Spanien; wie lange es dauerte, bis die neuartige »Frucht« die ihr gebührende Beachtung und Verbreitung in Europa fand, ist zu bekannt, um hier näherer Erwähnung zu bedürfen. Die jetzt in einigen hundert Spielarten angebaute Kartoffel ist für die Ernährung vieler Völker unentbehrlich geworden und hat in allen Ländern der Erde mit gemäßigtem Klima Eingang gefunden. Deutschland bestellt etwa $^1/_8$ seines Kulturbodens mit Kartoffeln; die Ernte betrug im Jahre 1927 rund 375 Mill. dz. Die Verbreitungsgrenzen der sehr genügsamen Pflanze fallen etwa mit denen des Getreides zusammen. Im Vergleich zur Kartoffel kommt allen übrigen Nutzpflanzen, die stärkehaltige Produkte liefern, mehr eine lokal beschränkte Bedeutung zu.

Es würde viel zu weit führen, wenn wir die zahlreichen nahrungspendenden Pflanzenarten, die die Bewohner der verschiedenen Himmelsstriche nach und nach in ihren Dienst zu zwingen verstanden, hier aufzählen wollten. Nur der Tatsache sei gedacht, daß die Tropenzone besonders reich an Baumfrüchten (Brotfruchtbaum, Palmen, Durian, Mango usw.) ist. Dem subtropischen und dem gemäßigten Klima gehören die sog. Südfrüchte an, unter denen Feige, Orange, Zitrone und Granatapfel allbekannt sind; ihre Hauptverbreitung liegt zwischen 30 und 45° n. Br. Die Weinrebe (Vitis vinifera), die heute noch wild in den Wäldern Westasiens vorkommen soll, hat sich in ihren mannigfachen Kultursorten ein weites Verbreitungsgebiet zu erobern gewußt, vermag aber innerhalb der Wendekreise nur in höheren Lagen zu gedeihen. Ihre nördliche Polgrenze geht zum Teil nicht unerheblich über diejenige der Südfrüchte hinaus.

Jenseits des Weinbaugürtels betreten wir auf der Nordhalbkugel ein Gebiet, in dem mannigfache Obstarten angebaut werden, von denen allerdings nur ein Teil einheimisch ist, während die übrigen vornehmlich aus Vorderasien zu uns gekommen sind (so z. B. Sauerkirsche, Aprikose, Pfirsich). Die klimatische Begünstigung Westeuropas bringt es mit sich, daß hier — wie Jessen angibt — Kirschen und Äpfel stellenweise noch bis zum 65. Breitengrade angetroffen werden. Das exzessive Klima Rußlands und Sibiriens hingegen drückt die Obstbaugrenze bis zum 45. Parallelkreis herab, d. h. bis auf eine Breitenlage, die derjenigen Oberitaliens entspricht. Aber auch in Nordamerika wird von den bei uns gebräuchlichen Obstsorten kaum der 50. Parallelkreis überschritten, der in Deutschland etwa durch die Mainlinie dargestellt wird. Noch weiter nach Norden als unsere Obstbäume dehnen sich zahlreiche Beerensträucher aus, so vor allem Johannisbeere, Ahlbeere, Stachelbeere, Brombeere, Heidelbeere und Preißelbeere.

Die meisten der bei uns gezogenen Gemüsearten haben ihre Heimat im Mittelmeergebiet; das gilt beispielsweise von den Kohlarten, ferner von Spinat, Erbse, Linse und Saubohne. Amerika lieferte uns die Gartenbohne, die Kürbisarten, die Gurke, die Tomate und den spanischen Pfeffer.

Kulturgeschichtlich und geopolitisch haben von jeher die Genußmittel und die Gewürze eine besonders große Rolle gespielt. Fast ohne Ausnahme sind die hierher gehörigen Gewächse auf die tropischen und subtropischen Länder beschränkt. Ihrem Erwerbe haben daher die kolonialen Bestrebungen der europäischen Völker mit in erster Linie gegolten.

Schließlich muß noch zweier Welthandelspflanzen Erwähnung getan werden, nämlich des Zuckerrohres (Saccharum officinarum) und der Baumwolle (Gossypium herbaceum). Das aus Ostasien stammende Zuckerrohr, dessen Kultur heute nicht nur in Britisch-Indien, sondern auch in Ostasien, auf den Sundainseln, im tropischen Afrika und in Mittel- (Kuba) und Südamerika betrieben wird, liefert in seinem Mark den »Rohrzucker«, der bis zum Beginn des vorigen Jahrhunderts den Handel völlig beherrschte [22]. Im Jahre 1801 wurde in Kunern i. Schles. von F. K. Achard mit Unterstützung des preußischen Königs die erste Rübenzuckerfabrik errichtet; durch zielbewußte Zucht der als Futterpflanze längst bekannten Runkelrübe (Beta vulgaris) hatte man einen auch in unserer Klimazone gut gedeihenden Ersatz für das Zuckerrohr gefunden. Die Rübenzuckerproduktion nahm in den folgenden Jahrzehnten allenthalben einen großen Aufschwung und überflügelte um 1890 sogar die des Rohrzuckers. Dann aber trat ein Umschwung ein, der durch den Weltkrieg noch besonders begünstigt wurde. Im Betriebsjahr 1927/28 wurden in der ganzen Welt 165,10 Mill. dz Rohrzucker und 91,28 Mill. dz Rübenzucker erzeugt. Die wichtigsten Produktionsländer für Rohrzucker sind: Kuba (40,12 Mill. dz = 24,2% der Weltrohrzuckererzeugung), Britisch-Indien (32,16 = 19,4%), Java (23,79 = 14,4%), Hawaii (8,07 = 4,9%), Formosa-Japan (6,78 = 4,1%), Brasilien (6,50 = 3,9%) und die Philippinen (6,23 = 38,%). In demselben Betriebsjahre 1927/28 waren die größten Rübenzuckererzeuger: Deutschland (16,75 Mill. dz = 18,3% der Welträbenzuckererzeugung), Rußland (14,94 = 16,4%), die Tschechoslowakei (12,54 = 13,7%) und die Vereinigten Staaten (10,73 = 11,8%).

Weltwirtschaftlich noch bedeutungsvoller als die Zuckergewinnung ist die Baumwollproduktion [23]. Die Baumwollstaude, deren Kultur bereits in den ältesten Zeiten in Indien bekannt gewesen zu sein scheint, war zur Zeit der Entdeckung Amerikas auch dort schon weit verbreitet und lieferte den Eingeborenen das Material zu mannigfachen Geweben. Der heutige Anbau umfaßt alle warmen und gemäßigten Länder, soweit sie der anspruchsvollen Pflanze hinreichende Lebensbedingungen zu bieten vermögen. In Nordamerika, wo gegenwärtig etwa die Hälfte der Welternte an Baumwolle erzeugt wird, hat man es verstanden, mit Hilfe besonders widerstandsfähiger Sorten den Anbau sogar bis 43° n. Br. auszudehnen. In Europa finden sich nur in

Südspanien und in Griechenland Baumwollkulturen von bescheidenem Umfange. Britisch-Indien und Ägypten zusammen lieferten 1927 etwa 21% der Gesamternte.

Prüfen wir, in welchem Umfange sich die einzelnen Erdteile und Florenreiche an der Erzeugung von Nutzpflanzen der verschiedensten Art beteiligt haben, so treten uns sofort erhebliche Unterschiede entgegen. Von den Polen nach dem Äquator zu nimmt im allgemeinen der Reichtum an Kulturgewächsen zu. Es besteht aber trotzdem kein unmittelbarer Zusammenhang zwischen der Zahl der überhaupt vorhandenen und der praktisch nutzbaren Arten. So ist beispielsweise das pflanzenreiche Afrika verhältnismäßig arm an solchen Gewächsen, die in die Pflege des Menschen übergegangen sind. Auch Amerika steht in dieser Beziehung, wie sich aus der beigefügten nach F. Höck [24] zusammengestellten Tabelle (4) ergibt, weit hinter anderen Gebieten der Erde zurück. Besonders hervorstechend ist die Nutzpflanzenarmut Australiens, während umgekehrt das südliche und westliche Asien einen Reichtum aufweist wie sonst kein Himmelsstrich. Die Ursache für diese Erscheinung ist leicht einzusehen. Offenbar bleibt die Zahl der kultivierten Arten weit hinter der der kultivierbaren zurück. Maßgebend für die tatsächlich erzielte züchterische Umgestaltung ist der Mensch, der nach bestimmten Gesichtspunkten auswählt und die Gunstfaktoren durch Pflege zu steigern versucht. Zu diesen Kulturmaßnahmen ist eine stete Arbeit durch lange Zeiträume erforderlich, wie sie eben durchaus nicht von allen Völkern geleistet werden konnte. Und weiter: nur dort, wo in Verfall geratende Völker die Erzeugnisse ihrer kulturellen Arbeit unmittelbar weitergeben konnten, war eine gleichsinnige Fortentwicklung zu erwarten. Nirgends ist aber die Kulturkette so lückenlos

Tabelle 4. Zahl und Heimat der Nutzpflanzen.

Hauptgruppen der Nutzpflanzen	Alte Welt					Neue Welt		
	Nördl. gemäßigte Zone	Ostindien mit Nordaustralien u. Polynesien	Tropisches Afrika und Madagaskar	Südl. gemäßigte Zone	Summe	Nordamerika	Zentral- und Südamerika	Summe
Getreidepflanzen	12	4	5	—	21	—	2	2
Hülsenfrüchte	9	3	5	—	17	—	5	5
Gemüse	36	23	14	3	76	2	13	15
Obstarten	43	34	7	—	84	6	44	50
Nahrungspflanzen	100	64	31	3	198	8	64	72
Genußmittel	37	12	5	—	54	3	11	14
Technische Pflanzen	20	22	9	3	54	—	12	12
Heilpflanzen	12	—	1	3	16	1	10	11
Nutzpflanzen ohne die Futterpflanzen	169	98	46	9	322	12	97	109

in die Erscheinung getreten wie in der Ost-Westzone, die von Hindostan über den Persischen Golf nach Mesopotamien und von hier einerseits nach Ägypten, andererseits über Kleinasien nach den Randländern Südeuropas den Weg wies. Die klimatischen Bedingungen innerhalb dieser Zone verhinderten in gleicher Weise den die menschliche Tätigkeit hemmenden südlichen Überfluß wie die niederdrückende Kargheit der nordischen Länder. Über die wichtigsten Ursprungszentren der Kulturpflanzen gibt die nachstehende Kartenskizze (Fig. 5) Auskunft.

Die bald zum Nutzen, bald zur Zierde in Pflege genommenen und über weite Landstrecken verbreiteten Pflanzen haben es gar nicht selten verstanden, den Weg zurück in die Freiheit zu finden und als »Kultur-«

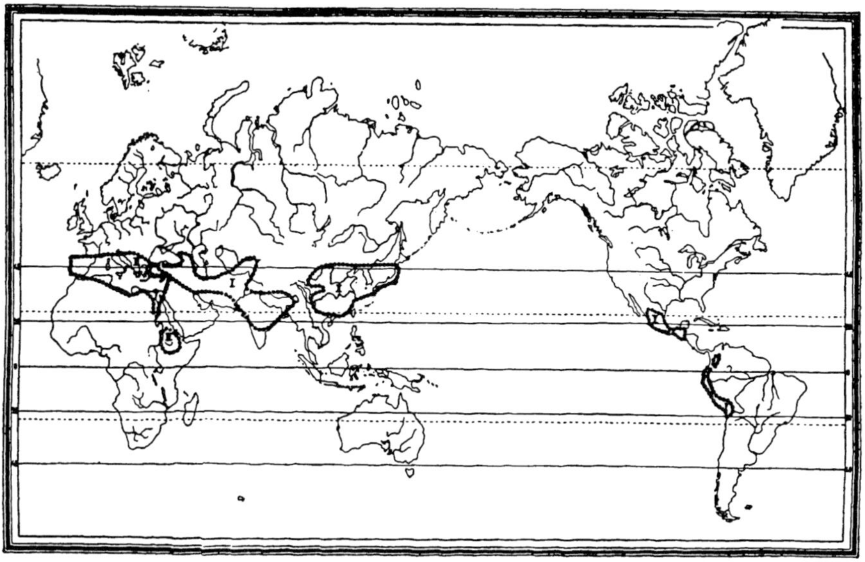

Fig. 5. Die wichtigsten Ursprungszentren der Kulturpflanzen. — Nach N. J. Vavilov. Erklärung: I. Südwestliches Asien. II. Südöstl. Asien. III. Mittelmeerregion. IV. Abessinien u. Eritrea. V. Gebirgsregionen Südamerikas u. Mexikos.

oder »Gartenflüchtlinge« unter den einheimischen Gewächsen volles Bürgerrecht zu erwerben. Ja, sogar zu »Charakterformen« ihres neuen Siedelungsgebietes haben sich manche Fremdlinge emporzuschwingen vermocht. Was bleibt von der mittelmeerischen Landschaft übrig, wenn wir ihr die Orangen und Zitronen (Ostindien) ebenso wie die gewaltigen Platanen (Vorderasien) und Fieberbäume (Eucalyptus; Australien), wenn wir ihr die so sehr ins Auge fallenden Agaven (Amerika), Opuntien (Amerika) und Eiskräuter (Mesembrianthemum; Kapland), wenn wir ihr schließlich Lorbeer (Vorderasien), Myrte (Vorderasien) und Zypressen (Vorderasien) nehmen? Und doch kann kein Zweifel darüber bestehen, daß erst die von Südosten vordringende Kulturwelle die meisten der genannten Pflanzen an die gesegneten Gestade des Mittelmeeres brachte. Beispiele für das Eindringen verwildernder Zier-, Nutz- und Arzneipflanzen in die bodenständige Vegetation finden sich in wechselnder Zahl in allen Kulturländern. Solche pflanzlichen Kulturrelikte können oft ein beredtes Zeugnis ablegen von den Wirtschaftsformen früherer Zeiten, von längst vergessenen Sitten und Gewohnheiten. Um nur ein Beispiel anzuführen: seit rund hundert Jahren sind die letzten Waidmühlen, die sich in Thüringen und im Elsaß befanden und einen blauen Farbstoff (Indigo) erzeugten, verschwunden. Von dem einstigen Ruhme des im Mittelalter überall gebauten Färberwaides (Isatis tinctoria), der die Grundlage für Handel und Wohlfahrt ganzer Städte und Länder bildete (»Waidstädte« waren u. a. Erfurt und Gotha; der Waid wurde das »goldene Vließ« Thüringens genannt), gibt heute noch sein verwildertes Vorkommen in den verschiedensten Ländern Kunde. Die Heimat der ehemals so wichtigen Kulturpflanze sind die westasiatischen Steppen.

Viel mehr noch als die absichtliche Einfuhr von Pflanzen hat deren unbeabsichtigte Verschleppung durch den Menschen und seine Haustiere die Florenzusammensetzung geändert. Vor allem war es der Austausch von Saatgut, der den Ackerunkräutern zu ihrer riesenhaften Verbreitung verhalf. Schon in den Pfahlbauresten der Schweiz konnte Oswald Heer eine Reihe von Unkrautpflanzen nachweisen. Die allbekannte Kornblume (Centaurea cyanus) gehört ebensowenig wie Kornrade (Agrostemma githago) und Klatschmohn (Papaver rhoeas) trotz des längst erworbenen Bürgerrechtes zu den pflanzlichen Urbewohnern unserer Heimat. Ganz besonders war es aber der neuzeitliche Verkehr, der in steigendem Maße eine Vermischung der Floren herbeiführte. Dabei stellte es sich heraus, daß manche Pflanzenarten über eine geradezu erstaunliche Expansionskraft verfügen, wenn sie in Länder gebracht werden, die ihnen bis dahin unzugänglich waren [25]. So hat das Frühlingskreuzkraut (Senecio vernalis) allen Vernichtungsvorschriften zum Trotz im Laufe von ungefähr 100 Jahren seinen Eroberungszug von Osten nach Westen durch ganz Deutschland fortgesetzt. Eine gewisse Berühmtheit erlangte die Wasserpest (Helodea canadensis), eine amerikanische Wasserpflanze, die durch Zufall 1836 nach Irland gelangte und sich hier mit großer Schnelligkeit ausbreitete; 1847 erregte sie bereits in ganz England durch ihr massenhaftes Vorkommen in Flüssen, Kanälen und Teichen ernste Besorgnis. Offenbar beteiligten sich späterhin neben den Menschen auch die Wasservögel an der Verschleppung des Eindringlings. Aquarienliebhaber setzten die Wasserpest 1859 in der Nähe von Berlin aus, und nun genügten wenige Jahrzehnte, um ihr ein Verbreitungsgebiet zu verschaffen, das südlich bis Neapel, nördlich bis Finnland und östlich bis über Moskau hinausreicht [26].

Das bisher Gesagte könnte den Eindruck erwecken, als wenn gerade Europa der Tummelplatz fremdartiger Florenelemente geworden sei. Mag die Zahl der zusammenströmenden Neusiedeler aus leicht begreiflichen Gründen hier auch besonders groß gewesen sein, andere Erdteile sind vor ähnlichen Invasionen nicht bewahrt geblieben. Die Artischocke (Cynara scolymus), deren Same — wie berichtet wird — im Felle eines aus Spanien eingeführten Esels haftete, hat in den Pampas von Argentinien weite Strecken in ein undurchdringliches Dickicht verwandelt und ist so zu einer überaus lästigen Plage geworden. Im Verein mit dem Fenchel (Foeniculum capillaceum) und der Mariendistel (Silybum marianum), die beide aus dem Mittelmeergebiet nach Argentinien gelangt sind, hat die Artischocke den ursprünglichen Charakter der Pampasvegetation völlig verändert. Die in warmen Ländern als Zierstrauch angepflanzte bestachelte Lantana camara (Verbenacee) aus dem tropischen Südamerika hat sich auf den entwaldeten Flächen Ceylons und Javas so ungeheuer vermehrt, daß sie oft riesenhafte Bestände bildet, in denen kaum eine einheimische Pflanze aufzukommen vermag. Ebenso ist die aus Europa eingeführte Brombeere (Rubus fruticosus) zu einer wahren Geißel der chilenischen Landwirtschaft geworden.

Schließlich muß noch der irrtümlichen Meinung begegnet werden, als wenn abseits gelegene, vom Menschen wenig betretene Gebiete von solchen fremdstämmigen Eroberern in der Regel verschont geblieben wären. Daß das keineswegs immer zutrifft, beweisen uns aufs schlagendste die Juan-Fernandez-Inseln, die nur vorübergehend einer menschlichen Besiedelung ausgesetzt waren. Wie aus den neuesten Untersuchungen von C. SCOTTSBERG[27] zu entnehmen ist, hat dieser weltverlassene Erdenfleck neben 142 einheimischen nicht weniger als 130 eingeschleppte Arten von Blütenpflanzen aufzuweisen. Unter den letzteren befinden sich viele auch bei uns alltägliche Erscheinungen, wie z. B. Ruchgras, Mäusegerste, Sauerampfer, Vogelknöterich, Vogelmiere, Hopfenschneckenklee, Reiherschnabel, Spitzwegerich, Labkraut, Kreuzkraut, Zichorie u. a.

Neben solchen Allerweltspflanzen gibt es zahlreiche Neulinge, die sich mit der Rolle des »Passanten«[28] begnügen müssen, da sie auf die Dauer der Konkurrenz der heimatberechtigten Arten nicht gewachsen sind. Besonders zahlreich tauchen solche ephemeren Erscheinungen in Hafenorten, an Bahndämmen, Umladestellen und Schuttplätzen, kletten« und »Nähe von Wollwäschereien und Tuchfabriken (»Wollferner in der Wollspinnen«) auf. Da durch sie keine dauernde Umgestaltung der Pflanzendecke herbeigeführt wird, brauchen wir hier nicht bei ihnen zu verweilen.

Klimatogene Änderungen. Wenn auch die Pflanze, wie wir oben sahen, keineswegs nur einen Spielball der exogenen Kräfte (Klima, Boden, Umwelt) darstellt, so liegt doch klar zu Tage, daß das Klima einen tiefgreifenden Einfluß auf die Gestalt der Pflanzen sowie auf deren Verbreitung ausübt. Die klimatischen Verhältnisse haben aber im

Laufe der Erdgeschichte mannigfache Umwälzungen erfahren[29], und es kann kein Zweifel darüber bestehen, daß dadurch auch das Pflanzenkleid der Länder und Erdteile oft von Grund auf verändert worden ist. Natürlich ist es sehr schwer, diesen klimatogenen Änderungen der Vegetation, die ja zum Teil um ungeheure Zeiträume hinter uns liegen, im einzelnen nachzugehen. Wenn wir einen derartigen Versuch unternehmen, so müssen wir uns der Führung der Geologie und der Phytopaläontologie (Paläobotanik) anvertrauen. Von größter Bedeutung für die Frage der Klimaschwankungen sind die Funde fossiler Pflanzenreste; denn aus ihnen können wir, wenigstens unter günstigen Umständen, einen Einblick in den Vegetationscharakter des betreffenden erdgeschichtlichen Zeitabschnittes gewinnen. So wird uns also hier die Pflanze zum Indikator der im Laufe der Erdgeschichte wechselnden Klimate. Bei solchen Rückschlüssen entstehen allerdings nicht selten Schwierigkeiten infolge der Lückenhaftigkeit der im Erdboden erhaltenen pflanzlichen Reste.

Da wir uns in erster Linie mit denjenigen klimatogenen Veränderungen der Pflanzendecke befassen wollen, deren Wirkungen noch in der heutigen Florenzusammensetzung zum Ausdruck kommen, so kann ich mich hinsichtlich der paläozoischen und mesozoischen Klimaschwankungen verhältnismäßig kurz fassen. Zunächst ist hervorzuheben, daß es besonders die polnahen Gebiete waren, die extreme klimatische Umstellungen erfuhren, während die mittleren Breiten lokal sehr verschieden starken Schwankungen ausgesetzt waren. Die äquatorialen Gebiete schließlich wurden relativ am wenigsten vom Klimawechsel betroffen, so daß hier die Entwicklung der Pflanzenwelt gleichmäßiger und steter verlaufen konnte als sonstwo auf der Erde. Und wenn auch die Meinung Palackys, die Araukarienwälder Südbrasiliens ständen vielleicht seit dem Paläozoikum auf demselben Fleck, kaum zutreffen dürfte, so hat doch unzweifelhaft eine gewisse Gleichförmigkeit der Lebensbedingungen mit dazu beigetragen, daß die Tropen einen solchen Reichtum an Pflanzenarten und eine solche Buntheit ihrer Assoziationen aufweisen.

Aus keiner anderen Periode der Erdgeschichte sind uns so zahlreiche Pflanzenreste erhalten geblieben als aus dem Karbon, der sogen. Steinkohlenzeit. Mögen wir nun die nordafrikanischen oder die kleinasiatischen, die europäischen oder sibirischen, die nordamerikanischen oder ostasiatischen Kohlenlagerstätten ins Auge fassen, überall begegnen wir einer reich entwickelten Karbonvegetation. Wenn diese auch nur aus kryptogamen Gewächsen bestand, so umfaßte sie trotzdem riesige, mit Dickenwachstum ausgestattete Baumformen, daneben Lianen und Epiphyten sowie ein abwechslungsreiches Unterholz und einen mannigfaltigen Bodenbewuchs kurzum eine Flora, die uns auf ein tropisch feuchtwarmes Klima in diesen Gebieten schließen läßt. Die weit verbreitete Meinung, daß damals eine Pflanzendecke von ziemlich gleichförmigem Gepräge überall auf dem Festlande vorhanden gewesen sei, ist, wie u. a. W. GOTHAN [30] überzeugend dargetan hat, nicht zutreffend. Vielmehr bestanden sowohl innerhalb der nordhemisphärischen Kontinentalmasse als auch zwischen dieser und den südhemisphärischen Gebieten nicht unerhebliche floristische Unterschiede. Auf der Südhalbkugel kennen wir zwar keine dem Mittelkarbon entsprechenden pflanzenhaltigen Schichten, wohl aber eine permokarbonische Flora, die von der eben geschilderten recht erheblich abweicht und nach den regelmäßig auftretenden, maschenadrigen Farnblättern als Glossopteris-Flora oder auch nach der Hauptfundstätte in Indien als Gondwana-Flora bezeichnet wird. Beide Floren, die arktokarbonische wie die antarktopermokarbonische *, schließen sich gegenseitig aus; nur an wenigen Stellen scheinen Ausstrahlungen der indischen Gondwanavegetation in das arktokarbonische Gebiet vorgelegen zu haben [31]. Sehr bemerkenswert ist aber die durch zahlreiche Befunde sichergestellte Tatsache, daß in ausgedehnten Gebieten der Südhalbkugel, so besonders in Australien, im indomalayischen Inselgebiet, in Süd- und Ostafrika, auf den Falklandsinseln und in Südamerika der Gondwana-Flora eine Eiszeit voranging, die ohne Zweifel einen maßgebenden Einfluß auf die Zusammensetzung der genannten Flora ausübte. Nachwirkungen der paläozoischen Klima- und Vegetationsverteilung können sich nicht, wenigstens nicht unmittelbar, bis auf die Gegenwart ausgedehnt haben, da das Mesozoikum sowohl in klimatischer wie in geotektonischer Hinsicht frühere Gegensätze verschwinden ließ und neue schuf, so daß das Gepräge der Pflanzendecke eine grundstürzende Änderung erfuhr.

Im Mesozoikum, und zwar erst in der unteren Kreide (Potomacschichten in Nordamerika), treten die Reste phanerogamer Pflanzen auf, die heute mit ihrer ungeheuren Formenfülle das pflanzengeographische Bild der Erde beherrschen. Bedenkt man, wie selten die zur Fossilbildung erforderlichen günstigen Umstände Verwirklichung fanden, bedenkt man weiter, daß innerhalb der Kreidezeit bereits alle Hauptgruppen der Blütenpflanzen zahlreiche Vertreter aufzuweisen hatten, so muß man zu der Vermutung kommen, daß der entscheidende Schritt, der den »neuzeitlichen Typ« des Pflanzenreiches schuf, vielleicht doch schon lange vor dem letzten Abschnitt des Mesozoikums getan wurde. Wie dem auch sei, der geschilderte Gegensatz zwischen zwei zirkumpolar ausstrahlenden Floren blieb in der Triasperiode scheinbar noch erhalten. Allerdings müssen durch das Auftreten ausgedehnter Trockengebiete sowohl auf der Süd- wie auf der Nordhalbkugel mancherlei weitere Unterschiede und Abstufungen in der Zusammensetzung der Pflanzendecke geschaffen worden sein. In der sich anschließenden Juraperiode trat, soweit die paläontologischen Pflanzenreste Kunde davon zu geben vermögen, ein auffälliger Ausgleich in den Vegetations-

* Reste dieser Flora fanden sich sogar noch auf 80° s. Br.

charakteren der verschiedenen Zonen ein, so daß eine Gleichmäßigkeit der Pflanzenverteilung erzielt wurde, wie kaum je vorher und sicherlich niemals später. Durch diesen Befund erweist sich auch die oft geäußerte Vermutung als irrig, daß die heutige Pflanzendecke das Endergebnis einer von Anfang an gleichmäßig fortschreitenden Differenzierung der Gesamtvegetation sei. Das jurassische Zeitalter sah in Grönland, in England, in Südasien und in der Antarktis wenigstens teilweise die gleichen Pflanzen. Trotzdem waren aber durchaus nicht alle Gegensätze ausgeschaltet, vielmehr läßt sich im allgemeinen sagen, daß die nördlichen zirkumpolaren Gebiete ein warm-temperiertes, die im mittleren Teile Eurasiens und Nordamerikas gelegenen dagegen ein fast tropisches und das nordöstliche Australien in der Hauptsache ein subtropisches Klima aufwiesen. Im Verlaufe der Kreidezeit machte sich wiederum eine zunehmende Steigerung der floristischen Unterschiede bemerkbar, namentlich scheint sich die nördliche holarktische Pflanzenwelt schärfer von der äquatorial-afrikanischen und der südasiatischen abgegliedert zu haben.

Erst die mit der Tertiärperiode beginnende »Neuzeit« der Erde läßt uns zu mehr gesicherten Kenntnissen über Klima und Vegetation gelangen, wenigstens soweit die nordhemisphärischen Länder in Frage kommen. Von jetzt ab fehlt es auch nicht mehr an unmittelbaren Zusammenhängen zwischen der damaligen Pflanzenverbreitung und den heutigen pflanzengeographischen Befunden.

Von Anfang an zeigte sich in der Tertiärzeit eine deutliche Florengliederung in einen nördlichen zirkumpolaren Abschnitt von großer Ausdehnung und auffälliger Homogenität, einen Tropengürtel, in dem sich die Westostgegensätze noch lange nicht so stark wie heute bemerkbar machten, und in einen südlichen zirkumpolaren Teil. Bei weitem am besten sind wir durch zahlreiche fossile Funde über den erstgenannten Abschnitt unterrichtet. In dem Gebiete nördlich der damals sich aufwölbenden Alpen herrschte offenbar ein viel wärmeres Klima als heutzutage; denn es begegnen uns hier neben manchen auch jetzt noch vorhandenen Arten und Gattungen wiederum solche von ausgesprochen subtropischem Charakter. Neben Palmen, Tulpenbäumen und Lorbeerarten kamen Sumpfzypressen, Sequojen, Styraxbäume, Maulbeeren und Walnußarten bei uns vor. Aber selbst im hohen Norden, wie auf Island, Grönland und Spitzbergen, fanden sich Laub- und Nadelbäume in reicher Abwechslung, so Eichen, Ulmen, Ahorn- und Schneeballarten. Ein Vergleich dieser europäischen Tertiärflora mit der heute in Nordamerika und Ostasien vorkommenden führt zu dem überraschenden Resultat, daß weitgehende Übereinstimmungen zwischen ihnen vorhanden sind. Die Sumpfzypresse (Taxodium distichum), die heute im südlichen Teile Nordamerikas als typischer Endemit angetroffen wird, war bis in hohe Breiten hinauf bei uns heimisch und zeigt sich noch heute als ein sehr häufiges Fossil in den Braunkohlenmooren. Das gleiche gilt von den Sequojen, die zwar nicht in den heute für Amerika charakteristischen Arten (Sequoja sempervirens und S. gigantea), wohl aber in zwei nahe verwandten Formen (S. Langsdorffi und S. Couttsiae) in Europa vertreten waren. Bäume vom Typ der amerikanischen Weymouthskiefer (Pinus strobus) und der Lebensbäume (Thuja-Arten) beteiligten sich an der Bildung der Braunkohlenlager; die amerikanische Walnuß (Juglans nigra) war damals auf europäischem Boden weit verbreitet. Anklänge an die heutige Flora Ostasiens sind ebenfalls in großer Zahl vorhanden. Beispielsweise hat der europäische Buxbaum (Buxus sempervirens) nahe Verwandte in Ostasien. Gewisse Fichten der Bernsteinwälder [32] erinnern durchaus an die ostasiatische Picea ajanensis, und der eigenartige Ginkgo biloba wächst jetzt noch als »lebendes Fossil« im fernen Osten. Aber auch zu der mediterranen Flora bestehen nicht unwesentliche Beziehungen, wie das unsere tertiären Zedern (Cedrus), Lorbeeren (Laurus) und Zürgelbäume (Celtis), ferner auch die Roßkastanie (Aesculus hippocastanum) und die Omorikafichte (Picea omorica) deutlich vor Augen führen. Die auffällige Korrespondenz zwischen ostasiatischer und nordamerikanischer Flora, die sich noch durch viele Beispiele belegen ließe, geht aus dem oben Gesagten schon mit hinreichender Klarheit hervor.

Alle diese Tatsachen finden ihre ungezwungene Erklärung durch die Annahme einer einheitlichen zirkumpolaren Flora, die sich mit zunehmender Klimaverschlechterung, wie sie im Laufe der Tertiärzeit eintrat, auf den mächtigen, südwärts gerichteten Landmassen der Nordhalbkugel in immer niederere Breiten vorschob. Diese Flora wird heute nach A. Engler als die arktotertiäre bezeichnet. Die der Tertiärperiode folgende diluviale Eiszeit vernichtete die Vegetationsdecke nicht nur in allen hochnordischen Gebieten, sondern auch bis tief hinein in den amerikanischen und eurasiatischen Kontinent. Dabei zeigte sich aber ein wesentlicher Unterschied zwischen Europa einerseits und Nordamerika und Ostasien andererseits: in Europa hemmte der mächtige westöstliche Gebirgsriegel die Abwanderung, so daß die Austilgung der meisten Arten restlos und unwiederbringlich erfolgte; nur verhältnismäßig wenige vermochten nach Südwesten in die von der Vereisung nicht betroffenen atlantischen Küstengebiete zu flüchten oder auch durch Gebirgslücken südöstlich zu entweichen. In Nordamerika und Ostasien dagegen standen infolge der nordsüdlichen Streichrichtung der Gebirge der Abwanderung in wärmere Gebiete keine unüberwindlichen Schranken entgegen, so daß hier die meisten arktotertiären Formen sich zu erhalten und nach dem Rückgange der Eisbedeckung wieder polwärts vorzudringen vermochten. Mit einem Schlage haben wir jetzt eine klare Einsicht in zahlreiche Erscheinungen der Gegenwart gewonnen, die uns unverständlich geblieben wären, wenn wir nicht die klimatogenen Veränderungen mit in den Kreis unserer Betrachtungen gezogen hätten. Die Tatsache, daß dem norddeutschen Tieflande jegliche konservativen Endemiten aus der arktotertiären Flora fehlen, ist ebenso einleuchtend wie umgekehrt die große Zahl solcher Formen in Amerika und in Ostasien. Die von der Eiszeit nicht unmittelbar in Mitleidenschaft gezogenen südwesteuropäischen Küstenländer können wenigstens noch mit 29 nur ihnen eigentümlichen Arten aufwarten. Doch damit sind wir den folgenden Darlegungen schon vorausgeeilt; wir müssen noch für einen Augenblick zu der tertiären Vegetation zurückkehren.

Wie gestalteten sich die Klimaverhältnisse des Tertiärs in den übrigen Festlandsgebieten der Erde? Zunächst richten wir unseren Blick auf die Mittelmeerländer, die damals in wesentlich engerer Beziehung zu der Kontinentalmasse Afrikas standen und dementsprechend zu einem ganz anderen Klima- und Vegetationsgebiet als heutzutage gehörten. Größere Feuchtigkeit und Wärme muß hier, mindestens zu Beginn der Tertiärzeit, einer Flora die Wege geebnet haben, wie sie in ähnlicher Ausprägung in Makaronesien (Madeira, Azoren, Kanaren, Kapverden) und im östlichen und südlichen Afrika (mit Einschluß Madagaskars) vorhanden war. Gerade die heutigen Randländer des Mittelmeeres waren besonders starken pflanzengeographischen Erschütterungen unterworfen. Nicht nur, daß die Verbindung mit der afrikanischen Pflanzenwelt durch zeitweilige Überflutung weiter Gebiete und später durch Einschaltung des Wüstengürtels mannigfache Wandlung erfuhr, auch die folgende Invasion asiatischer und später arktotertiärer Florenelemente hat hier eine ungewöhnliche Buntheit der Pflanzendecke gezeitigt, die nicht nur in der großen Zahl der in ihr vertretenen Arten — im europäischen Anteile allein ca. 4000 Arten und wohl nicht viel weniger im afrikanisch-kleinasiatischen —, sondern auch in der oft engen Begrenztheit der Areale (weit über 1000 Endemiten) wirkungsvoll zum Ausdruck kommt.

Die wenigen aus der Tropenzone bekannt gewordenen fossilen Reste deuten darauf hin, daß hier die Verhältnisse der Tertiärzeit den heutigen nicht sehr fernstanden. Im Gegensatze dazu müssen in den polnahen Gebieten der Südhalbkugel damals grundsätzlich andere klimatische Bedingungen geherrscht haben; denn es finden sich sowohl in den Magellanländern als auch in der südamerikanischen Antarktis die versteinerten Zeugen einer Tertiärflora vor, die durchaus derjenigen der warmen südamerikanischen Gebiete von heute ähnlich ist. So spricht W. Gothan geradezu von antarkto-tertiären Elementen, die wahrscheinlich in ähnlicher Weise eine zirkumpolare Ausbreitung besessen haben wie die arktotertiären. Durch diese Annahme würden die eigenartigen floristischen Übereinstimmungen auf den Südspitzen der antarktischen Kontinente unzweifelhaft dem Verständnisse nähergerückt sein. Die großen Schwierigkeiten, die dadurch gegeben sind, daß die in Frage stehenden Erdräume heute durch gewaltige Meeresstrecken voneinander getrennt sind, sollen an anderer Stelle noch näher beleuchtet werden. Auf jeden Fall ist die Tatsache beachtlich, daß die Mutmaßung einer zirkumpolaren Florenentwicklung sowohl im Permokarbon als im Tertiär durch zahlreiche paläobotanische Befunde eine nicht geringe Wahrscheinlichkeit gewinnt.

Am Ende der Tertiärzeit herrschte im Gebiete der arktotertiären Flora ein klimatischer Zustand, der sich von dem gegenwärtigen Mitteleuropas nicht wesentlich unterschieden haben kann. Vor allem muß damals schon ein scharf ausgeprägter jahreszeitlicher Wechsel in die Erscheinung getreten sein. Die ausgesprochen wärmeliebenden Elemente waren bereits im Pliozän abgewandert oder eliminiert, dafür breiteten sich die von den Polländern zugewanderten arktotertiären Formen überall in einer ähnlichen Mannigfaltigkeit aus, wie wir sie heute noch im nördlichen Amerika und im südöstlichen Asien beobachten können. Demgegenüber stellt die mitteleuropäische Flora der Gegenwart — wie L. Diels treffend sagt — eine »verarmte Ausgabe« der alten Bestände dar. Wie schon oben angedeutet wurde, war es die mit dem Herannahen der diluvialen Eiszeit langsam aber stetig zunehmende Witterungsungunst, die den Verarmungsprozeß der arktotertiären Flora in Europa einleitete. Natürlich ist es sehr schwer, sich heute ein klares Bild von der Stufenfolge der pflanzengeographischen Wandlungen zu machen, die auf den nordhemisphärischen Kontinenten durch den Eintritt der Eiszeit herbeigeführt wurden. Drei Möglichkeiten waren für die von der Klimaverschlechterung in wachsendem Maße betroffenen pflanzlichen Organismen gegeben, nämlich:

1. Abwanderung in wärmere Gebiete; sie fand überall dort statt, wo keine hemmenden Schranken im Wege standen und wo gleichzeitig die Pflanzenarten über hinreichende Verbreitungsmittel verfügten.
2. Anpassung an die neuartigen Lebensbedingungen; allerdings mußten auch die so entstandenen Arten meist vor den herandrängenden Eismassen weichen, konnten aber immer wieder in geringer Entfernung vor dem Inlandeisrande festen Fuß fassen.
3. Aussterben; dieses Schicksal war unabwendbar für diejenigen Arten, die erstens keine genügende Anpassungsfähigkeit besaßen und denen sich zweitens keine Möglichkeit eines hinreichend schnellen Ausweichens bot.

Während für Gruppe 1 und 3 im vorhergehenden schon Beispiele in genügender Zahl erwähnt wurden, haben wir hier noch solche der Gruppe 2 anzuführen. Die heute bei uns und in den nördlicheren Gebieten Eurasiens vorkommenden Pappeln (Populus), Weiden (Salix) und Eichen (Quercus) zeigen gegenüber den Vertretern dieser Gattungen im Tertiär erhebliche Abweichungen. Dem alten, bei uns verlorengegangenen Pappeltyp (Populus mutabilis) steht die asiatische (wohl auch südeuropäische) Populus euphratica ganz nahe. Wir haben hier also nebeneinander Abwanderung nach Süden unter Beibehaltung des tertiären Habitus und Ausharren im alten Wohnbereich unter Aufspaltung in neuartige Typen. Ganz ähnlich liegen die Verhältnisse bei dem formenreichen Geschlechte der Weiden. Auch bei ihm zeigt sich ein großer Abstand zwischen den alttertiären und den unter dem Einflusse der Eiszeit entstandenen diluvialen Arten. Die so charakteristischen Zwergweiden, die heute in vielen leicht zu verwechselnden Formen die alpinen Gebirgsregionen ebenso wie die arktisch-polaren Gebiete bevölkern, haben ihre Ähnlichkeit einer durch die Lebensverhältnisse erzwungenen Konvergenz zu verdanken, weisen aber in ihren phylogenetischen (stammesgeschichtlichen) Zusammenhängen auf weit auseinanderstehende tertiäre Gruppen zurück.

In Mitteleuropa gestalteten sich in der Diluvialzeit die Verhältnisse besonders ungünstig für die Pflanzenwelt, da ja nicht nur von Norden her die Eiskalotte ihre Ausläufer weit ins Land vorschob, sondern gleichzeitig auch die Alpengletscher einen Vorstoß in entgegengesetzter Richtung machten, so daß beschränkte Abwanderungsmöglichkeiten schließlich nur noch in westlicher und südöstlicher Richtung bestanden. Aber auch die in die genannten Richtungen abgedrängten Arten gelangten keineswegs in Gebiete, die klimatisch dem frühtertiären Mitteleuropa entsprachen, sondern in verhältnismäßig eng begrenzte Räume, die sie im günstigsten Falle vor der Vernichtung, nicht aber vor einer starken Beeinflussung durch die eiszeitliche Klimaungunst bewahren konnten. So erklärt es sich, daß später sowohl die westlichen (atlantischen) 33 als auch die südöstlichen (pontischen *) Rückwanderer 34 vielfach in erheblich abgeänderten Formen auf dem wieder eisfrei gewordenen Boden erschienen.

In nächster Nähe der Eisränder vermochte sich naturgemäß nur eine Glazialflora 36 zu halten, die der heute in polaren Gebieten vertretenen nicht sehr unähnlich gewesen sein dürfte. Ihre Existenz auf mitteleuropäischem Boden ist durch eine Reihe von Funden als sicher erwiesen (A. G. Nathorst). Über die Herkunft dieser als Vorläufer der Vereisung auftretenden glazialen Formen läßt sich schwer etwas Sicheres aussagen. Ihre unverkennbaren systematischen Beziehungen zu der zentralasiatischen Gebirgsflora scheinen darauf hinzudeuten, daß sie ihren Weg über Sibirien nach Nordeuropa genommen haben. Ob sich zur Zeit der weitesten Ausdehnung der Vereisung an geschützten Stellen zwischen dem nördlichen und dem südlichen Streifen der Glazialflora noch Waldwuchs in geringem Umfange zu erhalten vermochte, läßt sich nicht mit Bestimmtheit entscheiden. Es ist das aber nicht gerade wahrscheinlich; denn da die Schneegrenze in den Eis-

---

* Die Bezeichnung »pontisch«, die auf Kerner v. Marilaun zurückgeht, ist leider nicht immer in gleichem Sinne angewandt worden (W. Wangerin) 35.

zeiten durchschnittlich 1000 m tiefer lag als heute, so müßte sich damals die Baumgrenze nur in geringem Abstande von der Schneegrenze befunden haben [37].

Die eben kurz geschilderten eiszeitlichen Vegetationsverhältnisse finden ihre Bestätigung in den Ergebnissen der Moorforschung. Allerdings stößt die genaue Altersbestimmung der präglazialen Pflanzenreste oft auf große Schwierigkeiten, da ja nicht nur der Eisrand mehr oder weniger beträchtlichen Oszillationen unterworfen war, sondern auch in langen Zeiträumen Vorstöße und Rückgänge der Vereisung miteinander abwechselten. Bekanntlich hat das zur Annahme von vier verschiedenen Eiszeiten (Günz-, Mindel-, Riß- und Würm-Eiszeit) geführt, die durch drei Interglazialzeiten voneinander getrennt waren [38]. Dementsprechend wird auch die Vegetationsdecke Europas im Laufe der Diluvialperiode sehr verschieden ausgesehen haben; denn dem zurückweichenden Eise folgte jedesmal die Pflanzenwelt auf dem Fuße. Die mitteleuropäische Glazialflora mußte sich während jedes Interglazials entweder in nördlichere Breiten oder in die Höhenlage des Gebirges zurückziehen. Dadurch wurde einerseits eine Spaltung in arktische und alpine Formen herbeigeführt, andererseits wurde den Emigranten Gelegenheit zu einer zeitweisen Rückkehr in die alten Siedelungsgebiete gegeben. Inwieweit dadurch die am Ausgange der Tertiärzeit herrschende Pflanzendecke wiederhergestellt werden konnte und wie weit sich jedesmal neuartige Züge dem Vegetationsbilde beimischten, das läßt sich nur schwer entscheiden. Viele Forscher sprechen der letzten Zwischeneiszeit (Riß-Würm-Interglazial) eine besondere Bedeutung zu, da ihr ein wesentlich trockeneres Klima und entsprechend auch eine stark abgeänderte Flora eigentümlich gewesen sein soll. Ob aber diese interglaziale Vegetation auf den heutigen Zustand unserer Pflanzendecke einen Einfluß auszuüben vermochte oder ob die Wirkung der nachfolgenden letzten Vereisung alle pflanzlichen Spuren des Interglazials wieder restlos austilgte, bleibt eine offene Frage [39].

Die Entwicklung der mitteleuropäischen Flora in der postglazialen Zeit ist infolge der ungleich zahlreicheren Funde von Fossilresten wesentlich besser bekannt. Die von G. Andersson [40] vertretene Meinung, daß das nacheiszeitliche Klima eine ungefähr gleichmäßige Wärmezunahme bis zu einem — jetzt bereits überschrittenen — Maximalzustande (Zeit der am weitesten reichenden Verbreitung der Haselnuß in Schweden) aufgewiesen habe, kann heute wohl auf Grund zahlreicher Mooruntersuchungen als widerlegt betrachtet werden. Grenzhorizonte (ein älterer und ein jüngerer), die überall die Gleichförmigkeit der Torfablagerungen unterbrechen, deuten — wie besonders C. A. Weber [41] nachwies — darauf hin, daß in der postglazialen Zeit die Moore in ihrer Entwicklung zeitweilig gehemmt und von Wald- oder Heideformationen überzogen wurden. Dieser Tatbestand führt zur Annahme eines Wechsels von ausgeprägten Trockenperioden mit solchen feuchteren Charakters, einer Annahme, wie sie der sogenannten BLYTT-SERNANDERschen Theorie [42] zugrunde liegt.

Die Klimaperioden des Postglazials hat man als die arktische, subarktische, boreale (trocken), atlantische, subboreale (trocken) und subatlantische bezeichnet. Diese klimatische Pendelbewegung ist natürlich von größter Bedeutung für die Frage der Neubesiedelung des vom Eise frei gewordenen Bodens. Daß die ersten Anfänge dieser nacheiszeitlichen Pflanzendecke der heutigen polaren sehr ähnlich waren und tundrenartige Bildungen aufwiesen, ist naheliegend. Nur sehr langsam wurde die Glazialflora durch Zuwanderung

Fig. 6. Blühende Silberwurz (Dryas octopetala) im Hochgebirge (2200 m). Nach einer Aufn. von GEORG E. F. SCHULZ (Natururkunden; Heft 8, 1909).

mitteleuropäischer Vorposten bereichert. Die postglazialen Dryastone beherbergen neben Resten arktischer Kriechweiden und Zwergbirken vor allem solche der heute alpin und nordisch weit verbreiteten Silberwurz (Dryas octopetala; Fig. 6). Baumwuchs fehlte gänzlich, während Zwergsträucher wie Krähenbeere (Empetrum nigrum) und Zwergporst (Loiseleuria procumbens) schon sehr frühzeitig vertreten waren (Dryaszeit).

Auf die arktische Dryasflora folgten, als mit fortschreitendem Eisrückgange die Klimagunst zunahm, die ersten Bäume. Allen voran die Birke (Betula pubescens und verrucosa), bald aber auch baumförmige Weiden (z. B. Salix cinerea), Erlen (Alnus glutinosa) und Zitterpappeln (Populus tremula). Die Begleitflora gewann natürlich ebenfalls an Reichhaltigkeit (Birkenzeit). Erst wesentlich später hielt die Kiefer (Pinus silvestris) ihren Einzug in Norddeutschland. Etwa zu diesem Zeitpunkte (boreale Periode) muß infolge von Feuchtigkeitsabnahme der untere Grenzhorizont der Moore durch deren Bewaldung zustande gekommen sein. Zusammen mit den schon vorhandenen Baumarten und mit zahlreichen Neuankömmlingen (z. B. Eberesche, Bergrüster, Linde, Spitzahorn, Haselnuß, Schneeball, Faulbaum, Hartriegel) bildete die Kiefer bald abwechselungsreiche Mischbestände, die auch bereits eine vielgestaltige Krautflora in sich aufnahmen (Kiefernzeit). Langsam trat ein weiterer Florenwandel ein, als die Stieleiche (Quercus pedunculata) auf dem Plane erschien und in zunehmendem Maße die Herrschaft in den Wäldern an sich riß. Bald nach der Eiche muß sich auch die Fichte (Picea excelsa) eingestellt haben, die namentlich im Osten schnelle Fortschritte machte und über Finnland nach Schweden einwanderte. In einem Abschnitte dieser Eichenzeit (subboreale Periode) muß die Bildung des oberen Grenzhorizontes in den Mooren vor sich gegangen sein. Über die genauere Zeitbestimmung gehen die Meinungen noch erheblich auseinander. Vorbedingung für die Umwandlung der Moore war ein Rückgang der Feuchtigkeit, der seinerseits wieder einen starken Vorstoß pontischer (südrussischer) und pannonischer (ungarischer) Florenelemente zur Folge hatte. Ob nicht schon vor diesem Zeitpunkte derartige »trockenheitliebende« (xerophile) Gewächse in größerer Zahl den Weg zu uns gefunden haben, läßt sich nicht mit Sicherheit feststellen. Die — namentlich von Nehring [43] vertretene — Ansicht, daß zeitweise eine ausgesprochene Steppenflora in weiten Teilen Mitteleuropas geherrscht habe, ist nicht erwiesen und hat nicht viel Glaubwürdigkeit für sich, wenn auch zugegeben werden soll, daß gerade in Trockenperioden die Aussicht auf Bildung fossiler Pflanzenreste nur gering ist. Diese Ablehnung der »Steppentheorie« besagt nun keineswegs, daß nicht tatsächlich zeitweilig pontische Pflanzen in viel beträchtlicherer Zahl als heute in unserer Vegetationsdecke vertreten waren (vgl. S. 52). Erneute Feuchtigkeitssteigerung (subatlantische Periode) leitete die Einwanderung der Buche (Fagus silvatica) ein. Mit dieser Buchenzeit, die auch eine weite Ausbreitung der Erlen möglich machte, nimmt die Pflanzenwelt mehr und mehr das uns heute geläufige Gepräge an. Allerdings muß hervorgehoben werden, daß die Gegenwart wohl schon wieder in eine Periode mit abnehmender Feuchtigkeit fällt. Schließlich ist noch darauf zu verweisen, daß die hier nach dem Auftreten typischer Baumformen in Norddeutschland charakterisierten Entwicklungsabschnitte nur von bedingtem Werte sind, da sie ja nicht nur nacheinander, sondern auch nebeneinander in Europa vertreten waren. Während beispielsweise in norwegischen Mooren die ältere Waldschicht (unterer Grenzhorizont) entstand [44], waren in einem bei Laibach gelegenen Moore bereits Eiche und Buche nachweisbar [45].

Über die Frage des zeitlichen Auftretens und der Ausbreitung der Baumflora in den verschiedenen Gebieten erhalten wir sehr wertvolle Auskünfte durch die pollenanalytische Methode der neueren

Moorforschung. Die konservierende Eigenschaft des Torfes hat zur Folge, daß selbst in alten Moorschichten noch die Beimischung von Pollenkörnern nach Art und Mengenverhältnis mikroskopisch festgestellt werden kann. Trägt man die ermittelten Resultate in ein »Pollendiagramm« ein, so gewinnt man einen guten Einblick in die Entwicklungsgeschichte der das Moor umgebenden Baumbestände. Durch den Vergleich der Pollendiagramme benachbarter Moore kann nicht nur auf die Genesis der Moore selber, sondern auf die nacheiszeitliche Florengeschichte überhaupt ein ganz neues Licht fallen. Unter den zahlreichen pollenanalytischen Untersuchungen der neuesten Zeit seien hier nur die vortrefflichen Arbeiten von P. STARK erwähnt [46].

Einen kurzen Augenblick müssen wir noch bei der sogenannten Reliktenfrage [47] verweilen, die zeitweilig heiß umstritten wurde und der man nicht selten eine viel zu große Bedeutung beigemessen hat. Sind von der nach dem Weichen des Eises überall den Boden Mitteleuropas beherrschenden Glazialflora Reste an besonders dafür geeigneten Stellen zurückgeblieben oder nicht? Da man tatsächlich bei uns an weit verstreuten Hochmoorstandorten Pflanzen von ausgesprochen nordisch-alpinem Gepräge antrifft, wie etwa Zwergbirke (Betula nana), schwedischen Hartriegel (Cornus suecica), Sumpfhimbeere (Rubus chamaemorus), Mehlprimel (Primula farinosa), Moorsteinbrech (Saxifraga hirculus), Blasenbinse (Scheuchzeria palustris), Spitzknöterich (Polygonum viviparum) u. a., so ist der Gedanke sehr naheliegend, daß es sich hier um Florenreste einer weit zurückliegenden Periode handeln kann. Ist diese Möglichkeit an sich auch nicht zu bestreiten, so müssen doch, um das Reliktvorkommen sicherzustellen, gewisse Bedingungen erfüllt sein, die in folgendem kurz angegeben sind [48]:

1. Der fragliche Standort muß sich so weit außerhalb des kompakten Verbreitungsgebietes befinden, daß eine Neueinwanderung unter den gegebenen Umständen ausgeschlossen erscheint.

2. Zwischen dem Standorte und dem Hauptareal muß ein Gebiet gelegen sein, das infolge seiner klimatologischen Verhältnisse heute keine Wanderungsmöglichkeit für die fragliche Pflanze mehr bietet.

3. Es muß sich erweisen lassen, daß an dem »Reliktstandorte« die Lebensverhältnisse ohne Unterbrechung die Fortdauer der »Reliktpflanze« möglich machten.

4. Die volle Wahrscheinlichkeit erreicht ein Reliktvorkommen in der Regel nur dann, wenn mehrere Komponenten der ehemaligen Vegetationsdecke nebeneinander erhalten geblieben sind.

Hieraus erhellt zur Genüge, daß sicher nachweisbare Glazialrelikte keineswegs so häufig sind, als gemeinhin angenommen wird. Schon die oben erwähnten Grenzhorizonte machen es in vielen Fällen unwahrscheinlich, daß eine unterbrechungslose Dauerexistenz der »Relikte« am Standorte möglich war. Tatsächlich hat sich denn auch gezeigt, daß die fossilen Reste angeblicher Reliktpflanzen durchaus nicht immer durch alle Schichten zu verfolgen sind. Obendrein werden Glazialformen heute gelegentlich auch in Mooren angetroffen, deren Lebensdauer gar nicht bis an den Anfang der postglazialen Zeit zurückreicht. Im übrigen soll nicht in Abrede gestellt werden, daß hier und da eine wirkliche Persistenz von Glazialformen vorliegt. Solche Restvorkommen können ihrerseits in günstigen Perioden wieder zu einer größeren Ausbreitung der betreffenden Art die Veranlassung gegeben haben, so daß die gegenwärtige Isoliertheit eine Reliktbildung in sekundärem Sinne darstellt. Solche Erwägungen führen zu der Einsicht, daß die Entscheidung, ob überständige Reste einer früheren Besiedelung vorliegen oder ob fortschreitende Vorpostenbildung anzunehmen ist, nur dann mit einiger Sicherheit getroffen werden kann, wenn entweder zuverlässige Überlieferungen oder fossile Belege in dieser oder jener Richtung beizubringen sind. Zudem kann bei derselben Pflanze der eine Standort durch frühere Regression abgegliedert sein, während die umliegenden Standorte Vorposten einer erneuten Progression darstellen.

Nicht viel anders liegen die Verhältnisse bei den pontischen Florenelementen Norddeutschlands, die oft als Relikte einer früheren Steppenflora angesehen werden [49]. Diese Auffassung ist beispielsweise geltend gemacht worden für die Federgrasarten (Stipa pennata und capillacea), die Hügelnelke (Tunica prolifera), den Igelsamen (Echinospermum lappula), die Goldhaaraster (Aster linosyris), die schwarze Ochsenzunge (Nonnea pulla), den Berg-Haarstrang (Peucedanum oreoselinum) und viele andere. Tatsächlich handelt es sich in diesen Fällen um Zuwanderer südöstlicher Herkunft, die trockenwarme Sommer lieben und sich gegenwärtig bei uns nur an verhältnismäßig wenigen Stellen zu erhalten vermögen. Sicherlich ist der Einstrom dieser Florenelemente zu einer Zeit erfolgt, etwa in der zweiten Hälfte der Eichenzeit, wo ein den genannten Pflanzen mehr zusagendes Klima herrschte. Aber es ist heute schwer zu entscheiden, in welchem Umfange eine Zersplitterung früher zusammenhängender Areale stattgefunden hat. Viele der pontischen Arten werden wohl nie über eine zerstreute Ansiedelung hinausgekommen sein; andere haben sich in ihren klimatischen Bedürfnissen so weit umgestellt, daß sie heute eher an Areal gewinnen als abnehmen; noch andere sind zwar durch die zunehmende Feuchtigkeit gezwungen worden, an ihrem bisherigen Standorte der Konkurrenz besser angepaßter, einheimischer Arten zu weichen, haben dafür aber als »Unkräuter« in der vom Menschen unterhaltenen Kultursteppe nicht nur Daseinsmöglichkeit, sondern unter Umständen sogar eine beträchtliche Verbreitung gefunden.

Zum Schlusse seien noch die Wirkungen der diluvialen Vereisung auf die nordamerikanische Flora erwähnt. Wir sahen schon an früherer Stelle, daß das Vorhandensein leicht erreichbarer südlicher Abzugstraßen hier zu wesentlich anderen Ergebnissen führte als in

Europa. Obgleich die Inlandeismassen den amerikanischen Kontinent zeitweilig bis zum 50.° n. Br., auf der atlantischen Seite sogar bis zum 45.° n. Br., unter sich begruben, waren die pflanzengeographischen Folgeerscheinungen trotzdem viel weniger einschneidend, so daß beim Eintreten einer rückläufigen Klimaänderung viele der arktotertiären Elemente in wenig veränderten Formen ihr früheres Siedelungsgebiet wieder einzunehmen vermochten. Ähnlich lagen die Verhältnisse im östlichen Asien, so daß die auffälligen Übereinstimmungen, die noch heute zwischen diesen räumlich weit getrennten Florengebieten zutage treten, hierin ihre ungezwungene Erklärung finden.

Geogene Änderungen. Wie wir im vorhergehenden Abschnitte hörten, war es die Jurazeit, in der das Pflanzenkleid der gesamten Erde ein verhältnismäßig einheitliches Gepräge aufwies. In der folgenden Periode der Erdgeschichte, der Kreidezeit, verschärften sich die pflanzengeographischen Gegensätze schon erheblich, und im Tertiär zeigten sich bereits ausgesprochene Unterschiede zwischen dem nördlichen zirkumpolaren Gebiet (arktotertiäre Flora), der äquatorialen Zone (tropische Flora) und dem südlichen zirkumpolaren Gebiet (antarktotertiäre Flora). Vergleichen wir den heutigen Zustand der Gesamtvegetation mit dem im Tertiär vorhandenen, so springt uns sofort die fast mosaikartige Zerstückelung der gegenwärtigen Pflanzendecke in die Augen, die nicht nur durch die nordsüdlichen Abstufungen, sondern oft noch mehr durch tiefgreifende ostwestliche Gegensätze herbeigeführt ist. Daß die klimatogenen Veränderungen, so bedeutungsvoll sie auch in ihren Auswirkungen waren, nicht zur Deutung dieser erstaunlichen Buntheit ausreichen, ist ohne weiteres klar. Und in der Tat haben wir ja auch schon bei der Besprechung der eiszeitlichen Vorgänge hervorheben müssen, daß geomorphologische Verhältnisse sehr wesentlich an der Herausbildung der floristischen Charaktere mitbeteiligt waren. Die horizontale und die vertikale Gliederung der Erdoberfläche, wie sie sich aus dem rastlosen Widerstreit von aufbauenden und zerstörenden Kräften, von Senkung und Hebung, von Faltung und Abtragung, von Landgewinn und Landverlust ergibt, hat im Laufe der Erdgeschichte einen ungeheuren Einfluß auf die Florenentwicklung der verschiedenen Erdräume ausgeübt. Die Grundzüge der heutigen Pflanzenverbreitung bleiben uns größtenteils unverständlich, wenn wir diesen geogenen Veränderungen nicht gebührend Rechnung tragen. Ja, oft sind es gerade die Tatsachen der Biogeographie, die uns die wichtigsten erdgeschichtlichen Fingerzeige bieten, wenn es sich darum handelt, die Verschiebungen von Wasser und Land zu deuten, die Abtrennung insularer Gebiete zeitlich festzulegen und das Vorhandensein alter Landbrücken zu rekonstruieren. Nirgends sonst sind Geographie, Geologie, Paläontologie, Tiergeographie und Pflanzengeographie so eng miteinander verknüpft wie gerade in dem angedeuteten Fragenkomplex.

Wir beginnen mit den großen Linien der kontinentalen Gliederung und schreiten dann zu den räumlich begrenzten Erscheinungen der Insel- und Gebirgsflora fort.

Kontinentale Gliederung. Während des Mesozoikums wich das Aussehen der Erdoberfläche von dem heutigen in sehr wesentlichen Punkten ab. So machte sich vor allem eine bis in die Tertiärzeit fortbestehende scharfe Sonderung von Süd- und Nordkontinenten bemerkbar. Die große westöstliche Bruchzone der Erde war seit der Triaszeit vom Meere bedeckt, jenem Meer, das nicht nur die beiden Amerika voneinander trennte, sondern auch in der alten Welt Teile des heutigen Südeuropas und weite Gebiete des südlichen Asiens von der eurasiatischen Rumpfmasse schied. Man hat diesen alten, heute nur noch in Resten vorhandenen Meeresräumen nach dem Vorgange von Ed. Suess den Namen der Thetys gegeben. Zu gleicher Zeit war der europäische Kontinent in der Hauptsache noch in einen Archipel aufgelöst, dessen Inseln erst nach und nach in feste Verbindung miteinander traten. Nordamerika wies in seinem mittleren Teile eine weit von Süden nach Norden vorspringende Meeresbedeckung auf, so daß die westliche Landmasse nur im Norden mit der östlichen zusammenhing. Zwischen dem nördlichen Europa und dem amerikanischen Kontinent muß damals eine landfeste Verbindung bestanden haben, die erst in der Tertiärzeit, als Europa schon zu einem einheitlichen Komplex geworden war, gelöst wurde. Ebenso führte im Nordosten des gewaltigen zentralasiatischen Klotzes die sogen. Beringsbrücke von Erdteil zu Erdteil. Das südöstliche Asien reichte viel weiter südwärts als heute, so daß durch die damals noch geschlossene malayische Landmasse eine unmittelbare Verbindung mit Australien und wohl auch mit Neuseeland geschaffen war

Nicht minder groß waren die Abweichungen von dem heutigen Bilde, die die südhemisphärischen Festländer boten. Aller Wahrscheinlichkeit nach bestand im Mesozoikum noch die altindische Tafel (Lemuria), die das Hochland von Dekan unter Einbeziehung von Madagaskar mit Afrika in Verbindung setzte. Wesentlich hypothetischer und dementsprechend bis auf den heutigen Tag umstritten ist die Frage nach den Zusammenhängen bzw. Inselbrücken zwischen Südamerika und Afrika. Daß Verbindungen irgendwelcher Art zwischen den südlichen zirkumpolaren Ländern zum mindesten im Paläozoikum bestanden haben, das lehrte ja schon die an früherer Stelle besprochene permokarbonische Gondwanaflora. Der Widerstreit der Meinungen hebt aber an, sobald es sich darum handelt, Umfang, Art und Zeitdauer dieser hypothetischen „Landbrücken" festzustellen. Wir wollen daher den zugrunde liegenden Tatbestand sowie seine möglichen Deutungen weiter unten einer genaueren Prüfung unterziehen.

Auf jeden Fall ergeben sich aus dem eben geschilderten Gesamtzustand der Erdoberfläche eine ganze Reihe von pflanzengeographischen

Folgerungen, die kurz beleuchtet seien. Die scharfe Sonderung zwischen Nord- und Südfeste ebenso wie die viel engere Bindung der zirkumpolaren Gebiete untereinander macht uns einerseits das Vorhandensein einer ausgedehnten arktotertiären Flora verständlich und läßt uns andererseits die Bedeutung der erwähnten floristischen Übereinstimmungen bzw. Anklänge zwischen den Südkontinenten ahnen.

Die bis ins Miozän bestehende Trennung zwischen Nord- und Südamerika verhinderte für lange Zeit einen Austausch von Florenelementen. Der heute noch deutlich erkennbare Gegensatz zwischen der pazifischen und der atlantischen Pflanzenwelt Nordamerikas findet in der Überflutung des Präriengebietes eine hinreichende Erklärung. Als dann in spättertiärer Zeit die Zusammenschweißung der nördlichen und südlichen Landmasse Amerikas vollzogen war, setzte ein Austausch der sehr verschiedenartigen Florenbestandteile ein, gewann aber infolge der jetzt schon herrschenden klimatischen Gegensätze keine allzu große Bedeutung[50]. Auffällig ist die Tatsache, daß nordische Formen in größerer Zahl den Weg nach Süden fanden. Sie wird aber verständlich, wenn wir uns vergegenwärtigen, daß der in Auffaltung begriffene Wall der Cordilleren geeignete Bedingungen für die Wanderung in der genannten Richtung bot.

Einheitlichkeit des Klimas im Verein mit den bestehenden Wanderungsmöglichkeiten führte von Beginn der Tertiärzeit an zu einem weitgehenden Austausch innerhalb der gewaltigen holarktischen Landmasse. Namentlich die schon mehrfach betonten engen Beziehungen zwischen der Flora des nördlichen Amerikas und des östlichen Asiens bedürfen keiner weiteren Erklärung *. Wohl aber verdient die Tatsache Erwähnung, daß der östliche Teil von Tibet sich wie kaum ein anderer Erdenraum als ein Entwicklungszentrum für zahlreiche Gattungen und Formengruppen erwiesen hat. Durch die Untersuchungen von L. Diels[51] wurde gezeigt, daß gerade hier Zwischenformen sonst weit voneinander getrennter Gattungen auftauchen, wie etwa zwischen Saxifraga und Chrysosplenium, Aconitum und Delphinium, Lilium und Fritillaria. Es laufen in Zentralasien also gewissermaßen zahlreiche Entwicklungslinien in einem Knotenpunkte zusammen. Dies ist um so bedeutungsvoller, als das südöstliche Asien, dessen landfeste Verbindungen im Mesozoikum wahrscheinlich bis nach Australien und Neuseeland reichten, auch noch in tertiärer Zeit durch Brücken mit dem malayischen Archipel und über Neu-Guinea wohl auch mit der melanesischen Inselwelt und mit dem östlichen Australien in unmittelbare Berührung treten

* Es sei noch auf folgende typische Beispiele verwiesen: die zu den Berberitzengewächsen zählende Gattung Epimedium umfaßt 11 Arten, von denen nur eine Art in Europa lebt, die übrigen in Ostasien (Japan) und Nordamerika beheimatet sind. — Die Gattung Impatiens (Balsaminaceen) ist nur mit 8 Arten in die nördliche gemäßigte Zone eingedrungen, und zwar verteilen sich diese auf Nordamerika (2 Arten), Europa (1 Art), Südsibirien und Mongolei (1 Art), Japan und Korea (4 Arten).

konnte. Damals scheint aber das südwestliche Australien von den nördlichen und östlichen Teilen des heutigen Kontinents noch durch einen breiten Meeresarm getrennt gewesen zu sein. Aus dieser Lage der Dinge werden uns manche der pflanzengeographischen Eigenarten des heute so vielfach zersplitterten Gebietes verständlich. Zunächst muß hervorgehoben werden, daß im ganzen Malayen-Archipel trotz der jetzt so schwer überwindbaren Meeresschranken eine ungewöhnliche Gleichartigkeit in den Hauptelementen der Vegetation zu verzeichnen ist. Besonders nahe Beziehungen bestehen zwischen der indischen Pflanzenwelt und derjenigen der westlich von Celebes gelegenen Inseln. Bis hierher muß also die Einwanderung noch möglich gewesen sein, als die südöstlich sich anschließenden Gebiete bereits längere Zeit isoliert waren. Neu-Guinea gehört in seiner Flora mehr zu Malesien als zu Ostaustralien, das seinerseits indische und arktotertiäre Elemente in wesentlich geringerer Zahl als die vorgenannten Inseln beherbergt. Dafür treten hier in steigendem Maße — der frühzeitigen Abtrennung entsprechend — endemische Formen in die Erscheinung. Den Höhepunkt erreicht aber die autochthone Flora im südwestlichen Australien, das selbst nach der Angliederung an den nordöstlichen Teil durch einen breiten Steppengürtel vor stärkerer Florenmischung bewahrt blieb. Unter den 3700 Pflanzenarten des südwestlichen Australiens befinden sich nicht weniger als 80 % Endemiten, d. h. also ein so hoher Prozentsatz, wie er kaum sonst noch auf der Erde erreicht wird [52].

Schließlich muß hervorgehoben werden, daß das große indische Pflanzenreservoir auch nicht ohne Einfluß auf die heutige afrikanische Flora geblieben ist. Nachdem die indoafrikanische Tafel zerfallen und ihr Hauptbruchstück, das Hochland von Dekan, an die völlig wesensungleiche zentralasiatische Masse angeschlossen worden war, trat nicht nur hier eine erhebliche Florenmischung ein, sondern es fanden auch — etwa im Pliozän — starke floristische Ausstrahlungen in westlicher Richtung statt, die zur Einwanderung neuartiger Formen in das nördliche und östliche Afrika führten.

Südhemisphärische Kontinentalzusammenhänge. Wir haben hier zwei Gruppen von pflanzengeographischen Tatsachen zu unterscheiden, die eine Erklärung fordern, nämlich einmal die zwischen der südamerikanischen und der indoafrikanischen Tropenflora bestehenden Beziehungen, zum anderen die eigenartigen Anklänge, welche die Südspitzen der Kontinente sowie die antarktischen Inseln in ihrer Pflanzendecke erkennen lassen. Den Übereinstimmungen zwischen altweltlicher und neuweltlicher Tropenvegetation hat besonders A. Engler seine Aufmerksamkeit zugewandt [53]. Wenn auch die Florenstatistik zeigt, daß nur etwa $12^1/_2$% der Dikotylengattungen gleichzeitig Vertreter in beiden Tropenreichen aufweisen, so ergibt sich trotzdem nach den Untersuchungen Englers eine große Zahl von sehr auffälligen Korrespondenzen. Während man bei völliger Identität der beiderseits des Ozeans vorkommenden Arten immer noch an eine irgendwie mögliche Verschleppung denken kann, versagt diese Deutung, wenn hüben und drüben deutlich unterscheidbare, aber trotzdem verwandtschaftlich sehr nahestehende Formen zu verzeichnen sind. Die Wind- und Trifttheorie, die allenfalls zur Erklärung herangezogen werden könnte, vermag naturgemäß nur bei solchen Pflanzen in Frage zu kommen, deren Fortpflanzungskörper in irgend einer Weise für Wind- oder Wasserverbreitung geeignet sind. Aber selbst wenn man diese Fälle ebenso wie jene, bei denen der Mensch seine Hand im Spiele gehabt haben könnte, ausscheidet (etwa 30), bleiben noch immer zahlreiche Beispiele (etwa 50) für das Vorhandensein naheverwandter Gattungsvertreter in Amerika und Afrika übrig. Von der auf Amerika beschränkten Familie der Loasaceen findet sich nur eine monotype Gattung (Kissenia spathulata) in Südwestafrika und Südarabien. Chlorophora tinctoria (Moracee), der Gelbholzbaum Südamerikas, hat seinen einzigen Gattungsgenossen, Chlorophora excelsa, im tropischen Afrika. Die Olacaceengattung Heisteria ist mit 22 Arten im neuweltlichen und mit 1 Art im altweltlichen Tropenreiche zu Hause. Diese Beispiele mögen genügen, um die Gewähr dafür zu geben, daß hier keine Zufallserscheinungen vorliegen. Da eine Wanderung auf dem Umwege über die Holarktis (WALLACE) aus den verschiedensten Gründen abgelehnt werden muß, so wäre eine Erklärungsmöglichkeit in der Annahme einer etwa bis zum Beginn der Tertiärzeit bestehenden Landbrücke gegeben. Tatsächlich hat man eine solche auch in Rücksicht auf die tiergeographischen Verhältnisse fordern zu müssen geglaubt. H. v. JHERING stellt sich diese ehemalige Brücke etwa in Höhe des 15. südl. Breitengrades vor und nennt sie, da die Insel St. Helena mit in ihren Bereich fallen soll, Archhelenis[54]. Leider ist die Flora der genannten Insel sehr stark durch menschlichen Einfluß verändert worden, so daß sichere Anhaltspunkte dafür, daß hier eine Restinsel vorliegt, nicht beizubringen sind. Im übrigen ist es für die von uns erörterte Frage belanglos, in welcher Form man sich die Landverbindung zwischen der alten und der neuen Welt vorstellen will. Das letzte Wort in diesen Dingen hat auf jeden Fall die Geologie zu sprechen, der Biogeograph vermag immer nur Indizien für diese oder jene Anschauung beizubringen.

Wir wenden uns jetzt den pflanzengeographischen Übereinstimmungen zu, die zwischen den Südspitzen von Amerika, Afrika, Australien, Neuseeland und den im Zwischengebiete zerstreuten Inseln bestehen. Das auffälligste hierher gehörende Beispiel, das uns die Familie der Proteaceen bietet, wurde schon an anderer Stelle (vgl. S. 14) ausführlich dargelegt. Aber kaum weniger bedeutsam ist die Disjunktion der Gattung Restio (Restionaceen), die in Australien mit 30 und in Südafrika mit 75 Arten vertreten ist. Ferner ist die Gattung Donatia (Stylidiaceen) zu nennen, die zwei Arten aufweist, und zwar die eine im antarktischen Südamerika, die andere auf Neuseeland. Im ganzen lassen sich — unter Abrechnung ausgesprochener Eurytopisten — 48 Arten feststellen, die ebensowohl in den gemäßigten Ländern Südamerikas als auch in Australien-Neuseeland vorkommen. Dazu muß noch bemerkt werden, daß diese altozeanischen Florenelemente hauptsächlich der Gebirgsflora angehören und zum Teil von Neuseeland aus auch in die polynesische Inselwelt (bis zu den Fidschi-Inseln und bis nach Samoa) eingedrungen sind. Ziehen wir weiterhin die Pflanzenwelt der dem antarktischen Gebiete benachbarten Inseln mit in den Kreis unserer Betrachtung, so werden die Zusammenhänge noch viel augenfälliger. Die südlich von Neuseeland gelegenen Inseln haben nicht weniger als 6 Arten mit Feuerland gemeinsam. Die dürftige und gleichzeitig höchst eigenartige Flora der Kerguelen-Inseln [55] teilt zwei Arten mit dem so weit entfernten Neuseeland. Die Insel Tristan da Cunha besitzt einen ausgedehnten Buschwald, der hauptsächlich von der sogenannten Heidenmyrte (Phylica nitida; Rhamnacee) gebildet wird. Derselbe Strauch kehrt nicht nur in Südafrika und auf Madagaskar wieder, sondern erzeugt auch auf Neu-Amsterdam, einer Insel, die um etwa 90 Längengrade von Tristan da Cunha entfernt ist, ganz die gleiche Formation. Ebenso ist es mit dem Besengras, Spartina arundinacea, das nicht nur auf Tristan da Cunha, sondern auch auf der bei Neu-Amsterdam gelegenen Insel St. Paul einen wesentlichen Bestandteil der Grassteppe ausmacht.

Es liegt auf der Hand, daß derartig zahlreiche und augenfällige floristische Konkordanzen unbedingt eine hinreichende Erklärung fordern. Dieser Notwendigkeit hat die Pflanzengeographie — ebenso wie die Tiergeographie — Rechnung zu tragen versucht durch die Aufstellung verschiedenartiger Landbrückentheorien, die teils Verbindungen zwischen Südamerika und Neuseeland-Australien über den Pazifik hinweg annahmen (Archinotis nach v. Jhering), teils im Sinne des Suessschen Gondwanalandes eine zusammenhängende Kontinentalmasse von Südamerika über Afrika und Indien bis nach Australien forderten, teils auch das heutige antarktische Festland durch viel weiter nordwärts reichende Ausläufer zu den Südkontinenten in Beziehung setzen wollten. Eine Entscheidung über die geologischen Möglichkeiten derartiger Postulate kann hier nicht getroffen werden. Auf Grund der eingehenden Darlegungen von E. Irmscher [56] kann angenommen werden, daß unter allen bisher aufgestellten Hypothesen die von A. Wegener vertretene Annahme einer Verschiebung der Kontinente [57] den pflanzengeographischen Verhältnissen am besten gerecht wird *. Beachtlich

* Es darf allerdings nicht verschwiegen werden, daß L. Diels diesen Standpunkt nicht teilt und auf eine Reihe von Erscheinungen hingewiesen hat, die sich mit der Hypothese der Kontinentalverschiebung nicht in Einklang bringen lassen [58]. Da eine völlig objektive Bewertung der verschiedenen pflanzengeographischen Tatsachen auf sehr große Schwierigkeiten stößt, wird auch die Stellungnahme zu dem vorliegenden Problem vorläufig schwankend bleiben.

— wenigstens in biogeographischer Beziehung — ist die Tatsache, daß die mit der WEGENERschen Hypothese notwendig verknüpfte Forderung ausgedehnter Polverlagerungen den klimatogenen Änderungen der Pflanzendecke im Laufe der Erdgeschichte Rechnung zu tragen vermag [59]. Die Grundanschauung WEGENERS besteht darin, daß ursprünglich nur eine einheitliche Kontinentalmasse vorhanden gewesen sei, die sich später — etwa seit der Permzeit — in einer den heutigen Erdteilen ungefähr entsprechenden Weise gegliedert habe. Erst in nachpermischer Zeit sei ein stetiges horizontales Auseinanderweichen eingetreten, das dann namentlich auf der Südhemisphäre weite Meeresstrecken zwischen die Ausläufer der Kontinente treten ließ[60]. Ohne hier auf die Berechtigung dieser Hypothese, die naturgemäß in einem schroffen Gegensatze zu der von früheren Forschern behaupteten Permanenz der Ozeane steht, eingehen zu wollen, sei noch hervorgehoben, daß die erdgeschichtliche Ausbreitung der Meeresalgen, wie sie sich aus den Studien von N. SVEDELIUS ergibt[61], gut in den kurz skizzierten Rahmen der Kontinentalverschiebung passen würde. Wie die Entscheidung über alle diese Fragen in Zukunft auch ausfallen mag, das eine steht fest: an die Stelle der im Mesozoikum herrschenden Nord-Südgliederung der Floren trat später in steigendem Maße — sei es durch Lösen von Landverbindungen, sei es durch Einfügung breiter werdender Meeresräume — eine Ost-Westgliederung. Diese zeitlich voneinander getrennten Differenzierungsvorgänge sind es, die das heutige Pflanzenkleid der Erde wenigstens in den charakteristischen Grundlinien beherrschen.

Inselfloren. Ganz besonders interessante Probleme bieten die Inselfloren, die in der Regel nicht nur durch eine gewisse Armut an Gattungen und Arten, sondern auch durch einen mehr oder weniger hervortretenden Endemismus ausgezeichnet sind. Es liegt auf der Hand, daß der zeitliche und räumliche Vorgang der Inselbildung in dieser Richtung von maßgebendem Einflusse ist. Nach ihrer Entstehungsgeschichte lassen sich die Inseln in zwei Gruppen sondern.

1. Kontinental- oder Restinseln: sie stellen mehr oder weniger große Bruchstücke ehemaliger landfester Gebiete dar und besaßen dementsprechend zur Zeit ihrer Abtrennung bereits eine Pflanzendecke, die mit der des benachbarten Festlandes übereinstimmte. Allerdings kann diese Pflanzendecke nicht nur infolge der Isolierung und der Änderung der klimatischen Bedingungen ihre eigenen Entwicklungsbahnen eingeschlagen haben, sondern es können auch durch Wind und Meeresströmung verschleppte fremdartige Ansiedeler zu den alten Beständen hinzugetreten sein.

2. Echte oder ozeanische Inseln: sie sind oft in sehr weiter Entfernung von den Kontinenten aus dem Meere emporgestiegen, sei es, daß Korallenriffe oder submarine Vulkanausbrüche die Ursache ihrer Entstehung waren. Bei ihnen mußte also erst eine Pflanzendecke ge-

schaffen werden, die sich naturgemäß aus den Zuwanderern zusammensetzte, die durch fliegende Tiere, durch Wind oder durch Trift herbeigeführt wurden. Die Freiheit des Lebensraumes gab den Neuankömmlingen nicht selten Gelegenheit zu einer reichen Entfaltung neuartiger Formen, so daß dann ein ausgesprochen progressiver Endemismus die Folge war.

Vergleichen wir die Flora einer Kontinentalinsel mit derjenigen des benachbarten Festlandes, so sind für das Verständnis der Zusammensetzung und des Charakters der insularen Pflanzenwelt im allgemeinen folgende Gesichtspunkte maßgebend:

a) Größe der Inseln; Kontinentalinseln von beträchtlicher Ausdehnung haben nicht nur zur Zeit ihrer Entstehung eine der Festlandsflora entsprechende Reichhaltigkeit, sondern sie bieten auch infolge der mannigfachen Abstufungen der Lebensbedingungen die Möglichkeit, die »ererbten« Formen zu erhalten oder sie sogar durch progressiven Endemismus zu vermehren. Andererseits schaltet die Isolierung fast alle Konkurrenzeinflüsse aus, wie sie auf weitreichenden Kontinentalflächen durch Wanderungen und Arealverschiebungen in ausgedehntem Maße zustande kommen. Außerdem trägt die größere Gleichförmigkeit des ozeanischen Klimas das ihre dazu bei, den Wettbewerb der Arten einzuschränken und so die Vorbedingungen für die Erhaltung »veralteter« Typen (konservativer Endemiten) zu schaffen. Das letztere trifft naturgemäß auch für Inseln von beschränktem Umfange zu, nur ist hier das Ausgangsmaterial in der Regel viel weniger mannigfaltig, so daß das Abgeschlossensein von den Fluktuationen des Pflanzenlebens auf dem Festlande noch viel schneller zu einem abweichenden Gepräge der Inselflora gegenüber der des Ursprungslandes führt.

b) Zeitpunkt der Abtrennung; sehr wesentlich für das heutige Aussehen der insularen Vegetation ist der erdgeschichtliche Zeitpunkt der Abtrennung. Je früher diese geschah, um so mehr war die Möglichkeit der Erhaltung »überständiger« Formen geboten, die auf dem Festlande den besser angepaßten, neuartigen Typen weichen mußten. Allerdings bleibt für die Bildung konservativer Endemiten immer die Voraussetzung bestehen, daß den betreffenden Pflanzenarten eine ausgesprochene Starrheit innewohnt, die keine Aufspaltung in korrespondierende Formen zuläßt. Wie schon an früherer Stelle, so muß auch hier betont werden, daß über die Eigenart einer Inselflora nicht nach der Zahl der Endemismen entschieden werden kann, sondern nur nach deren systematischer Stellung. Gattungsendemismus ist ungleich höher zu bewerten als Artendemismus.

c) Zuwanderer; daß auch Zuwanderer die Gestade der Inseln erreichen können, um hier eine neue Heimstätte aufzuschlagen, ist bekannt [62]. In welchem Umfange eine solche Invasion fremdstämmiger Arten erfolgt, das hängt einmal von der Entfernung der festländischen Küsten oder der nächstliegenden Inseln ab, zum anderen aber auch von der vorherrschenden Windrichtung, der Verfrachtungsmöglichkeit durch Meeresströmungen und schließlich — wenigstens wenn die trennenden Meeresstrecken nicht allzu groß sind — von dem Vorhandensein flugkräftiger Tiere (Insekten, Vögel, Fledermäuse). Natürlich können die angedeuteten Transportmöglichkeiten nur dann in Wirksamkeit treten, wenn entsprechende Verbreitungseinrichtungen bei den Pflanzen vorliegen. Welche Bedeutung gerade der durch die Trift bedingten Pflanzenwanderung beizumessen ist, das erkennen wir beispielsweise an der Verbreitung der Kokospalme, der es gelungen ist, fast an allen tropischen Küsten der Alten und der Neuen Welt festen Fuß zu fassen, und die selbst auf den landfernsten Atollen der Südsee vertreten zu sein pflegt.

d) Plastizität der Arten; die bisher angeführten äußeren Lebensumstände sind zwar von großem Einflusse auf die Umgestaltung insularer Floren, reichen aber keineswegs hin, alle Erscheinungen, die uns bei diesen entgegentreten, unserem Verständnisse näher zu bringen. Es kommt eben darauf an, von welcher Beschaffenheit das lebende Material ist, das den neuartigen Faktoren des insularen Daseins unterworfen wird. Erhalten sich die überkommenen altertümlichen Pflanzenformen ohne wesentliche Änderungen, oder werden sie auch im isolierten Lebensraume zum Absterben gebracht? Besteht die Neigung, den alten Typ durch eine Vielheit kohärenter Formen zu ersetzen? Sind die Zuwanderer der Konkurrenz der ursprünglichen Florenelemente gewachsen, oder vermögen sie sogar, sich jenen gegenüber zu einer beherrschenden Stellung aufzuschwingen? Das alles sind Fragen, die von Fall zu Fall untersucht werden müssen, da man sonst leicht zu Fehlschlüssen kommen kann.

Nach dieser Erörterung der allgemeinen Gesichtspunkte wollen wir uns der Betrachtung der Inselfloren im einzelnen zuwenden. Großbritannien führt uns ein ausgedehntes insulares Gebiet vor Augen, bei dem sich späte Abtrennung mit großer festländischer Nähe verbindet. Daher so gut wie nichts von Endemismen, keine Konservierung ererbter Formen, keine kohärenten Neubildungen, keine Zuwanderung, die nicht auch den Kontinentalküsten zuteil geworden wäre! Wie anders dagegen die makaronesischen Inseln, die offenbar schon vor langer Zeit ihre mediterranen und westeuropäischen Verbindungen einbüßten! Die der arktotertiären Flora Europas angehörigen Gattungen Persea und Phoebe sind vom Festlande restlos verschwunden, haben sich aber — wenn auch in abgeänderten Formen — als konservative Endemiten im Bereiche der makaronesischen Inseln erhalten können. Die ebenfalls der diluvialen Klimaungunst zum Opfer gefallenen Arbutus- und Laurus-Arten vermochten sowohl in den mediterranen Ländern wie auch auf den Kanaren in korrespondierenden Formen ihr Dasein weiterzuführen. Die auf Madeira vorkommende Sapotacee Sideroxylon hat weit und breit keine Artgenossen aufzuweisen; die auf der gleichen Insel endemische Clethra arborea ist ebenfalls ihrer in alttertiärer Zeit vorhandenen europäischen Verwandtschaft beraubt worden, weist aber nahestehende

Gattungsangehörige nicht nur auf den Kanaren, sondern auch in Nordamerika und in Ostasien auf. Nach den Angaben von H. CHRIST[63] finden sich im Bereiche der Kanaren, der Azoren und Madeiras nicht weniger als 469 endemische Formen, darunter 422, die ausschließlich den Kanaren angehören, so daß hier die Endemiten fast 50% der Gesamtflora ausmachen. Allerdings muß einschränkend hinzugefügt werden, daß die auf den Kanaren endemischen Gattungen nur mit 8,3% in Ansatz zu bringen sind und daß Madeira allein über kaum 16%, die Azoren sogar nur über etwas mehr als 8% endemischer Arten verfügen *. Das Zurücktreten des Gattungsendemismus gegenüber dem Artendemismus auf den Kanaren deutet eine starke Entwicklung progressiver Formen an.

Die madagassische Flora überrascht einmal durch ihre zahlreichen scharf ausgeprägten Endemismen, zum andern durch ihre offenkundige Hinneigung zur indischen Pflanzenwelt, zu der sich vielleicht engere Beziehungen nachweisen lassen als zur afrikanischen. Nur innerhalb der Gebirge Madagaskars tritt das südafrikanische Florenelement deutlich in den Vordergrund. Die Lythraceengattung Lagerstroemia hat ihre Vertreter außer auf Madagaskar nur im südöstlichen Asien, in Malesien und in Australien. Die Areca madagascariensis gehört dem indischen Palmentyp an; auch die massenhafte Entwicklung der Baumfarne sowie der Pandanen und Casuarineen weist nach Osten. Im madagassischen Savannengebiet mehren sich die Anklänge an die kapländische Pflanzenwelt, wie das z. B. die Iridaceengattung Aristea und eine Reihe von Heidekrautgewächsen (Ericaceen) erkennen lassen. Die Familie der Chlaenaceen, die den Malvaceen nahesteht, ist sogar mit ihren 22 Vertretern ganz und gar auf Madagaskar beschränkt. Nach BARON[64] befinden sich unter den 4100 auf der Insel vorhandenen Arten nicht weniger als 3000 endemische (d. h. 73% der Gesamtflora). Alles in allem: die madagassische Flora wird uns nur verständlich, wenn wir frühere Verbindungsmöglichkeiten mit der indo-malayischen Pflanzenwelt einerseits und mit der afrikanischen andererseits voraussetzen; allerdings müssen diese »Brücken« schon gegen Ende des Mesozoikums oder zu Beginn des Känozoikums gelöst worden sein.

Besonders interessante Verhältnisse bietet auch die Pflanzenwelt Neuseelands, mit der sich in neuerer Zeit L. DIELS eingehend beschäftigt hat[65]. Die Zahl der Endemiten, besonders der konservativen, ist auch hier wieder recht beträchtlich. Unter den rund 935 Arten der neuseeländischen Flora sind etwa 72% nur ihr eigentümlich, und selbst die endemischen Gattungen machen noch 9,2% der Gesamtzahl aus. Allerdings droht auch in diesem Falle die Gefahr, daß das Heer der Anthropophyten in zunehmendem Maße die ursprünglichen Züge des

* Die Angaben der verschiedenen Autoren schwanken nicht unerheblich, da ja gerade bei kohärenten Formen die Abgrenzung von Arten und Varietäten weitgehend der subjektiven Auffassung unterliegt.

pflanzengeographischen Bildes verwischt. Die Verwandtschaft der neuseeländischen Pflanzenwelt mit derjenigen Australiens ist unverkennbar, aber doch nicht so hervorstechend, wie man eigentlich erwarten müßte. So fehlen ihr beispielsweise die für Australien in hohem Maße charakteristischen Eukalypten und Akazien. Die eigentümlichen Anklänge, die zwischen der südamerikanischen und der neuseeländischen Flora bestehen, wurden bereits im Rahmen der südhemisphärischen Landbrückentheorien behandelt.

Wir richten unseren Blick jetzt auf die sog. echten oder ozeanischen Inseln, denen kein ererbter Pflanzenbestand zuteil ward. Bei ihnen konnte nur eine Zuwanderung stattfinden, die je nach den Umständen bald langsamer, bald schneller, bald in beschränktem, bald in reichlichem Umfange, bald mehr zufällig, bald mehr einheitlich und gleichsinnig erfolgte. Aus dieser Art der Besiedelung ergeben sich gewisse übereinstimmende Charakterzüge derartiger Inselfloren, die hier kurz hervorgehoben werden sollen:

a) Ozeanische Inseln sind — namentlich bei landferner Lage — durch eine auffällige Artenarmut ausgezeichnet. Darauf hat schon Alph. de Candolle hingewiesen, indem er die relative Artenzahl (bezogen auf die Flächeneinheit) bei kontinentalen und bei ozeanischen Inseln errechnete. Allerdings läßt sich gegen dieses Verfahren der berechtigte Einwand erheben, daß ja nirgends eine irgendwie faßbare Proportionalität zwischen Areal und Zahl der vorhandenen Arten besteht. Besser ist es, wenn man bei derartigen Vergleichen den floristischen Inhalt korrespondierender Pflanzenverbände zueinander in Beziehung setzt.

b) Das Verhältnis zwischen Artenzahl und Gattungszahl liegt bei ozeanischen Inseln fast immer dem Werte 1 näher als bei kontinentalen Inseln oder Festlandsgebieten. Zur Veranschaulichung möge die nachfolgende Übersicht dienen *:

Tabelle 5. Zusammensetzung der Inselfloren.

Ozeanische und kontinentale Inseln	Gattungen	Arten	Verhältnis
Ascension	8	8	1 : 1,0
Süd-Trinidad	9	9	1 : 1,0
Chatham-Inseln	56	62	1 : 1,1
Kerguelen	18	21	1 : 1,2
St. Paul	8	10	1 : 1,2
Bermudas	97	120	1 : 1,2
Macquarie	13	16	1 : 1,2
Tristan da Cunha	23	29	1 : 1,3

* Diese Übersicht wurde in der Hauptsache auf Grund der Angaben O. Drudes (Handbuch, S. 132 ff.) zusammengestellt.

Ozeanische und kontinentale Inseln	Gattungen	Arten	Verhältnis
Neu-Amsterdam	12	16	1 : 1,3
St. Helena	44	62	1 : 1,4
Falkland-Inseln	84	115	1 : 1,4
Juan Fernandez	79	142	1 : 1,8
Galapagos	164	332	1 : 2,0
Azoren	249	478	1 : 1,9
Mauritius	323	705	1 : 2,2
Island	155	388	1 : 2,5
Grönland	139	360	1 : 2,6
Kanaren	180	977	1 : 5,4
Deutschland (einschl. Österreich und Schweiz)	800	3500	1 : 4,4

Die Ursache für diese Erscheinung liegt darin, daß die durch Zufall auf die Inseln geratenen Arten in der Mehrzahl der Fälle ganz verschiedenen Gattungen angehören werden. Die Ausnahmen, die die oben genannte Regel aufweist, erklären sich meist durch Bildung progressiver Endemismen, für deren Zustandekommen um so mehr Wahrscheinlichkeit besteht, je älter und je ausgedehnter die Inselkomplexe sind. Berühmte Beispiele in dieser Richtung bieten uns die Galapagos-Inseln mit ihrer höchst eigenartigen Entwickelung kohärenter Formen, wodurch die Artendemismen auf 52% ansteigen, während die Gattungsendemismen nur mit 4,3% in Ansatz zu bringen sind [66], und die Sandwich-Inseln, bei denen die Artendemismen rund 79%, die Gattungsendemismen aber nur 16% ausmachen. Schließlich verdient noch die Tatsache Erwähnung, daß im allgemeinen mit zunehmender Landnähe — entsprechend der größeren Besiedelungsmöglichkeit — das Verhältnis zwischen Gattung- und Artzahl sich weiter von 1 entfernt.

c) Die Floren ozeanischer Inseln zeigen naturgemäß **Beziehungen zu der Pflanzenwelt der benachbarten Inseln und Festländer**, und zwar ist dieser Einfluß um so unverkennbarer, je geringer die Entfernung zwischen Insel und Festland ist. So versteht es sich von selber, daß etwa die Galapagos-Inseln trotz ihrer beträchtlichen Landferne und trotz der Eigenart ihrer Pflanzenwelt letzten Endes ein südamerikanisches Gepräge tragen. Sehr interessante Verhältnisse bietet die Flora der Juan-Fernandez-Inseln, die neuerdings von C. Skottsberg [67] eingehend erforscht wurde. Die etwa 700 km vom Festlande entfernten Inseln weisen in ihrer Pflanzendecke 69% endemische Blütenpflanzen (19% endemische Gattungen) und 28% endemische Farnpflanzen (2% endemische Gattungen) auf. Nach ihrer Herkunft gliedern sich die Bestandteile folgendermaßen:

Tabelle 6. Herkunft der Florenelemente.

Flora der Juan-Fernandez-Inseln	Von den gesamten Gefäßpflanzen	Von den endemischen Gefäßpflanzen
Chilenischen Ursprungs	61%	38%
Altozeanischen Ursprungs	29%	50%
Tropisch-amerikanischen Ursprungs	7%	12%
Antarktisch-magellanischen Ursprungs	3%	0%

Aus dieser Zusammenstellung geht hervor, daß das benachbarte Chile zwar den stärksten Einfluß auf die Zusammensetzung der heutigen Inselflora ausgeübt hat, daß dieser Einfluß aber bei der Ausbildung endemischer Formen weniger zur Geltung kommt als derjenige der altozeanischen Florenelemente, die dementsprechend auch den älteren Besiedelungsbestandteil ausmachen. Auch die tropisch-amerikanischen Formen, die an sich weit hinter den chilenischen zurücktreten, müssen in Rücksicht auf den verhältnismäßig hohen Prozentsatz, den sie unter den Endemiten einnehmen, längere Zeit zu ihrer Entfaltung gehabt haben als die chilenischen. So bestätigt uns dieses Beispiel nicht nur in eindrucksvoller Weise die Bedeutung der einer Insel zunächst gelegenen Festlandsflora, sondern lehrt uns gleichzeitig, daß wir neben der heutigen Verteilung von Wasser und Land auch die in früheren Erdperioden herrschenden Verhältnisse mit in den Kreis der Betrachtung ziehen müssen.

Ozeanische Inseln, die durch besonders große Landferne ausgezeichnet sind, lassen oft keine ausgesprochene Zuwanderungsrichtung mehr erkennen. Das gilt beispielsweise von der Insel St. Helena, die bei einer Größe von 123 qkm von der afrikanischen Küste etwa 2500, von der amerikanischen etwa 5000 km entfernt ist. Soweit man aus den heutigen Resten der ursprünglichen Flora ersehen kann, bestand diese aus 45 Blütenpflanzen und 26 Farnpflanzen und wies neben Beziehungen zur afrikanischen Flora auch solche zur südamerikanischen und zur polynesischen auf [68].

d) Da sich bei einer durch Inselbrücken ermöglichten etappenweisen Wanderung viel schneller und zahlreicher floristische Zusammenhänge herausbilden als bei inselfreien Wasserstrecken, so entscheidet über den Einfluß der festländischen Pflanzenwelt auf diejenige einer bestimmten Insel oder Inselgruppe nicht nur die räumliche Entfernung der Küste, sondern auch das Vorhandensein oder Fehlen von insularen Zwischenstationen. Unter diesem Gesichtspunkte wird es verständlich, daß die polynesische Inselwelt bis zu den Gesellschafts-, Paumotu- und Marquesas-Inseln ihre pflanzliche Besiedelung in der Hauptsache Südostasien zu verdanken hat, nicht aber dem teilweise viel näher gelegenen Amerika. Selbst bei den Sandwich-Inseln, die ungefähr doppelt so weit von Asien als von Amerika entfernt liegen, kann man noch Zweifel darüber hegen, ob der südwestlichen oder der nordöstlichen Einwanderung die Hauptbedeutung beizumessen ist. Diese Tatsache ist um so überraschender, als Strömung und Wind sich im Bereiche der Südsee vorwiegend in ostwestlicher Richtung bewegen. H. B. Guppy[69] ist der Meinung, daß die Verbreitung der Pflanzen von Insel zu Insel in erster Linie durch Tiere (Wasservögel, Fledermäuse, Insekten) bewirkt sei, und betont in diesem Zusammenhange, daß mindestens 60% der indo-malayischen Pflanzenarten für einen derartigen Transport geeignet wären. Im Sinne der Wegenerschen Hypothese wäre auch zu beachten, daß in früheren Erdperioden nicht nur Asien weiter nach Osten reichte, sondern daß auch Amerika erst durch langsame Kontinentalverschiebung seinen heutigen Platz erlangte.

e) Daß die Verbreitung durch den Wind den pflanzlichen Neusiedelern besonders günstige Aussichten für die Erreichung insularen Bodens bietet, liegt auf der Hand. Sehr deutlich tritt diese Tatsache bei den Farnen in die Erscheinung, die nicht nur die Blütenpflanzen meist in der Ausdehnung der Areale übertreffen, sondern oft auch in verhältnismäßig größerer Zahl als diese an der Entstehung von Inselfloren beteiligt sind. Die schon früher erwähnte Krakatauinsel wies bereits nach 3 Jahren neben 15 Blütenpflanzen 8 Farne auf, und selbst nach 36 Jahren standen 96 Blütenpflanzen 37 Farne gegenüber. Wie weit gerade manche Farnarten ihre insularen Vorposten auszudehnen vermögen, dafür wurde schon an anderer Stelle (S. 18) ein Beispiel angeführt.

f) Die Pflanzendecke ozeanischer Inseln, die nicht aus einem scharfen Raumkampf zahlreicher pflanzlicher Bewerber hervorgegangen ist und dementsprechend auch in einem mehr labilen Zustande verharrt, ist dem Wettbewerbe eingeschleppter Unkräuter meist wenig gewachsen. So kommt es, daß selbst auf nicht dauernd besiedelten Inseln die Zahl der Anthropochoren häufig eine unverhältnismäßige Höhe erreicht und nicht selten die einheimischen Arten völlig zu verdrängen droht.

g) Die Bergstöcke ozeanischer Inseln weisen im allgemeinen keine ausgesprochen alpine Flora auf, wie wir sie bei entsprechender Höhenlage auf festländischem Boden zu sehen gewöhnt sind. Die Ursache hierfür ist in dem Umstande zu erblicken, daß einerseits der Zuzug geeigneter Florenelemente ausblieb und daß es zum anderen an der nötigen Zeit und an einem genügend umfangreichen Ausgangsmaterial gefehlt hat, um eine derartige spezifisch angepaßte Vegetation an Ort und Stelle entstehen zu lassen.

Gebirgsfloren. Ebenso wie die Inseln weisen auch die Gebirge eine eigenartige, häufig an Endemismen reiche und von derjenigen des umgebenden Flachlandes scharf unterschiedene Flora auf. Während bei den Inseln die räumliche Isoliertheit das besondere Gepräge der

Pflanzendecke bedingt, ist es bei den Gebirgen die klimatische Isoliertheit, die zu ganz entsprechenden Erscheinungen führen kann. Die Gebirge stellen mehr oder weniger weit getrennte Klimainseln innerhalb der Flachländer dar! Wie scharf die Abgrenzung der Gebirgsfloren gegenüber den sie umschließenden und isolierenden Niederungsfloren ist, das hängt von mancherlei äußeren Umständen ab. Wir müssen dabei vor allem im Auge behalten, daß die floristische Trennungslinie nicht rein mechanisch auf eine bestimmte Höhenstufe festgelegt werden darf. Um einige Beispiele zu nennen: der Ruwenzori im äquatorialen Afrika duldet ein in der Hauptsache tropisches Pflanzenkleid bis zur Höhe von 2100 m, und erst von hier an beginnt das klimatische Inselgebiet; in den Anden von Kolumbien läßt sich die entsprechende Grenze etwa bei 1300 m Höhe festlegen, und der westliche Himalaya tritt schon bei 900 m aus dem Klimaniveau seiner Umgebung heraus, wenn auch einzelne subtropische Formen noch wesentlich höher an seinen Flanken emporsteigen. Genau wie die Florenelemente der Kontinentalinseln teils überkommenes Erbgut, teils progressive Neubildungen, teils auch spätere Zuwanderungen darstellen, so sind auch in der Pflanzendecke der Gebirge Bestandteile sehr verschiedener Herkunft miteinander verwoben. Als solche kommen vornehmlich in Betracht:

1. Kampestre Formen. Bei der langsamen Aufwölbung der Gebirge trat eine stetig zunehmende klimatische Umstellung ein, die einerseits eliminierend, andererseits umzüchtend auf das Ausgangsmaterial, d. h. auf die kampestren Formen der Ebene, einwirkte. Es wird aber auch nicht an Florenbestandteilen gefehlt haben, die infolge großer Dehnbarkeit ihrer Ansprüche den neuartigen Verhältnissen zum Trotz ihren Standort behaupteten und als unveränderte oder wenig veränderte kampestre Formen in die sich mehr und mehr von ihrer Umgebung abhebenden Pflanzengemeinschaften übergingen. Namentlich Ubiquisten, wie etwa Vogelknöterich (Polygonum aviculare), mittlerer Wegerich (Plantago media), Löwenzahn (Leontodon taraxacum) und andere, leisten in dieser Richtung Erstaunliches. Anemone narcissiflora, die in Ost-Rußland und West-Asien als Steppenpflanze auftritt, erscheint in unveränderter Form im Riesengebirge oberhalb der Baumgrenze.

2. Montane Formen. Sehr viel häufiger ist die kampestre Urform beim langsamen Emporsteigen über ihren bisherigen Lebensraum zu Neubildungen übergegangen. Je nach der den Arten innewohnenden morphogenetischen Fähigkeit wurde dabei entweder nur ein anpassungsmäßig erzwungener »montaner Typ« erzeugt, oder aber es begann unter dem Einflusse der sich nach Exposition und Gebirgsmodellierung immer mannigfacher gestaltenden Lebensverhältnisse eine fortschreitende Zerfaserung der Ausgangsart in viele korrespondierende Spezialformen. Im ersteren Falle kann — zumal wenn die kampestre Stammart in der Gebirgsumgebung nachträglich erlischt —

ein konservativer Endemismus die Folge sein; im letzteren Falle dagegen, und zwar wird das ungleich häufiger geschehen, muß eine endemische Progression unter Erzeugung zahlreicher Präsentativformen Platz greifen. Sicherlich haben wir hier die Hauptquelle vor uns, aus der die floristische Buntheit der Gebirgsflora hervorgeht.

3. Zuwanderer. Während eine Artenbereicherung durch Vermittlung von Wind und Tieren bei der Gebirgsflora nicht oder nicht nennenswert in Frage kommt, bieten viele Gebirgssysteme durch ihre mannigfachen Verzweigungen die Möglichkeit direkter Wanderungen. Das tritt ganz besonders bei nordsüdlich streichenden Gebirgen — wie etwa den amerikanischen Kordilleren — in die Erscheinung, die mit ihrer basalen Region Gebiete von völlig abweichendem Florencharakter durchziehen, fehlt aber auch nicht bei westöstlichem Gebirgsverlauf. Sowohl der Apennin als auch die illyrisch-griechischen Gebirge tragen in ihren höheren Lagen in der Hauptsache die gleiche Vegetation wie Alpen und Karpathen, der nur ganz wenige Elemente mediterraner Herkunft beigemischt sind. Erst die südgriechischen und sizilischen Hochgebirge bereiten der nordischen Zuwanderung ein Ende und lassen an ihre Stelle Formen treten, die in enger Beziehung zur Mediterranflora stehen. Allerdings muß in diesem Zusammenhange davor gewarnt werden, aus auffälligen floristischen Korrespondenzen auf direkte Austauschmöglichkeiten von Gebirge zu Gebirge zu schließen. Vielmehr ist die Sachlage dann meist so, daß eine gemeinsame kampestre Stammform zugrunde liegt, die — entsprechend ihrer weiten Verbreitung in der Ebene — an verschiedenen Berührungsstellen mit der Gebirgswelt montane Abspaltungen erfahren hat [70].

Neben der horizontalen Wanderung findet in den Gebirgen aber auch eine vertikale statt, indem immer wieder von neuem kampestre Formen aus der Ebene an den Abhängen emporsteigen und als montane Tochtersippen zur Bereicherung der Gebirgsflora beitragen.

Wenn nun auch die Pflanzendecke eines Gebirges am besten als Klimainselflora erfaßt und verstanden wird, so darf man doch nicht übersehen, daß ihre Entstehungsweise in vielen Punkten von derjenigen einer richtigen Inselflora (Rauminselflora) abweicht. Einige dieser Abweichungen sollen hier kurz angedeutet werden:

a) Während die horizontale Isoliertheit der Inselfloren nicht mit gleichsinnig fortschreitenden Klimaänderungen verknüpft ist, ist das bei der vertikalen der Gebirgsfloren der Fall. Daraus ergibt sich sofort, daß die insulare Pflanzenwelt in erster Linie auf die unveränderte Erhaltung ihrer Typen, die montane Pflanzenwelt dagegen mehr auf deren fortschreitende Transmutation eingestellt ist.

b) Der durch die insulare Lage verstärkte Einfluß des Seeklimas läßt die auf den kontinentalen Bruchstücken ursprünglich vorhandenen Standortsgegensätze mehr zurücktreten, die zunehmende klimatische

Ungunst der sich aufwölbenden Gebirgsflächen dagegen veranlaßt in steigendem Maße eine Verschärfung der Unterschiede, wie sie durch Exposition, Höhenstufe und Gesteinsunterlage hervorgerufen sind. Also auch hier wieder Vervielfältigung der Lebensbedingungen und der auf sie angewiesenen Pflanzenformen!

c) Bei der Gebirgsflora findet eine ununterbrochene Berührung mit der dem erdgeschichtlichen Wandel unterworfenen kampestren Vegetation der basalen Region statt, von der aus immer wieder Zuwanderungen in die montanen Gebiete erfolgen; dem steht bei der Inselflora lediglich ein vom Zufall herbeigeführter Transport vereinzelter Ansiedeler gegenüber.

d) Geologische Klimaschwankungen treffen die Pflanzenwelt der Inseln in annähernd gleicher Stärke wie die des Festlandes, die jener den Ursprung gab. Ganz anders im Gebirge, wo ein Ausweichen der Florenelemente in entsprechende Höhenlagen möglich ist, so daß die klimatische Pendelbewegung, die den Pflanzenbestand der Ebene völlig zu verschieben vermag, hier einen elastischen Ausgleich erfährt! Die Folge muß dann ein gesteigerter Gegensatz zwischen der montanen und der kampestren Vegetation sein.

Nur wenn wir die eben kurz berührten Unterschiede in der Entstehung und Ausgestaltung der Insel- und der Gebirgsfloren im Auge behalten, erschließt sich uns das Verständnis für den oft so sehr verwickelten Aufbau der letzteren. Die Kompliziertheit der Florenstruktur muß aber bei den Hochgebirgen um so mehr überraschen, als diese ja oft ein viel geringeres Alter aufzuweisen haben als die kontinentalen Inseln. Die Umbildungsprozesse der Pflanzendecke verlaufen aber — wie oben aufgezeigt wurde — in den Gebirgen mit wesentlich größerer Schnelligkeit als in den insularen Gebieten.

Wir werfen jetzt noch einen flüchtigen Blick auf den Florencharakter einiger hervorstechender Gebirgssysteme. Zunächst ist der Tatsache zu gedenken, daß die nordischen Gebirge, wie etwa diejenigen Islands, die skandinavischen Alpen und das Bergland von Kamtschatka, der Endemismen so gut wie ganz entbehren. Die Ursache hierfür ist leicht einzusehen: diese Gebirge sind erst sehr spät eisfrei geworden und haben dann sozusagen eine geschlossene Besiedelung durch die dem Eisrande folgende Glazialflora erfahren. Diese den extremen klimatischen Bedingungen angepaßte Pflanzenwelt bedurfte weder umfangreicher Neubildungen, noch war ihr Gelegenheit geboten, andere Formen der Ebene in sich aufzunehmen als die auch jetzt noch in der basalen Region vorhandenen.

Wesentlich anders liegen die Verhältnisse bei unseren Alpen [71] und den übrigen der eurasiatischen Faltungszone angehörenden Hochgebirgen. Hier sind die von der arktotertiären Flora abgezweigten montanen Bestandteile nicht zum Erlöschen gebracht worden, sondern haben sich der zeitweisen Vergletscherung der Höhen durch Niederstieg in die Ebene entziehen können, von wo aus sie, allerdings mit den von Norden herangerückten arktisch-borealen Elementen vermischt, immer wieder bei eintretender Erwärmung den Rückweg zu den alten Wohnstätten fanden. Da in der Nacheiszeit die mitteleuropäischen Gebiete von einer neuartigen Flora eingenommen wurden, so ist es verständlich, daß die Mehrzahl der Alpenpflanzen zu dieser keine engere Verwandtschaft aufweist. Die Beziehung alpiner Arten zu hochnordischen ergibt sich mit Notwendigkeit aus der Mischung dieser Formen während der diluvialen Vereisung. Das Vorhandensein von Angehörigen der gleichen Gattung in den zentralasiatischen Gebirgen und in den europäischen Alpen — ich nenne die Gattungen Androsace, Saxifraga, Saussurea und Gentiana — deutet wohl auf gleiche kampestre Stammformen hin, die vordem eine weite Verbreitung besaßen. Ähnlich ist das Vorkommen der uns geläufigen Gattungen Primula, Anemone, Rhododendron, Potentilla u. a. in den südchinesischen Gebirgen zu verstehen, deren Fuß heute von einer ganz andersartigen, subtropischen Flora umgeben ist [72].

In Afrika ist es besonders das Hochland von Abessinien, das eine reichhaltige Flora aufweist, in der sich Formen von mediterranem (Erica arborea), ja sogar von nordischem Gepräge (Juniperus procera) mit solchen der kapländischen Gebirgswelt (Protea abyssinica) mischen. Bemerkenswert ist ferner, daß selbst in den Kamerunbergen oberhalb 1000 m nur ein kleiner Teil der Vegetation tropischen Ursprungs ist, während rund die Hälfte der Arten enge Beziehungen zu der abessinischen Flora erkennen läßt. Die einzelnen Berggipfel Ostafrikas haben sowohl unter den baumförmigen Senecionen als auch unter den Riesen-Lobelien und Impatiens-Arten zahlreiche Spezialformen (Neoendemismen) [73].

Das ausgedehnteste Gebirgssystem tritt uns in den amerikanischen Kordilleren entgegen, die, fast durch alle Klimazonen hinziehend, überaus mannigfaltige Florenelemente in ihren Besitzstand aufgenommen haben. Wie sonst an keiner Stelle der Erde war hier die Möglichkeit eines direkten Austausches montaner Bestandteile in nordsüdlicher Richtung gegeben, und wenn nach A. Weberbauer [74] nicht weniger als 75 Gattungen nordhemisphärischen Ursprungs — darunter so bekannte wie Ranunculus, Saxifraga, Sedum, Alchemilla, Trifolium, Veronica, Salix u. a. — in dem tropischen Anteile dieses Gebirges bald zahlreiche, bald weniger zahlreiche Vertreter aufzuweisen haben, so zeigt das hinreichend die Bedeutung solcher Gebirgszusammenhänge.

Der Endemitenreichtum der Gebirgsfloren schwankt naturgemäß sehr stark und erreicht namentlich bei isolierten Bergmassiven — ich erinnere an den bithynischen Olymp [75] — oft einen bedeutenden Umfang. Daß trotz der verhältnismäßig rasch fortschreitenden endemischen Progression auch im Gebirge gewisse Zeiträume zur Herausbildung eines charakteristischen Pflanzenkleides erforderlich sind, das lehren uns manche **Vulkane**, denen, ungeachtet ihrer bedeutenden Höhe und des reichen Zuzuges aus der Basalregion, die Erzeugung von Endemiten noch nicht in nennenswertem Ausmaße gelungen ist.

Literaturnachweise: [1] Eine kurze, aber inhaltreiche Übersicht über die Hauptfragen der genetischen Pflanzengeographie findet sich bei C. SCHROETER, Genetische Pflanzengeographie; in: Handwörterb. d. Naturwiss. Bd. 4, Jena 1913. — [2] Mit ihnen hat sich besonders eingehend befaßt: H. GRAF ZU SOLMS-LAUBACH, Die leitenden Gesichtspunkte einer allgemeinen Pflanzengeogr.; Leipzig 1905. — [3] Vgl. besonders H. DE VRIES, Arten und Varietäten und ihre Entstehung durch Mutation; Deutsch von H. KLEBAHN, Berlin 1906. — [4] R. v. KLEBELSBERG, Das Vordringen der Hochgebirgsflora in den Tiroler Alpen; Öster. bot. Ztschr. Bd. 63, 1913. — [5] A. TREUB, Notice sur la nouvelle flore de Krakatau; Ann. du jard. bot. Buitenzorg Bd. 7, 1888. — [6] O. PENZIG, Die Fortschritte der Flora des Krakatau; l. c. sér. 2. Bd. 3, 1902. — [7] A. ERNST, Die neue Flora der Vulkaninsel Krakatau; Zürich 1907. — [8] DOCTORS VAN LEEUWEN, The flora and the fauna of the islands of the Krakatau-group in 1919; l. c. Bd. 31, 1920. — [9] Vgl. auch für die weiteren Ausführungen das Werk von H. HAUSRATH, Pflanzengeogr. Wandlungen d. deutsch. Landschaft; Leipzig u. Berlin 1911. — [10] A. SEIDENSTICKER, Waldgeschichte des Altertums; 2 Bde, Frankfurt a. O. 1886. J. WIMMER, Geschichte d. deutsch. Bodens in seinem Pflanzen- u. Tierleben von d. kelt.-röm. Urzeit bis zur Gegenwart; Halle a. S. 1905. — [11] A. MÖLLER, Der Dauerwaldgedanke. Sein Sinn und seine Bedeutung; Berlin 1922. Ders., Dauerwaldwirtschaft; 2. Aufl. Berlin 1921. — [12] K. RUBNER, Die pflanzengeogr. Grundlagen d. Waldbaus; 2. Aufl. 1925 — [13] W. SCHOENICHEN, Merkbuch für Naturdenkmalpflege; Staatl. Stelle f. Naturdenkmalpfl. in Preußen, 2. Aufl. 1925. K. GUENTHER, Der Naturschutz; Freiburg i. Br. 1910. — [14] R. v. WETTSTEIN, Deszendenztheoret. Untersuchungen üb. d. Saisondimorphismus im Pflanzenreich; Denkschr. d. naturw.-math. Kl. d. Wien. Akad. d. Wiss. Bd. 70, 1900. — [15] Vgl. L. REINHARDT, Kulturgesch. d. Nutzpflanzen; 2 Bde, München 1911. V. HEHN, Kulturpfl. u. Haustiere in ihrem Übergange aus Asien nach Europa; 8. Aufl. Berlin 1911. STUART C. GAGER, General Botany with special reference to its economic aspects; Philadelphia 1926. — [16] HUB. WINKLER, Reis; Monogr. z. Landwirtsch. warmer Länder, hrsgb. von W. Busse, Bd. 3, Hamburg 1926. — [17] A. EICHINGER, Mais; Monogr. z. Landwirtsch. warmer Länder, hrsgb. von W. Busse, Bd. 5, Hamburg 1926. — [18] G. BUSCHAN, Vorgeschichtliche Botanik d. Kulturpflanzen d. alten Welt auf Grund prähistorischer Funde; Breslau 1895. — [19] G. D. ZINSERLING, Northern limits of agriculture; Bull. appl. Bot. Bd. 15, Leningrad 1925. (Russisch mit engl. Zusammenfassung!). — [20] Nach dem Jahrbuch des „Internationalen Landwirtschaftsinstituts" in Rom. — [21] A. SCHULZ, Die Geschichte der kultivierten Getreide; I. Halle 1913. — [22] H. C. PRINSEN-GEERLIGS, Zuckerrohr; Monogr. z. Landwirtsch. warmer Länder, hrsgb. von W. Busse, Bd. 2, Hamburg 1925. — [23] W. H. JOHNSON, Cotton and its production; London 1926. The cotton growing countries, present and potential; hrsgb. vom Internat. Landwirtsch.-Institut Rom, London 1926. — [24] F. HÖCK, Die nutzbaren Pflanzen u. Tiere Amerikas u. d. alten Welt; Leipzig 1884. — [25] P. GRAEBNER, Die Pflanzenwelt Deutschlands; Leipzig 1909. — [26] L. HOLTZ, Altes und Neues über Elodea canadensis; Mitt. a. d. Naturwiss. Ver. f. Neuvorp. u. Rügen Bd. 28, 1896. — [27] C. SKOTTSBERG, Studien über die Vegetation der Juan-Fernandez-Inseln; K. Sv. Vetensk. Akad. Handl. 51, 9, 1914. — [28] A. THELLUNG, Zur Terminologie d. Adventiv- u. Ruderalflora; Allg. bot. Zeitschr. Bd. 24/25, 1919. — [29] Zahlreiche Beweise für die innerhalb der geologischen Perioden eingetretenen Klimaveränderungen finden sich im 1. Bde dieses Lehrbuches, Abschn. „Das Klima". Vgl. ferner W. KÖPPEN u. A. WEGENER, Die Klimate der geolog. Vorzeit; Berlin 1924. — [30] Vgl. für die folgenden Ausführungen H. POTONIÉ und W. GOTHAN, Lehrb. d. Paläobotanik; 2. Aufl. Berlin 1921. W. GOTHAN, Paläobotanik; Samml. Göschen, 1920. W. GOTHAN, Die Entwicklung d. Pflanzenwelt im Laufe d. geolog. Epochen; Osterwieck 1909. — [31] O. FEISTMANTEL,

Fossil flora of Gondwana-System; Calcutta 1880—86. W. GOTHAN ist der Meinung, daß vielleicht auch die bei uns im Buntsandstein vertretene Schizoneura paradoxa als ein Ausläufer der Glossopteris-Flora aufgefaßt werden könnte. — 32 H. R. GOEPPERT u. A. MENGE, Die Flora des Bernsteins und ihre Beziehung zur Flora d. Tertiärformation u. d. Gegenwart; Danzig 1883. H. CONWENTZ, Monographie der baltischen Bernsteinbäume; Danzig 1890. — 33 K. TROLL, Ozeanische Züge im Pflanzenkleid Mitteleuropas; „Freie Wege vergl. Erdk.", München u. Berlin 1925. — 34 H. PREUSS, Über d. borealalpinen u. pontischen Assoziationen der Flora von Ost- u. Westpreußen. II. „Pontische Assoziat."; Ber. d. D. Bot. Ges. Bd. 27, 1909. R. STERNER, The continental element in the Flora of South Sweden; Geografiska Annaler, 1922. O. DRUDE, Der Herzynische Florenbezirk; Leipzig 1902, Bd. 6 d. „Veget. d. Erde". O. Ludwig, Das pontische u. äquilonare Element in d. Flora Schlesiens; Englers Bot. Jahrb. Bd. 58 (Beibl. 130), 1923. — 35 W. WANGERIN, Die deutsche Landschaft in ihrem pflanzengeogr. Wesen; in: Deutschland. Die natürl. Grundlagen seiner Kultur; Ksl. Leop.-Deutsche Akad., Leipzig 1928. — 36 A. G. NATHORST, Die Entdeckung einer fossilen Glazialflora in Sachsen; Oefvers of Kgl. Svensk. Vetensk. Akad. Förh. Nr. 10, 1894. MÜLLER u. C. A. WEBER, Über eine frühdiluviale u. vorglaziale Flora v. Lüneburg; Abhandl. d. Pr. Geolog. Landesanst. N. F., 1904. C. A. WEBER, Vers. eines Überblicks über d. Vegetation d. Diluvialzeit in d. mittl. Regionen Europas; Naturw. Wochenschr. Bd. 14, 1899. — 37 Vgl. die gegenteilige Meinung von H. BROCKMANN-JEROSCH, Die fossilen Pflanzenreste des glazialen Deltas bei Kaltbrunn und deren Bedeutung für die Auffassung des Wesens der Eiszeit; Jahrb. St. Gall. nat. Ges., 1909. — 38 A. PENCK u. E. BRÜCKNER, Die Alpen im Eiszeitalter; Leipzig 1909. Vgl. hierzu auch Bd. 1 d. vorl. Lehrbuches, S. 253. — 39 Vgl. u. a. P. GRAEBNER, Die Entwicklung der deutschen Flora; Leipzig 1912. — 40 G. ANDERSSON, Die Entwicklungsgeschichte der skandinavischen Flora; Résultats scientif. du congrès intern. de Bot. à Vienne, 1905. — 41 C. A. WEBER, Aufbau und Vegetation der Moore Norddeutschlands; Englers botan. Jahrb. Bd. 40 (Beibl. Nr. 90), 1908. Ders., Was lehrt der Aufbau d. Moore Norddeutschlands üb. d. Wechsel d. Klimas d. Postglazialzeit; Zeitschr. Deutsch. Geol. Ges. Bd. 62, 1910. H. GAMS u. R. NORDHAGEN, Postglaziale Klimaänderungen u. Erdkrustenbewegungen in Mitteleuropa; Mitt. d. Geogr. Ges. München Bd 16, 1923. — 42 Vgl. R. SERNANDER, Die schwedischen Torfmoore als Zeugen postglazialer Klimaschwankungen; in: Die Veränderungen des Klimas seit dem Maximum der letzten Eiszeit, Stockholm 1911. — 43 NEHRING, Die Ursachen der Steppenbildung in Europa; Geogr. Zeitschr., 1895. — 44 HOLMSEN, Die Stratigraphie einiger hochgelegener Torfmoore in Kristianias Umgebung; Norsk. Geol. Tidskr. Bd. 6, 1920. — 45 F. FIRBAS, Pollenanalytische Untersuchungen einiger Moore in den Ostalpen; Lotos Bd. 71, 1923. — 46 P. STARK, Der gegenwärtige Stand d. pollenanalyt. Forschung; Sammelref., Zeitschr. f. Bot. Bd. 17, 1925. P. STARK u. F. OVERBECK, Zur Waldgeschichte Schlesiens; Planta Bd. 8, 1929. — 47 Vgl. u. a. W. WANGERIN, Beiträge zur Frage d. pflanzengeogr. Relikte unter besonderer Berücksichtigung d. norddeutsch. Flachlandes; Abh. d. Naturforsch. Ges. Danzig Bd. 1, 1923. — 48 Vgl. A. HAYEK, Allgem. Pflanzengeographie; Berlin 1926, S. 229. — 49 Vgl. u. a. O. DRUDE, Die Verteilung u. Zusammensetzung östl. Pflanzengenossenschaften in d. Umgeb. v. Dresden; Festschr. d. Isis, 1885. K. BERTSCH, Wärmepflanzen im oberen Donautal; Englers Bot. Jahrb. Bd. 55, 1919. — 50 E. LEHMANN, Pflanzengeogr. Beziehungen im östl. Nordamerika u. Westindien; Jahreshefte d. Ver. f. vaterländ. Naturk. in Württemberg Bd. 83, Stuttgart 1927. — 51 L. DIELS, Die Flora von Zentral-China; Englers Botanisches Jahrb. Bd. 29, 1901. — 52 Vgl. L. DIELS, Die Pflanzenwelt von Westaustralien südlich des Wendekreises; Leipzig 1906. — 53 A. ENGLER, Über floristische Verwandtschaft zwischen dem tropischen Afrika und Amerika, sowie über die Annahme eines versunkenen brasilianisch-äthiopischen Kontinents; Sitz.-Ber. der Kgl. Preuß. Akademie d. Wiss., Physikalisch-mathematische Klasse Bd. 6, 1905. — 54 H. v. JHERING, Die Geschichte des Atlantischen Ozeans; Jena 1927. — 55 W. MARDNER, Die Phanerogamen-Veget. d. Kerguelen; Diss., Basel 1902. — 56 IRMSCHER, Pflanzenverbreitung und Entwicklung der Kontinente; Mitteil. aus dem Institut für Allg. Botanik, Hamburg 1922. — 57 A. WEGENER, Die Entstehung der Kontinente und Ozeane; 4. Aufl.

Braunschweig 1929. — [58] L. DIELS, Kontinentalverschiebung u. Pflanzengeographie; Ber. d. Deutsch. Bot. Ges. Bd. 46, 1928 (1. Generalvers.-Heft). — [59] W. KÖPPEN und A. WEGENER, Die Klimate der geologischen Vorzeit; Berlin 1924. — [60] Eine genauere Darstellung der WEGENERschen Theorie findet sich im 1. Bde dieses Lehrbuches. — [61] N. SVEDELIUS, On the discontinuous geographical distribution of some tropical and subtropical marine Algae; Ark. f. Bot. Bd. 19, 1924. — [62] Vgl. A. F. W. SCHIMPER, Die indomalayische Strandflora; Bot. Mitteilungen aus den Tropen Heft 3, Jena 1891. — [63] H. CHRIST, Vegetation und Flora der kanarischen Inseln; Englers Botanisches Jahrb. Bd. 6, 1885. O. BURCHARD, Beiträge zur Ökologie und Biologie der Kanarenpflanzen; Stuttgart 1929. L. LINDINGER, Beiträge zur Kenntnis von Vegetation u. Flora d. Kanarischen Inseln; Abhandl. a. d. Gebiete d. Auslandskunde, hrsg. von d. Hamburg. Univers., Bd. 8, Hamburg 1926. — [64] BARON, Flora of Madagascar; Linn. Soc., London 1889. — [65] L. DIELS, Vegetationsbiologie von Neuseeland; Englers Bot. Jahrb. Bd. 22, 1896. Ders., Über die Vegetationsverhältnisse Neuseelands; Englers Bot. Jahrb. Bd. 34, 1905. — [66] B. L. ROBINSON, Flora of Galapagos Islands; Proceedings of the American Acad. of Arts and Sciences Bd. 38, 1902. — [67] C. SKOTTSBERG, Studien über die Vegetation der Juan-Fernandez-Inseln; Kgl. Svensk. Vetens. Akkad. Handlingar Bd. 51, 1914. Ders., The natural history of Juan Fernandez and Easter Island; 2 Bde, 1921. — [68] ROXBOURGH, List of plants of St. Helena; in: Beatson Tracts relative to the island of St. Helena. — [69] H. B. GUPPY, Observation of a Naturalist in the Pacific; London 1906. — [70] L. DIELS, Genetische Elemente in der Flora der Alpen; Englers Bot. Jahrb. Bd. 44 (Beibl. 102), 1910. — [71] Vgl. MARIE CH. JEROSCH, Geschichte und Herkunft der schweizerischen Alpenflora; Leipzig 1903. C. SCHROETER, Das Pflanzenleben der Alpen; 2. Aufl. 1925—1927. — [72] H. HANDEL-MAZETTI, Übersicht über die wichtigsten Vegetationsstufen und -formationen von Yünnan u. SW-Setschouan; Englers bot. Jahrb. Bd. 56, 1921. — [73] TH. C. E. FRIES, Svensk Botan. Tidskr., 1923. Ders., Beiträge zur Kenntnis der Flora des Kenia, Mt. Aberdare u. Mt. Elgon; Notizbl. d. Bot. Gart. Berlin Bd. 8, 1923. — [74] A. WEBERBAUER, Die Pflanzenwelt der Peruanischen Anden; „Veget. d. Erde", Bd. 12, Leipzig 1911. — [75] J. THEEL, Über d. Vegetation d. bithynischen Olymp; Verh. d. Bot. Ver. d. Prov. Brandenburg Bd. 66, 1924.

Ökologische Pflanzengeographie.[1]

(Autökologie.)

Die Beziehungen, die zwischen den gegenwärtigen Bedingungen des Standortes (Standortsfaktoren) und der auf sie angewiesenen Pflanzenwelt bestehen, werden in der ökologischen Pflanzengeographie erforscht. Sie lehrt uns, daß Lebensführung und Gestalt der Pflanzen — wenigstens bis zu einem gewissen Grade — durch die Umwelt bedingt sind. Umgekehrt besteht die Möglichkeit, aus dem Vegetationscharakter eines bestimmten Lebensraumes Rückschlüsse zu machen auf die in ihm wirksamen Faktoren. Gerade in dieser Beziehung ist die ökologische Pflanzengeographie für den Geographen von großer Bedeutung. Die Standortsfaktoren, die vornehmlich das Pflanzenkleid beeinflussen, sind recht verschiedener Natur:

1. Obenan stehen Wärme, Feuchtigkeit, Licht und Wind, die oft auf weite Strecken hin den Grundcharakter der Vegetation beherrschen. Wir sprechen in diesem Falle von klimatischen Faktoren.

2. Die enge Bindung der Pflanze an die sie ernährende Scholle

bringt es mit sich, daß sowohl die chemische als auch die physikalische Beschaffenheit des Bodens nicht selten einen tiefgreifenden Einfluß auf das Gepräge der Standortsbewohner ausübt. Alle derartigen Einwirkungen bezeichnet man nach dem Vorgange von A. F. W. SCHIMPER als edaphische Faktoren.

3. In der Regel teilt die Pflanze ihren Lebensraum mit zahlreichen anderen pflanzlichen Organismen. Diese vermögen ebenso wie die Tierwelt in mannigfacher Weise umgestaltend auf ihre Mitbewohner einzuwirken. Solche von der belebten Umwelt ausgehenden Faktoren heißen biotische.

Klimatische Faktoren. Da diese alle mehr oder weniger eng miteinander verknüpft sind, ist es sehr schwer, ihre Wirkungen auf die Pflanzenwelt gegeneinander abzugrenzen und zahlenmäßig zu erfassen. Außerdem besteht eine große Schwierigkeit darin, daß die vom Klimatologen benutzten Mittelwerte für den Pflanzengeographen oft nur von geringfügiger Bedeutung sind, während umgekehrt viele für den besonderen Standort sehr wichtige Klimafaktoren bisher gar nicht oder nur in sehr unzureichender Weise messend verfolgt wurden [2]. Als solche nenne ich: Verdunstungskraft (Evaporation), Windgeschwindigkeit in verschiedenen Luftschichten, Schwankung des CO_2-Gehaltes der Luft, Bodentemperatur, Ausgiebigkeit der Tauspendung, Sonnenscheindauer u. a. Dementsprechend ist unsere Kenntnis von der klimatischen Bedingtheit der verschiedenen Vegetationstypen noch sehr lückenhaft, zumal sich auch die einzelnen Faktoren bis zu einem gewissen Grade gegenseitig vertreten können [3]. Wir müssen uns also im folgenden auf die skizzenhafte Darstellung des Wichtigsten beschränken.

Wärme. Es ist eine bekannte Tatsache, daß alle Pflanzenarten nur innerhalb mehr oder weniger enger Temperaturgrenzen — man spricht von einem Minimum und einem Maximum — zu existieren vermögen. Zwischen diesen Extremen liegt ein Wärmezustand, der als der optimale bezeichnet wird. Allerdings muß hervorgehoben werden, daß nicht der ganze Entwicklungsgang einer Pflanze dem gleichen Temperaturoptimum unterworfen zu sein pflegt. So sind bei unseren Bäumen für den Laubausbruch, die Blütenentfaltung, den Reifungsprozeß der Früchte ganz verschiedene Temperaturverhältnisse maßgebend. Ferner muß betont werden, daß die innere Einstellung der Pflanze auf bestimmte Funktionsoptima unter Umständen eine Verschiebung in dieser oder jener Richtung erfahren kann, was besonders bei der sogenannten Akklimatisation zutage tritt*.

Da die Wärmespendung zu einem sehr erheblichen Teile von der geographischen Breite und der Meereshöhe abhängt, so müßte man

* Ich lasse hierbei unberücksichtigt, daß die »Akklimatisation« in vielen Fällen nur auf eine Mutantenselektion hinausläuft.

eigentlich eine ausgesprochene zonale Gliederung sowohl in horizontaler wie in vertikaler Richtung bei den Pflanzen erwarten. Daß namentlich die Breitengliederung der Vegetation nur sehr unvollkommen zur Ausbildung gelangte, hat seine Ursachen in folgenden Tatsachen:

a) Das reale Wärmeklima ist durchaus nicht nur von der geographischen Breite, sondern auch von der Land-Wasserverteilung, den Meeresströmungen, den herrschenden Windrichtungen, den Bodenfigurationen usw. abhängig.

Besonders deutlich sind die Gegensätze zwischen ozeanischem und kontinentalem Klima ausgeprägt, die oft schon bei verhältnismäßig geringem Abstande von der Küste scharf hervortreten und dementsprechend auch einen schnellen Wechsel der Florenzusammensetzung nach sich ziehen. Um diesen Klimaübergang zu illustrieren, gebe ich hier die folgende Zusammenstellung (nach R. Tüxen [4]):

Tabelle 7. Übergang vom ozeanischen zum kontinentalen Klima.

Temperaturmittel der einzelnen Monate für 1871—1900

Ort	I	II	III	IV	V	VI	VII	VIII	IX	X	XI	XII	Jahr.	Schwankung
Aachen	+2,3°	3,0°	4,8°	8,7°	12,2	15,7°	17,1°	16,8°	14,1°	10,0°	5,3°	+2,5°	9,4°	14,8°
Leipzig	—0,8°	0,1°	2,7°	7,6°	12,5	16,6°	18,2°	17,2°	13,7°	8,6°	3,0°	—0,1°	8,3°	19,0°

Tritt zu der ozeanischen Klimagunst noch die Heizwirkung warmer Meeresströmungen hinzu, so können höchst überraschende Vegetationsanomalien in die Erscheinung treten. Ein vorzügliches Beispiel dieser Art liefern uns die Scilly-Inseln südlich der englischen Küste (in der gleichen Breitenlage wie Mainz). Hier herrscht z. T. eine Vegetation, die nur mit derjenigen der Riviera verglichen werden kann. Neben Drachenbäumen und Fächerpalmen gedeihen Eucalypten, Bambusen, Gummibäume und Aloë-Arten im Freien. Der Golfstrom — im Verein mit dem Seeklima — ist es, der diese geradezu fremdartig anmutende Landschaft hat entstehen lassen.

b) Die jährlichen Mitteltemperaturen, die zur Charakterisierung der Wärmezonen herangezogen werden, geben uns keine Auskunft über die Art der Wärmespendung, die eine mehr oder weniger gleichmäßige oder auch eine sehr gegensätzliche sein kann. Gerade die klimatische Exzessivität ist es aber, die die Pflanze in ihrer Existenz bedroht. Brauchbarer sind daher schon die Monatsmittel, die uns wenigstens einen Einblick in den jahreszeitlichen Wechsel der Gunst- bzw. Ungunstverhältnisse gewähren.

Recht anschaulich tritt uns die Bedeutung der jahreszeitlichen Unterschiede entgegen, wenn wir Orte wie Darmstadt und Nowotscherkask, die bei ungefähr der gleichen mittleren Jahrestemperatur die denkbar größten Vegetationsgegensätze aufweisen, miteinander in Vergleich stellen (E. Ihne [5]):

Tabelle 8. Temperaturmittel der Monate und Jahreszeiten für 1919—1927.

Orte	I	II	III	IV	V	VI	VII	VIII	IX	X	XI	XII
Nowotscherkask	—5,0°	—6,5°	0,9°	9,9°	17,7°	21,2°	23,4°	21,9°	16,6°	8,7°	2,0°	—3,8°
Darmstadt	+2,3°	+3,2°	5,9°	9,1°	14,4°	16,1°	18,6°	17,1°	14,4°	9,4°	3,5°	+1,5°

Orte	Frühling	Sommer	Herbst	Winter	Jahr.
Nowotscherkask	+9,5°	+22,2°	+9,1°	—5,1°	+8,9°
Darmstadt	+9,8°	+17,3°	+9,1°	+2,3°	+9,6°

Während in Darmstadt das Winterhalbjahr eine mittlere Temperatur von + 4,3° und das Sommerhalbjahr eine solche von + 14,95° aufweist, lauten die entsprechenden Werte für Nowotscherkask — 0,63° und + 18,45°. Aber nicht nur die jahreszeitlichen Mitteltemperaturen sind verschieden, sondern auch der Eintritt der Jahreszeiten hat eine Verschiebung erfahren, indem sich das Frühjahr in Nowotscherkask gegenüber Darmstadt um etwa 14 Tage verspätet und der Hochsommer sich um rund 9 Tage verfrüht. So blüht beispielsweise die Birne durchschnittlich (Mittel aus 10 Jahren) 17 Tage später in Nowotscherkask als in Darmstadt, während die Winterlinde am gleichen Orte 7 Tage früher blüht und der Winterroggen sogar 9 Tage früher geerntet wird.

Neben der monatlichen (bzw. jahreszeitlichen) Temperaturschwankung ist für die Vegetation auch die Tagesamplitude von einschneidender Bedeutung. Nicht nur polare Gebiete, sondern auch Wüsten und Hochgebirge stellen in dieser Beziehung große Anforderungen an die Unempfindlichkeit ihrer Besiedeler. So berichtet uns Fr. v. Schwerin über die Hochkordillere Chiles [6]: »In Sommernächten kann sogar in den nördlicheren Regionen die Temperatur bis auf —7° C sinken, während mittags eine verzehrende Hitze von + 40 bis + 45° C herrscht. Laufende kleine Gebirgsbäche frieren in diesen Sommernächten ein und tauen um 8 Uhr morgens wieder auf. Daß jede Vegetation durch solche Verhältnisse außerordentlich beschränkt wird, ist ohne weiteres verständlich.«

c) Viel mehr noch als von der Temperaturverteilung hängt das Gepräge der Pflanzendecke von der Wasserbilanz des Standortes ab. Diese Wasserbilanz ändert sich aber keineswegs in einer den Wärmeverhältnissen entsprechenden Weise, sondern zeigt oft einen schroffen Gegensatz zu diesen; infolgedessen treten zahlreiche Abweichungen und Umkehrungen innerhalb der sog. Vegetationszonen auf. Man denke beispielsweise an die Oasen innerhalb der Wüstengebiete.

Aus den hier geschilderten Gründen ist es abwegig, mit Hilfe von Jahresisothermen eine Gliederung des Pflanzenwuchses vornehmen zu wollen. Auch die Identifizierung der Baumgrenze mit der 10°-Juli-Isotherme ist meist nur in grober Annäherung möglich. Da aber die von der Wärmeverteilung abhängige Vegetationsdauer — neben anderen Faktoren — einen großen Einfluß auf die letztgenannte Grenze ausübt, so sei dieser hier eine kurze Besprechung gewidmet [7].

Baumgrenze. Bekanntlich sind dem Waldwuchse sowohl in den polnahen Gebieten wie auch in den Höhenlagen der Gebirge Grenzen gesetzt. Vergleichen wir die arktische und die antarktische Baumgrenze miteinander, so tritt uns zunächst die auffällige Tatsache entgegen, daß auf der Südhalbkugel diese Linie dem Äquator wesentlich näher liegt. Während sich die nördliche Grenze etwa zwischen dem 60. und 70. Breitengrade bewegt (nördlichster Punkt im Tale der Chatanga im Taimyrlande mit 72½°) und nur in Labrador weiter nach Süden reicht, finden wir die entsprechende Linie auf der Südhemisphäre schon zwischen dem 40. und 50. Breitengrade (in Südamerika allerdings über den 55. ° s. Br. polwärts hinausgehend); ja, in einem Falle erreicht die antarktische Baumgrenze sogar den 38. Parallelkreis, d. h. einen Punkt, der auf der Nordhalbkugel noch innerhalb der Palmengrenze zu liegen vermag. Dieser Gegensatz hat seinen Grund darin, daß das mehr ozeanisch ausgeglichene Klima der Südhalbkugel, das zwar durch verhältnismäßig milde Winter ausgezeichnet ist, gleichzeitig eine für den Baumwuchs schon zu niedrige Sommertemperatur aufweist. Ganz anders das kontinental exzessive Klima der Nordhemisphäre! Hier finden wir selbst noch in der Gegend von Werchojansk, dem sibirischen Kältepol, bei einem Jahresmittel von —51,5° richtige Waldbestände; denn die Sommermonate bringen zugleich mit einer günstigen Lichtspendung eine nicht unbeträchtliche Erwärmung (Juni + 9,4°, Juli + 15,6°, August + 9,3°, September + 0,4°; höchste Temperatur im August + 30,1°) [8]. Nur wo austrocknende Winde ungehinderten Zutritt haben, weicht die Baumgrenze weit nach Süden zurück [9]. Sonst übt noch das Bodeneis einen maßgebenden Einfluß auf die nordpolare Baumgrenze aus. Wo dieses in den Sommermonaten nicht bis zu einer gewissen Tiefe aufgetaut wird, vermag auch kein Baumwuchs aufzukommen. Seewinde und Meeresströmungen sind ebenfalls imstande, bald fördernd, bald hemmend die Waldbestände zu beeinflussen: der kalte Labradorstrom drängt die Baumgrenze weit nach Süden (bis zum 52.° n. Br.) zurück, während der Golfstrom im Norden Europas eine entgegengesetzte Wirkung auslöst. Die kalt-feuchten Winde des Beringsmeeres bedingen die Baumlosigkeit seiner Küsten. Auf den gut drainierten (und daher eisfreien) Böden der Flußtäler pflegt die Waldgrenze zungenförmig nach Norden vorzustoßen.

Afrika, Australien und Südamerika liegen ganz innerhalb der südlichen Baumgrenze, aber schon auf den Falkland-Inseln lassen die häufigen Stürme keinen Baumwuchs mehr aufkommen. Auf St. Paul sucht man ebenso wie auf den Kerguelen und der Marioninsel vergeblich nach einem baumartigen Holzgewächs; die Flora der Kerguelen [10], die nur 21 Blütenpflanzen zählt, ist dürftiger als die des arktischen Franz-

Joseph-Landes, das doch um 33° dem Pole näher liegt. Vergleichen wir damit die auffällige Tatsache, daß Südamerika in einer Breite von 55° noch zahlreiche immergrüne Laubbäume trägt und daß im Osten von Neuseeland noch bei 44° s. Br. stattliche Palmen vorkommen, so werden uns die erstaunlichen pflanzengeographischen Gegensätze klar, die auch in dem scheinbar so einförmigen Klima dieses fast nur von Wasser bedeckten Teiles der Südhemisphäre herrschen.

Ebenso wie die polaren sind auch die montanen Baumgrenzen von mancherlei Faktoren abhängig[11]. Naturgemäß muß auch bei ihnen die ozeanische bzw. kontinentale Beeinflussung des Klimas deutlich zum Ausdruck kommen. So wird es verständlich, daß in den zentralasiatischen Gebirgen die genannte Linie wesentlich höher emporsteigt als in den küstennahen Gebieten der gleichen Breitenzone. Um den Gegensatz, der in dieser Beziehung besteht, klar zu erfassen, ist es lehrreich, Gebirge, die sich in ungefähr der gleichen Breitenlage befinden, miteinander zu vergleichen. Dazu soll die nachstehende Tabelle dienen:

Tabelle 9. Lage der montanen Baumgrenze.

Ozeanische Beeinflussung			Kontinentale Beeinflussung			Höhen-differenz
Nördl. Breite	Gebirge	Baumgrenze	Nördl. Breite	Gebirge	Baumgrenze	
57°	Schottland	810 m	56°	Felsengebirge, Nord-Am.	1220 m	410 m
52°	Harz	1040 „	50°	Sajanisches Gebirge	2200 „	1960 „
48°	Vogesen	1300 „	45—49°	Felsengebirge, Montana	2900 „	1600 „
44°	White Mts.	1260 „	40°	Pamir	3600 „	2340 „
39°	Pindus	1800 „	39°	Felsengebirge, Kolorado	3700 „	1900 „
34°	Libanon, Westseite	1950 „	ca. 30°	Tibet	4600 „	2650 „
10°	Küstengeb. v. Venezuela	1500 „	10—14°	Abessinien	3800 „	2300 „
9°	Sierra Nevada d. S. Marta (Nordküste von Kolumbien)	1900 „	5°	Kordillere v. Bogota	3400 „	1500 „

Vergleicht man die Baumgrenze nord- und südhemisphärischer Gebirge von gleicher Breitenlage miteinander, so begegnet man ganz ähnlichen Unterschieden. Die dabei zutage tretenden Höhendifferenzen sind — wie aus der nachfolgenden Zusammenstellung hervorgeht — sehr beträchtlich:

Tabelle 10. Lage d. mont. Baumgrenze auf Süd- u. Nordhalbkugel.

Südhalbkugel			Nordhalbkugel			Höhen-differenz
Südl. Breite	Gebirge	Baumgrenze	Nördl. Breite	Gebirge	Baumgrenze	
54°	Feuerland	450 m	56°	Felsengebirge	1220 m	770 m
			50°	Sajanisches Geb.	2200 „	1750 „
42°	Neuseeländ. Alpen	1220 „	40°	Pamir	3600 „	2380 „
39,5°	Mt. Egmont (Neuseeland)	1070 „	39°	Felsengebirge	3700 „	2630 „
18°	Fidschi	2600 „	15—19°	Guatemala (Tajumulco)	3980 „	1380 „

Was hier innerhalb derselben Breitenzone festgestellt wurde, gilt auch schon bis zu einem gewissen Grade für die verschiedenen Seiten desselben Gebirgsmassives. Als Beispiel führe ich die Lage der Baumgrenze auf der West- (Seeklima!) und der Ostseite (Landklima!) der skandinavischen Alpen an:

Tabelle 11. Lage der Baumgrenze in Skandinavien.

Breite	Westseite	Ostseite	Differenz
70°	260 m	520 m	260 m
67°	360 „	680 „	320 „
64°	470 „	660 „	190 „
61½°	770 „	1000 „	230 „
60°	900 „	1100 „	200 „

Oberhalb der Baumgrenze folgt die alpine Region, die zunächst noch ein sehr reiches Pflanzenleben aufweist; mit zunehmender Höhe wird aber die Vegetation immer lückenhafter und artenärmer. Den »Höhenrekord« unter den Blütenpflanzen haben inne: die unserem Edelweiß ähnliche Saussurea tridactyla, die in West-Tibet noch bei 5800 m Höhe gefunden wird, und die zu den Nelkengewächsen zählende Arenaria musciformis, die sogar eine Höhe von 6220 m erreicht. In den Alpen steigt der Gletscherhahnenfuß (Ranunculus glacialis) am höchsten empor. Er erreicht am Monte Rosa 3630 m, am Großglockner 3780 m, am Matterhorn 4200 m und am Finsteraarhorn sogar 4275 m. Nicht weit hinter ihm zurück bleiben Androsace glacialis, Saxifraga bryoïdes, S. moschata, S. biflora, S. muscoïdes, Achillea atrata und Gentiana brachyphylla [12].

Niederschläge. Der Wasserhaushalt bestimmt nicht nur in hohem Maße die äußere Gestaltung und den inneren Bau der Pflanzen, sondern übt auch auf deren physiologisches Verhalten einen tiefgreifenden Einfluß aus. Es liegt auf der Hand, daß für die Feuchtigkeitsverhältnisse eines Standortes in erster Linie die Niederschlagsspendung verantwortlich zu machen ist. Daß aber nicht diese allein in Frage kommt, geht aus der Tatsache hervor, daß an jedem Punkte der Erde auch eine Wasserabgabe durch Verdunstung (Evaporation) vor sich geht und daß diese Evaporation ganz unabhängig von den Niederschlägen einen sehr verschiedenen Betrag aufzuweisen vermag. Wir müssen also von einer Wasserbilanz innerhalb des jeweiligen Wohnraumes der Pflanzen sprechen. Berechnet man nach G. Wüst [13] sowohl die jährliche Niederschlagshöhe als auch den Verdunstungsverlust einer offenen Wasserfläche innerhalb von Zonen, die je 10 Breitengrade umfassen, so ergibt sich das nachstehende Bild:

Tabelle 12. Zonale Niederschlags- und Verdunstungsverteilung auf der Erde.

Breitenzonen	Jährl. Niederschlagshöhen in cm	Jährl. Verdunstungshöhen in cm	Breitenzonen	Jährl. Niederschlagshöhen in cm	Jährl. Verdunstungshöhen in cm
90—80° N	(17)	(5)	0—10° S	116	116
80—70° „	(29)	(9)	10—20° „	76	113
70—60° „	(39)	(12)	20—30° „	54	96
60—50° „	69	38	30—40° „	85	85
50—40° „	83	51	40—50° „	92	58
40—30° „	51	71	50—60° „	70	23
30—20° „	43	91	60—70° „	(28)	(9)
20—10° „	71	109	70—80° „	(26)	(7)
10— 0° „	147	103	80—90° „	(30)	(5)

Regenspendung und Verdunstung sind demnach im äquatorialen Gürtel am beträchtlichsten; während von hier aus sowohl nordwärts wie auch südwärts die Niederschlagshöhe sehr schnell abnimmt, sinkt die Evaporationskraft wesentlich langsamer, so daß sich daraus an den Grenzen der Tropenzone eine ganz besonders ungünstige Wasserbilanz ergeben muß (zwischen 20 und 30° n. Br. übertrifft der Verdunstungsverlust die Regenhöhe um das Doppelte!). In den mittleren Breiten zeigt sich dann infolge eines erneuten Anstieges der Niederschläge und einer immer schneller werdenden Abnahme der Verdunstung wieder eine sehr erhebliche Besserung der Wasserversorgung. Jenseits des 60. Breitengrades aber macht sich infolge des starken Rückganges der Niederschläge trotz der an sich günstigen Evaporation eine erneute Steigerung der Ungunstverhältnisse bemerkbar.

Leider weichen die an den verschiedenen Punkten ein und derselben Zone ermittelten Werte für Regenhöhe und Verdunstungsbetrag oft so erheblich voneinander ab, daß die zonale Anordnung nicht nur gänzlich verwischt wird, sondern daß hier und da sogar völlig entgegengesetzte Verhältnisse als wie erwartet Platz greifen. Schon die jährlichen Niederschlagsmengen sind je nach Höhenlage, Windrichtung, Nachbarschaft von Meeren, Bodenfiguration usw. ungemein verschieden und schwanken zwischen wenigen Millimetern und mehr als 10 m (z. B. Cherrapunji in Indien 11,627 m jährliche Regenhöhe). Auf wie engem Raume sich solche Feuchtigkeitsgegensätze herausbilden können, geht aus der Angabe K. Sappers [14] hervor, daß auf der Nordseite des Kettengebirges von Mittel-Guatemala Niederschlagshöhen von 5 bis 6 m gemessen werden, während in nur 64 km Entfernung auf dem Südabhange desselben Gebirges der Regenfall kaum 0,6 bis 0,8 m erreicht. Der Kamm der genannten Gebirgskette scheidet infolgedessen auch Gebiete von völlig widerstreitendem Vegetationscharakter.

Eine weitere Erschwerung in der Beurteilung der Wasserbilanz ist dadurch gegeben, daß die jährlichen Regenmengen keineswegs immer die gleichen sind, sondern bald wenig, bald sehr stark voneinander abzuweichen pflegen. Der HELLMANNsche Schwankungsquotient, der durch Division des maximalen durch den minimalen Jahresniederschlag gewonnen wird, fällt je nachdem sehr verschieden aus[15]. Während er bei uns in Norddeutschland etwa 2,2 beträgt, steigt er in Santiago de Chile auf 9,5 und erreicht in der Mohave-Wüste (Kalifornien) sogar den Wert 53. Dieser Quotient ist naturgemäß pflanzengeographisch von großer Wichtigkeit; denn er muß mit zunehmender Größe die Gunst des Regenklimas sehr herabsetzen, da sich ja ausdauernde Pflanzen auf den ungünstigsten Wasserhaushalt, der am Standorte zu herrschen vermag, einrichten müssen.

Noch wichtiger als die eben genannte Schwankung ist die innerhalb des Jahres selber eintretende. Hier sind alle nur erdenklichen Übergänge von einer annähernd gleichmäßigen Verteilung über das ganze Jahr bis zur Ausbildung einer einzigen kurzfristigen Regenperiode möglich. Die ozeanisch beeinflußten Klimate pflegen den Regen mit viel größerer Regelmäßigkeit zu spenden als die kontinental beeinflußten*. Gleichmäßigkeit der Niederschlagsverteilung ist aber unter der Voraussetzung, daß der häufige Regen nicht kühl-feuchtes, bedecktes Wetter mit sich bringt, für die Vegetation als günstig zu bezeichnen. Fällt der Regen ungleichmäßig, dann kommt es wiederum darauf an, wie lang die Regenpausen sind und ob die Niederschlagsperiode in die für die Vegetation günstige (Sommerregen) oder ungünstige Jahreszeit (Winterregen) fällt. Aber nicht genug damit, auch die physikalischen Eigenschaften des Bodens, seine Exposition, das Sättigungsdefizit der Luft, die herrschende Windbewegung, die größere oder geringere Geschlossenheit der Pflanzendecke — das alles vermag die Wasserbilanz eines bestimmten Areals in hohem Maße zu beeinflussen, so daß zahlreiche Abstufungen von äußerster Gunst bis zu äußerster Ungunst daraus resultieren. Die wichtigsten Typen der jahreszeitlichen Regenverteilung sind in den folgenden Kurven (Fig. 7) zur Darstellung gebracht. Um vergleichbare Werte zu gewinnen, wurden die monatlichen Regenmengen in Tausendsteln der Jahresmenge ausgedrückt[16].

Dem Regen gegenüber sind die sonstigen Niederschlagsformen mehr von untergeordneter Bedeutung, vermögen aber trotzdem das Gepräge der Pflanzendecke lokal sehr zu beeinflussen. Ich will hier nur auf die Nebelzonen an manchen Gebirgsabhängen hinweisen, die nicht selten eine Vegetation entstehen lassen, die von der in tieferer und in höherer Gebirgslage vorhandenen in gleicher Weise abweicht. Auch die Taubildung, über deren Ergiebigkeit leider nur sehr wenige Messungen vorliegen, ist sicherlich an manchen Orten von großer Bedeutung für den Pflanzenwuchs. Niederschläge in fester Form,

* Die kleine Insel Evanjelistas an der Südspitze Chiles (52,4° s. Br.) zählt nicht weniger als 300 Regentage (längste ununterbrochene Regendauer 72 Tage!). Trotzdem beträgt die Gesamtregenmenge nur 290 cm. Demgegenüber weist die ebenfalls zu Chile gehörige Insel Chiloë (etwa 43° s. Br.) eine Regenhöhe von 600 cm auf.

also besonders Schnee, können nach verschiedenen Richtungen hin von Einfluß sein: sie schützen die Vegetation vor extremer Kälte und vor der schädigenden Wirkung trockener Frostwinde; ferner vermögen sie einen großen Teil der winterlichen Niederschläge bis zum Frühjahre aufzuspeichern, wo sie bei ihrem Wegtauen eine für den Pflanzenwuchs günstige, gleichmäßige Durchnässung des Bodens herbeiführen.

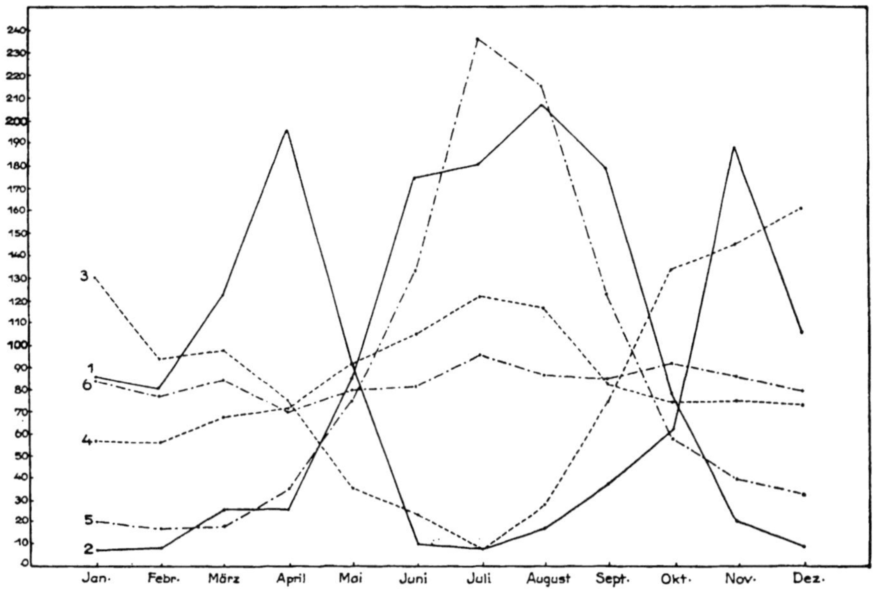

Fig. 7. Jahreszeitliche Verteilung der Niederschläge.

1. Süd-Afrika (6^0 s. Br): Doppelte Regenzeit.
2. Mexiko ($19{,}4^0$ n. Br.): Einfache Regenzeit.
3. Sizilien-Malta (c. 38^0 n. Br.): Winterregen.
4. Mittel-Europa, nördl. d. Alpen (c. 50^0 n. Br.): Sommerregen, gemäßigt.
5. Nordasien (c. 55^0 n. Br.): Sommerregen, exzessiv.
6. Nord-Amerika, atlant. Küste (c. 40^0 n. Br.): Küstenregen.

Angaben in Tausendteilen der Jahresmenge des Niederschlages.

Auch die in Form von Lawinen zu Tal gehenden Schneemassen vermögen das Pflanzenkleid der Berglehnen zu modeln, indem sie einerseits Baumwuchs zerstören, andererseits Früchte, Samen und auch ganze bewachsene Erdschollen aus höheren Lagen abwärts verfrachten. So findet man nicht selten in steilwandigen Tälern (z. B. Halltal im Karwendel) schon bei ganz geringer Meereshöhe zahlreiche alpine Florenelemente, die den in den »Reißen« herabstürzenden Lawinen ihr Hiersein verdanken [17].

Wir wenden uns nun den physiologischen Wirkungen der Wasserbilanz zu! Eine der wichtigsten Lebensfragen besteht für die Gewächse darin, ihre Wasserökonomie so einzurichten, daß sie an ihrem Standorte nicht durch Wassermangel zu Grunde gehen. Bei den oft beträchtlichen und mehr oder weniger unregelmäßigen Schwankungen in der Feuchtigkeitsspendung muß es wundernehmen, daß die Pflanzendecke selbst bei ungünstiger Wasserversorgung doch noch existenzfähig bleibt. Die Ursache hierfür liegt nicht nur in den mannigfachen aktiven Anpassungen, die zur Regelung des Wasserhaushaltes geschaffen wurden, sondern in noch höherem Maße in der inneren Disposition der Pflanzen selber. Die hier in Betracht kommenden Verhältnisse seien im folgenden kurz dargelegt:

a) Je nach dem Standorte zeichnen sich die Gewächse durch einen sehr verschiedenen Grad von Dürreresistenz (N. A. MAXIMOV) [18] aus. Unter Dürreresistenz versteht man die Fähigkeit, Abweichungen von dem normalen Wassergehalt der Gewebe zu ertragen. Während in dem einen Falle schon eine Herabsetzung um wenige Prozente zu schweren Schädigungen oder gar zur Vernichtung führt, werden in dem anderen Unterbilanzen von sehr erheblichem Umfange ohne weiteres ertragen. Unter extremen Umständen vermögen Pflanzen sogar vollkommen einzutrocknen, ohne dadurch ihre Lebensfähigkeit einzubüßen. Das gilt beispielsweise von vielen niederen Pflanzen, ferner von zahlreichen Flechten, manchen Moosen und von der amerikanischen Selaginella lepidophylla. Eine weitreichende Dürreresistenz ist namentlich für die Bewohner trockener Areale oft die Vorbedingung für ihre Daseinsmöglichkeit [19].

b) Die Wasseraufnahme durch die Wurzeln hängt in erster Linie von den in den Wurzelhaaren entwickelten Saugkräften ab. Diese wiederum sind aufs engste mit der osmotischen Leistung der Zellen verbunden. Sinkt infolge zu starker Wasserdampfabgabe (Transpiration) der Prallzustand (Turgeszenz) der Zellen, so erfährt die von ihnen ausgehende Saugkraft dadurch ohne weiteres eine Steigerung. Gleichzeitig hat die Verminderung des Innendruckes der Gewebe ein Dünnerwerden des Blattes und damit auch eine Verringerung des für die Durchlüftung maßgebenden Interzellularensystemes zur Folge. Ohne diese automatischen Regulationen wäre ein Pflanzenleben an Orten mit extremen Feuchtigkeitsschwankungen wohl überhaupt unmöglich. Namentlich die Wüstenpflanzen leisten in dieser Richtung Erstaunliches. Nach den Untersuchungen von H. FITTING [20] sind osmotische Werte von 100 und mehr Atmosphären bei ihnen keine Seltenheit.

Neben den eben kurz angedeuteten, gewissermaßen im Transpirationsprozeß selber begründeten Regulativen können nun noch zahlreiche aktive Anpassungsmerkmale [21] vorhanden sein, die sowohl für die Existenzfähigkeit wie auch für den Habitus der Gewächse von größter Tragweite sind. Wir wollen diese Erscheinungen in unmittelbarem Zusammenhange mit der Eigenart der verschiedenen Standorte etwas näher beleuchten.

I. Die Wasserbilanz ist das ganze Jahr hindurch günstig. Die

Verdunstungsverluste werden immer wieder durch die schnell aufeinander folgenden Regengüsse ausgeglichen. Die Pflanzen zeigen keinerlei Merkmale, die auf eine Beschränkung der Wasserdampfabgabe hinzielen; vielmehr sind die Blätter groß, zart, dünnhäutig und mit ungeschützten Spaltöffnungen versehen. Schon kurze Unterbrechung des Wasserstromes hat ein Welkwerden zur Folge, wodurch alsbald das Leben der Pflanze mit Vernichtung bedroht wird. Der hier skizzierte Typ ist in den immer feuchten Tropengebieten zahlreich vertreten und fehlt auch sonst nicht an Orten mit günstiger Wasserbilanz. Man bezeichnet Gewächse dieser Art als Hygrophyten (Feuchtpflanzen) und schreibt ihnen eine hygromorphe Bauweise (Hygromorphie) zu.

II. An vielen Stellen der Erdoberfläche herrschen nur während eines Teiles des Jahres günstige Wasserbilanzverhältnisse, während in der Zwischenzeit extreme Trockenheit oder auch tiefe Temperatur, die durch Einschränkung der Wurzeltätigkeit eine der Trockenheit analoge Wirkung ausübt, eine Ruhepause des pflanzlichen Lebens erzwingt. Unter diesen Umständen beschränken viele Gewächse ihre gesamte Entwicklung auf die bald kürzere, bald längere Gunstperiode und sterben beim Eintritt der ungünstigen Jahreszeit ab. Solche einjährigen Gewächse fehlen den Tropen und Subtropen fast ganz, sind aber in den mittleren Breiten in erstaunlich großer Artenzahl zur Ausbildung gelangt. Vorbedingung für die Existenz einjähriger Arten ist eine nicht zu kurze und einigermaßen günstige Vegetationsperiode, da ja Keimung und Entwicklung bis zur Samenreife einen gewissen Zeitraum in Anspruch nehmen.

Daneben ist ein anderer Typ entstanden, der mit Eintritt des ungünstigen Jahresabschnittes nicht zu Grunde geht, wohl aber seine oberirdischen Sproßteile absterben läßt, um sie im nächsten Jahre aus den in unterirdischen Speicherorganen (Wurzeln, Wurzelstöcken, Knollen, Zwiebeln) aufgesammelten Baustoffen zu regenerieren (geophile Pflanzen). Derartige Gewächse haben den großen Vorzug, sehr schnell vom Ruhestadium zur vollen Entfaltung ihrer Blätter und Blüten übergehen zu können. Bekannt ist die große Bedeutung der Zwiebel- und Knollenpflanzen für die Steppenvegetation. Aber auch in unserer Flora nehmen die perennierenden Stauden einen breiten Raum ein. Herrscht während der Ruheperiode keine extreme Ungunst (»gehölzfeindliches Klima« nach Schimper), so kommt es auch in großem Umfange zur Ausbildung laubabwerfender Holzgewächse (Bäume, Sträucher, Halbsträucher). Die regengrünen Laubbäume mancher Tropengebiete sowie die weit verbreiteten sommergrünen Laubwälder der mittleren Breiten zeigen uns diesen scharf ausgeprägten jährlichen Wechsel. Ist die Vegetationszeit sehr kurz wie in den polaren und alpinen Gebieten, so treten an die Stelle der Bäume Halb- und Zwergsträucher. Bei allen hier erwähnten Typen ist die periodenweise Umstellung von einer mehr oder weniger reichlichen auf eine minimale

Wasserbilanz das Maßgebende, so daß A. F. W. SCHIMPER[22] für sie den Sammelbegriff der Tropophyten geschaffen hat.

III. Dort, wo die jahreszeitlichen Schwankungen nicht so groß sind, daß unbedingt eine Ruheperiode in der Vegetation eintreten muß, sind Gewächse zur Ausbildung gelangt, die das ganze Jahr hindurch ihre Tracht nicht ändern. Ihre Wasserökonomie muß dann naturgemäß auf die ungünstigsten Feuchtigkeitsverhältnisse, die am Standorte vorkommen können, eingestellt sein. Je nach dem im Laufe des Jahres eintretenden Tiefstande der Wasserbilanz bringen derartige Formen in mehr oder weniger beträchtlichem Umfange Anpassungen zur Ausbildung, die eine Einschränkung der Transpiration gewährleisten. Man spricht in diesem Falle von Xerophyten (Trockenpflanzen) und bezeichnet ihren Habitus als den xeromorphen[23]. Es liegt auf der Hand, daß die verschiedenartigsten Abstufungen der Xeromorphie möglich sind. Auf keinen Fall darf man — wie es tatsächlich hier und da geschehen ist — die Wirksamkeit xeromorpher Merkmale nach der pro Flächeneinheit ermittelten Transpirationsgröße beurteilen[24]; denn die starke Oberflächenverkleinerung hat nicht selten (im Interesse der Assimilation) eine Vermehrung der Spaltöffnungen und damit auch eine Steigerung der Wasserdampfabgabe auf der noch verbleibenden Fläche zur Folge.

Weitere xeromorphe Anpassungen bestehen in der Verdickung der Epidermiswände, der Ausbildung einer kräftigen Kutikula, der Schaffung von Wachsüberzügen und dichten Haarkleidern, der Einsenkung der Spalten, der Einrollung der Blätter (erikoïde Rollblätter), der Veränderung der Blattstellung je nach der Sonnenbestrahlung, der Hervorbringung sklerenchymatischer Elemente im Bau von Stamm und Blatt, der Umwandlung der Blätter in Schuppen und Dornen und in dem Übergange zum Polsterwuchs. In diesem Zusammenhange ist auch der eigentümlichen Kompaßpflanzen zu gedenken, die ihre mit der Schmalseite aufwärts gerichteten Blätter in die Nord-Südrichtung stellen, so daß die heißen Strahlen der Mittagssonne an ihnen »vorbeigleiten«. Als Beispiele seien das nordamerikanische Silphium laciniatum und von einheimischen Pflanzen Lactuca scariola und Sagittaria sagittifolia genannt[25].

Neben der Umgestaltung der oberirdischen Pflanzenteile verdient besonders die Ausbildung des Wurzelsystems bei den Trockenpflanzen die allergrößte Beachtung. Wenn wir hören, daß beispielsweise in der Arizona-Wüste selbst bei vollkommen ausgetrockneter Erdoberfläche in einer Tiefe von nur 12 cm schon 10% und bei einer solchen von 35 cm sogar 15% Feuchtigkeit vorhanden sind, dann leuchtet die große Bedeutung der Länge und Verzweigung der Wurzeln ohne weiteres ein. Aristida pungens, ein nordamerikanisches Steppengras, vermag mit seiner Wurzel bis zu 20 m Tiefe in den Erdboden einzudringen, und G. VOLKENS[26] berichtet, daß ein winziges Keimpflänzchen der Monsonia nivea (Geraniacee) in der ägyptischen Wüste bereits eine 50 cm lange Wurzel aufzuweisen gehabt habe. Ebenso teilt uns J. WEAVER[27] mit, daß in den Steppen Nebraskas etwa 55% der Pflanzen Wurzellängen von über 2 m aufzuweisen haben. Die Verschiedenartigkeit der Wurzelausbildung bringt es mit sich, daß die Bewohner desselben Standortes keineswegs alle der gleichen Wasserbilanz ausgesetzt sind und daß schon aus diesem Grunde bei ihnen keine vollkommene habituelle Übereinstimmung erwartet werden darf. — Schließt man, wie wir es hier tun wollen, die mit Wasserspeicher versehenen Gewächse von dem allgemeinen Xerophytentyp aus, so kann man die eben beschriebenen Formen unter der Bezeichnung Sklerophyten (H. WALTER[23]) zusammenfassen.

IV. Erstreckt sich die Trockenzeit über den größten Teil des Jahres oder fallen die Niederschläge so unregelmäßig, daß sie gar nicht mehr an einen bestimmten Zeitpunkt gebunden sind, so reicht in vielen Fällen der Sklerophytentyp nicht hin, um den Kampf mit der Standortsungunst erfolgreich aufzunehmen. Hier stellen sich neuartige Formen ein, die zwar oft durch eine xeromorphe Bauweise ausgezeichnet sind, aber obendrein in mehr oder weniger erheblichem Maße wasserspeichernde Gewebe zur Ausbildung gebracht haben. Solche Sukkulenten besitzen entweder fleischig verdickte Blätter (Blattsukkulenten) oder stark aufgetriebene Stengelteile, die meist nur noch Blattrudimente erkennen lassen (Stammsukkulenten). Die kurze Regenzeit wird zur Füllung der Wasserreservoire benutzt, und mit dem so gewonnenen Vorrat muß die Pflanze nun während der folgenden Trockenperiode haushalten; ein ausgedehntes Wurzelsystem erübrigt sich. Hieraus ergibt sich, daß ein hinreichender Transpirationsschutz für diese Gewächse ganz besonders wichtig ist; ferner kann bei ihnen nicht durch eine im Anschluß an den Wasserverlust der Gewebe auftretende gesteigerte Saugkraft Wandel geschaffen werden; denn eine Verbindung zwischen den tieferen Bodenschichten und der Pflanze ist ja nicht vorhanden.

Anordnung und Umfang der Wasserspeicher kann bei den Sukkulenten ungemein verschieden sein, so daß sich unter ihnen eine Reihe von Typen unterscheiden läßt. Die vollkommenste Ausbildung weist der Kakteentyp auf, bei dem die Oberfläche im Vergleich zum Gesamtvolumen die stärkste Rückbildung erfahren hat und der daher eine sehr weitgehende Einschränkung der Wasserökonomie möglich macht. Nach den Angaben von F. NOLL ist die von einem Kugelkaktus verdunstete Wassermenge nur $1/600$ der unter gleichen Bedingungen von einer ebenso schweren Pflanze des Pfeifenstrauches (Aristolochia sipho) abgegebenen. Die Kakteen der Arizonawüste überstehen ohne Schädigung Trockenperioden bis zu zwei Jahren. Das wird uns verständlich, wenn wir hören, daß ein einziges Exemplar von Echinocactus ingens bis zu 1500 l Wasser in sich aufzunehmen vermag.

Licht. Die Sonne ist die Erhalterin des organischen Lebens auf der Erde. Die grüne (chlorophyllführende) Pflanze, die allein zur Bindung der Sonnenenergie befähigt ist, hängt naturgemäß weitgehend von der Lichtspendung ab. Dementsprechend wird die Verteilung der Gewächse sowie deren spezifische Gestaltung in viel höherem Maße von dem Lichtklima beherrscht, als man früher anzunehmen geneigt war. Die von J. WIESNER[28] und seinen Schülern in dieser Richtung ausgeführten Untersuchungen haben zu pflanzengeographisch sehr bemerkenswerten Tatsachen geführt. Die Tageshelle setzt sich aus zwei Komponenten zusammen, der direkten Sonnenstrahlung und dem Reflexlicht (diffuses Tageslicht). Die Mischung dieser beiden Anteile ist ungemein verschieden. Während in den Tropen und Subtropen das diffuse Tageslicht gegenüber der direkten Insolation zurücktritt, liegen die Verhältnisse in den mittleren Breiten genau umgekehrt. Dabei darf nicht übersehen werden, daß die Intensität des diffusen Lichtes sehr verschieden sein kann, und zwar herrscht bei klarem Himmel die schwächste, bei wolkigem — abgesehen von dunklen Regen- und Gewitterwolken — dagegen die stärkste diffuse Strahlung. Weiße Wolken vermögen dem zerstreuten Tageslichte eine Stärke zu verleihen, die den halben Wert der direkten Mittagsstrahlung übersteigt[29].

Gleich den übrigen Klimafaktoren ist auch das Licht an drei Kardinalpunkte, nämlich an ein Minimum, Optimum und Maximum gebunden. Um hierüber Auskunft zu erhalten, verwandte WIESNER die photochemische Methode, der zwar nicht unerhebliche Mängel anhaften, da sie sich nur auf die Schwärzung von Chlorsilberpapier durch bestimmte Strahlengruppen bezieht, die aber trotzdem für eine vorläufige Orientierung wertvolle Dienste zu leisten vermag. Setzt man die auf freiem Felde bei voller Mittagshelligkeit ermittelte Schwärzungszeit gleich 1, so kann man die Abstufungen der nach Tageszeit, Bewölkung und Beschattung zur Verfügung stehenden Lichtmengen des betreffenden Standortes durch Bruchteile des Vollichtes zum Ausdruck bringen.

Im allgemeinen bietet das diffuse Tageslicht der Vegetation die günstigsten Daseinsbedingungen, während direkte Sonnenstrahlung nicht nur infolge der mit ihr verbundenen Erwärmung des Pflanzenkörpers und der gesteigerten Transpiration, sondern auch allein durch die zu intensive Lichtwirkung eine Schädigung herbeizuführen vermag.

Ebenso wie wir auf der Erdoberfläche gewisse Abstufungen des Lichtklimas feststellen können, zeigt sich auch innerhalb jedes Wohnbezirkes je nach den Besonderheiten der in ihm enthaltenen Standorte eine weitreichende Gegensätzlichkeit der Lichtspendung. Man denke nur an die mannigfachen Helligkeitsgrade, denen die in Stockwerken aufgebaute Vegetation des tropischen Regenwaldes ausgesetzt ist!

Im javanischen Urwalde fand J. WIESNER[28] selbst bei 1/100 des maximalen Lichtes noch Gräser in üppiger Entwicklung; die als

Gallertflechten an Baumstämmen auftretenden Collema-Arten begnügten sich mit einem Lichtminimum von 1/156, und blaugrüne Algen (Cyanophyceen) kamen in Felsenspalten sogar noch bei 1/1800 Lichtintensität vor. Demgegenüber gehen unsere mitteleuropäischen Waldpflanzen in ihren Lichtansprüchen kaum unter 1/75 herunter. Wie groß der Einfluß des Lichtes auf die Gruppierung der Gewächse ist, mag daraus entnommen werden, daß die stets nur am Waldrande oder in lichten Beständen zu findenden »Lichtbäume« ganz andere Anforderungen stellen als die auch in dichtem Schlusse und als Unterholz gedeihenden »Schattenbäume«.

Lichtgehölze.		Schattengehölze.	
Schlehe (Prunus spinosa)	1—1/3	Rotbuche (Fagus silvatica)	1—1/60
Lärche (Larix decidua)	1—1/5	Weißbuche (Carpinus betulus)	1—1/56
Esche (Fraxinus excelsior)	1—1/6	Spitzahorn (Acer platanoides)	1—1/55
Hängebirke (Betula verrucosa)	1—1/9	Feldahorn (Acer campestris)	1—1/43
Schwarzpappel (Populus nigra)	1—1/11	Fichte (Picea excelsa)	1—1/35
		Stieleiche (Quercus pedunculata)	1—1/25

Die intensiveste Lichtwirkung zeigt sich in den höheren Gebirgslagen (alpine Flora) und in den subtropischen Wüsten, deren trockene Luft einen ungehinderten Durchtritt der Sonnenstrahlen ermöglicht. Hier kommt auch der ultraviolette Anteil der Strahlung, der scheinbar einen starken gestaltenden Einfluß auf die Vegetation ausübt, in erhöhtem Maße zur Geltung. Neuerdings hat man versucht, die Ausbildung der alpinen Pflanzenformen direkt auf die Wirkung des ultravioletten Lichtes zurückzuführen [30].

Die gerade im letzten Jahrzehnt durch C. Dorno [31] und andere ausgeführten aktinometrischen Messungen haben zu Ergebnissen geführt, die in wesentlichen Punkten von unseren bisherigen Anschauungen über die Intensität, die Menge und die spektrale Zusammensetzung des Lichtes in den verschiedenen Zonen der Erde abweichen [32]. In Rücksicht auf die Kompliziertheit der Probleme und die jetzt noch bestehenden mannigfachen Lücken soll hier aber von einer entsprechenden Darstellung abgesehen werden.

Luftzusammensetzung. Die Luft stellt bekanntlich ein Gasgemisch von annähernd konstanter Zusammensetzung dar. Während der gasförmige Stickstoff für das Leben der höheren Pflanzen wenigstens nicht unmittelbar in Frage kommt, ist der Sauerstoff unentbehrlich für den Atmungsprozeß der Pflanzen. Da aber atmosphärischer Sauerstoff in verhältnismäßig hoher Konzentration überall vorhanden ist, so sind die etwa eintretenden geringfügigen Schwankungen ohne jede Wirkung auf das Pflanzenleben. Anders steht es mit dem für den Assimilationsprozeß unentbehrlichen Kohlendioxyd (wir sagen kurz: Kohlensäure). Dieses Gas macht im Durchschnitt nur 0,03 Vol. % der Luft aus. Da es nicht nur im Wechsel der Jahreszeiten, sondern auch vor allem von Standort zu Standort prozentual nicht unbeträchtliche Konzentrationsdifferenzen erkennen läßt und da weiter jede Vermehrung des CO_2-Gehaltes eine gesteigerte assimilatorische Leistung der grünen Pflanze zur Folge hat, so dürfen wir den »Kohlensäurefaktor« des Wohnraumes unter keinen Umständen vernachlässigen. Das ist aber in Verkennung der wahren Sachlage in der Pflanzengeographie nur gar zu häufig geschehen; auf diesen Fehler in neuerer Zeit nachdrücklich hingewiesen zu haben, ist ein unzweifelhaftes Verdienst H. LUNDEGÅRDHS [33]. Nach seinen Untersuchungen ist der an verschiedenen Standorten und in verschiedenen Luftschichten gemessene Kohlensäuregehalt Schwankungen bis über 100% unterworfen. Nachts ist mehr Kohlensäure vorhanden als am Tage, im Winter mehr als im Sommer, bei feuchtem Wetter mehr als bei trockenem, im Walde mehr als auf der Wiese und hier wiederum mehr als in Steppe und Wüste. In welcher Weise wird nun die Kohlensäurebilanz des Standortes aufrechterhalten? Bekanntlich ist es der Atmungsvorgang der Organismen, durch den dauernd Kohlensäure entbunden wird; das gleiche gilt für alle industriellen Verbrennungsprozesse. Von diesen Kohlensäurequellen kommt aber in der Hauptsache nur die am Standorte herrschende »Bodenatmung« in Frage, d. h. die oxydative Kohlensäureerzeugung durch die zahllosen Mikroorganismen des Bodens. Dabei zeigt sich, daß der absolute Humusgehalt des Bodens keineswegs einen Maßstab für die Größe der Kohlensäureproduktion abgibt. Aber ganz unverkennbar sind diejenigen Bodeneigenschaften, die das Wachstum höherer Pflanzen fördern, im allgemeinen auch für die Bodenatmung günstig. So haben wir hier wiederum einen Faktor vor uns, der zur Steigerung der schon vorhandenen pflanzengeographischen Gegensätze beiträgt: nährstoffarme, trockene Böden ziehen eine ungünstige, nährstoffreiche und feuchte dagegen eine günstige Kohlensäurebilanz nach sich. Wirtschaftsgeographisch ist von Wichtigkeit, daß in den Abgasen vieler Fabriken schweflige Säure auftritt, die eine schwere Schädigung der Gewächse — besonders der Coniferen — herbeizuführen vermag. Die in den Forsten der Industriegebiete auftretenden »Rauchschäden« müssen oft durch hohe Summen abgegolten werden [34].

Luftbewegung. Stärke, Häufigkeit und Richtung der auftretenden Winde sind für die Pflanzenwelt oft von nicht geringer Bedeutung. Sehen wir von der transportierenden Tätigkeit bewegter Luft, wie sie besonders für die Bestäubung der Blüten und für die Verbreitung von Früchten und Samen in Betracht kommt, ab, so bedürfen doch noch die mechanische und die die Transpiration beschleunigende Wirkung des Windes einer kurzen Betrachtung. Daß der zum Orkan gesteigerte Wind gewaltige Zerstörungen in der Pflanzenwelt hervorzurufen vermag, ist selbstverständlich. Während aber die durch den Windbruch gerissenen Lücken im allgemeinen schnell wieder ausgefüllt werden, kann der Wind — vorausgesetzt, daß es sich um einen Bestand mit labilen Lebensbedingungen handelt, — auch durch Austrocknung des Bodens das Wiederemporkommen der vernichteten Vegetation verhindern, so daß nun benachbarte Assoziationen in die Bresche eindringen. In der geschilderten Weise findet z. B. an manchen Orten ein erbitterter Kampf zwischen Buchenwald und Heide statt. Regelmäßig wirkende, kräftige Winde können den Baumwuchs überhaupt unmöglich machen. Man denke nur an die Baumfreiheit vieler Inseln (Nordseeinseln, Falklandinseln) und expo-

Fig. 8. Windgeschorenes Gebüsch von Pirus aria an einem Bergabhange der Rhön. Nach einer Aufnahme von Dr. K. Hueck.

nierter Küstenstriche. In solchen Gebieten zeigt sich auch der Einfluß der »Windschur«: im Windschatten herangewachsene Gehölze vermögen sich nicht über die sie schützende Wand zu erheben, sie werden durch die Windwirkung gewissermaßen »abgeschoren«. Reicht die vorherrschende Windstärke zu einer direkten Hemmung nicht mehr hin, so versteht der Wind es doch häufig, den Bäumen einen ganz bestimmten Wuchs aufzuzwingen: windgedrückte Baumgestalten mit einer windfahnenartigen, einseitswendigen Krone sind an Meeresküsten und an Bergabhängen nichts Seltenes (Fig. 8) 35. Auch die Wetterarven des Hochgebirges (Fig. 9), das über den Sand der Dünen hinkriechende Wacholdergebüsch sowie das peitschenschnurartig im

Winde flatternde Astwerk der nordischen Birken sind beredte Zeugen für die Gewaltherrschaft der Winde [36].

Pflanzengeographisch ungleich bedeutsamer ist die indirekte Einwirkung des Windes auf die Vegetation. Bewegte Luft führt nicht nur ununterbrochen die mit Wasserdampf angereicherten Luftschichten,

Fig. 9. Wetterarve im Hochgebirge. Im Vordergrunde eine Staudenflur. Nach einer Aufnahme von Dr. W. EFFENBERGER.

die gewissermaßen den Blattorganen anhaften, von dannen, sondern verstärkt auch durch ihre saugende Wirkung die Transpiration. Handelt es sich um Luftmassen, die aus besonders trockenen Gebieten kommen — etwa um Wüsten- oder Steppenwinde —, so wird durch sie die Wasserbilanz der betreffenden Pflanzen aufs empfindlichste beeinträchtigt. Die Winde sind es auch, die einem an sich schon trockenen Klima leicht das Gepräge der »Baumfeindlichkeit« (A. F. W. SCHIMPER) verleihen und so zur Entwicklung ausgedehnter Grasfluren mitbeitragen. Trockene Frostwinde in polnahen Gebieten und an der Höhengrenze des Baumwuchses sind von besonders verderblicher Wirkung, da der gefrorene Boden gleichzeitig den Wassernachschub völlig hemmt. Oft fällt jeder Zweig, der aus der den Boden bedeckenden Schneeschicht herausragt, diesen Frostwinden zum Opfer. Ähnlich wie trockene Winde wirken auch solche, die infolge ihrer hohen Temperatur ein schnelles Ansteigen der Transpirationsrate nach sich ziehen. Bekannt ist die Erscheinung, daß Gebirgstäler, die häufig trocken-warmen Föhnwinden ausgesetzt sind, eine in ihrer Zusammensetzung deutlich veränderte Pflanzendecke erkennen lassen.

Phänologie. Da es beim gegenwärtigen Stande unseres Wissens völlig unmöglich ist, die Feinunterschiede aller Standortsklimate mit Hilfe der von den meteorologischen Stationen gelieferten Daten klar zu erfassen, so ist man dazu übergegangen, die Pflanze selber zum Indikator klimatologischer Differenzen zu machen und diese durch den Zeitpunkt, an dem die verschiedenen Phasen des Pflanzenlebens eintreten, festzulegen. Demnach besteht die Aufgabe der sogenannten Pflanzenphänologie darin, die periodischen Erscheinungen der Vegetation, wie sie unter dem Wechsel der Jahreszeiten zustande kommen, an möglichst vielen Orten zu registrieren und auf diesem Wege einen Einblick in die obwaltenden Gesetzmäßigkeiten anzustreben. Wichtig für die phänologischen Beobachtungen ist eine richtige Auswahl sowohl der Pflanzenarten als auch derjenigen Erscheinungen des Pflanzenlebens, die der Kontrolle unterworfen werden sollen. In Mitteleuropa pflegt man auf Grund der von H. Hoffmann und E. Ihne gemachten Vorschläge den Anfang der Blütezeit, den beginnenden Laubausbruch, die volle Belaubung, den Anfang der Fruchtreife und den Eintritt der Laubverfärbung für eine Anzahl weit verbreiteter Gewächse zu bestimmen. Orte gleicher Erscheinungszeit werden auf der Karte durch Linien, sogenannte Isophanen, verbunden und die so entstehenden Zonen durch Farben oder Schraffen hervorgehoben. Auf diesem Wege ist die von E. Ihne gelieferte, pflanzengeographisch wertvolle Karte des »Frühlings-Einzuges in Mitteleuropa« [37] zustande gekommen. Seit dem Jahre 1921 besteht bei uns ein »Phänologischer Reichsdienst«. Ihre volle Bedeutung wird die Phänologie erst dann an den Tag legen, wenn in allen Ländern und Erdteilen derartige Beobachtungen in hinreichender Zahl ausgeführt werden. Auf Umfang und Bedeutung der bisher erzielten phänologischen Resultate kann hier nicht eingegangen werden; wir verweisen aber auf die wertvolle Schrift von E. Hiltner [38].

Edaphische Faktoren. Schon bei der Besprechung der Wasserbilanz und des Kohlensäurefaktors mußten wir auf die Mitwirkung der Bodenverhältnisse hinweisen. Während die Einflüsse des Klimas auf weite Strecken hin, wenn auch nicht die gleichen, so doch mehr oder weniger ähnliche sind, zeigt der Boden sowohl in horizontaler wie in vertikaler Richtung eine oft geradezu mosaikartige Vielgestaltigkeit im Aufbau und in der Zusammensetzung. Dementsprechend werden die edaphischen Faktoren in der Regel mehr eine lokal beschränkte Wirkung ausüben, so daß sie die charakteristischen Kleinzüge innerhalb des größeren, vom Klima beherrschten Rahmens ergeben. Als man anfing, die Bodenfaktoren in ihren spezifischen Wirkungen auf die Pflanzenwelt näher zu studieren, da glaubte man, in verhältnismäßig einfacher Weise eine Beziehung der Pflanzenarten zu den chemischen Eigenschaften der Böden feststellen zu können. Besonders war es Fr. Unger [39], der die Gewächse in Hinsicht auf ihre Bodenansprüche in drei Hauptgruppen zu gliedern versuchte, nämlich in »bodenstete«, die nur auf ganz bestimmten Unterlagen vorkämen, weiter in »bodenholde«, die zwar auf verschiedenen Böden anzutreffen seien, aber doch eine Bodenart deutlich bevorzugten, und schließlich in »bodenvage«, die durch völlige Indifferenz ausgezeichnet wären. Ihm trat 1849 der Schweizer Jules Thurmann [40] mit der Behauptung entgegen, daß es lediglich die physikalischen Eigenschaften der Böden seien, die die Verschiedenartigkeit ihrer Pflanzenbedeckung zustande brächten. Die neueren Forschungen haben dann ergeben, daß beide Auffassungen insofern unzutreffend sind, als die chemischen und die physikalischen Wirkungen in mannigfacher Weise ineinandergreifen, bald sich verstärkend, bald sich ausgleichend, und daß nur in extremen Fällen die einen oder auch die anderen beherrschend auftreten. Die Tatsache, daß viele Pflanzenarten im Zentrum ihres Verbreitungsgebietes eine weniger enge edaphische Bindung erkennen lassen als an dessen Peripherie, führt notwendig zu der Annahme einer korrelativen Beziehung zwischen Boden und Klima.

Physikalische Eigenschaften des Bodens [41]. Was wir heute als »Erdboden« bezeichnen, ist nichts anderes als die Anhäufung der durch Verwitterung und Aufarbeitung aus der festen Erdrinde hervorgegangenen Bestandteile, die in sehr wechselnder Menge mit den Abfallprodukten des Tier- und Pflanzenlebens durchsetzt sind. Während manche Böden unter dem Einflusse der Atmosphärilien und der an dem Zerstörungswerke sich beteiligenden Organismen eine sehr schnelle Zersetzung erfahren (»eugeogene« Böden), stellen andere den gleichen Einflüssen einen zähen Widerstand entgegen (»dysgeogene« Böden). Danach bieten sich der pflanzlichen Besiedelung Unterlagen von ganz verschiedener Beschaffenheit dar.

I. Fester Felsen: er stellt in physikalischer wie in chemischer Hinsicht das denkbar schlechteste Lebenssubstrat dar, da das Wasser an ihm abläuft, die Nährsalze nicht erschlossen sind und die humosen Beimengungen fehlen. Nur niedere Pflanzen vermögen ihn als Pioniere des Lebens zu besiedeln; Bakterien und Flechten machen den Anfang, dann erst folgen Moose und anspruchslose Farne. Naturgemäß fehlt es schon im ersten Besiedelungsstadium nicht an Unterschieden, die teils der physikalischen (Porosität, Schieferung, Wärmeabsorption usw.), teils der chemischen Beschaffenheit zuzuschreiben sind.

II. Schuttboden: er setzt sich aus den durch Verwitterung entstandenen, losen Gesteinstrümmern zusammen und ist vorläufig noch sehr arm an organischen Resten. Immerhin kann er schon solche höheren Pflanzen tragen, die an Wasser- und Nährstoffgehalt keine größeren Anforderungen stellen.

III. Umgelagerter Boden: er hat bereits eine Umlagerung, Durchmischung und weitere Aufarbeitung erfahren, indem sich Gletschereis, fließendes Wasser oder Wind seiner bemächtigten. Je nach der Art und Dauer des Transportes, der Zerkleinerung und der pflanzlichen Besiedelung können seine Qualitäten ungemein verschieden sein. Er bildet das Substrat für die unendlichen Abstufungen der Vegetation.

Die physikalischen Eigenschaften des umgelagerten (sekundären) Bodens hängen zunächst von seiner Korngröße bzw. von der Mischung verschiedener Korngrößen ab. Die gröberen Bestandteile, die wir als Stein, Schutt, Kies und Grand (Grobsand) bezeichnen, bilden das Bodenskelett, dessen mehr oder weniger große Lücken die Feinerde und die Humusbestandteile einschließen. Die auf diese Weise sich ergebenden Übergänge von größter Lockerheit (Grus-, Sand- und Kiesboden) bis zu ausgesprochener Dichte (Schlamm- und Lehmboden) sind von erheblichem Einflusse auf Durchlüftung, Wasserkapazität, Saugkraft und Bindigkeit des Bodens. Nehmen wir die großen Schwankungen des Humusgehaltes hinzu, so tritt klar zutage, daß die Wasserbilanz der Standorte in hohem Maße durch die physikalischen Bodeneigenschaften modifiziert wird. Aber auch die Wurzelentwicklung steht mit den genannten Eigenschaften in enger Wechselwirkung. Um die Beziehung zwischen Substrat und Pflanzendecke richtig zu erfassen, darf man sich niemals mit der Betrachtung der oberflächlichen Schichten zufrieden geben, sondern muß auch die vertikale Schichtenfolge ins Auge fassen.

Chemische Eigenschaften des Bodens. Überaus mannigfaltig ist die chemische Zusammensetzung der Böden. Die Pflanzen besitzen die Fähigkeit, aus der Vielheit der dargebotenen Stoffe diejenigen auszuwählen, deren sie zu ihrer Entwicklung bedürfen. Sind die erforderlichen Nährsalze nicht in genügender Menge vorhanden, so muß das Pflanzenwachstum notgedrungen gehemmt oder unter Umständen sogar unmöglich gemacht werden. Aber die in jedem Falle gestellten Anforderungen weichen erheblich voneinander ab. So kommt es, daß das eine Gewächs auf einem bestimmten Substrat noch gut fortkommt, während das andere nicht mehr gedeiht. Wie sehr der Nährstoffgehalt des Bodens seine Pflanzendecke zu beeinflussen vermag, das zeigt der Zwergwuchs, den wir etwa auf Dünen und Sandfeldern antreffen; durch ihn werden die Gewächse nicht selten auf einen Bruchteil ihrer normalen Größe herabgedrückt. Es ist aber oft schwer zu entscheiden, ob diese Erscheinungen lediglich dem Chemismus des betreffenden Substrates zuzuschreiben sind oder ob andere hiermit im Zusammenhange stehende Faktoren einen hemmenden Einfluß ausüben.

Weiter kann es keinem Zweifel unterliegen, daß viele Böden, die durchaus hinreichend mit Nährstoffen versehen sind, doch nur von ganz bestimmten Pflanzen besiedelt werden. Es gilt dann von Fall zu Fall zu ermitteln, ob physikalische Ungunst hierfür maßgebend ist oder ob die Zugänglichkeit der Nährsalze zu wünschen übrig läßt oder ob schließlich Substanzen vorhanden sind, die eine spezifische Giftwirkung ausüben. Das letztere gilt wahrscheinlich von den »salzhaltigen Böden«, deren Chlornatrium einem großen Teile der Gewächse das Fortkommen schlechterdings unmöglich macht[42]. Eine strenge Bindung an die ihnen zugänglichen Spezialböden werden die Gewächse allerdings nur dann zeigen, wenn sie durch die Konkurrenz der Mitbewohner von anderen Standorten ausgeschlossen werden. Das kann aber um so leichter geschehen, als die Bodenspezialisten in vielen Fällen unter der Einwirkung des Substrates Eigenschaften angenommen haben, die ihre Wettbewerbsfähigkeit an »normalen« Standorten beeinträchtigen. Demnach wird also die Bodenstetigkeit bestimmter Pflanzen immer nur eine mehr oder weniger relative sein. Während Frühlingsmiere (Minuartia verna) und gelbes Stiefmütterchen (Viola lutea) nördlich der Alpen nur auf Böden vorkommen, die Erze von Schwermetallen enthalten (hauptsächlich Kupferschiefer), finden sich beide Pflanzen in höheren Gebirgslagen (Riesengebirge, Alpen) auf ganz verschiedenen Unterlagen. Offenbar waren die beiden Arten nach der Eiszeit wesentlich weiter im mitteleuropäischen Gebiete verbreitet, mußten dann aber unter dem Einflusse steigenden Wettbewerbes sich auf solche Stellen zurückziehen, an denen sie von den nicht »giftfesten« Arten verschont blieben. Kommt es unter dem Einflusse einer besonderen Bodenart zur Bildung von Lokalrassen, so wird man diesen allerdings eine verhältnismäßig große Bodenstetigkeit zuschreiben müssen.

Kalkpflanzen. Besonders hart umstritten war lange Zeit die Frage der Kalkstetigkeit bzw. Kalkscheuheit bestimmter Pflanzen. Wenn es nun auch sicher nicht in Abrede gestellt werden kann, daß zahlreiche Pflanzenarten eine ausgesprochene Neigung haben, sich auf Kalkböden anzusiedeln — ich nenne den Frauenschuh (Cypripedium calceolus) und den gestreiften Hauhechel (Ononis natrix) —, so ist diese Neigung doch je nach den besonderen klimatischen und sonstigen umweltlichen Bedingungen in wechselndem Maße ausgeprägt. Die Rotbuche (Fagus silvatica), die in Norddeutschland ausgesprochen kalkhold ist, geht im südlichen Frankreich mit Vorliebe auf Kieselböden über; die Lärche (Larix europaea), in der westlichen Schweiz ein ausgesprochen kalkscheuer Baum, der stets auf kristallinem Gestein gefunden wird, legt in Oberbayern und in den Karpathen eine völlige Gleichgültigkeit gegen die Bodenzusammensetzung an den Tag. Ganz ähnlich verhält sich die Legföhre (Pinus pumilio), die in den Alpen als kalkhold, in den Karpathen aber als bodenvag zu gelten hat [43]. Welch großen Einfluß der Kalkgehalt des Bodens auf dessen Säuregrad und dementsprechend auch auf die Zusammensetzung der Vegetation ausübt, das ist erst durch die Untersuchungen der neueren Zeit klar in die Erscheinung getreten [44].

Wie sehr aber auch physikalische Eigenschaften des Bodens bei der »Kalkfrage« mitsprechen können, das geht aus der Tatsache hervor, daß sich im südlichen Frankreich ebenso wie im nördlichen Kleinasien die ausgesprochenen Vertreter der immergrünen Mittelmeerflora eigentlich stets auf trocken-sonnigen Kalkböden einstellen, während dieselben Gewächse in den südlicher gelegenen Küstenländern des Mittelmeeres auf den verschiedensten Unterlagen in gleicher Weise gedeihen. Die Ursache ist offenbar in der wirksamen Konkurrenz nicht-xeromorpher mitteleuropäischer Formen zu suchen, die die mediterranen wenigstens an der Grenze ihres Verbreitungsgebietes von den feuchteren Standorten ausschließen.

Salzpflanzen. Pflanzengeographisch spielen die sogenannten Salzgewächse oder Halophyten eine bedeutsame Rolle; denn sie finden sich nicht nur an den Küsten der Meere und den Solstellen des Binnenlandes, sondern auch auf weiten Flächen in ariden Gebieten, so daß man von Salzsteppen und Salzwüsten sprechen kann. Die Salzvegetation setzt sich aus einjährigen und mehrjährigen Stauden sowie aus Sträuchern und Bäumen (Saxaulwälder der Wüste Gobi) zusammen. Sie zeigt deutlich das Gepräge einer Kümmervegetation, wie das in der Lückenhaftigkeit des Bestandes und in der Verzwergung der Wuchsform zum Ausdruck kommt. Außerdem sind die vielfach graugrün erscheinenden Halophyten reich an xeromorphen Merkmalen, mit denen sich fast stets eine ausgesprochene Sukkulenz verbindet. Diese gestaltlichen Eigentümlichkeiten müssen insofern überraschen, als die genannten Gewächse keineswegs auf trockene Böden beschränkt sind, sondern auch in Salzsümpfen vorkommen. Weiter ist zu bemerken, daß die Halophyten nicht streng an eine chlornatriumhaltige Unterlage gebunden sind, daß sie aber beim Übergange auf salzfreie Böden eine habituelle Umstellung erfahren, indem sie großblätteriger, reiner grün in der Farbe und üppiger im ganzen Wachstum werden; gleichzeitig ist eine unverkennbare Rückbildung der Sukkulenz zu verzeichnen. Die früher von A. F. W. Schimper behauptete physiologische Trockenheit, die durch die osmotische Wirkung der Salzlösung im Boden bedingt sein sollte, besteht in der Tat nicht oder zum mindesten nicht in dem Umfange, daß damit Xeromorphismus und Sukkulenz der Salzpflanzen erklärt werden könnte. Sowohl die zum Teil recht ansehnlichen Transpirationswerte halophiler Pflanzen, wie sie besonders von O. STOCKER [45], C. MONTFORT [46] und B. KELLER [47] nachgewiesen wurden, als auch deren ungewöhnlich hohe Saugkräfte sprechen gegen einen direkten Wassermangel. Wie sehr die Halophyten gerade in der letztgenannten Richtung von den durch niedrige osmotische Werte ausgezeichneten Sukkulenten abweichen, das geht u. a. aus den Messungen von T. HILL [48] hervor, der bei dem Queller (Salicornia herbacea) und dem Gänsefüßchen (Suaeda) in den Wurzelhaaren einen osmotischen Druck von 41 Atm. feststellte. Bei Mangrovegewächsen wurden von F. C. FABER [49] sogar Drucke bis zu 205 Atm. gemessen.

Schon weiter oben wurde hervorgehoben, daß die Halophyten die ihnen eigentümlichen Standorte nicht deshalb aufsuchen, weil sie ihnen mehr als die salzfreien zusagen, sondern weil sie hier der Konkurrenz der gegen Chlornatrium empfindlichen Gewächse entrückt sind. Wie sich aus den neuesten Untersuchungen von C. MONTFORT zu ergeben scheint, ist es u. a. die Beeinträchtigung der Assimilationstätigkeit bei Anwesenheit von Chlornatrium in der Zelle, wodurch nicht-halophile Pflanzen von salzhaltigen Standorten ausgeschlossen werden.

Bodenreaktion. In neuerer Zeit hat man der Azidität bzw. Alkalität des Bodens besondere Aufmerksamkeit zugewendet [50]. Es liegt auf der Hand, daß die Bodenreaktion (»Säuregrad« des Bodens) von der in der Bodenlösung vorhandenen Konzentration der Wasserstoff-(H-Ionen) bzw. der Hydroxyl-Ionen (OH-Ionen) abhängt. Man pflegt nun der Einfachheit halber die Hydroxylionenkonzentration durch die Zahlen 0—14 auszudrücken, wobei 0 die geringste, 14 die höchste Konzentration bedeutet. Dementsprechend muß 0 die höchste und 14 die geringste Konzentration der Wasserstoffionen zum Ausdruck bringen. Bei 7 werden sich beiderlei Ionen das Gleichgewicht halten, so daß in diesem Falle neutrale Reaktion herrschen muß. Der Kürze wegen gebraucht man für den sogenannten Wasserstoffexponenten das Symbol ph; so würde beispielsweise ph 4 einen stark sauren, ph 7 einen neutralen und ph 10 einen stark alkalischen Boden andeuten *.

Untersuchungen der letzten Jahre haben ergeben, daß Änderungen des Säuregrades — bei im übrigen genau gleichbleibenden Kultur-

* Die hier der Einfachheit wegen gewählte Darstellung wird dem Sachverhalte nicht voll gerecht. In 1 l reinsten Wassers sind bei 18° $0{,}86 \times 10^{-7}$ g H-Ionen und dementsprechend auch die gleiche Menge von (OH)-Ionen enthalten. Als Wasserstoffionenkonzentration (= Wasserstoffzahl nach MICHAËLIS) wird definiert: H-Ionen in g pro 1 l Flüssigkeit! Diese durch das Symbol »h« ausgedrückte Konzentration ist bei neutraler Reaktion gleich 10^{-7}; daraus ergibt sich, daß $-\log h = 7$ ist. Für $-\log h$ sagt man »Wasserstoffexponent« und setzt das neue Symbol »ph«. Es ist also zu beachten, daß ph einen Logarithmus darstellt und daß infolgedessen jede Änderung des ph-Wertes um 0,3 bereits eine Verdoppelung beziehungsweise Hälftung der H-Ionen-Konzentration bedeutet. Daraus erklärt es sich, daß kleinen Änderungen der ph-Zahl eine sehr beträchtliche Zunahme oder Abnahme des Säuregrades entspricht.

bedingungen — Schwankungen der Zuwachsgröße zur Folge haben, und zwar in der Weise, daß eine bestimmte Wasserstoffionenkonzentration als optimal anzusehen ist. Die nachstehenden Kurven (Fig. 10) geben darüber näheren Aufschluß [51].

Danach kann es also kaum einem Zweifel unterliegen, daß der Pflanzengeograph künftig den Säuregrad des Bodens bei allen Standortsuntersuchungen in den Kreis seiner Betrachtung wird hineinziehen müssen. Wenn wir uns in diesem Teile der Bodenforschung auch noch in den Anfängen befinden, so liegen doch bereits genug Resultate vor,

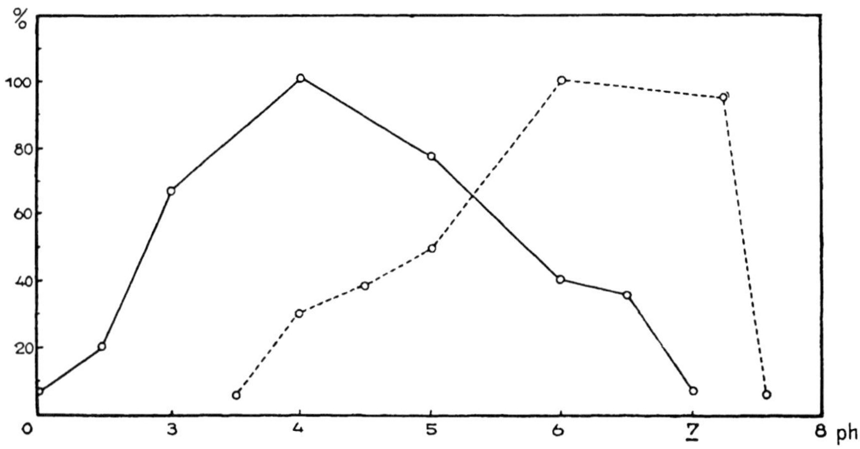

Fig. 10. Beziehung des Pflanzenwachstums zur Bodenreaktion. — Nach C. Olsen. —— Geschlängelte Schmiele (Deschampsia flexuosa); ······ Huflattich (Tussilago farfara).

um einen Einblick in die Schwankungen des ph-Gehaltes innerhalb verschiedener Gebiete zu ermöglichen. Zunächst zeigt es sich, daß der Säuregrad in gewissem Sinne der Topographie folgt, indem er bei schnellem Wechsel der Bodenfiguration meist ebenfalls sprunghafte Unregelmäßigkeiten aufweist. Ferner steht die Bodenazidität in einem gewissen Verhältnis zum Klimacharakter, indem nämlich in ariden Gebieten die oberen Bodenschichten alkalischer sind als die tiefer gelegenen, während das humide Klima die größte Azidität gerade an der Bodenoberfläche erkennen läßt. Um nur ein Beispiel anzuführen: im östlichen Jura, wo weniger Niederschläge zu verzeichnen sind als im westlichen, findet man auch häufiger alkalische oder neutrale Bodenreaktion. An eine enge und ausnahmslose Bindung zwischen Klima und Säuregrad darf schon deswegen nicht gedacht werden, weil die Pflanzendecke selber eine nicht unbeträchtliche Verschiebung der Wasserstoffionenkonzentration herbeizuführen vermag. Die Humusbildung verläuft nämlich je nach den besonderen Bedingungen des Standortes und seiner Vegetation ungemein verschieden. Heidekräuter, Vaccinium-Arten, Torfmoose und auch Riedgräser erzeugen meist einen sauren Humus, der 3,5—5 ph aufweist; Nadelbaumhumus schwankt zwischen 4—6 ph. Demgegenüber lassen Erlen, Weiden, Buchen und andere Laubbäume einen schwach sauren oder sogar neutralen Humus mit 6—7 ph entstehen [52].

Schließlich muß noch erwähnt werden, daß man mehr und mehr darauf ausgeht, den Bewuchs des Bodens selber als Indikator seiner Reaktion zu benutzen. Nachdem A. K. Cajander [53] die Bonitierung der finnischen Wälder auf Grund ihrer Bodenflora mit glänzendem Erfolge durchgeführt hat, ist man auch in der Landwirtschaft bestrebt, das massenhafte Vorkommen bestimmter Unkräuter für die Beurteilung des Kalkgehaltes und der Bodenreaktion zu verwenden [54].

Wasser als Lebensraum. Weitaus der größte Teil der Erdoberfläche ist mit Wasser bedeckt: auf etwa 29% Festland kommen 71% Meeresfläche. Dementsprechend spielt für die Gesamtvegetation der Erde das flüssige Substrat eine viel wichtigere Rolle als das feste. Tatsächlich übertrifft die pflanzliche Stoffproduktion des Wassers bei weitem diejenige des Landes (vgl. weiter unten).

Werfen wir zunächst einen Blick auf die Lebensbedingungen, denen die Wassergewächse ausgesetzt sind! Da zeigt sich sofort, daß im flüssigen Substrat grundsätzlich andere Bedingungen obwalten als auf dem Lande. Die wichtigsten dieser Unterschiede wollen wir der Kürze halber in einzelne Leitsätze zusammenfassen:

1. Der Lichthaushalt ist im Wasser insofern ungünstig, als einerseits die an der Oberfläche auftretende Reflexion, andererseits die im Medium selber erfolgende Absorption eine nicht unbeträchtliche Lichtschwächung herbeiführen. Dadurch kommt eine ähnliche Wirkung wie unter einem Schattendache zustande. Naturgemäß wachsen die Ungunstverhältnisse mit zunehmender Tiefe. Manche Einrichtungen im anatomischen Bau der Wasserpflanzen stehen mit der schlechten Lichtversorgung im Zusammenhange. Beachtung verdient auch die Veränderung der Lichtqualität, die durch ungleichmäßige Absorption der verschiedenen Strahlenarten bedingt ist. Die Tatsache, daß die Grünalgen (Chlorophyceen) mehr an der Oberfläche, die Braunalgen (Phaeophyceen) in tieferen Lagen und die Rotalgen (Rhodophyceen) nicht selten an den am wenigsten belichteten Standorten vorkommen, hat man mit der erwähnten Änderung der Lichtzusammensetzung zu erklären versucht (Th. W. Engelmann [55]).

Die Tiefe, bis zu der das Pflanzenleben unter die Oberfläche heruntergeht, hängt natürlich von den besonderen Lebensumständen, vor allem aber von der »Sichttiefe« des Wassers und von der Dauer der Belichtung ab. Trübungen durch suspendierte Teilchen — mag es sich dabei um Mikroorganismen oder um anorganische Beimengungen handeln — rücken die Lebensgrenze nach aufwärts. Während in der Ostsee Algen kaum unter 40 m Tiefe (Characeen sogar nur bis 8 m) vorkommen, finden wir im Genfer See Algen noch bei 60 m, und im Golf von Neapel kann man sogar bei 100 m Tiefe ein reiches Algenleben beobachten. Unter 400—500 m Wassertiefe dürfte aber wohl an keiner Stelle der Erde das Leben chlorophyllhaltiger Algen auf die Dauer möglich sein.

2. Der Wärmehaushalt ist im Wasser wesentlich günstiger als auf dem Festlande. Die Ursache hierfür liegt in der großen spezifischen Wärme des Wassers begründet, die in gleicher Weise zu einer Verzögerung der Erwärmung wie der Abkühlung führt. Dementsprechend erfahren nicht nur die täglichen, sondern zum Teil auch die jahreszeitlichen Schwankungen einen weitgehenden Ausgleich, so daß sich das Pflanzenleben im Wasser zwar bei verhältnismäßig tiefen, dafür aber auch bei ungewöhnlich gleichbleibenden Temperaturen abspielt. Die Folge davon ist eine oft deutlich hervortretende Einstellung der Algen auf ein begrenztes Temperaturintervall, das nicht überschritten werden darf. Überhaupt sind es in erster Linie die Wärmeverhältnisse der verschiedenen Meeresräume, die für den Charakter ihrer Pflanzenwelt maßgebend sind.

3. Auch der Nährstoffhaushalt weist bei den pflanzlichen Wasserbewohnern keine so starken und so schnell wechselnden Unterschiede auf, wie wir das von dem festen Substrat her gewöhnt sind. Das Wasser selber stellt ja die Nährlösung dar, die alle Teile des Pflanzenkörpers umspült und von der gesamten Oberfläche in gleicher Weise aufgenommen werden kann. Wurzelbildungen haben also meist nur die Bedeutung von Haftorganen. Anders liegen natürlich die Verhältnisse in ephemeren Wasseransammlungen und in kleinen Seebecken, wo die Bodenunterlage oft auch den Nährstoffreichtum beherrscht und wo demzufolge viel ausgeprägtere Ernährungsgegensätze an der Tagesordnung sind als in weiten, gleichförmigen Meeresräumen.

4. Der Wasserhaushalt, der eine so entscheidende Rolle für die Landpflanzen spielt, kommt für die Wasserbewohner überhaupt nicht in Frage (mit Ausnahme solcher Formen, die zeitweise eintrocknende Gewässer besiedeln). Dementsprechend erübrigen sich bei ihnen alle Maßnahmen und Anpassungen, die zur Regulierung der Wasserbilanz geeignet sind. Ein beträchtlicher Unterschied bleibt aber naturgemäß zwischen Süßwasser- und Meeresflora bestehen, da ja die osmotische Einstellung der letzteren eine grundsätzlich andere sein muß. Die Folge davon ist, daß nennenswerte Schwankungen im Salzgehalt des Wassers in der Regel nicht vertragen werden, zum mindesten nicht, wenn sie unvermittelt auftreten.

6. Die Statik des Körperbaues ist in hohem Maße von der Natur des umgebenden Mediums abhängig. Die Landpflanze, die sich in der Luft aufrecht halten und ihre Blattorgane entfalten muß, ist anderen statischen Gesetzen unterworfen als das von seinem Substrat getragene und gestützte Wassergewächs. Dafür entstehen allerdings

beim Wasserleben andersartige Aufgaben, wie sie in der Widerstandsfähigkeit gegen die Wellenbewegung bei den Bewohnern der Brandungszone und in der Schwebefähigkeit bei den Planktonorganismen des offenen Wassers zum Ausdruck kommen. Gerade die Schwebefähigkeit ist ein schon viel erörtertes, aber noch immer nicht gelöstes Problem. Während man bisher die zahlreichen Anhangsbildungen mariner Planktonten durch die Annahme einer erhöhten »Reibung« glaubte deuten zu können, ist man jetzt eher geneigt, in ihnen Einrichtungen zur Ausnutzung dei im Wasser herrschenden Strömungen zu sehen, um auf diese Weise ein Absinken zu verhindern (H. UTERMÖHL [56]). Es bleibt aber zugunsten der erstgenannten Auffassung die Tatsache bestehen, daß in benachbarten kalten und warmen Strömungen vikariierende Formen auftreten, die sich durch eine ganz verschiedene Länge ihrer Körperanhänge unterscheiden [57] (Wasser von + 25° C hat nur noch eine halb so große Tragkraft wie Wasser von 0° C). Nach der Zusammensetzung des als Lebensraum dienenden Wassers hat man zwischen Meeresvegetation, Brackwasservegetation und Süßwasservegetation zu unterscheiden.

Meeresvegetation. Bei ihr treten uns zwei grundverschiedene Lebensbezirke entgegen, nämlich das Litoral, das eine an der Unterlage haftende, in vielen Beziehungen an die Landpflanzenwelt erinnernde Vegetation von Großalgenformen, sogenannten Tangen, trägt, und das Pelagial, das durch die freien, vom Lichte durchdrungenen Wassermassen der »offenen» See charakterisiert ist und — abgesehen von den der Küste entstammenden Tangmassen der Sargassosee — nur mikroskopische Algen beherbergt, die das Phytoplankton bilden *. Die unterseeischen Tangwiesen der Küste breiten sich nur als schmaler Gürtel um Festländer und Inseln aus; denn durch die mit der Wassertiefe abnehmende Lichtintensität wird ihnen alsbald eine Grenze gesetzt. Unter den Großformen nehmen die Brauntange (Phaeophyceen) die erste Stelle ein, da sie sich zum Teil durch eine recht beträchtliche Größe auszeichnen: man denke nur an die mehr als 150 m lange Macrocystis pyrifera und an die schenkeldicken Stämme der Lessonia-Arten, die habituell kleinen Palmen ähneln. Die Gleichförmigkeit der Lebensbedingungen gestattet den meisten Formen eine ungemein weite Verbreitung; denn die Arealgrenzen werden hauptsächlich durch den Salzgehalt und die Temperatur des Meereswassers bestimmt.

Ungleich wichtiger als das Litoral ist das Pelagial, das ja bei weitem den Hauptteil der gesamten Erdoberfläche einnimmt. In ihm werden die ungeheuren organischen Substanzmengen erzeugt, die das reiche Tierleben der Meere möglich machen. Um welche erstaunlichen

* Die Bezeichnung »Plankton« geht auf VIKTOR HENSEN zurück; früher sprach man von »organischem Auftrieb« (JOHANNES MÜLLER).

Beträge es sich dabei handelt, geht schon aus der Tatsache hervor, daß allein der verhältnismäßig kleinen Nordsee im Jahresdurchschnitt 875 Millionen kg an Fischen entnommen werden. Die Weltfischereiprodukte übersteigen an jährlichem Werte 2 Billionen M. An ihrer Gewinnung sind Europa mit 1/2, Nordamerika mit 1/3 und alle übrigen Gebiete mit 1/6 des Wertes beteiligt. Die quantitative Planktonforschung, wie sie von VIKTOR HENSEN in die Wege geleitet wurde, hat uns erst einen einigermaßen klaren Einblick in den Haushalt der Meere verschafft. Im allgemeinen kann man die in einer Wassersäule von 1 qm Querschnitt vorhandene organische Substanz (Pflanzen und die auf deren Kosten lebenden Tiere) auf 150—180 g annehmen. Daraus läßt sich die Stoffproduktion auf 1 qkm Meeresfläche auf etwa 3000 Zentner berechnen, und die gesamten Ozeane würden danach über 1 Billion Zentner an Pflanzen und Tieren in sich schließen [57]. Naturgemäß sind solche Berechnungen nur innerhalb weiter Fehlergrenzen zutreffend.

Bei den Untersuchungen über die quantitative Verbreitung der pflanzlichen Planktonten zeigte sich deutlich die Tatsache, daß zwar die Artenzahl in den warmen Südmeeren verhältnismäßig groß ist, daß dafür aber die Individuenzahl weit hinter derjenigen der kalten Nordmeere zurückbleibt. Dieser Sachverhalt geht klar aus der nachstehenden Tabelle hervor, die für den Atlantischen Ozean Gültigkeit hat und über die Individuenzahl der pelagischen Flora und Fauna pro 1 l Wasser Auskunft gibt [58]:

Tabelle 13. Individuenzahl der pelagischen Flora und Fauna des Atlantik pro 1 l Wasser.

	Kühles Gebiet			Warmes (trop.) Gebiet		
Tiefe	Protophyten	Protozoen	Metazoen	Protophyten	Protozoen	Metazoen
0 m	16 250	2700	17	2250	84	1
50 „	6 200	270	6	2170	111	3
100 „	2 100	730	4	730	39	4
200 „	320	32	3	185	28	1
400 „	185	14	4	62	10	0,5

Wir kommen also zu dem verblüffenden Ergebnis, daß die Pflanzenmenge, die auf dem Lande — wenigstens ganz grob gesprochen — mit der Entfernung von den Polen zunimmt, sich in den Meeresräumen im allgemeinen entgegengesetzt verhält. Hiermit stehen auch die auffälligen Farbunterschiede, die wir in den verschiedenen Teilen der Ozeane, der Rand- und der Binnenmeere beobachten, im Zusammenhange. Die herrliche Bläue der Tropenmeere deutet uns deren Armut an Planktonalgen an, so daß FR. SCHÜTT geradezu Blau als die »Wüstenfarbe des Meeres« bezeichnet. Demgegenüber lassen grüne Farbtöne eine wachsende Fruchtbarkeit erkennen und gelbe (die meisten pflanzlichen Planktonorganismen sind im Besitze gelber Farbstoffträger) gestatten den Schluß auf einen ganz ungewöhnlichen Reichtum an Pflanzensubstanz. Bezeichnet man das Algenvolumen bei Sizilien als 1, so berechnet K. Brandt dasjenige der Kieler Bucht zu etwa 10 und das der Irminger-See bei Grönland sogar zu 20 [59].

Die Tatsache, daß der Algenreichtum der Südmeere weit hinter dem der Nordmeere zurücksteht, bedarf noch einer kurzen Erklärung. Die Wärme des Wassers allein kann auf keinen Fall die Abnahme der Algenmenge nach sich ziehen, vielmehr ist es der geringere Gehalt der äquatorialen Meere an Stickstoffverbindungen. Wie kommt dieser zustande? Darüber gehen die Meinungen vorläufig noch auseinander. Der Reichtum des Meeres an N-Verbindungen beruht nicht nur auf der durch die Flüsse bewirkten Zufuhr (die Elbe allein führt im Laufe des Jahres so viel Stickstoffsalze ins Meer, daß man mit ihnen den gesamten Bedarf an N-Dünger auf der Erde für die gleiche Zeit decken könnte!), sondern auch auf dem Vorhandensein stickstoffbindender (nitrifizierender) Bakterien im Meerwasser. Neben diesen Mikroorganismen sind aber auch solche gegenwärtig, die umgekehrt eine Stickstoffentbindung verursachen (denitrifizierende Bakterien). Die Brandtsche Hypothese [60] geht nun von der Tatsache aus, daß die letztgenannten Lebewesen durch höhere Temperaturen in ihrer Tätigkeit wesentlich gefördert werden, während sich das gleiche von den Nitrifikationsbakterien nicht sagen läßt. Ob aber dieser Unterschied tatsächlich hinreicht, um die großen Gegensätze zwischen Nord- und Südmeeren zu erklären, muß dahingestellt bleiben. A. Nathansohn [61] glaubt eine andere Ursache gefunden zu haben: durch den am Meeresgrunde sich ansammelnden Detritus (Abfallstoffe, Leichen) werden gerade die tiefsten Schichten am meisten mit Stickstoffverbindungen angereichert. Die Diffusion führt nur sehr langsam zu einem Ausgleich der auf diese Weise entstandenen Differenzen. Ganz anders die Konvektionsströmungen, die stickstoffreiches Tiefenwasser an die Oberfläche bringen! Da solche Strömungen besonders in den polnahen Meeresräumen vor sich gehen, so können sie hier eine Steigerung der Lebensgunst zur Folge haben. Gegen beide der genannten Hypothesen lassen sich gewisse Einwendungen erheben. Es ist auch möglich, daß neben den erwähnten Faktoren noch andere vorhanden sind, die den Stickstoffgehalt des Meerwassers beeinflussen [62].

Süßwasservegetation. Pflanzengeographisch spielt die Vegetation des Süßwassers eine sehr viel geringere Rolle als diejenige des Meeres. Zwischen ihr und der Landvegetation bestehen mannigfache Übergänge, wie das häufig in den Pflanzenzonen zum Ausdruck kommt, die die Seeufer umziehen. In ganz flachem Wasser pflegen Schilf (Phragmites communis) und Binsen (Scirpus-Arten) zusammen mit zahlreichen Sumpfgewächsen sich einzustellen und an ihrem Teile zu der Bildung von Faulschlamm beizutragen. In der nächstfolgenden Zone herrschen in der Regel die Laichkräuter (Potamogetonaceen) und Seerosengewächse (Nymphaeaceen) vor. Die flache Uferstufe, die in einer wechselnden Ausdehnung noch das Vorhandensein bodenwurzelnder Pflanzen (Verlander) möglich macht, heißt die Schar. Handelt es sich um ausgedehntere Seebecken, so folgt auf die Schar die Absturzzone des Seebodens, die Halde, die meist noch bis zu etwa 20 m Tiefe von »unterseeischen Wiesen« bedeckt ist. Diese bestehen oft in der Hauptsache aus Armleuchtergewächsen (Characeen), denen sich Wasserpest (Helodea canadensis), Nixkräuter (Najadaceen), Hornkräuter (Ceratophyllaceen) und Wassermoose beigesellen. Hier herrscht meist auch

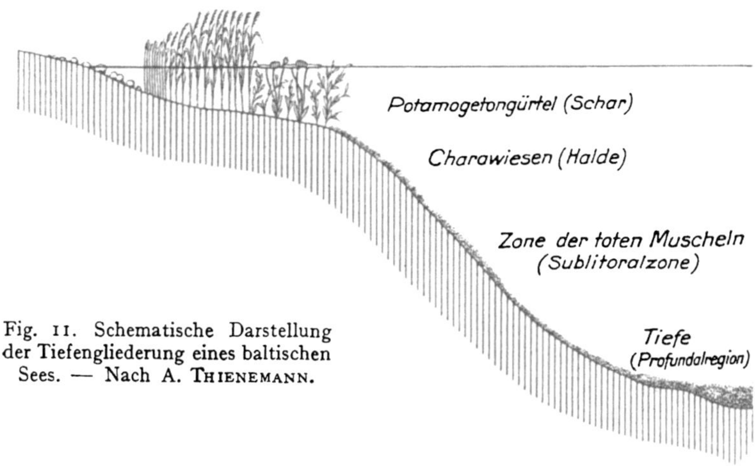

Fig. 11. Schematische Darstellung der Tiefengliederung eines baltischen Sees. — Nach A. THIENEMANN.

das vielgestaltigste Tierleben. In größerer Tiefe hört dann das Pflanzenleben auf, so daß wir in der Sublitoralzone in der Hauptsache nur noch von zahlreichen Muschelschalen durchsetzten Schlamm finden, der hier — ebenso wie auf dem Seeboden (Profundalregion) selber — die Wohnstätte ungezählter Mückenlarven und Schlammwürmer ist (Fig. 11). Der freie Wasserraum der Seen ist von einer nach Artenzahl und Individuenreichtum sehr verschiedenen Schwebewelt erfüllt.

Über Art und Umfang der Besiedelung eines Seebeckens entscheidet in erster Linie der Nährstoffreichtum des Wassers, der seinerseits von sehr vielen Faktoren abhängt, unter denen die Beschaffenheit der Unterlage, der Pflanzenreichtum der Uferzone und die topographischen Verhältnisse wohl in erster Linie zu nennen sind. Nach dem Nährstoffgehalt kann man zwischen eutrophen, oligotrophen und dystrophen Seetypen unterscheiden. Auf weitere Einzelheiten braucht an dieser Stelle nicht eingegangen zu werden. Die wissenschaftliche Erforschung der Binnengewässer, die sog. Limnologie, hat gerade in den letzten Jahrzehnten bedeutende Fortschritte gemacht. Eine sehr gute zusammenfassende Darstellung verdanken wir in neuester Zeit A. THIENEMANN [63]. Die Flora brackiger Gewässer kann in diesem Zusammenhange unberücksichtigt bleiben, da ihr im Hinblick auf die nur geringe Ausdehnung keine wesentliche pflanzengeographische Bedeutung zukommt.

Biotische Faktoren. Niemals steht das Individuum isoliert in seinem Lebensraum, sondern stets ist es durch Kampf oder Interessengemeinschaft oder durch einen der vielen zwischen diesen Extremen liegenden Übergänge mit anderen Organismen, sei es Pflanze, Tier oder Mensch, verknüpft. Die Mikroflora und -fauna des Bodens beeinflußt dessen Brauchbarkeit, pflanzliche Mitbewerber sind bemüht, sich des Nährstoffreichtums, des Wassergehaltes, des lebenspendenden Lichtes am Standorte zu bemächtigen oder gehen sogar als Schmarotzer zum Angriff über; Tiere vermitteln die Bestäubung, tragen Samen und Früchte weit hinweg vom Orte ihrer Entstehung oder nützen die Pflanze in mannigfachster Weise zur Erhaltung ihres Lebens aus. Fast überall macht sich die Hand des Menschen, bald hemmend, bald fördernd, bemerkbar, indem sie die Verteilung der Gewächse auf dem Erdenrund ununterbrochen verändert, vorhandene Gegensätze ausgleicht und neue dafür schafft. All die zahllosen Wirkungen, die von der belebten Umwelt ausgehen, kann man unter den Begriff der biotischen Faktoren zusammenfassen. Nach den verschiedenen Urhebern dieser das Pflanzenleben oft in mannigfacher Weise umgestaltenden Einflüsse läßt sich in ungezwungener Weise eine Dreiteilung vornehmen, die zur Unterscheidung von phytogenen, zoogenen und anthropogenen Faktoren führt. Nur die beiden ersten Gruppen bedürfen hier noch einer näheren Besprechung. Die durch den Menschen hervorgerufenen Veränderungen der Pflanzendecke erfuhren bereits eine eingehende Behandlung im genetischen Abschnitte (siehe S. 27).

Phytogene Faktoren. Die Wechselbeziehungen von Pflanze zu Pflanze sind ungemein mannigfacher Art. Neben der rücksichtslosen Unterdrückung und Ausnutzung des einen Konkurrenten durch den anderen finden sich alle erdenklichen Abstufungen von Genossenschaftsbildungen, die zwar nicht immer mit gleichen Vorteilen für beide Kontrahenten verbunden sind, aber doch häufig dem einen Nutzen bringen, ohne den anderen nennenswert zu schädigen. Die Hochstämme des Waldes treten nicht in Wettbewerb mit den das Unterholz bildenden Sträuchern, und diese wiederum brauchen der Schattenflora zu ihren Füßen nicht die Stätte zu neiden. Der am Baumstamme emporsteigende Efeu wird diesem erst gefährlich, wenn er in die Krone gelangt und den Baumzweigen das Licht raubt oder wenn er durch seine Anwesenheit den Baumverderbern Hilfsdienste leistet. Ebenso wird der Flechtenbehang in der Regel nur indirekt durch die Förderung des Insektenlebens nachteilig. Pilze und Baumwurzeln, die sich in der sog. Mykorrhiza zusammenfinden, werden wohl nicht immer den gleichen Nutzen aus ihrer Vereinigung ziehen, werden sich aber nur selten in einem unmittelbaren Widerstreite der Interessen befinden[64]. Erst da, wo das mannigfach abgestufte Schmarotzertum seinen Anfang nimmt, wird das Gedeihen des einen durch die Beeinträchtigung oder gar die Vernichtung des anderen erkauft. Da es sich hier nur um solche Beziehungen handelt, die durch ihren Umfang von pflanzengeographischer Bedeutung sind, soll im folgenden lediglich vom Epiphytismus und vom Lianismus kurz die Rede sein.

Epiphytismus. Von Epiphytismus sprechen wir, wenn Pflanzen sich nicht auf dem Erdboden, sondern auf dem Körper anderer Gewächse ansiedeln. Diese Erscheinung ist keineswegs selten, tritt allerdings nur da in größerem Ausmaße zutage, wo einmal infolge sehr günstiger Daseinsbedingungen ein scharfer Wettbewerb um den Raum stattfindet und wo zum anderen eine hinreichende Luftfeuchtigkeit trotz erschwerter Wasserversorgung die Existenz möglich macht. Man hat den Epiphytismus mit Recht als einen Raumparasitismus bezeichnet. Wenn auch die »Überpflanze« sich nicht — wie der Schmarotzer es tut — an ihrem »Wirte« vergreift, so ist sie doch imstande, diesen in mancher Hinsicht zu schädigen: sie raubt ihm durch üppiges Wuchern einen Teil des Lichtes, vermindert unter Umständen die für die Atmung erforderliche Oberfläche und erhält Stämme und Zweige dauernd feucht, so daß sich hier leicht Fäulnisherde und damit auch Einbruchspforten für Pilzparasiten bilden.

Nirgends bieten sich günstigere Bedingungen für den Epiphytismus als in der Litoralzone des Meeres, wo im gut durchlüfteten Wasser eine hinreichende Wärme herrscht, wo alle aus einer gestörten Wasserbilanz sich ergebenden Schwierigkeiten wegfallen, wo die Nahrungszufuhr für alle Standortskonkurrenten die gleiche ist und wo nur Schwierigkeiten hinsichtlich des Lichtgenusses auftreten können. So zeigt sich denn in den »Tangwiesen« der Küstenzonen (Schelfe) ein stockwerkartiger Aufbau, indem die Großformen (besonders Laminarien, Sargassum- und Cystosira-Arten) dicht mit kleineren Algen bedeckt sind, die ihrerseits wieder anderen Raumkonkurrenten als Unterlage dienen müssen. Über das Ganze pflegt sich dann noch ein mehr oder weniger dichter Überzug von Diatomeen auszubreiten[65].

Bei den »Luftpflanzen« sind die oben genannten Voraussetzungen für den Epiphytismus sehr viel seltener erfüllt; infolgedessen bleibt dieser in seiner vollkommensten Ausbildung auf die feuchtwarmen Tropenwälder beschränkt (Fig. 12)[66]. Daß es aber auch bei uns in bescheidenem Umfange zu einer Bildung von »Überpflanzen« zu kommen vermag, das zeigen uns nicht nur die Zufallsepiphyten, die besonders auf Kopfweiden angetroffen werden und die im feuchteren Westeuropa ungleich häufiger auftreten als in Osteuropa[67], sondern das sehen wir vor allem an den Überzügen, die Flechten, Moose und Luftalgen an den

Baumstämmen und Zweigen bilden. Zu einem Charaktermerkmal der Vegetation werden die Epiphyten aber erst in den immergrünen Regenwäldern, die infolge der reichen Entwicklung von Schlinggewächsen und Überpflanzen oft undurchdringliche Dickichte bilden und bei denen gleichzeitig eine scharf ausgeprägte Schichtung zu einem stockwerkartigen Aufbau führt. Überall sind die »Lücken« der oberen »Etagen« mit einer üppigen Epiphytenvegetation ausgefüllt, die nicht

Fig. 12. Mit Epiphyten besetzter Stamm aus dem Regenwalde bei Blumenau (Süd-Brasilien). — Nach einer Aufnahme von H. SCHENCK.
(Aus. Vegetationsbilder, herausgegeben von G. Karsten und H. Schenk).

nur Stämme, Zweige und Schlinggewächse überzieht, sondern häufig auch mit ihren Kleinformen die Blätter der Waldbäume usurpiert und hier als sogenannte Epiphyllenvegetation mehr oder weniger dichte Schleier erzeugt[68]. Je nach den besonderen Anpassungen, die diese eigenartigen Gewächse zur Ermöglichung der epiphytischen Lebensweise hervorgebracht haben, kann man nach dem Vorgange von A. F. W. SCHIMPER eine Reihe verschiedener Anpassungsstufen unterscheiden.

Epiphyten finden sich in den verschiedensten Gruppen des Pflanzenreiches, kommen aber besonders häufig bei Knabenkräutern (Orchidaceen), Aronstabgewächsen (Araceen), Ananasgewächsen (Bromeliaceen) und Farnen (Filices) vor. Eine große Zahl eigenartiger Anheftungseinrichtungen finden wir bei den schon erwähnten, die Blätter bewohnenden Epiphyllen, zu denen nicht nur aërophytische Algen, zahlreiche Lebermoose und Flechten gehören, sondern auch Kleinformen von Farnen und Knabenkräutern (z. B. Pnymatidium delicatulum).

Lianismus. Durch mancherlei Übergänge sind die Epiphyten mit den Lianen verbunden, die ebenso wie jene mit Hilfe besonderer Mittel sich innerhalb dichter Holzbestände einen Platz an der Sonne zu sichern versuchen. Seit den klassischen Untersuchungen von H. SCHENCK[69] bezeichnet man alle im Boden wurzelnden Gewächse, die ihre langgliederigen, dünnen Stengel mit Hilfe benachbarter Pflanzen zum Lichte emportragen, als Lianen. Zu ihnen sind also nicht nur immergrüne oder laubwechselnde, kletternde Holzgewächse zu zählen, sondern auch einjährige und mehrjährig-geophile Winde- und Rankenpflanzen. Genau so wie der Epiphytismus wird der Lianismus vornehmlich dort zur Ausbildung kommen, wo sehr günstige Lebensbedingungen eine gesteigerte Raumkonkurrenz zur Folge haben. Der Tropenwald mit seinem aus vielen Stockwerken zusammengesetzten Blätterdache zwingt die an seinem Grunde lebenden Pflanzen entweder zur Einstellung auf einen sehr geringen Lichtgenuß oder zur Lianenwuchsform, die die Gunst reichlicher Wasser- und Nährstoffversorgung mit hohen Ansprüchen an das Licht zu vereinigen sucht. Natürlich bedarf es auch hier der Ausbildung von Anpassungen an die Besonderheiten der Lebensführung. Worin bestehen diese Anpassungen?

a) In Einrichtungen, die dem Ergreifen der Stütze und der Befestigung an derselben dienen.

b) In Einrichtungen, die — wenigstens im Jugendstadium — ein ungewöhnlich schnelles Streckungswachstum ermöglichen.

c) In Einrichtungen, die trotz großer Plastizität und Zähigkeit des Stammes und trotz seiner geringen Querschnittfläche doch eine hinreichende Wasserversorgung der Blätter gewährleisten.

Bemerkenswert ist die Tatsache, daß die mittleren und höheren Breiten außerordentlich arm an Lianen sind. Bei uns gibt es neben einer kleinen Zahl von kurzlebigen Windepflanzen (Convolvulus- und Humulus-Arten), Rankenkletterern (Bryonia-Arten) und Spreizklimmern (Galium aparine) eigentlich nur zwei Holzlianen, nämlich den Efeu (Hedera helix) und das wilde Geißblatt (Lonicera periclymenum). In feuchten Auenwäldern stellen sich die genannten Pflanzen besonders zahlreich ein. Südlicher gelegene Gebiete mit größerer klimatischer Gunst lassen die Zahl der Lianen schnell ansteigen. Schon die Wälder im südlichen Teile Nordamerikas weisen eine starke Vermehrung der schlingenden Gewächse auf (Parthenocissus, Tecoma, Gelsemium, Ampelopsis). In ihrer vollen Entwicklung treten die Lianen aber erst in den tropischen Urwäldern hervor, wo sie den Charakter des Pflanzenwuchses in maßgebender Weise beeinflussen (Fig. 13). Die Zahl der Arten, die sehr verschiedenen Familien entstammen, ist überraschend groß. Besonders sind es die Sapindaceen (z. B. die Gattungen Paullinia mit 125 und Serjania mit 172 Arten im tropischen Amerika), die Bignoniaceen, die Vitaceen und die Palmen (z. B. die Gattungen Calamus und Plectocomia in Asien und Malesien, die Gattung Desmoncus in Südamerika), zu denen Lianen von teilweise riesenhaftem Ausmaße (370—550 m Stammlänge) gehören. Berühmt

Fig. 13. Lianengewirr im tropischen Regenwalde von Kamerun. — Nach einer Aufnahme von Prof. J. MILDBRAED, 1928.

ist die Rotangpalme (Calamus rotang), die am Ende der Blattspindeln peitschenschnurartige, mit Widerhaken ausgerüstete Fortsätze trägt. Diese haken sich überall im Dickicht fest und verschaffen so der Pflanze den nötigen Halt.

Nach der Art und Weise, in der die Lianen im Dickicht emporsteigen, kann man verschiedene Typen unterscheiden. Die wichtigsten unter ihnen sind: die Haken- und Spreizklimmer, die Wurzelkletterer, die Windepflanzen und die Rankenpflanzen.

Zoogene Faktoren. Das Naturganze stellt eine Ernährungsgenossenschaft größten Stiles dar: Aufbau (Assimilation) und Abbau (Dissimilation) sind die beiden Gegenpole, um die sich das organische Leben auf der Erde bewegt. Die grüne Pflanze schafft den für das Tierleben erforderlichen Überschuß an organischen Stoffen, während das Tier durch Aufspaltung und Abbau dieser Produkte der Pflanze eine erneute assimilatorische Tätigkeit ermöglicht. Natürlich liegen die Verhältnisse im einzelnen viel verwickelter, doch genügt hier der Hinweis auf die beiden Grundpfeiler des organischen Geschehens. Das Tier lebt also auf Kosten der Pflanze und fügt deren Beständen fortwährend beträchtlichen Schaden zu. Dabei sind es keineswegs nur die größeren Weidetiere und die Nager, die einen umgestaltenden Einfluß auf die Vegetationsdecke auszuüben vermögen, sondern in noch viel höherem Maße das Heer der Insekten. Wenn sich trotzdem die durch Tiere hervorgerufenen Zerstörungen wenigstens meist in erträglichen Grenzen halten, so hat das seinen Grund darin, daß sich viele der ungebetenen Gäste mit den Abfällen begnügen, die durch Absterben und durch Laubabwurf jährlich in gewaltiger Menge erzeugt werden (A. Thienemann [70]).

Nicht wenige der bei den Gewächsen hervortretenden Eigentümlichkeiten hat man als »Schutzeinrichtungen« deuten zu können geglaubt. Sicherlich gibt es auch Tiere, die durch borstige Behaarung, Stachel- und Dornbildungen, Brennhaare, Klebestoffe, starke Gerüche, Erzeugung von Gift- und Bitterstoffen usw. von gewissen Pflanzen ferngehalten werden [71]. Andererseits zeigt sich immer wieder, daß alle solche »Schutzmaßnahmen« nur von sehr bedingter Wirksamkeit sind und daß umgekehrt viele Pflanzen, denen entsprechende Einrichtungen fehlen, darum kaum weniger gut den Daseinskampf bestehen. Auf jeden Fall darf man aus dem Vorhandensein der genannten Merkmale nicht folgern, daß sie unter allen Umständen zum Zwecke der Abwehr zustande gekommen seien. Daß tatsächlich gewisse Pflanzen von den weidenden Haustieren gemieden werden, ist eine bekannte Erscheinung, die unter Umständen zu einer ungewöhnlich starken Verbreitung der betreffenden Arten führen kann. So ist z. B. die zunehmende Häufigkeit von Adonis vernalis und von Euphorbia cyparissias im mitteldeutschen Hügellande darauf zurückzuführen, daß die Schafe diese Pflanzen beim Weidegange verschonen und ihnen dadurch eine regelmäßige Fruktifikation ermöglichen. Umgekehrt können Pflanzen, die dem Vieh besonders zusagen, eine Ausmerzung oder doch wenigstens eine starke Zurückdrängung erfahren. Bekannt sind die »Verbißbäume«, deren Zweigspitzen immer wieder vernichtet werden und die daher ganz absonderliche Formen annehmen. Die Ziegenzucht im Mittelmeergebiet trägt dazu bei, den vernichteten Wald an den Gebirgsflanken nicht wieder aufkommen zu lassen, während die Wildkaninchen durch Zerstörung der Grasnarbe im Dünengelände der Küste der erneuten

Ausbreitung psammophiler (sandbewohnender) Pflanzen (z. B. Stranddistel, Eryngium maritimum) Vorschub leisten.

Pflanzengeographisch viel bemerkenswerter sind die Beziehungen, die zwischen der Samenerzeugung und dem Vorhandensein gewisser Tiere bestehen. Bekanntlich sind es in vielen Fällen Insekten oder Vögel, die die Pollenübertragung bewerkstelligen. Oft hat man darauf hingewiesen, daß das Vorkommen der Gattung Eisenhut (Aconitum) ganz und gar in das Gebiet hineinfällt, das von Hummeln bewohnt wird, die als die legitimen Bestäuber der Pflanze zu gelten haben. Die aus ihrer tropisch-amerikanischen Heimat auf die Inseln Mauritius und Bourbon verpflanzte Vanille wollte keine Früchte ansetzen, da es ihr an den erforderlichen Bestäubern fehlte; erst künstliche Befruchtung brachte Abhilfe. Weiter gelang es in Australien erst dann, reiche Obsternten zu erzielen, als auch die Honigbiene eingebürgert war.

Maßgeblich für die Ausdehnung der Pflanzenareale sind in erster Linie die Verbreitungseinrichtungen der Samen und Früchte. Die unverdaulichen Samen zahlreicher Beerenfrüchtler erfahren auf dem Umwege über den Vogelmagen eine weite Verschleppung; dasselbe gilt von Samen und Früchten, die im Kropfe mitgeführt werden. Klebfrüchte werden durch Huftiere hierhin und dorthin getragen (Colchicum autumnale), während Klettfrüchte weite Reisen im dichten Fell der Wild- und Haustiere zurücklegen können[72]. Die Verschleppung von Samen, die im Besitze fleischiger Anhänge sind, durch Ameisen (Corydalis, Viola, Veronica) hat wohl mehr lokale Bedeutung.

Literaturnachweise: [1] Neben den im einleitenden Abschnitte verzeichneten Lehrbüchern kommen für die ökologische Pflanzengeographie noch folgende wichtige Quellen in Betracht: E. RÜBEL, Ökologische Pflanzengeographie; in: Handwörterbuch d. Naturwissenschaften, Bd. 4, Jena 1913. H. LUNDEGÅRDH, Klima und Boden in ihrer Wirkung auf das Pflanzenleben; Jena 1925. G. KRAUS, Boden u. Klima auf kleinstem Raum. Vers. einer exakten Behandl. d. Standortes auf dem Wellenkalk; Jena 1911. O. DRUDE, Pflanzengeogr. Ökologie; in: Abderhalden, Handb. d. biolog. Arbeitsmeth. Abt. XI, 5. Lief. 279, Berlin 1929. H. HANDEL-MAZETTI, Der Ökologe auf Reisen; ebenda. E. RÜBEL, Lichtklima u. -genuß; ebenda. E. RÜBEL, Geobotanische Untersuchungsmethoden; Berlin 1922. O. v. KIRCHNER, E. LOEW, C. SCHRÖTER, fortges. von W. WANGERIN u. C. SCHROETER, Lebensgeschichte d. Blütenpflanzen Mitteleuropas. Spez. Ökologie d. Blütenpfl. Deutschl., Österr. u. d. Schweiz; seit 1904 (Lief. 34; Stuttgart 1928). FR. W. NEGER, Biologie d. Pflanzen auf experimenteller Grundlage; Stuttgart 1913. W. B. MAC DOUGALL, Plant ecology; London 1927. — [2] Von größter Bedeutung für den Pflanzengeographen ist in dieser Hinsicht das kürzlich erschienene Werk von R. GEIGER, Das Klima d. bodennahen Luftschicht; »Die Wissenschaft«, Bd. 78, Braunschweig 1927. — [3] Die floristischen Grundlagen einer Klimagliederung Deutschlands hat kürzlich E. WERTH in sehr anschaulichen Karten zur Darstellung gebracht. Vgl. »Die Ernährung der Pflanze« Bd. 23, S. 204, Berlin 1927. Ders., Klima- u. Vegetationsglied. in Deutschland; Mitt. a. d. Biol. Reichsanst. f. Land- u. Forstwirtsch., 1928. — [4] R. TÜXEN, Vegetationsstudien im nordwestdeutschen Flachlande; Jahrb. d. Geogr. Ges. zu Hannover, 1928. — [5] E. IHNE, Darmstadt u. Nowotscherkask, etwas westöstliche Phänologie; Heft 43 d. Arb. d. Landwirtschaftskammer f. Hessen, Jahrg. 1927, Darmstadt 1928. — [6] FR. Graf v. SCHWERIN, Die Bedeutung d. Baumwelt Chiles für Deutschland; Mitt. d. Deutschen

Dendrolog. Ges., 1919. — 7 Vgl. A. DÄNIKER, Biolog. Studien üb. Baum- u. Waldgrenze, insbesondere üb. d. klimat. Ursachen u. deren Zusammenhänge; Vierteljahrsschr. d. nat. Ges. Zürich Bd. 68, 1923. H. BROCKMANN-JEROSCH, Baumgrenze u. Klimacharakter; Beitr. z. geol.-bot. Landesaufnahme Bd. 6, Zürich 1919. — 8 Vgl. J. HANN u. R. SÜRING, Lehrb. d. Meteorologie; 4. Aufl., Leipzig 1926. — 9 Vgl. A. O. KIHLMANN, Pflanzenbiologische Studien in Russisch-Lappland; in Acta soc. pro fauna et flora fennica, 1890. — 10 W. MARDNER, Die Phanerogamen-Veget. d. Kerguelen; Diss., Basel 1902. — 11 R. MARCK, Waldgrenzstudien in d. Österr. Alpen; Petermanns Mitt. Erg.-Heft 168, 1910. — 12 K. HUECK, Höhengrenzen pflanzlichen Lebens in den Alpen; »Der Naturforscher«, Jahrg. 1928—29. — 13 G. WÜST, Verdunstung und Niederschlag auf der Erde; Ztschr. d. Ges. f. Erdk., Berlin 1922. Vergl. auch den 1. Bd. dieses Lehrbuches, S. 205. — 14 K. SAPPER, In den Vulkangebieten Mittelamerikas u. Westindiens; Stuttgart 1905. — 15 G. HELLMANN, Unters. üb. d. Niederschläge; Veröfftl. d. Kgl. Pr. Meteorol. Inst. Nr. 207, Abhandl. Bd. 3, I. — 16 J. HANN u. R. SÜRING, Lehrb. d. Meteorologie; 4. Aufl., 1926, S. 367. — 17 R. BERGER, Das Halltal. Eine pflanzengeogr. Studie als Beitrag z. Pflanzengeogr. d. südl. Karwendels; Verh. d. Zool.-Bot. Ges. Wien Bd. 77, 1927. — 18 N. A. MAXIMOV, The physiological basis of drought-resistance of plants; Leningrad 1926. — 19 W. G. ROTMISTROFF, Das Wesen der Dürre, ihre Ursache u. Verhütung; übers. v. E. v. Riesen, Dresden u. Leipzig 1926. — 20 H. FITTING, Die Wasserversorgung u. d. osmot. Druckverhältnisse d. Wüstenpfl.; Zeitschr. f. Bot. Bd. 3, 1911. — 21 C. DETTO, Die Theorie d. direkten Anpassung u. ihre Bedeutung f. d. Anpassungs- u. Deszendenzproblem; Jena 1904. — 22 A. F. W. SCHIMPER, Pflanzengeographie auf physiologischer Grundlage; 2. Aufl., Jena 1908. — 23 Vgl. H. WALTER, Die Anpassungen der Pflanzen an Wassermangel. Das Xerophytenproblem in kausal-physiologischer Betrachtung; Freising-München 1926. — 24 Vgl. BR. HUBER, Die Beurteilung des Wasserhaushaltes d. Pfl. Ein Beitrag zur vgl. Physiologie; Jahrb. f. wiss. Bot. Bd. 64, 1924. — 25 E. STAHL, Über sog. Compaßpflanzen; Zeitschr. f. Naturwiss. Bd. 15 (N. F. 8), Jena 1883. — 26 G. VOLKENS, Die Flora d. ägyptisch-arabischen Wüste; Berlin 1887. — 27 J. WEAVER, The ecological relations of roots; Carneg. Inst. Washington, Publ. Nr. 286, 1919. — 28 J. WIESNER, Der Lichtgenuß der Pflanzen; Leipzig 1907. — 29 N. N. KALITIN, Über die Himmelshelligkeit; Gerlands Beiträge z. Geophysik, 1927 (4). — 30 G. JACOBI, Untersuchungen über die Wirkung des ultravioletten Lichtes auf Keimung u. Wachstum; Beiträge z. Biologie d. Pfl. Bd. 16, Breslau 1928. — 31 C. DORNO, Physik d. Sonnen- u. Himmelsstrahlung; »Die Wissenschaft«, Bd. 63, Braunschweig 1919. Ders., Grundzüge des Klimas von Muottas-Muraigl (Oberengadin); Braunschweig 1927. — 32 L. A. IWANOFF, Die Sonnenstrahlung als Faktor d. Pflanzengeogr. u. Ökologie; Biolog. Zentralbl. Bd. 49, 1929. Hier auch umfangreiche Literaturangaben. — 33 H. LUNDEGÅRDH, Der Kreislauf der Kohlensäure in der Natur; Jena 1924. Ders., Klima und Boden in ihrer Wirkung auf das Pflanzenleben; Jena 1925. — 34 W. WISLICENUS u. F. W. NEGER, Exper. Untersuchungen über d. Wirkung d. Abgassäuren auf d. Pfl.; Mitt. d. Sächs. forstl. Versuchsanst. zu Tharandt Bd. 1, 3, 1914. F. W. NEGER, Die bot. Diagnostik d. Rauchschäden im Walde; Die Naturwissensch. Bd. 4, 1916. — 35 C. FRÜH, Die Abbildung der vorherrschenden Winde durch die Pflanzenwelt; Jahrb. d. geogr.-ethnogr. Ges. Zürich, 1902. — 36 Vgl. C. SAMUELSSON, Studien über die Wirkungen des Windes in den kalten und gemäßigten Erdteilen; Bull. of the Geolog. Inst. Upsala Bd. 20, 1925—27. E. WARMING, Der Wind als pflanzengeographischer Faktor; Englers Bot. Jahrb. Bd. 31, 1902. — 37 Petermanns Geogr. Mitt., 1905. Vgl. auch die dem Werke von H. WALTER (Einf. in d. allg. Pflanzengeogr. Deutschlands; Jena 1927) beigegebenen phänolog. Karten. — 38 E. HILTNER, Die Phänologie und ihre Bedeutung; Freising-München 1926. — 39 FR. UNGER, Über den Einfluß des Bodens auf die Verteilung der Gewächse; 1836. — 40 JULES THURMANN, Essay de phytostatique appliquée à la chaîne de Jura; 1849. — 41 Für die nachfolgenden Ausführungen vgl. A. MITSCHERLICH, Bodenkunde; 3. Aufl., Berlin 1920. E. RAMANN, Bodenkunde; 3. Aufl., 1911. R. LANG, Verwitterung u. Bodenbildung als Einführung in d. Bodenkunde; Stuttgart 1920. E. BLANCK, Handbuch d. Bodenlehre; von dem auf 10 Bde berechneten Werke sind bisher 2 Bde erschienen; Berlin seit 1929. — 42 H. WALTER, Die Anpassungen d.

Pflanzen an Wassermangel; Freising-München 1926. O. Stocker, Das Halophytenproblem; in: Ergebnisse d. Biologie, Bd. 3, Berlin 1928. — [43] L. Zollitsch, Zur Frage der Bodenstetigkeit alpiner Pflanzen; Flora N. F. Bd. 22, 1927. — [44] O. Arrhenius, Kalkfrage, Bodenreaktion u. Pflanzenwachstum; Leipzig 1926. — [45] O. Stocker, Beiträge zum Halophytenproblem I u. II; Ztschr. f. Bot. Bd. 16, 1924 u. Bd. 17, 1925. — [46] C. Montfort, Die Wasserbilanz in Nährlösung, Salzlösung und Hochmoorwasser. Beitr. zu einer vergleichenden Ökologie der Moor- u. Salzpflanzen; Ztschr. f. Bot. Bd. 14, 1922. — [47] B. Keller, Die Vegetation auf den Salzböden der russischen Halbwüsten u. Wüsten; Zeitschr. f. Bot. Bd. 18, 1926. — [48] T. Hill, Observations on the osmotic properties of the root hairs of certain salt-marsh plants; New Phytolog. Bd. 7, 1908. — [49] F. C. Faber, Zur Physiologie d. Mangroven; Ber. d. Deutsch. Bot. Ges. Bd. 41, 1923. — [50] Vgl. O. Arrhenius, Bodenreaktion u. Pflanzenleben; Leipzig 1922. W. Mevius, Reaktion des Bodens u. Pflanzenwachstum; Naturwiss. u. Landwirtsch. Heft 11, Freising-München 1927. L. Michaëlis, Die Wasserstoffionenkonzentration; 2. Aufl., Berlin 1920. — [51] Vgl. C. Olsen, Studies of the growth of some danish agricultural plants in soils with different H-conc.; C. R. Lab. Carlsburg 2. Heft, 1925. — [52] E. Frank, Üb. Bodenazidität im Walde; Freiburg i. Br. 1927. — [53] A. K. Cajander, Wesen u. Bedeutung der Waldtypen; Tartu 1927. — [54] H. I. Langeloh, Rumex acetosella L. als Leitpfl. bei der Beurteilung des Bodens bezüglich seiner Azidität u. seines Kalkgehaltes; Diss., Hamburg 1927. A. Eichinger, Die Unkrautpflanzen des kalkarmen Ackerbodens; Berlin 1927. K. Steyer u. G. Eberle, Die Unkrautflora d. Äcker u. ihre Bedeutung als biolog. Reagens auf d. Reaktionszustand ihrer Böden; Arb. d. Biolog. Reichsanst. Bd. 16, 1928. — [55] Th. W. Engelmann, Farbe u. Assimilation; Bot. Ztg. Bd. 41, 1883. Vgl. auch N. Gaidukov, Die Farbe der Algen u. des Wassers; Hedwigia Bd. 43, 1903. — [56] H. Utermöhl, Limnologische Phytoplanktonstudien; Arch. f. Hydrobiologie Suppl.-Bd. 5, 1925. — [57] Fr. Schütt, Pflanzenleben der Hochsee; Kiel und Leipzig 1893. — [58] Nach I. Schiller, in »Die Naturwissenschaften«, 1915 (Heft 17). — [59] Vgl. A. Steuer, Leitfaden d. Planktonkunde; Leipzig u. Berlin 1911. — [60] K. Brandt, Üb. d. Bedeutung d. Stickstoffverbindungen für d. Produktion im Meer; Beitr. z. Bot. Zentralbl. Bd. 16, 1904. — [61] A. Nathansohn, Der Stoffwechsel d. Pflanzen; Leipzig 1912. — [62] E. Leick, Die Stickstoffnahrung d. Meeresalgen; Nat. Wochenschr. N. F. Bd. 15, 1916. — [63] A. Thienemann, Die Binnengewässer Mitteleuropas, eine limnologische Einführung; Stuttgart 1925. Ders., Limnologie. Eine Einführung in die biologischen Probleme der Süßwasserforschung; Breslau 1926. — [64] E. Melin, Untersuchungen über die Bedeutung der Baummykorrhiza. Eine ökol.-physiol. Studie; Jena 1925. — [65] G. Funk, Die Algenvegetation des Golfs von Neapel; Publicazioni della Stazione Zoologica di Napoli Bd. 7 (Suppl.), 1927. — [66] A. F. W. Schimper, Die epiphytische Vegetation Amerikas; Bot. Mitt. a. d. Tropen Bd. 2, 1888. Ders. Über Bau u. Lebensweise d. Epiphyten Westindiens.; Beih. z. Bot. Zentralbl. Bd. 17, 1884. G. Haberlandt, Eine botanische Tropenreise; 2. Aufl., Leipzig 1910. — [67] C. Thomas, Végétation épiphyte des saules têtardes; Bull. internat. de géogr. bot. Bd. 13, 1904. — [68] H. Fitting, Beziehungen zwischen d. epiphyllen Flechten u. den von ihnen bewohnten Blättern; Ann. Jardin Bot. Buitenzorg., 1910. — [69] H. Schenck, Beiträge zur Biologie der Lianen; Bot. Mitt. aus den Tropen, 1897. — [70] A. Thienemann, Führt die Tierwelt wirklich einen Vertilgungskrieg gegen die Pflanzenwelt? Der Naturforscher, Jahrg. 1926/27. — [71] E. Stahl, Pflanzen u. Schnecken; Jena 1888. Ders., Die Schutzmittel d. Flechten gegen Tierfraß; Festschr. f. E. Haeckel, 1904. H. Kniep, Über d. Bedeutung des Milchsaftes; Flora, 1905. W. Liebmann, Schutzeinrichtungen gegen Vogelfraß; Jenaer Zeitschr. f. Naturwiss., 1910. Peyer, Biologische Studien über Schutzstoffe; Diss., Jena 1911. — [72] W. Liebmann, Die Beziehungen d. Samen u. Früchte zur Tierwelt; Progr., Ilmenau 1914.

Soziologische Pflanzengeographie.

(Synökologie).

Allgemeines[1]. Hatten wir es in dem vorhergehenden Abschnitte mit den Beziehungen des Artorganismus zu seinem Standorte zu tun, so folgt jetzt eine entsprechende Betrachtung für den Sozialorganismus. Beiden kommt der gleiche Wirklichkeitswert zu; denn beide sind auf dem Wege der Begriffsbildung aus vielen sich nicht völlig deckenden Einzelbeobachtungen gewonnen worden. Wenn man es auch sehr frühzeitig lernte, von Wald, Steppe, Heide, Moor usw. zu sprechen, so ist doch — ebenso wie bei den Pflanzenarten — die feinere Ausarbeitung und Zerlegung dieser Begriffe bis auf den heutigen Tag noch nicht beendet. Hier setzt die Arbeit der modernen soziologischen Forschung ein, die sich also neben der ökologischen Betrachtung auch die durch messende Methoden gewonnene Darstellung der verschiedenartigen Pflanzenverbände und deren Entstehungsgeschichte angelegen sein lassen muß. Aus diesem Grunde scheint es gerechtfertigt, die Pflanzensoziologie nicht als »Synökologie« der ökologischen Pflanzengeographie einzuverleiben, sondern sie als ein selbständiges Kapitel zu behandeln.

Wenn hier auch nicht der Ort ist, die mannigfachen Abstufungen sozialer Organisation und die zu ihrer Festlegung geschaffenen Methoden, über deren Wert zum Teil noch große Uneinigkeit besteht, im einzelnen zu erörtern, so müssen doch wenigstens die in dieser Beziehung grundsätzlich wichtigen Gesichtspunkte kurz angedeutet werden. Vorweg sei aber bemerkt, daß der soziale Verband — im allgemeinsten Sinne als Pflanzengesellschaft bezeichnet — keineswegs als ein ausschließliches Erzeugnis lokal wirksamer Faktoren betrachtet werden darf, sondern daß bei ihm Zufallseinflüsse mannigfachster Art mitsprechen können. Außerdem läßt der obwaltende Faktorenkomplex nicht immer nur eine bestimmte soziale Lebensform zu, sondern innerhalb gewisser Grenzen deren mehrere. War es also schon nicht angängig, den Artorganismus in den Schraubstock der »Anpassung« zu spannen, so gelingt das noch viel weniger bei dem nur locker gefügten Sozialorganismus[2]. Wäre dieser Gesichtspunkt immer gebührend berücksichtigt worden, so beständen heute nicht so unüberbrückbare Gegensätze in den Anschauungen der verschiedenen Forscher.

Nach internationalem Übereinkommen (1910) ist scharf zwischen »Formation« und »Assoziation« zu unterscheiden. Die Formation ist ohne Rücksicht auf ihre Artzusammensetzung als eine unter bestimmten Lebensbedingungen zustande gekommene physiognomische Einheit (Vereinigung von Lebensformen) zu betrachten und setzt sich ihrerseits — wenigstens in der Regel — aus einer mehr oder minder großen Zahl von Assoziationen zusammen. Man denke beispielsweise an die Formation des tropischen Regenwaldes, die trotz zahlreicher Abweichungen und Übergänge und trotz ihres in den einzelnen Gebieten sehr wechselvollen floristischen Inhaltes doch eine genügende Zahl übereinstimmender Merkmale aufweist, um eine soziologische Begriffsbildung zu ermöglichen. Die Grundeinheiten der Pflanzensoziologie sind aber nicht die Formationen, sondern die Assoziationen, die nicht nur räumlich und habituell eine engere Bindung an die besonderen Standortsverhältnisse aufweisen, sondern sich von den Formationen auch prinzipiell durch die Einbeziehung ihrer floristischen Zusammensetzung in die Definition unterscheiden. Beim Studium der Assoziationen ergeben sich aber nicht nur Schwierigkeiten hinsichtlich ihrer Abgrenzung gegeneinander, sondern auch hinsichtlich der oft auf kleinstem Bodenraume hervortretenden Unterschiede [3], die entweder zu einer Zerstückelung der Assoziationen in winzige Bausteine oder aber zur Schaffung von Untereinheiten, etwa zu Elementarassoziationen im Sinne O. DRUDES, führen [4]. Jeder Maulwurfshügel [5] innerhalb einer feuchten Wiese kann, streng genommen, als Träger einer abweichenden Assoziation betrachtet werden, oder wir sprechen einer weniger eng gefaßten Assoziation mehrere »Elementarassoziationen« zu. Weitere Beispiele dieser Art begegnen uns auf Schritt und Tritt.

Assoziationslehre. Werfen wir jetzt einen kurzen Blick auf die für die pflanzengeographische Erforschung der Assoziationen maßgebenden Gesichtspunkte! [6] Zunächst handelt es sich stets darum, die Lebensformen (Anpassungsformen) zu ermitteln, die am Aufbau der betreffenden Pflanzengesellschaft beteiligt sind; denn nur danach können wir der neuen Einheit ihren Platz innerhalb des üblichen Formationsschemas zuweisen (etwa »Grassteppe«, »immergrüner Buschwald«, »Hochmoor«). Dann folgt die floristische Aufnahme der die Assoziation zusammensetzenden Arten. Natürlich ist mit der Florenliste allein auch noch nicht viel gewonnen, da sie unmittelbar weder etwas über die Häufigkeit der verzeichneten Arten noch über deren soziologischen Wert aussagt. Um in dieser Richtung weiterzukommen, gilt es jetzt, den Mengengrad (Abundanz) festzustellen, d. h. das Mengenverhältnis der Artindividuen zueinander. Man kann sich dabei der Schätzungsmethode — die üblichen Skalen schwanken zwischen 3, 5 und 7 Stufen —, der Zählmethode oder auch der gewichtsanalytischen Methode bedienen. Über Wert und Handhabung der verschiedenen Feststellungsweisen kann hier nichts Näheres gesagt werden. Ausführliches bieten in dieser Beziehung die einschlägigen Lehrbücher und Praktika der Vegetationskunde [1]. Neben der Abundanz muß auch der Geselligkeitsgrad (Soziabilität) berücksichtigt werden, d. h. die Verteilungsart der Individuen im Gesamtbestande, die man (nach BRAUN-BLANQUET) gut durch die Bezeichnungen »einzeln, gruppenweise, truppweise, scharenweise, herdenweise« zum Ausdruck bringen kann. Da nun aber die physiognomische Rolle der verschiedenen Komponenten nicht nur von der Individuenzahl und der Art ihrer Verteilung, sondern auch von dem durch sie beanspruchten Raume abhängt, so hat man weiter den Begriff des Deckungsgrades (der Dominanz) einführen müssen, der in dem prozentualen Anteile der hauptsächlich vertretenen Arten an der Bodenfläche zur Geltung kommt. (Natürlich läßt sich auch für den Deckungsgrad eine mehrstufige Skala verwenden, deren Werte geschätzt oder durch Ausmessung zahlreicher Probeflächen ermittelt werden.) * Kleine, unscheinbare Pflanzenarten können bei hohem Abundanzgrad doch nur einen sehr bescheidenen Deckungsgrad zeigen.

Da viele Assoziationen eine deutliche Schichtung[7] erkennen lassen — man unterscheidet meist: obere Baumschicht, untere Baumschicht, Strauchschicht, Krautschicht (Feldschicht), Moosschicht (Bodenschicht) —, so müssen die erforderlichen Feststellungen für jede Schicht getrennt vorgenommen werden. Zweckmäßig bedient man sich dazu des sog. HULT-SERNANDERschen[8] Schemas, das durch die nebenstehende Skizze (Fig. 14) veranschaulicht wird.

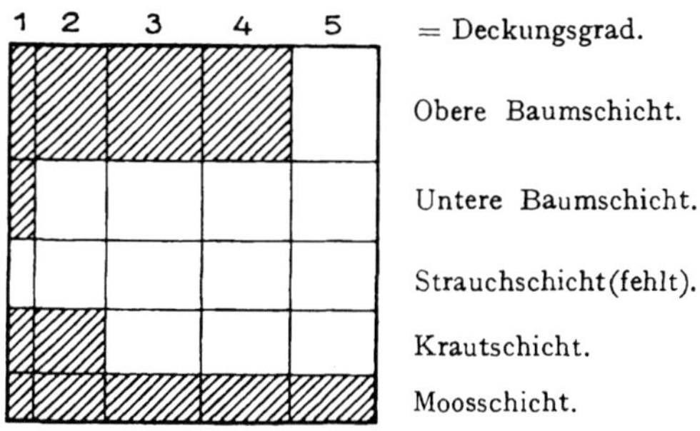

Fig. 14. Schichtung eines Fichtenhochwaldes im Schwarzwald. — Nach J. BRAUN-BLANQUET, 1928.

Hat man in der eben angeführten Weise die verschiedenen, zu einer Assoziation verbundenen Schichten der Vegetationsdecke innerhalb eines von bestimmten Faktoren beherrschten Lebensraumes untersucht, so muß man jetzt dazu übergehen, die gewonnenen Resultate zu den an gleichartigen oder doch sehr ähnlichen Assoziationen ermittelten in Beziehung zu setzen; denn nur so kann die »soziale Wertigkeit« der Ergebnisse erfaßt werden. Die in dieser Richtung liegenden Feststellungen finden ihren Ausdruck einmal in der Konstanz der Arten, dann in deren Gesellschaftstreue und schließlich in ihrem dynamischen Wert. Die Konstanz soll darüber Auskunft geben, welche Arten regelmäßig in dem betreffenden sozialen Verbande auftreten, welche dagegen nur als akzessorisch oder gar als zufällig zu gelten haben. Zu diesem Zwecke untersucht man möglichst viele Probeflächen an weit auseinanderliegenden Punkten derselben oder auch identischer Assoziationen und stellt den Konstanzgrad in Prozenten der Probeflächen, in denen die betreffende Art vertreten ist, dar[9].

* Statt von »Abundanz« und »Dominanz« kann man von »absolutem« und »relativem« Mengenverhältnis sprechen.

Die Konstanz der Arten braucht zu deren Gesellschaftstreue in keinem unmittelbaren Verhältnis zu stehen. Es ist sehr wohl denkbar, daß sich unter den Konstanten zahlreiche Ubiquisten oder Eurytopisten befinden, die weit von einer regelmäßigen Bindung an bestimmte Assoziationen, d. h. also von Gesellschaftstreue, entfernt sind. Umgekehrt kann ein sehr geringer Konstanzgrad bei Arten auftreten, die ausgeprägteste Gesellschaftstreue an den Tag legen. Man denke beispielsweise an Scheuchzeria palustris, die streng an bestimmte Hochmoorassoziationen gebunden ist, in ihnen aber oft einen nur sehr geringen Konstanzgrad erreicht. Komponenten, die in ihrem Vorkommen als »gesellschaftstreu« (5), »gesellschaftsfest« (4) oder »gesellschaftshold« (3) zu gelten haben, kann man als Charakterpflanzen ansprechen, während das gleiche von »gesellschaftsvagen« (2) oder »gesellschaftsfremden« (1) Arten nicht gilt.

Weiter gibt die floristische Zusammensetzung der Assoziationen oft ganz bestimmte Fingerzeige dafür, ob der betreffende Verband als stabil oder als labil anzusehen ist und ob eine Änderung in bestimmter Richtung für die nächste Zukunft zu erwarten ist. Um nur ein Beispiel anzuführen: Hochmoorassoziationen mit zunehmendem Bewuchs von Molinia coerulea lassen deutlich eine auf fortschreitendem Wasserverlust beruhende Zersetzung ihrer oberflächlichen Torfschichten erkennen. Die Ausdeutung der floristischen Zusammensetzung nach ihrem »dynamischen Werte«* ist für das Verständnis der Sukzessionsfrage von größter Bedeutung und verdient vom genetischen Standpunkte aus sorgfältigste Beachtung. Wie sich gezeigt hat, fällt das Maximum von Charakterarten in der Regel mit der optimalen Entwicklung einer Assoziation zusammen [10].

Schließlich noch ein Wort über die durchaus nicht einheitliche Bezeichnungsweise der Assoziationen. Meist fügt man dem Gattungsnamen der die Assoziation beherrschenden Art die Endsilbe -etum an, so daß also ein »Caricetum« eine Pflanzengesellschaft bedeutet, in der Riedgräser die Hauptrolle spielen, ein »Callunetum« stellt eine Heide, ein »Pinetum« einen Kiefernwald und ein »Sphagnetum« ein Moosmoor dar. Sind mehrere Schichten vorhanden, so wird für gewöhnlich jede von ihnen durch die in ihr dominierende Gattung gekennzeichnet. Beispielsweise ist ein Pineto- Calluneto-Sphagnetum ein Hochmoor, das viel Heidekraut trägt und mit Baumwuchs von Pinus silvestris überzogen ist. Einfacher ist es, den Namen der maßgeblichen Art des Pflanzenvereins in Verbindung mit der Bezeichnung »Assoziation« zu gebrauchen. Eine Weingärtneria-canescens-Assoz. ist eine mit dem schütteren Wuchse des Silbergrases bedeckte Fläche.

Sukzessionslehre [11]. Wie uns die Beobachtung lehrt, erfährt die auf einer neu geschaffenen Erdfläche (Sandbank, Schutthalde, künst-

* J. Braun-Blanquet gebraucht die Bezeichnung »syngenetischer Zeiger«.

liche Aufschüttung usw.) zunächst entstehende Vegetation eine stufenweise fortschreitende Umgestaltung, bis schließlich — oft erst nach sehr langer Zeit — ein Zustand der Pflanzendecke erreicht wird, der, wofern die von außen wirkenden Faktoren konstant bleiben, keiner weiteren Veränderung mehr unterworfen ist. Wir haben in diesem Falle eine Sukzessionsreihe vor uns, die, mit einem Anfangsverein beginnend, eine mehr oder weniger große Zahl von Folgevereinen durchläuft, um schließlich in einem Schlußverein (Klimax-Stadium) zu endigen

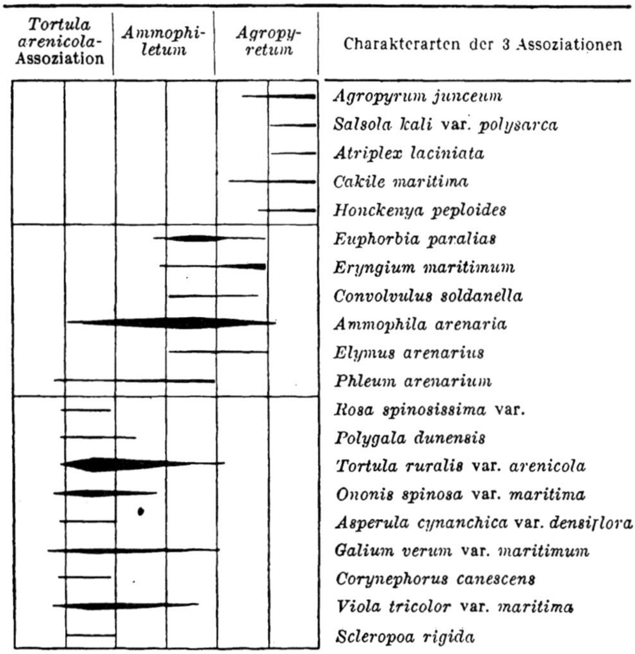

Fig. 15. Sukzessionsreihe im flämischen Küstengebiet. Die einander ablösenden Assoziationen sind durch den Mengengrad ihrer Charakterpflanzen dargestellt. — Nach HOCQUETTE, 1927 (J. BRAUN-BLANQUET, 1928).

(Fig. 15). Sind hierbei nur die durch den Bewuchs selber herbeigeführten Veränderungen (Aufarbeitung des Bodens, Vermehrung der humosen Stoffe, Wasserspeicherung, Beschattung, Konkurrenzverhältnisse usw.) wirksam, so liegt eine biotische Sukzession vor. Aber auch Schwankungen des Klimas müssen — vorausgesetzt, daß sie in gleichsinniger Richtung erfolgen — zu einer fortschreitenden Umgestaltung der Assoziationen Veranlassung geben. Man bezeichnet die Sukzession in diesem Falle als eine klimatische.

Während biotische und klimatische Sukzessionen überall und jederzeit vor sich gehen, läßt sich das von den beiden folgenden Arten von Sukzessionen nicht sagen. Verschiebungen der Grenze von Wasser und Land, Bergschlipfe und Muren, Lawinen und vulkanische Aschenregen, Erdbeben und Flußverlegungen können nicht nur Neuland schaffen, sondern auch grundstürzende Veränderungen in der benachbarten Vegetationsdecke hervorrufen. Die hierdurch herbeigeführten assoziativen Umwandlungen lassen sich als topographische Sukzessionen zusammenfassen. Sie spielen in reifen Geländeformen keine sehr erhebliche Rolle, sind dafür aber in jugendlichen Gebirgsländern beinahe alltägliche Erscheinungen. Treten solche »Störungen« in größeren Zeitabständen mit einer gewissen Regelmäßigkeit auf, so können pendelartige Schwankungen im Gefüge der Pflanzendecke die Folge sein. Aber auch bei den von keinen neuen Eingriffen betroffenen biotischen Reihen sind pendelnde Sukzessionen möglich, nämlich dann, wenn die Pflanzenverbände durch ihre eigene Entwicklung rückläufige Phasen zu erzeugen vermögen. Schließlich ist noch der zahlreichen Sukzessionen zu gedenken, die — wie wir an früherer Stelle sahen — vom Menschen absichtlich oder auch unabsichtlich durch gleichsinnige Einwirkungen, etwa regelmäßigen Wasserentzug, herbeigeführt werden. Es ist naheliegend, im letzterwähnten Falle von anthropogenen Sukzessionen zu sprechen.

So einfach die Sukzessionsfrage bei rein theoretischer Betrachtung erscheint, so schwierig ist es, die mannigfaltigen, in der Natur tatsächlich vorhandenen Zusammenhänge richtig zu deuten. Das hat seinen Grund darin, daß jede faktorielle Änderung je nach dem Bedingungskomplex, in dem sie auftritt, und je nach dem Zustande der Pflanzendecke, der von ihrer Wirkung betroffen wird, zu ganz verschiedenen Ergebnissen führen kann. Da die pflanzengeographische Forschung nach dieser Richtung hin noch wenig über die ersten Anfänge hinausgekommen ist, muß hier auf eine nähere Darstellung der Befunde verzichtet werden.

Einteilung der Formationen. Die von ihrem floristischen Inhalte unabhängige, allein von Boden und Klima bestimmte Formation ist maßgebend für den Landschaftscharakter. Ihr wendet daher der Geograph sein Hauptinteresse zu. Die übersichtliche Gliederung der durch mannigfache Übergänge miteinander verbundenen Formationen stößt auf erhebliche Schwierigkeiten. Je nachdem man den physiognomischen (Zusammensetzung aus Lebensformen) oder den kausalen Standpunkt (Wirksamkeit verschiedener äußerer Faktoren) mehr in den Vordergrund schiebt, kann die Einteilung sehr verschieden ausfallen. Da weder das eine noch das andere Ordnungsprinzip zu einem voll befriedigenden Ergebnis führt, empfiehlt es sich, beide miteinander zu verknüpfen, indem man die physiognomisch bedingten Hauptgruppen in faktoriell bedingte Untergruppen zerlegt. So kommen wir — im Anschluß an A. F. W. Schimper, Brockmann-Jerosch [12], Rübel [12] und Vierhapper [13] — zu einer Gliederung in Gehölze, Grasfluren und Wüsten, die wiederum nach ihrer klimatischen oder edaphischen Bedingtheit eine weitere Unterteilung erfahren. (Die von Menschenhand geschaffenen Formationen werden hier mit Absicht bei Seite gelassen.)

I. Gehölzformationen (Lignosa).

A. Klimatisch bedingt:
1. Regengehölze,
2. Monsungehölze,
3. Hartlaubgehölze,
4. Sommergehölze,
5. Nadelgehölze,
6. Heiden.

B. Edaphisch bedingt:
7. Mangrovegehölze,
8. Galeriegehölze,
9. Bruchgehölze.

II. Grasflurformationen (Prata).

A. Klimatisch bedingt:
1. Savannen,
2. Steppen,
3. Matten,
4. Hochmoore,
5. Moostundren.

B. Edaphisch bedingt:
6. Wiesenmoore,
7. Sümpfe,
8. Strandwiesen.

III. Wüstenformationen (Deserta).

A. Klimatisch bedingt:
1. Wüstensteppen,
2. Trockenwüsten,
3. Kältewüsten.

B. Edaphisch bedingt:
4. Felswüsten,
5. Wanderfluren,
6. Salzwüsten.

Unsere Aufgabe soll es sein, im folgenden wenigstens die wichtigsten der genannten Formationen zu charakterisieren.

Gehölzformationen (Lignosa). Sie können nur dort zustande kommen, wo hinreichender Nährstoffreichtum des Bodens, nicht zu kurze Vegetationszeit und genügende Feuchtigkeitsspendung sich miteinander vereinigen. Wenn nun auch in ausgedehnten Teilen der Erdoberfläche die genannten Bedingungen erfüllt sind, so zeigen sich doch andererseits ungemein mannigfache Abstufungen besonders hinsichtlich der Wasserbilanz, auf die es naturgemäß in erster Linie ankommt. Die Gliederung der Gehölzformationen ist daher keineswegs an bestimmte Breitenzonen gebunden, wenn sich auch im großen und ganzen sagen läßt, daß die üppigsten Regenwälder dem äquatorialen Gürtel, die regengrünen Laubwälder den Monsungebieten, die immergrünen Hartlaubwälder den mittleren Breiten von mediterranem Klimacharakter, die sommergrünen Laubwälder und die Nadelwälder den höheren Breiten eigentümlich sind. Die jährlichen Niederschlagshöhen sind keineswegs maßgebend für den herrschenden Waldcharakter, da ja die Größe des Verdunstungsverlustes sowie die Beschaffenheit des Untergrundes mit in Rechnung zu stellen sind. Dementsprechend erfordern die Gehölzformationen in niederen Breiten infolge der durch die Wärme bedingten Evaporation wesentlich höhere Regenmengen als in polnäheren Gebieten; ähnliche Gegensätze bestehen zwischen ozeanisch und kontinental beeinflußten Gehölzklimaten. Während der tropische Regenwald eine jährliche Niederschlagsmenge von mindestens 1900 mm verlangt und in Ostindien kräftige Wälder nur noch oberhalb 1000 mm Regenhöhe vorkommen, findet man in der nördlichen gemäßigten Zone auch noch bei jährlich 250—500 mm Regenhöhe gut entwickelte Gehölzformationen. Gehölzfeindlichkeit des Klimas kommt nicht nur in einer verminderten Regenspendung und in einer gesteigerten Insolation, sondern vor allem auch im Auftreten trockener Winde — besonders von Frostwinden — zum Ausdruck[14]. Die gleichmäßige Verteilung der Niederschläge ist für den Waldwuchs von mehr untergeordneter Bedeutung, da ja die Baumwurzeln tief ins Erdreich einzudringen pflegen.

Der Übergang vom Gehölzklima zum Wüstenklima vollzieht sich durchaus nicht immer unter Ausbildung von Zwischenstufen, die der Entstehung von Grasfluren (Steppen) günstig sind. Es kommt vielmehr gar nicht selten vor, daß das ausklingende Gehölzklima unmittelbar in das beginnende Wüstenklima überleitet. Demnach können sich die Übergänge nicht nur in der Reihenfolge: Regenwald — Dornbusch — Savanne — Steppe — Wüstensteppe — Wüste, sondern auch in der nachstehend angegebenen vollziehen: Regenwald — xerophiler Wald — Buschland — Wüste.

1. Immergrüner tropischer Regenwald. Wir richten unser Augenmerk zunächst auf diejenigen Regengehölze, die den höchsten Grad vegetativer Üppigkeit vor Augen führen. Sie kommen überall dort vor, wo sich die tropische Wärme- und Lichtspendung mit einer sehr beträchtlichen, über das ganze Jahr gleichmäßig verteilten Feuchtigkeit paart. Nur hier drängt sich dem Beschauer das Bild unerschöpflicher Zeugungskraft auf, das der Laie voreilig der gesamten Tropenzone zuzuschreiben geneigt ist. Folgende Merkmale sind es, die diese Wälder von denen höherer Breite grundsätzlich unterscheiden[15]:

a) Die ungewöhnlich starke Mischung des Baumschlages; von einem beliebigen Beobachtungspunkte aus nimmt man eine sehr große Zahl von Baumarten wahr, die in bunter Abwechselung am Aufbau des Bestandes beteiligt sind.

b) Die viel stärker hervortretende Schichtung; während in unseren Wäldern neben dem Baumbestande nur ein strauchiger Unterwuchs und eine Feldschicht vorhanden zu sein pflegen, gliedern sich die tropischen Regenwälder in zahlreiche Etagen, indem sich an die einen lockeren Oberwuchs bildenden Urwaldriesen noch mehrere Schichten niedrigerer Bäume anschließen, unter denen dann weiter das Unterholz, eine artenreiche Staudenvegetation und der mannigfache Bodenbewuchs Platz finden. Die Möglichkeit zur Übereinanderhäufung so gewaltiger Pflanzenmassen ist durch die intensive Belichtung, die starke Strahlendurchlässigkeit der lockeren Baumkronen und durch die infolge der

Fig. 16. Tropischer Regenwald im Innern von Upolu (Samoa-Inseln).
(Aus: Eine Reise durch die deutschen Kolonien, Bd. 5, S. 106.)

hohen Temperatur verminderten Lichtansprüche der bodennahen Pflanzenschichten bedingt.

c) Der Reichtum an Lianen und Epiphyten; die völlige Undurchdringlichkeit solcher Regenwälder hat ihre Ursache vornehmlich in dem dichten Gewirr der Lianen, die nicht nur von Baum zu Baum, von Gebüsch zu Gebüsch ihre Girlanden ziehen, sondern oft auch in zahlreichen Windungen den Boden bedecken. Alle Zwischenräume im

Maschenwerk der Äste und Schlingpflanzen sind mit epiphytischen Gewächsen erfüllt, die ihrerseits durch die lang herabhängenden Luftwurzeln noch viel zur Steigerung des Pflanzendickichts beitragen.

Das ausgedehnteste tropische Regenwaldgebiet der Erde ist die brasilianische »Hylaea«, die nahezu das ganze Amazonasgebiet und außerdem große Teile der Sammelgebiete von Orinoco und Parana umfaßt und sich in ostwestlicher Richtung über rund 3500 km erstreckt[16]. In Afrika ist es besonders das Kongobecken, das eine ausgedehnte Regenwalddecke trägt. Diese Formation scheint hier allerdings im Rückgange begriffen zu sein[17]. In reinster Ausprägung begegnen wir dem immergrünen Regenwalde auch in der indomalayischen Inselwelt (Fig. 16). Bekannt sind beispielsweise die Schilderungen dieses Waldtyps, die wir den vorübergehend auf Java weilenden deutschen Botanikern zu verdanken haben[18]. Der am Südfuße des Himalaja sich ausbreitende Urwald, der bereits nördlich des Wendekreises gelegen ist, zeigt in seinem östlichen Teile noch völlig den Charakter des tropischen Regenwaldes, wird aber nach Westen zu unter dem Einflusse der sinkenden Niederschlagshöhe und der zunehmenden Exzessivität des Klimas alsbald artenärmer, einförmiger und lichter; gleichzeitig treten die laubwechselnden Gehölze mehr in den Vordergrund und deuten so den Übergang zu einer ganz andersartigen Formation an. Ähnliche Übergangsgebiete finden sich auf der nordamerikanischen Halbinsel Florida. Ebenso wie bei zunehmender Breitenlage zeigt sich auch bei steigender Höhe eine Änderung des Formationscharakters.

2. Regengrüner Monsunwald. In seiner üppigsten Entwicklung ähnelt der Monsunwald während der Regenzeit durchaus den tropischen Regenwäldern, wenn auch die Häufung der Laubmassen weniger groß ist und der Reichtum an Epiphyten merklich zurücktritt. Ganz anders aber während der mehrere Monate andauernden Trockenzeit! Dann zeigt sich eine an die Winterruhe unserer Wälder gemahnende Dämpfung der Vegetation, die besonders in der teilweisen oder völligen Entlaubung vieler Holzpflanzen ihren Ausdruck findet. Der periodische Wassermangel ist es also, der hier die längere oder kürzere Entwicklungspause erzwingt. Da die folgende Regenzeit oft gewaltige Wassermassen niedergehen läßt, so erwacht die Natur in erstaunlich kurzer Zeit aus ihrer Trockenruhe und entfaltet — entsprechend dem meist warmen Klima — eine Wuchskraft, die kaum hinter der der Regenwälder zurücksteht. Die mächtigen Teakwälder (Charakterbaum: Tectona grandis) Hinterindiens geben uns einen guten Begriff der regengrünen Monsunwälder, die je nach der Jahreszeit den Anblick tropischer Üppigkeit oder nordischer Kargheit gewähren. Da nicht nur die Länge der Trockenzeiten, sondern auch die während der Regenzeit gespendeten Niederschlagsmengen sowie die gleichzeitig herrschenden

Temperaturen einen erheblichen Einfluß auf den Charakter der Monsunwälder ausüben, so müssen auch hier notwendigerweise vielfach abgestufte Übergänge wahrnehmbar sein, die schließlich zu artfremden Formationen hinleiten. Besonders häufig kommt es bei zunehmender Trockenheit zur Ausbildung lichter Waldbestände von parkartigem Charakter, die dem Graswuchse bereits einen breiten Raum zugestehen und als Savannenwälder bezeichnet werden können. Hierher gehören die vielgenannten schattenlosen Eukalyptuswälder Australiens [19], deren Boden eine zusammenhängende, aus Gräsern und Stauden gebildete Decke trägt, und die Cebilwälder (genannt nach Acacia Cebil) Argentiniens [20]. Ist die Regenperiode von sehr kurzer Dauer oder fallen die Niederschläge unregelmäßig bei gleichzeitiger Wirkung austrocknender Winde, so greift Dornengestrüpp in den Waldlücken Platz und reißt in steigendem Maße die Vorherrschaft an sich. Besonders Afrika ist reich an Formationen der angedeuteten Art [21]. Hier treten uns als Charakterbäume oft kurzstämmige Akazien mit tiefgreifenden Wurzeln und dornenbewehrten Zweigen entgegen, die sich entweder zu einem undurchdringlichen Dickicht von graugrüner Färbung zusammenschließen oder aber bei mehr lockerem Bestande allerhand xeromorphe Gewächse, wie etwa kaktusähnliche Kandelabereuphorbien (bis 12 m hoch) und Aloëarten, zwischen sich aufnehmen. Da in diesen Buschwäldern neben laubwechselnden auch zahlreiche immergrüne Arten vorkommen, weisen sie nicht selten Anklänge an die mediterranen Macchien (Mâquis) auf.

3. Hartlaubgehölze. Während die Trockenperioden heißer Klimate ebenso wie die winterlichen Ungunstverhältnisse nordischer Länder eine mehr oder weniger ausgeprägte Vegetationspause erzwingen, fehlt es unter den warmtemperierten Gebieten der Erde nicht an solchen, in denen sowohl der mäßig kühle, feuchte Winter als auch der meist trockene, aber nicht zu heiße Sommer einer immergrünen Gehölzvegetation das Fortkommen möglich macht. Allerdings muß diese imstande sein, ihren Wasserhaushalt zeitweilig sehr einzuschränken [22]. Das wird durch die sog. »Hartlaubigkeit« (Sklerophyllie) erreicht, die in der Derbheit des Blattwerkes, seiner dunkelgrünen, lackähnlich glänzenden Farbe sowie in der oft geringen Größe des einzelnen Blattes zur Geltung kommt. Daneben finden sich nicht selten heidekrautähnliche Wuchsformen oder auch solche mit stark eingerollten Blättern (ericoïde Rollblätter). Hartlaubformationen sind auf dem ganzen Erdenrund verbreitet, finden sich aber in größerer Ausdehnung nur dort, wo die jahreszeitlichen Gegensätze durch ozeanische Einflüsse wesentlich gemildert sind. In reicher Entfaltung treten sie uns vor allem in den Randländern und auf den Inseln des europäischen Mittelmeeres entgegen, aber auch die Küstenzone Kaliforniens, das Berg- und Hügelland des südlichen Chinas, weite Teile Südwest-Australiens, das mittlere

Chile und die westliche Hälfte des Kaplandes haben eine entsprechende Vegetation aufzuweisen.

Im Gegensatz zu den Regen- und Monsunwäldern zeichnen sich die Hartlaubwälder durch nur geringe Höhe aus. Kurze, gedrungene Stämme tragen eine von knorrigen Ästen gebildete Krone, deren Blätter häufig in Profilstellung angetroffen werden. Der bekannte Ölbaum (Olea europea) und die verschiedenen Arten immergrüner Eichen, die in den Mittelmeerländern weit verbreitet sind, vergegenwärtigen uns

Fig. 17. Mediterraner Buschwald bei den Ruinen von Rhamnus (Attika). — Nach einer Aufnahme von Prof. A. Schiff.
(Aus: A. Philippson, Das Mittelmeergebiet; 3. Aufl., 1914.)

die vorherrschende Lebensform. In diesen Wäldern pflegen Epiphyten so gut wie ganz zu fehlen, und auch Schlinggewächse sind meist nur spärlich vertreten. Sehr leicht geht der immergrüne Niederwald in buschartige Formationen über, die sich oft zu einem völlig undurchdringlichen Bewuchs verdichten [23]. Die mediterranen Buschwälder (Fig. 17), die unter dem Namen der Macchien (Mâquis) allbekannt sind und weite Teile des Landes einnehmen (besonders auf Korsika, den dalmatinischen Inseln und an der Nordküste des Ägäischen Meeres), setzen sich aus zahlreichen Arten von Hartlaubgehölzen zusammen, denen sich oft das baumförmige Heidekraut (Erica arborea) und verschiedene Rutensträucher (Ephedra-Arten und Spartium junceum) beigesellen [24]. In vielen Fällen hat sicherlich der Einfluß des Menschen bei dem »verunglückten Versuche der Natur, Wälder zu bilden« (E. Warming), mitgewirkt. Die infolge der rücksichtslosen Ausrodung der Wälder veränderten Lebensbedingungen im Verein mit den häufigen Schädigungen durch weidendes Vieh (besonders Ziegen) ließen auf den entblößten Flächen nur noch Strauchwuchs aufkommen.

Den Macchien nahe verwandt sind die küstennahen »Chaparrals« Kaliforniens [25]. Im nördlichen Mexiko ebenso wie in Arizona und Texas spielen ähnliche Gebüschformationen eine Rolle, die aber in verstärktem Maße xeromorphe Merkmale hervortreten lassen, so daß dadurch Übergänge zum Dornbusch und zur Sukkulentensteppe erzielt werden. Mehr waldartigen Charakter erlangt die chilenische Hartlaubvegetation, die von einzelnen höheren Bäumen — oft Quillaja saponaria — durchsetzt ist. Sie zeigt ihre reichste Entfaltung in einer Höhenlage von etwa 1000 m [26]. Einen wesentlich anderen Typ repräsentieren die Gebüschformationen des Kaplandes, in denen ericoïde Sträucher besonders zahlreich vertreten sind [27].

Ausgedehnte Hartlaubgebüsche begegnen uns im australischen »Scrub«, jenen trotz ihrer Artenmannigfaltigkeit eintönigen Strauchdickichten, die im Süden und Westen des Erdteils weithin den Landschaftscharakter beherrschen. Nur vereinzelt ragen hochwüchsigere Eukalypten, Akazien oder Proteusgewächse (Proteaceen) aus dem dichten Zweiggewirr hervor, während Gräser, Stauden und Zwiebelgewächse meist keinen noch so kleinen Raum für sich zu erobern vermögen [28].

4. Sommergrüner Laubwald. Kalttemperierte Gebiete, wie wir sie in ungeheurer Ausdehnung auf der nördlichen Halbkugel antreffen, während sie auf der südlichen so gut wie ganz fehlen, lassen nur noch in der wärmeren Jahreszeit die Entfaltung eines reichen Pflanzenlebens zu. Wo also Regenspendung, Bodenbeschaffenheit und Wärmeverhältnisse das Aufkommen von Laubwald ermöglichen, da kann es sich immer nur um sommergrüne Gehölze handeln, die der winterlichen Trockenheit durch rechtzeitigen Blattfall begegnen. Immergrüne Gewächse widerstehen dem nordischen Winter nur dann, wenn sie — wie etwa unsere Nadelhölzer — ohne Schaden ihre Transpiration zeitweilig auf ein Minimum einschränken können. Da zahlreiche Holzarten sehr unempfindlich gegen tiefe winterliche Temperaturen sind, so ist für die Üppigkeit des Waldwuchses in erster Linie die Länge der Vegetationsperiode sowie deren größere oder geringere klimatische Gunst maßgebend. Dementsprechend finden wir im ganzen mittleren Europa, ferner im Vorlande des Kaukasus, im östlichen Asien und im atlantischen Teile Nordamerikas weite Flächen mit hochstämmigen, sommergrünen Laubwäldern bedeckt, die je nach den in ihnen vertretenen Baumarten und je nach der Schichtung der Pflanzenmassen ein sehr wechselndes Gepräge erkennen lassen. Während sich die Laubwälder Chinas [29] und Japans ebenso wie diejenigen Nordamerikas [30] durch eine reiche Bestandsmischung auszeichnen, ist das im mittleren Europa weniger der Fall;

denn unsere Flora ist aus Gründen, die im genetischen Teile dargelegt wurden, unvergleichlich artenärmer als die der vorgenannten Gebiete. Die von ASA GRAY [31] in dieser Beziehung aufgestellte Statistik ergibt folgendes Bild:

Tabelle 14. Baumreichtum verschiedener Florenprovinzen.

Wälder	Arten von Laubhölzern	Arten von Nadelhölzern
Atlantisches Nordamerika	130	25
Pazifisches Nordamerika	34	44
Japan und Mandschurei	123	45
Mittleres und nördl. Europa	68	17

Was hier für den Oberwuchs gesagt wurde, gilt im großen und ganzen auch für den Unterwuchs: nicht nur die Strauch- und Staudenvegetation der ostasiatischen und nordamerikanischen Laubwälder ist durchweg mannigfaltiger als die der unsrigen, sondern auch die Lianen sind in ihnen wesentlich zahlreicher vertreten. Die Entwicklung des Unterholzes hängt in der Hauptsache von der Dichte der Laubkronen ab (Fig. 18). Während die im mittleren Europa fast in reinen Beständen auftretende Rotbuche (Fagus silvatica) meist nur frühzeitig blühende, geophile Gewächse neben sich duldet, zeigt der lichtere Eichen- und Mischwald oft einen reichen Unterbau von Sträuchern und Nadelbäumen [32]. In den höheren Gebirgslagen sowie in den nördlicheren Breiten treten Nadelwälder an die Stelle der sommergrünen Laubwälder. Die Grenze zwischen diesen beiden Formationen ist aber — zum mindesten in Europa — durch menschliche Einflüsse sehr stark verschoben worden. Der Nadelwald der Ebene ist viel weiter südwärts vorgedrungen, als es dem natürlichen Gleichgewichte der Formationen entspricht. [33]

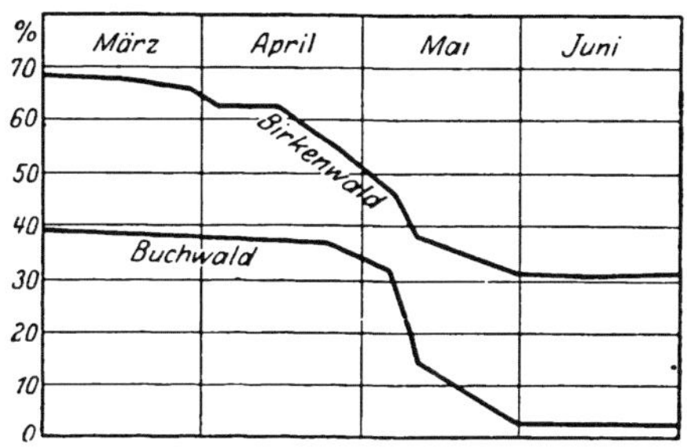

Fig. 18. Abnahme des relativen Lichtgenusses (angegeben in $^0/_0$ des Vollichtes) zur Zeit der Laubentfaltung im Birkenwald und im Buchenwald. — Nach K. HUECK.

Sommergrüne Buschformationen treten hauptsächlich dort in die Erscheinung, wo sich entweder ein schneller Rückgang der Feuchtigkeitsspendung bemerkbar macht oder wo die Bodenverhältnisse für den Hochwuchs der Gehölze ungünstig sind. Der erstgenannte Fall zeigt sich deutlich beim Übergang der Waldlandschaft zur Steppe, wie wir das beispielsweise im südlichen Rußland beobachten können [34]. Edaphisch bedingte Gebüschformationen sind auf den Schutthalden der Gebirge, den Kiesbänken der Flüsse und auf stark vernäßten Böden nichts Seltenes. In diesem Zusammenhange sind auch die Grünerlengebüsche der mitteleuropäischen Gebirge zu nennen.

5. Nadelwälder. Die weiteste Verbreitung unter den Waldformationen kommt den Nadelwäldern zu, die nicht nur gewaltige Flächen innerhalb des eurasiatischen und des nordamerikanischen Waldgebietes bedecken, sondern auch in den montanen Regionen der Gebirge und in der mediterranen Klimazone eine wichtige Rolle spielen.

Fig. 19. Urwald am Kubany (südl. Böhmer Wald). Bestand alter Fichten mit Buchenunterwuchs. — Nach einer Aufnahme von K. HELLER.
(Aus: Kerner-Hansen, Pflanzenleben; 3. Aufl., Bd. 3, 1916.)

Bei den Nadelhölzern gesellt sich zu der Widerstandsfähigkeit gegen längere Trockenzeiten und der edaphischen Anspruchslosigkeit auch noch ein starkes Anpassungsvermögen an das Wärmeklima. So kommt es, daß Nadelbäume fast überall auf dem Erdenrund auftreten, wenn auch in den Tropen ungleich seltener als in den mittleren und höheren Breiten.

Wir wenden uns zunächst den holarktischen Nadelwäldern zu, die in mächtiger Breite die am weitesten polwärts vordringende Waldzone der Nordhalbkugel bilden. Naturgemäß ist der Charakter dieser Waldbestände im einzelnen sehr verschieden, wie sich das aus der Beimischung von Laubgehölzen, der Beschaffenheit des Unterwuchses (Fig. 19) und der habituellen Besonderheit der vorherrschenden Baumarten ergibt. Von den laubwechselnden Begleitern der Koniferen treffen wir in den nördlicheren Teilen Eurasiens hauptsächlich Ebereschen, Pappeln, Erlen, Weiden und Birken an. Namentlich Angehörige der beiden letztgenannten Gattungen dringen vielerorts bis zur polaren Baumgrenze und in Zwergformen sogar noch über diese hinaus vor[35]. Während im mittleren und nördlichen Europa die Kiefer (Pinus silvestris) und die Fichte (Picea excelsa) die häufigsten Waldbäume sind, treten in Sibirien neben Fichten (Picea obovata) und Tannen (Abies pichta) die nadelabwerfenden Lärchen (Larix sibirica) in den Vordergrund.

Fig. 20. Bestand des Adlerfarns (Pteridium aquilinum) in einem märkischen Kiefernwald. Nach einer Aufnahme von Dr. W. Effenberger.

Der Unterwuchs ist nach der Breitenlage und den besonderen Standortsverhältnissen sehr wechselnd. Bald ist der Waldboden nur mit Moosen oder Farnen bedeckt (Fig. 20), bald herrschen Gräser, Heidekrautgewächse oder Stauden vor, bald auch zeigt sich eine üppige, von sommergrünen Laubhölzern gebildete Strauchschicht.

Wesentlich mannigfaltiger ist der Baumbestand der nordamerikanischen Nadelwälder, die auf der pazifischen Seite des Erdteils weit nach Süden vordringen. Während in der nördlichsten Zone Schwarz- und Weißfichte (Picea nigra und P. alba) eine große Rolle spielen, fallen im Bereiche der pazifischen Küste Douglasie (Pseudotsuga Douglasii), Hemlocktanne (Tsuga canadensis), Sitkafichte (Picea sitchensis) und Rote Zeder (Thuja gigantea) besonders ins Auge. Die großartigste Entfaltung gewinnen die Nadelbäume aber in der kalifornischen Sierra Nevada, wo neben der Zuckerkiefer (Pinus Lambertiana) und der Gelben Kiefer (Pinus ponderosa) vor allem die bis 140 m hohen Riesensequojen (Sequoja gigantea) auftreten[36].

Eine große Verbreitung kommt den Nadelwäldern innerhalb der Gebirge sämtlicher Zonen zu. Bekannt sind die knorrigen Wetterarven (Pinus cembra) im Kampfgürtel des alpinen Waldes und das am weitesten gipfelwärts vordringende Knieholz (Pinus montana; Fig. 21). Die südamerikanischen Anden erhalten durch ihre Araukarienwälder (z. B. Araucaria imbricata) einen höchst eigenartigen Schmuck.

Fig. 21. Knieholzzone am Brunnberg im Riesengebirge. — Nach einer Aufnahme von Dr. K. Hueck.

Schließlich muß noch der mediterranen Nadelhölzer gedacht werden, die nicht nur als vereinzelte Charakterbäume in der Landschaft auftreten — ich erinnere an die Zypresse (Cupressus sempervirens) und die Pinie (Pinus pinea) —, sondern auch als geschlossene Bestände den Hartlaubformationen zur Seite treten bzw. sich mit ihnen mischen. In erster Linie handelt es sich dabei um Vertreter der Gattung Pinus, unter denen die Aleppokiefer (Pinus halepensis) und die Seestrandkiefer (Pinus pinaster) besondere Erwähnung verdienen [37].

6. Heiden[38]. Die vornehmlich von holzigen Zwergsträuchern gebildete Heideformation ist keineswegs so weit verbreitet, als man nach dem Umfange derselben im nordwestlichen Europa annehmen möchte [39]. Neben dem genannten Heidegebiet finden sich ausgedehntere Verbände von ähnlichem Gepräge eigentlich nur in den eurasiatischen Gebirgen und

innerhalb des arktischen Florengebietes. Die Heidevorkommen Nordamerikas, der antarktischen Inseln (Falkland-Inseln) und der javanischen Gebirge sind zu wenig umfangreich, um hier näherer Erwähnung zu bedürfen. Die heideähnlichen Formationen Neuseelands sind von Myrtengewächsen gebildet, und selbst im klassischen Lande der Ericaceen, in Südafrika, übertreffen die Hartlaubgehölze die echten Heidebildungen bei weitem an Ausdehnung.

Demnach sind die Heideformationen auf die kühleren Klimate beschränkt und kommen nur dort zur Entfaltung, wo ein nährstoffarmes

Fig. 22. Kurische Nehrung. Aufschluß eines Ortsteinhorizontes zwischen Sarkau und Cranz. — Nach einer Aufnahme von Dr. K. Hueck.

Substrat einer hinreichend feuchten Luft ausgesetzt ist. Es findet hier also eine Wechselwirkung von klimatischen und edaphischen Einflüssen statt. In der Regel zeigt sich bei den Heiden die Neigung zur Bildung von Trockentorf. Die Folge davon ist, daß die im Regenwasser gelösten humosen Bestandteile abwärts dringen und hier bei der Berührung mit den Bodensalzen einen Niederschlag erfahren. So entsteht in einer gewissen Tiefe durch Verkittung der Sandkörner eine feste Schicht von »Ortstein«, die dem Aufkommen von Baumwuchs überaus hinderlich ist (Fig. 22)[40]. An der Zusammensetzung der Pflanzendecke sind in erster Linie Angehörige der Heidekrautfamilie (Ericaceen) beteiligt, denen sich andere anspruchslose Gewächse (z. B. Wacholder, Birke, Flechten) beigesellen. Als Leitpflanze der westeuropäischen Heide hat Calluna vulgaris zu gelten. Da, wo die Luftfeuchtigkeit in schneller Abnahme begriffen ist, zieht sich das Heidekraut gerne in den Schutz lichter Kiefernbestände zurück, so daß dann eine als »Kiefernheide« bezeichnete Pflanzengesellschaft zustande kommt. Ebenso wie zum Kiefernwald weist die Heideformation auch enge Beziehungen zu den Hochmooren auf, die bei künstlichem Wasserentzuge oder bei einer auf natürlichen Ursachen beruhenden, ungünstigen Wasserbilanz leicht in »Heidemoore« übergehen. Daß durch rücksichtslose Waldrodung der Ausbreitung der Heide Vorschub geleistet werden kann, unterliegt keinem Zweifel. Auch für das Gebiet der »Lüneburger Heide« muß eine viel größere Ausdehnung der Waldbestände in früherer Zeit angenommen werden [41].

Im nördlichen zirkumpolaren Gebiete finden sich neben den Tundren weite Flächen, die mit Zwergsträuchern bestanden sind und als »arktische Heiden« angesprochen werden müssen. Als Charakterpflanze rückt vielfach die Krähenbeere (Empetrum nigrum) in den Vordergrund, die sich in wechselndem Maße mit Vacciniumarten, Bärentrauben (Arctostaphylus), Rhododendron lapponicum und anderen nordischen Halbsträuchern vergesellschaftet [42].

7. Mangrovewälder [43]. Die höchst eigenartigen Flutgehölze, die besonders die seichten Buchten und Lagunen der tropischen Küsten umsäumen, aber auf vorgeschobenen Posten auch noch an der Floridaküste, auf den südjapanischen Inseln und in Niederkalifornien (Fig. 23) angetroffen werden, finden ihr Gedeihen in dem schmalen, mit salzhaltigem Schlamm bedeckten Uferstreifen, der, der Brandung entrückt, nur zur Flutzeit vom Meerwasser überspült wird. Wir haben es hier also mit einer ausschließlich edaphisch bedingten Gehölzformation zu tun. Die in fast allen Punkten von der Norm pflanzlichen Daseins abweichenden Lebensbedingungen haben bei der Mangroveformation zu sehr auffälligen Anpassungserscheinungen geführt. Bevor wir auf diese eingehen, sei noch hervorgehoben, daß die habituell einander sehr ähnlichen, immergrünen Baumarten der Mangrovewälder eine verhältnismäßig geringe Höhe erreichen und in der Hauptsache den Familien der Rhizophoraceen, Lythraceen und Verbenaceen zuzuzählen sind. Die am meisten hervortretenden Merkmale der Mangrovegewächse sind folgende:

a. Entwicklung zahlreicher weit ausgreifender Stelzwurzeln. Die in verschiedener Stammhöhe entspringenden Stützorgane sorgen für eine genügende Verankerung in dem lockeren, durch Ebbe und Flut in Bewegung gehaltenen Substrat.

b. Ausbildung von Atemwurzeln (Pneumatophoren). Das alle Bodenporen erfüllende Wasser macht die Versorgung der im Schlamm befindlichen Pflanzenteile mit der notwendigen Atemluft unmöglich. Diesem Übelstande wird durch die senkrecht aus der Erde emporstrebenden »Atemwurzeln« begegnet, die eine hinreichende Luftzufuhr gewährleisten. Die als knieförmige Erhebungen (Bruguiera) oder auch als spargelartige, verholzte Schossen (Sonneratia) oft in sehr großer Zahl auftretenden Gebilde tragen das ihrige dazu bei, die Undurchdringlichkeit der Stelzwurzeldickichte zu erhöhen.

c. Ein großer Teil der Mangrovebäume ist durch Viviparie ausgezeichnet. Die Samen machen nämlich nach der Reife keine Ruhepause durch, sondern entwickeln sich bereits zu der Zeit, wo die Frucht noch an der Mutterpflanze haftet. So sehen wir beispielsweise bei Rhizo-

Fig. 23. Mangrovewald (Rhizophora mangle) an der Küste Niederkaliforniens. Nach einer Aufnahme von A. Heim.
(Aus: Vegetationsbilder, herausgegeben von G. Karsten und H. Schenck.)

phora mucronata am Gipfel der sich abwärts senkenden Früchte die Keimlinge hervorbrechen und hier zu etwa 60 cm langen, keulenförmigen Gebilden heranwachsen. Schließlich tritt ein Ablösen der jungen Pflanzen ein, die beim Herabfallen mit dem beschwerten unteren Ende sofort tief in den lockeren Schlamm eindringen und gleich künstlichen »Stecklingen« mit der schnell fortschreitenden Bewurzelung beginnen. Im sauerstoffarmen Schlamm würde die Keimung der Samen mit erheblichen Schwierigkeiten verbunden gewesen sein.

d. Das Laub der Mangrovegewächse zeigt eine deutlich xeromorphe Struktur, die in der lederigen Beschaffenheit, der Dicke und dem spiegelnden Glanze der Blätter ihren Ausdruck findet. Gleichzeitig sind Schleimzellen und Wassergewebe von wechselnder Ausdehnung vorhanden; namentlich alte Blätter stellen in der Hauptsache nur noch Wasserspeicher für die jüngeren Teile der Pflanze dar. Diese Merkmale

Fig. 24. Galeriewald am Ubangi.
(Aus: Adolf Friedrich Herzog zu Mecklenburg, Vom Kongo zum Niger und Nil; Leipzig 1912.)

stimmen mit den bei anderen Halophyten beobachteten überein (vgl. S. 96).

Es sei noch betont, daß wir hier einen Pflanzenverein vor uns haben, der durch Zusammenhalten des Schlammes umgestaltend auf seine Unterlage einwirkt und dadurch im Laufe der Zeit einen nicht unerheblichen Landgewinn herbeizuführen vermag.

8. Galeriewälder. In Gebieten, in denen die stark verringerte Regenmenge nur noch Graswuchs aufkommen läßt, zeigt sich oft

in der nächsten Nachbarschaft der Flußläufe, soweit sie nicht nur intermittierend Wasser führen, eine viel üppigere Pflanzenentwicklung, die zur Entstehung auffälliger, die Flüsse bandartig begleitender Galeriewälder führt. Die Ursache für diese Erscheinung ist leicht verständlich: das Sickerwasser des Stromlaufes ersetzt die fehlende atmosphärische Feuchtigkeit und ruft so eine edaphisch bedingte Formation hervor, die den anderenortes vom Klima erzeugten in allen Punkten ähneln kann. Galeriewälder werden demnach nur innerhalb von Grassteppen oder auch von wüstenähnlichen Formationen zu beobachten sein; außerdem vermögen sie — so auffällig sie auch im Landschaftsbilde hervortreten — immer nur eine bescheidene Ausdehnung zu gewinnen. Die weiteste Verbreitung kommt den Galeriewäldern wohl in der nordamerikanischen Prärieprovinz zu, wo sich an ihrem Aufbau besonders Ahornarten, Ulmen, Eschen und Zürgelbäume (Celtis occidentalis) beteiligen. Nach der angrenzenden Steppe zu findet ein mehr oder weniger schnelles Ausklingen des Baumwuchses statt. Von den hohen Säulenhallen und dichten Laubgängen afrikanischer Flußlaufwälder (Fig. 24) weiß uns G. SCHWEINFURTH[44] zu berichten.

9. Bruchwälder. Sie entwickeln sich überall dort, wo sehr reichliche Bodenfeuchtigkeit bei einem genügenden Nährstoffgehalt des Substrates vorhanden ist. Das wird aber in solchen Gebieten der Fall sein, die aus topographischen Gründen durch einen hohen Stand des Grundwasserspiegels ausgezeichnet sind oder in denen wasserundurchlässige Schichten zur Stagnation des oberflächlich abfließenden Wassers führen, oder schließlich auch dort, wo regelmäßig längere Zeit andauernde Überschwemmungen stattfinden. Je nach dem Grade der Vernässung und der Beschaffenheit der Unterlage können die Bruchwälder ein recht wechselndes Aussehen zeigen. Unter günstigen Verhältnissen erinnern die Sumpfgehölze selbst in höheren Breiten wenigstens entfernt an die Üppigkeit der tropischen Regenwälder. Bei uns sind es besonders Erlen, Eschen und Eichen, die den Oberwuchs bilden; ihnen gesellen sich im Unterwuchse Weidenbüsche (z. B. Salix cinerea, Salix aurita), Pulverholz (Rhamnus frangula), Traubenkirsche (Prunus padus) und Hopfen (Humulus lupulus) bei. Stelzwurzelbildungen sind in solchen Wäldern keine Seltenheit. Führt die Luftarmut des Bodens zu einer starken Vermoorung, so läßt der abnehmende Nährstoffgehalt nur noch Strauchwuchs zu. Umgekehrt können sich alte Moorflächen, sobald sie über den Grundwasserspiegel hinausgewachsen sind und eine fortschreitende Zersetzung ihrer Oberflächenschicht erfahren haben, mit einer Sumpfwaldvegetation überziehen.

Die nordamerikanischen »Swamps« tragen als Charakterbäume Koniferen, so besonders die mit Atemwurzeln ausgestattete Sumpfzypresse (Taxodium distichum). Das üppig entwickelte Unterholz ist hier aus einer großen Zahl von Arten zusammengesetzt und erhält durch die reichlich vertretenen Schlinggewächse fast ein tropisches Gepräge[45].

Schließlich ist auch an entsprechende Bildungen innerhalb des Tropengürtels zu erinnern, die sich in ihrem Habitus teils den Mangrovewäldern, teils auch den Regenwäldern nähern. Im allgemeinen läßt sich sagen, daß die Bruchgehölze zwar sehr verbreitete Erscheinungen in fast allen Ländern sind, daß sie aber hinsichtlich ihrer Ausdehnung weit hinter den klimatischen Gehölzformationen zurücktreten.

Grasflurformationen (Prata). Zu den Grasflurformationen rechnen wir alle diejenigen Pflanzenverbände, in denen der Holzwuchs fehlt oder doch sehr eingeschränkt ist und die gleichzeitig eine von Gräsern, Kräutern, Stauden oder niederen Pflanzen (Flechten, Moosen) gebildete Vegetationsdecke von völliger oder annähernder Geschlossenheit aufzuweisen haben. Demnach darf also das Vorhandensein oder Nichtvorhandensein von Gräsern — so wichtig es an sich sein mag — keineswegs als Grundlage der formativen Gliederung dienen. Grasflurformationen können — ebenso wie die Gehölzformationen — entweder unter dem maßgebenden Einflusse des Klimas[46] oder bestimmter Bodenfaktoren zustande kommen. Edaphisch bedingte »Grasfluren« sind zwar überall auf dem ganzen Erdenrund anzutreffen, zeigen aber eine mehr oder weniger beschränkte räumliche Ausdehnung. In ihrer Gesamtheit nehmen die Grasflurformationen — unter Ausschluß der »Kultursteppe«, — reichlich ein Fünftel des festen Landes ein. Hinter den Waldformationen (fast 3/10 der Landfläche) bleiben sie an Raumentfaltung zurück, und zwar stehen Wald und Grasflur etwa in dem Verhältnis 3 : 2. Unter den Erdteilen ist prozentual am reichsten an Grasflurbildungen Australien (fast 38%), es folgen dann Afrika (ca. 33%), Südamerika (ca. 22%), Eurasien (ca. 18%) und Nordamerika (ca. 16,7%).

Wir wenden uns nun der Frage zu: welche Umstände sind es, die zur natürlichen Ausbildung von Grasfluren führen? Da ist zunächst des »Grasflurklimas« (A. F. W. Schimper) zu gedenken. Im Gegensatz zu den tiefwurzelnden Holzgewächsen sind die Kräuter und auch ein großer Teil der Stauden nur auf die Feuchtigkeit der oberen Bodenschichten angewiesen. Ist also die Regenspendung in einem Gebiete derartig, daß zwar das oberflächliche Erdreich eine — zum mindesten zeitweilig — reichliche Benetzung erfährt, während die tieferen Teile des Bodens keine größeren Wassermassen zu speichern vermögen, so ergibt sich daraus mit Notwendigkeit das Zurückweichen des Holzwuchses gegenüber der Kraut- und Staudenflora. Die eben angedeuteten Bewässerungsverhältnisse sind aber keineswegs an zahlenmäßig festlegbare Niederschlagshöhen gebunden, sondern vielmehr an die klimatische Gesamtkonstellation[47]. So werden beispielsweise die Winterregen für die Grasflur kalttemperierter Gebiete ziemlich belanglos sein;

denn es kommt für sie ja nur auf die Oberflächenfeuchtigkeit während der Vegetationszeit an. Umgekehrt werden in warmen Klimaten extreme Trockenzeiten, die dem Holzwuchse leicht gefährlich werden können, von Kräutern und Stauden ohne weiteres ertragen, da sie vorher entweder ihren Lebensgang beendet oder sich in den Erdboden zurückgezogen haben. Die starke Verdunstung der heißen Zone macht es verständlich, daß hier günstigere Niederschlagsverhältnisse als in gemäßigt warmen oder kühlen Gebieten obwalten müssen, um eine gleichwertige Wasserbilanz für die Grasfluren herbeizuführen. Dementsprechend wird in den subtropischen Gebieten, in denen sich — wie wir früher sahen — die Wasserversorgung besonders ungünstig gestaltet, am häufigsten das für den Waldwuchs erforderliche Feuchtigkeitsminimum unterschritten. Eine ähnliche Wirkung wird in polnahen Ländern durch die den größten Teil des Jahres andauernden tiefen Temperaturen erzielt: Frostzeiten sind gleichbedeutend mit Trockenzeiten! [48]

Ebenso wie klimatische vermag auch edaphische Ungunst der Grasflur den Vorrang zu verschaffen. Alle Eigenschaften, die der Wasserkapazität und der Saugkraft des Bodens abträglich sind, können dort, wo die Klimabedingungen sich einem Grenzzustande nähern, leicht den Sieg der Grasflurformation nach sich ziehen. Das gilt also in erster Linie für sehr durchlässige, grob-disperse Böden, ferner für geneigte Felsflächen mit dünner Verwitterungsschicht. Aber auch in entgegengesetzter Richtung liegende Bodeneigenschaften können zu Bildungen von ähnlichem Charakter führen! Stagnierendes Wasser, das die Poren des Untergrundes erfüllt und so zu Luftarmut, Kälte und Vermoorung die Veranlassung gibt, duldet oft nur eine gehölzfreie Pflanzendecke.

1. Savannen. In den ausgedehnten Trockengebieten der Tropen, gelegentlich aber auch in höheren Breiten, begegnen uns Grasfluren, die nicht ganz frei von Holzwuchs sind, sondern in mannigfacher Abstufung vereinzelte Bäume, Baumgruppen oder auch Buschwerk tragen. Solche Baum- oder Buschsteppen pflegt man unter dem Kollektivbegriff »Savanne« zusammenzufassen. Eine scharfe Abgrenzung der hierher zu rechnenden Formationen gegenüber der Grassteppe einerseits und dem Buschlande oder dem lichten Baumbestande andererseits ist kaum durchführbar. Außerdem wird die Bezeichnung »Savanne« keineswegs von allen Forschern in gleichem Umfange zur Anwendung gebracht. Auf jeden Fall zeigen alle von dieser Wuchsform beherrschten Gebiete eine klimatisch mehr oder weniger ausgeprägte Baumfeindlichkeit, die nur noch verhältnismäßig wenige, einer sehr geringen Wasserbilanz angepaßte Holzgewächse aufkommen läßt. Eine wesentliche Erschwerung der Begriffsbegrenzung ist auch dadurch gegeben, daß Savannen vielfach als Folgeerscheinungen der Waldverwüstung auftreten. Niedergebrannte oder gerodete Waldflächen bedecken sich nicht

selten mit einem der Savanne zuzurechnenden Mischwuchse, der bald nur ein Übergangsstadium zum Trockenwald darstellt, bald aber auch als Schlußverein eines einseitig verschobenen, labilen Gleichgewichtszustandes zu gelten hat.

In der Regel weisen die Savannen einen mehr oder weniger dichten Grasbestand auf, der bald aus harten, in steifen Büscheln wachsenden Niedergräsern, bald aus üppigen Hochgräsern, die Roß und Reiter in ihrem Dickicht verschwinden lassen, besteht. Ebenso wie die be-

Fig. 25. Ostafrikanische Savanne. Im Hintergrunde die Ussagaraberge. — Nach einer Aufnahme von E. Hüttig.
(Aus: H. Meyer, Das deutsche Kolonialreich; Bd. 1, 1914.)

gleitenden Holzgewächse schwanken auch die dem Graswuchse beigemengten Sukkulenten, Stauden und Zwiebelgewächse nach Zahl und Art sehr erheblich. Neben einer an blühende Gärten gemahnenden Buntheit der Pflanzendecke begegnen uns Formationen von erschreckender Eintönigkeit. Und in gleicher Weise wie der Charakter im allgemeinen ist auch das jahreszeitliche Aussehen der Savannen einem starken Wechsel unterworfen. Während zur Regenzeit oft eine erstaunliche Üppigkeit den Bodenbewuchs auszeichnet, läßt die nachfolgende Dürre meist nur noch eine sonnenverbrannte, gelbbraune Grasnarbe erkennen, die von mehr oder weniger ausgedehnten kahlen Stellen unterbrochen ist.

Das tropische Afrika führt uns besonders in seinem östlichen Teile sehr ausgedehnte Savannenflächen vor Augen, die neben hochwüchsigen Gräsern entweder Dornengebüsche oder niedrige Bäume, vornehmlich Akazien, beherbergen (Fig. 25). Vereinzelt zeigt sich der riesige Baobab

(Adansonia digitata), dessen gedrungener Stamm mit sehr dicker, heller Borke bekleidet ist. Stauden und Zwiebelgewächse treten nur wenig hervor, dafür geben Kandelaber-Euphorbien und kurzstämmige Aloëarten der Landschaft nicht selten ein bizarres Aussehen [21]. Ähnliche Formationen sind auch auf amerikanischem Boden vertreten (Fig. 26).

In Südamerika besteht ein nicht unerheblicher Gegensatz zwischen den »Llanos« von Venezuela und Guayana einerseits und den »Campos« Brasiliens andererseits. Die ersteren lassen den Baumwuchs

Fig. 26. Südamerikanische Savanne mit Kandelaber-Kakteen (Cereus pruinosus) im Staate Columbia.

(Aus: Kerner-Hansen, Pflanzenleben; 3. Aufl., 3. Bd., 1916.)

mehr zurücktreten und nähern sich daher nicht selten dem Typ der Grassteppe; allerdings muß unentschieden bleiben, ob die Zurückdrängung der Holzgewächse hier nicht der Weidewirtschaft zuzuschreiben ist. In dem bergigen Gelände Guayanas wird das Bild wesentlich abwechselungsreicher und steigert sich bis zur Parklandschaft [49]. Die Campos, die sich sowohl in der Ebene wie auch im südbrasilianischen Berglande bei über 1000 m Höhe entfalten, sind durch einen besonders reichen Wechsel von Zwergbäumen, inselartigen Gebüschgruppen und Einzelsträuchern ausgezeichnet. Auch der Bodenbewuchs läßt neben den Gräsern und Halbgräsern mannigfache Stauden zur Geltung kommen [50]. — Schließlich sei noch der von Eukalypten und eigenartigen, schopfförmigen »Grasbäumen« (Xanthorrhoea-Arten) belebten australischen Savanne gedacht [51].

2. Steppen. Im Gegensatz zur Savanne spielen Bäume und Gebüsche in der Steppe keine physiognomisch nennenswerte Rolle mehr. Das hindert naturgemäß nicht, daß auch hier noch vereinzelte Bäume, Strauchgruppen oder sogar kleine Waldparzellen vorkommen.

Während die Savanne — in der Hauptsache wenigstens — auf die tropische und subtropische Zone beschränkt bleibt, zeigt die Grassteppe gerade in den temperierten Gebieten ihre breiteste Entfaltung. Die meist sehr dürftigen, durch fetzenhaften Bodenbewuchs ausgezeichneten steppenartigen Bildungen, die man oft am Rande von Wüsten antrifft, müssen — im Gegensatz zur Grassteppe — der Wüstensteppe zugerechnet werden. Aber auch die Grassteppe zeigt in vielen Fällen keine geschlossene Grasnarbe; vielmehr sind dieser in wechselndem Maße Stauden und Zwiebelgewächse beigemischt. Die oft zu geselligen Verbänden vereinigten Stauden zeichnen sich nicht selten durch aromatischen Geruch, durch wollige Behaarung oder auch durch distelartigen Charakter aus. Nehmen wir hinzu, daß die Steppengräser selber alle Abstufungen zwischen starren Büschelbildungen mit pfriemlich zugespitzten Roll- oder Faltblättern und schnell emporschießenden, aus gemeinsamer Grundachse hervorgehenden Hochhalmen aufweisen, so erhellt zur Genüge, wie mannigfach und wechselnd die Physiognomie der Steppen zu sein vermag.

Für die Entstehung steppenartiger Formationen kommen in erster Linie die klimatischen Verhältnisse in Betracht: neben der durch die kühle Jahreszeit bedingten Ruheperiode tritt nämlich noch eine zweite, durch Trockenheit veranlaßte, hervor, die namentlich den Hochsommer umfaßt. So ist die Steppe also nur im Frühling und in den ersten Sommermonaten imstande, sich mit einem mehr oder weniger vergänglichen Pflanzenkleide zu schmücken, das alsbald der hochsommerlichen Trockenheit zum Opfer fällt. Während die Gräser oft schon im Laufe des Herbstes oder des milden Winters in ein erneutes Wachstum eintreten, werden die Zwiebelgewächse erst durch die warmen Frühlingsregen aus dem Boden hervorgelockt. Die Stauden, die verhältnismäßig am spätesten zur Entwickelung kommen, vermögen infolge ihrer größeren Wurzeltiefe und ihrer mannigfachen Anpassungen meist noch einen Teil der Trockenzeit für die Vollendung ihres Lebenslaufes auszunutzen. Daß neben den klimatischen gelegentlich auch edaphische Faktoren zur Entstehung steppenartiger Formationen beitragen, kann als sicher gelten. Über den Umfang und die Bedeutung der Bodeneinflüsse gehen allerdings — gerade hinsichtlich der Steppenbildung — die Meinungen noch immer weit auseinander [45]. Wie die Entscheidung aber auch ausfallen mag, die Tatsache bleibt bestehen, daß die Steppen in ihrem weitaus größten Teile dem Klima ihr Dasein verdanken. Wenn auch die Niederschlagsmengen in ihnen zum Teil gar nicht gering sind — in der nordamerikanischen Prärie bis 700 mm! —, so muß eben der ungünstigen Regenverteilung sowie der großen Lufttrockenheit der durchweg kontinental gelegenen Steppengebiete die entscheidende Rolle zuerkannt werden.

Ausgedehnte europäische Steppenformationen treten uns in der abwechselungsreichen niederungarischen Pußta[52] und in der pontisch-kaspischen Steppe Südrußlands entgegen[53]. Für die letztere ist das Auftreten der sog. »Schwarzerde« (Tschernosem) besonders charakteristisch, einer Bodenbildung, die auf das Zusammenwirken verschiedener Klimafaktoren zurückzuführen ist. Die Barabasteppe im westlichen Sibirien zwischen den Flüssen Ob und Irtisch ist von zahlreichen mit hohem Staudenwuchse bedeckten Moorflächen durchsetzt. Sehen wir von den mannigfach abgestuften steppenartigen Pflanzenverbänden in China, im östlichen Australien und im mittleren und südlichen Afrika ab, so bleiben noch zwei große Steppengebiete der Erde übrig: die nordamerikanischen Prärien und die südamerikanischen Pampas. Während die letzteren durch das Hervortreten xeromorpher Büschelgräser ausgezeichnet sind, denen sich nicht selten distelartige Kompositen beigesellen (in Argentinien besonders zwei aus Europa eingeschleppte Pflanzen, nämlich Artischocke [Cynara scolymus] und Marien-Distel [Silybum marianum]), weisen die nordamerikanischen Prärien nicht nur eine größere Üppigkeit, sondern auch eine viel mannigfaltigere Zusammensetzung auf. Zwar bedecken Buffalogras (Buchloë dactyloïdes) und Gramagras (Bouteloua oligostachya) ungeheure Flächen mit einem ziemlich gleichmäßigen Rasen, aber überall tauchen inselartig blütenreiche Stauden auf, unter denen Kompositen (Helianthus, Solidago, Aster), Leguminosen und Verbenaceen am häufigsten sind[54]. Mit zunehmender Wärme und Lufttrockenheit bei gleichzeitig sinkender Regenhöhe stellen sich als Begleitpflanzen Agave-, Yucca- und Kaktusarten ein und verleihen der Vegetation ein mehr und mehr fremdartiges Aussehen.

3. Matten. Jenseits der polaren und der montanen Baumgrenzen treten uns nicht selten dichtwüchsige, niedrige, oft sehr verschiedenartig gegliederte Gras- und Krautfluren entgegen, die hauptsächlich aus perennierenden Arten von xeromorpher Bauweise bestehen. Wir fassen diese arktischen, subarktischen und alpinen Formationen unter dem Namen »Matten« zusammen. Neben den Gräsern spielen Polsterpflanzen und oft auch Rosettpflanzen eine gewisse Rolle, während Zwerg- und Spaliersträucher meist nur spärlich vertreten sind. Es kann keinem Zweifel unterliegen, daß die klimatischen Verhältnisse es sind, die das Zustandekommen der genannten Pflanzenverbände ermöglichen. Kürze der Vegetationszeit, heftige Windwirkung und extreme winterliche Trockenheit schließen hier den Baumwuchs aus, während

die durch Kälte erschwerte Wasseraufnahme im Verein mit der zeitweilig kräftigen Sonnenbestrahlung zahlreiche Anpassungen der Gewächse an einen beschränkten Wasserhaushalt zur Folge gehabt hat. Je nach der geographischen Lage, der Höhenstufe, der Exposition, der Gesteinsbeschaffenheit und den besonderen edaphischen und klimatischen Standortsbedingungen kann nicht nur die Physiognomie, sondern auch die floristische Zusammensetzung der Matten ungewöhnlich große Unterschiede aufweisen. Unter den Forschern besteht keineswegs Einmütigkeit darüber, welche Assoziationen dem Formationsbegriff »Matte« unterzuordnen sind.

Subarktische (bzw. arktische) Grasmatten, die teilweise sogar eine überraschende Üppigkeit erlangen, können wir auf Island, Grönland, Kola und Nowaja-Semlja beobachten. Die Staudenbeimischung ist beträchtlichen Schwankungen unterworfen, vermag aber selbst im hohen Norden recht reichhaltig zu sein. Nicht nur die Küstenabhänge des Weißen Meeres tragen stellenweise richtige »Blumenmatten«, sondern M. v. Heuglin [55] konnte selbst auf Nowaja-Semlja an einem nur wenige Quadratmeter umfassenden Fleck über 50 Arten von Blütenpflanzen zählen.

Eine ungleich größere Bedeutung als den arktischen kommt den alpinen Matten zu, die auf fast allen Hochgebirgen der Erde in mehr oder weniger großem Umfange zur Ausbildung gelangt sind. Die Blumenpracht dieser für die Weidewirtschaft so wichtigen Pflanzenverbände ist bei uns geradezu sprichwörtlich geworden. Über die Alpenmatten liegt eine umfangreiche pflanzengeographische Literatur vor [56]. In manchen Punkten weichen die Matten der nordamerikanischen Gebirge von den bei uns vertretenen Typen ab. Die südamerikanischen Kordilleren besitzen in der sog. Puna-Region höchst eigenartige Bildungen, in denen die Polster- und Rosettpflanzen den Gräsern gegenüber stark in den Vordergrund treten.

4. Hochmoore und 5. Moostundren. Wenn auch in ihrem Vorkommen beschränkt, stellen die Hochmoore der kalttemperierten und die Moostundren der arktischen und subarktischen Gebiete doch so charakteristische Formationen dar, daß sie an dieser Stelle nicht übergangen werden können. In beiden Fällen liegt ein Zusammenwirken bestimmter klimatischer und edaphischer Faktoren vor; infolgedessen kann man — ähnlich wie bei den Heiden — im Zweifel darüber sein, wo die genannten Pflanzenverbände einzureihen sind. Da hier wie dort die klimatische Bindung die engere zu sein scheint, wurden sie in unserer Übersicht (S. 120) von den edaphischen Grasflurformationen abgetrennt. Sowohl beim Hochmoore wie bei der Moostundra treten die Gräser völlig zugunsten der Moose zurück.

Hochmoore (Moosmoore, Sphagnummoore; Fig. 27) sind in der Hauptsache auf kalt-temperierte Gebiete mit hoher Luftfeuchtigkeit beschränkt; denn nur hier sind die Bedingungen für die Existenz ausgedehnter Torfmoosrasen, ohne die eine Hochmoorbildung undenkbar ist, gegeben. Da aber gleichzeitig ein sehr nährstoffarmes Substrat vorliegen muß, so ist das Auftreten dieser Formation auch an ganz bestimmte Bodenverhältnisse geknüpft. Nimmt das Hochmoor seinen Ausgang von einer schwimmenden Sphagnumdecke, die sich in einem Heidetümpel oder in einem der Verlandung unterworfenen See bildet, so liegt — wenigstens im ersten Entwicklungsstadium — eine edaphische Formation vor. Zeigt sich dagegen die erste Ansiedelung der Torf-

Fig. 27. Zehlau-Hochmoor in Ostpreußen. Offene Moorfläche mit absterbenden Krüppelkiefern. — Nach einer Aufnahme von Dr. K. Hueck.

moose auf sterilem Sandboden, so sind Luftfeuchtigkeit und hinreichend regelmäßige Regenspendung die verantwortlichen Faktoren. Im letzteren Falle können also die klimatischen Verhältnisse als maßgebend angesehen werden. Nicht selten werden reife Flachmoore — besonders in ihrem zentralen Teile — von Hochmoorbildungen überdeckt. Dann wirken Nährstoffarmut des Substrates, Luftfeuchtigkeit und Stauung des atmosphärischen Wassers auf den stark gesackten Torfschichten des Flachmoores zusammen, um eine neue, teils edaphisch, teils klimatisch bedingte Formation ins Leben zu rufen [57].

In jedem Falle beginnt die Hochmoorbildung mit der Erzeugung eines geschlossenen Torfmoosrasens, der aus einer wechselnden Zahl von Sphagnumarten zusammengesetzt sein kann und der die Fähigkeit besitzt, wie ein Schwamm große Wassermengen in sich aufzunehmen. Da die Randpartien im Gegensatz zur Rasenmitte leicht einen Teil ihres Wasserüberschusses an die Umgebung verlieren, bleiben sie alsbald in ihrem Wachstume zurück, so daß die begünstigten mittleren Teile schließlich eine uhrglasartige Aufwölbung der gesamten Moorfläche herbeiführen (daher »Hoch«moore). Mit steigender Höhe des Moosrasens läßt die Wasserzufuhr von unten her — soweit eine solche überhaupt in Betracht kam — mehr und mehr nach, so daß nun ausschließlich Regenspendung und Verdunstung für das Gedeihen des Hochmoores verantwortlich sind. Bei hinreichender Gunst der Verhältnisse schreitet die Entwicklung der Moosdecke ununterbrochen fort, während die von der Luftzufuhr abgeschnittenen basalen Pflanzenteile absterben und der Vertorfung anheimfallen. Da die immer mächtiger werdenden Pflanzenmassen einen starken Druck ausüben, werden die tieferen Schichten in zunehmendem Maße zusammengepreßt, so daß der jährliche Zuwachs des Torflagers schließlich nur 0,5—1,0 mm ausmacht [58].

Solange die Sphagnen in kräftigem Wachstume begriffen sind, lassen sie nur ganz wenige Pflanzen neben sich aufkommen. Als solche sind hauptsächlich zu nennen: die Moosbeere (Vaccinium oxycoccus), die Gränke (Andromeda polifolia), die Blasenbinse (Scheuchzeria palustris) und die Sonnentauarten (Drosera). Gestalten sich für den Torfmoosrasen die Vegetationsverhältnisse weniger günstig, so nimmt die Zahl der Begleitpflanzen schnell zu. Unter ihnen spielen dann die Sauergräser (Cyperaceen) eine besonders wichtige Rolle. Wollgräser (Eriophorum-Arten) und Seggen (Carex-Arten) durchsetzen alsbald den Sphagnumbestand und tragen das ihrige dazu bei, die infolge ungleichmäßiger Polsterbildung bereits unebene Fläche mehr und mehr in ein Gewirr horstartiger kleiner Erhebungen (sog. Bulten) aufzulösen, zwischen denen wasserreiche Schlenken und Moorlöcher entstehen. Da, wo das Wachstum der Sphagnen am stärksten gehemmt ist, sind alsbald Krähenbeere (Empetrum nigrum) und Heidekraut (Calluna vulgaris) zur Stelle, denen sich in steigendem Maße andere Ericaceen, wie z. B. Sumpfporst (Ledum palustre), Trunkelbeere (Vaccinium uliginosum) und Preißelbeere (Vaccinium vitis idaea), anschließen [59]. Eine solche »Verheidung« des Moores ist aber, wohlgemerkt, kein notwendiges Entwicklungsstadium oder gar eine Alterserscheinung, sondern lediglich eine Folge labiler Lebensbedingungen, wie sie entweder schon von vornherein bestanden haben können oder wie sie erst im Laufe einer langsamen Klimaverschiebung zustande gekommen sind. Ungleich häufiger ist es der Mensch, der durch Niederlegung von Wäldern, Austrocknung von Sümpfen und Wasserableitung aus den Mooren die Standortsbedingungen derart verändert, daß »Heidemoore« an die Stelle reiner »Sphagnummoore« treten. Meist ist damit nur ein Zwischenstadium der auf völlige Moorvernichtung gerichteten Kultivierung erreicht [60].

Die eben geschilderte Änderung der Hochmoorfazies geht im allgemeinen mit dem Aufkommen von Buschwerk und schließlich von Bäumen (Weiden, Birken, Kiefern) Hand in Hand. Der Verdunstungsschutz, den die Moorfläche durch den dichter werdenden Wald erfährt, kann allerdings zu einer rückläufigen Entwicklung führen, indem das in seinem Wachstum geförderte Torfmoos durch schnelles Emporwuchern Bäume und Sträucher wieder zum Absterben bringt.

Fig. 28. Große Samojedentundra in Nordrußland. Im Vordergrunde Zwergbirken-Formation. — Nach einer Aufnahme von R. Pohle.
(Aus: Vegetationsbilder, herausgegeben von G. Karsten u. H. Schenck.)

Weder die eine schnelle Zersetzung herbeiführenden warmen Klimate noch das jede nennenswerte Stoffproduktion unterbindende arktische Klima sind der Entwicklung von Hochmooren günstig. Diese sind vielmehr auf das feuchtkühle Westeuropa, die anschließenden Randländer der Ostsee, auf die höheren Lagen der süd- und mitteleuropäischen Gebirge, ferner auf gewisse Teile Nordamerikas und der südamerikanischen Anden, schließlich auf Neuseeland und die antarktischen Inseln beschränkt.

An Stelle der Moosmoore kommen in den hochnordischen Ländern Formationen zur Ausbildung, die diesen in manchen Punkten gleichen, aber meist nur in geringem Umfange torfartige Bildungen nach sich ziehen. Es sind dies die arktischen Moostundren (Fig. 28), die nicht Sphagnen, sondern andersartige Moose (besonders Polytrichum-Arten) als Leitpflanzen aufzuweisen haben. Der Moosdecke sind außer Gräsern, Stauden (z. B. Rubus chamaemorus) und Halbsträuchern (z. B. Empetrum nigrum, Vaccinium-Arten) oft auch Strauchflechten eingefügt. Das Zustandekommen einer derartigen, im nördlichen Asien und Amerika weite Strecken überziehenden Vegetationsdecke ist ebenfalls dem Zusammenwirken von Klima und Boden zuzuschreiben. Große Luftfeuchtigkeit (häufige Nebel) und kurze Sommerdauer im Verein mit einer durch Schmelzwässer und Bodeneis bedingten starken Vernässung der nährstoffarmen oberflächlichen Bodenschicht sind für die Entwicklung der Moostundren verantwortlich zu machen. Nur flaches Gelände, das kein schnelles Abfließen des Wasserüberschusses zuläßt, wird von der in Frage stehenden Formation besiedelt [61].

6. Wiesenmoore. Handelte es sich beim Hochmoor um eine Bildung, die sich in der Hauptsache oberhalb des Grundwasserspiegels vollzieht (supraaquatische Bildung), so ist beim Wiesenmoor (Flachmoor, Niederungsmoor, Grünlandmoor) genau das Gegenteil der Fall (infraaquatische Bildung). Nur wo der Grundwasserspiegel offen zutage liegt, also bei Seen, Tümpeln, stagnierenden Flußläufen, überschwemmten oder doch völlig von Wasser durchtränkten Flächen, vermag die Wiesenmoorbildung Platz zu greifen. Sie führt zur Ausfüllung vorhandener Bodensenken und hat mit der Hochmoorbildung lediglich die Erzeugung von Torf gemein, der sich allerdings als »Wiesentorf« in vielen Beziehungen vom »Moostorf« unterscheidet. Aus der Entstehungsweise der Wiesenmoore ist ohne weiteres zu entnehmen, daß wir es bei ihnen tatsächlich mit edaphischen Formationen zu tun haben. Das Klima kommt eigentlich nur insofern in Frage, als es indirekt einen Einfluß auf die Bodenfeuchtigkeit auszuüben vermag. Naturgemäß bieten niederschlagsreiche Ebenen mit träge fließenden Gewässern und häufigen Überschwemmungen die günstigsten Vorbedingungen für die genannte Formation. Im weiteren Gegensatze zum Hochmoor wird die Wiesenmoorbildung durch Nährstoffreichtum gefördert (Fig. 29).

Bei wassererfüllten Vertiefungen beginnt die Vermoorung in Form der sogenannten Verlandung, die, vom Rande nach der Mitte zu gürtelförmig fortschreitend, nicht nur eine Aufhöhung des Bodens durch Faulschlammablagerung bedingt, sondern oft auch gleichzeitig zur Ausbildung schwimmender Pflanzendecken führt. Diese wachsen an ihrer Oberfläche in demselben Maße nach, in dem sie durch ihr Gewicht tiefer in das Wasser einsinken. Dieser Prozeß geht so lange vor sich, bis das ganze ehemalige Wasserbecken mit Torfmassen erfüllt ist. Bringt die Aufhöhung des Wiesenmoores es mit sich, daß die Oberfläche dem Bereiche des Grundwassers entrückt wird, so kommt der Vermoorungsprozeß nach und nach zum Stillstande. Solch ein »ausgewachsenes«, noch reichlich feuchtes Flachmoor stellt jetzt, wo alle mineralischen Nährstoffe in die angehäufte Pflanzensubstanz übergegangen sind, ein fast steriles Substrat dar, das nur noch ganz anspruchslosen Gewächsen (Heidekräutern, Seggen, Moosen) das Fortkommen gestattet. Damit ist die Übergangsmöglichkeit zum Hochmoor geboten. Ungleich häufiger tritt aber schon vor Erreichung des Endstadiums eine zunehmende Zersetzung der trockener werdenden Deckschicht ein, so daß nun umgekehrt einer anspruchsvolleren Flora die Wege bereitet sind. Meist finden jetzt Busch und Baum ein gutes Gedeihen;

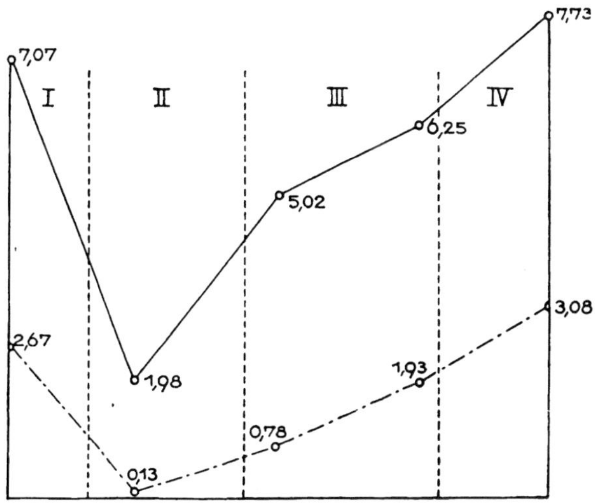

Fig. 29. Der Nährstoffgehalt in verschiedenen Teilen des Plagefenns bei Chorin. — Nach E. RAMANN. I. Flachmoor. II. Hochmoor. III. Wollgrasbestand. IV. Schilfbestand. ——— Mineralstoffgehalt. —·—·— Kalkgehalt.

infolgedessen entwickelt sich nach und nach ein Mischwald auf der alten Torfunterlage. Sorgte ein wechselnder Wasserstand für häufigere Trockenlegung oder erfolgte zeitweiliger Zustrom von nährstoffhaltigem Wasser, so entstand in der Regel schon vor Beendigung des Moorwachstums ein typischer Bruchwald (Flachmoorwald).

Die Pflanzendecke der Wiesenmoore kann sich aus zahlreichen Pflanzenarten zusammensetzen, deren Vorhandensein oder Fehlen in den besonderen örtlichen Verhältnissen begründet ist [62]. Bei den Verlandungsvorgängen spielen Schilf (Phragmites communis), Rohrkolben (Typha latifolia und T. angustifolia), Hochseggen (z. B. Carex panniculata) und Binsen (Scirpus) eine besonders wichtige Rolle. Ihnen gesellen sich zahlreiche Sumpf- und Wasserpflanzen bei, die mit ihrem Blütenschmuck viel zur Belebung der sonst monotonen Vegetation beitragen. Beginnt das Moor die Wassergrenze zu überschreiten, so löst sich seine Oberfläche in der Regel in mehr oder weniger dicht beieinanderstehende Bultenbildungen auf.

Dem Wiesenmoore zuzurechnende Assoziationen kommen in allen Zonen vor, doch gewinnen sie nur in den klimatisch gemäßigten Gebieten eine große Verbreitung. Besonders die Tiefebenen des mittleren und nördlichen Europas sind überreich an derartigen Bildungen. Die von K. KEILHACK [63] beschriebenen Torfmoore Ceylons sind ebenfalls dem Flachmoortyp zuzurechnen.

7. Sümpfe. Sie sind von der vorgenannten Formation und von den früher besprochenen Bruchwäldern nicht scharf zu trennen. Charakteristisch für sie ist das Vorhandensein einer offenen Wasserfläche

Fig. 30. Lichte Stelle im Papyrussumpf am Flüßchen Ciani bei Syrakus. Nördlichstes Vorkommen von Cyperus papyrus.
(Aus: Kerner-Hansen, Pflanzenleben; 3. Aufl., 3. Bd., 1916.)

oder eines breiig-schlammigen Bodens, der wenigstens zeitweilig überschwemmt wird. Schilf und hochwüchsige Stauden gewinnen nur mit Hilfe ihrer ausgedehnten, im lockeren Substrat dahinkriechenden Rhizome den nötigen Halt. Die im vorhergehenden Abschnitte kurz erwähnte Ufervegetation, die den Anfang einer rasch fortschreitenden Verlandung darstellt, ist hierher zu rechnen. Sümpfe entwickeln sich also in vielen Fällen zu echten Mooren. Bei günstigen klimatischen Verhältnissen und genügendem Nährstoffreichtum kann Sumpfvegetation einen hohen Grad von Üppigkeit erlangen. Das ist z. B. bei den nordamerikanischen »Swamps« der Fall, ferner bei den »Papyrussümpfen« des Nillandes (Fig. 30) und bei den von Bambusen erfüllten tropischen

Sumpfdickichten. In Europa sind die Rohrsümpfe mit ihren mannigfachen Übergängen zum Wiesenmoor am häufigsten. Im einzelnen zeigen die hier einzuordnenden Assoziationen sehr beträchtliche Verschiedenheiten, so daß eine Besprechung derselben in dem engen Rahmen dieser Übersicht nicht möglich ist. Erwähnt seien nur noch die Salzsümpfe, die nicht nur an den Ufern mancher salzhaltiger Binnengewässer (z. B. Salt-Lake in Nordamerika, Totes Meer in Syrien) vorkommen, sondern auch in den mit lockerem Schlamm bedeckten Küstenstrichen der Nordsee. Hier fristet nur eine halophile Kümmervegetation ihr Dasein; als besonders widerstandsfähig erweisen sich an solchen Standorten vielfach die Salicornia-Arten.

8. Strandwiesen. Ebenso wie die vorangegangenen Formationen sind auch die Strandwiesen ausgesprochen edaphische Bildungen; denn sie erhalten ihr Gepräge durch den Salzgehalt des Bodens. Der oberhalb der Flutlinie ansteigende Strand pflegt noch von salzhaltigem Wasser durchtränkt zu sein. Gelegentliche Überschwemmungen durch Springfluten ebenso wie die durch den Wind weit landeinwärts getragenen Spritzer der Brandung sorgen dafür, daß der oft über 1% betragende Salzgehalt des Erdreiches nicht durch die Regengüsse beseitigt wird. Auf einem derartigen Substrat vermögen neben ausgesprochenen Halophyten nur solche Pflanzen zu gedeihen, die sich durch Unempfindlichkeit gegen die Giftwirkung des Salzes auszeichnen. In ruhigen Meeresbuchten der gemäßigten Zone siedeln sich in dem noch völlig vom Meerwasser durchdrungenen Randstreifen besonders die Binsen (Scirpus-Arten) und Simsen (Juncus-Arten) in großen Beständen an. Die landwärts sich anschließende Strandwiese läßt eine meist geschlossene, aus niederwüchsiger Kümmervegetation bestehende Pflanzennarbe erkennen. Mit dem Anstieg des Bodens vollzieht sich Schritt für Schritt die Ausmerzung der Strandformen, so daß schließlich ein reiner Wiesenbestand resultiert[64].

Die Strandwiesen zeigen nicht nur Anklänge an die Vegetation des Wiesenmoores, sondern auch an diejenige des Sandstrandes und der Dünen. Schließlich darf nicht unerwähnt bleiben, daß stellenweise auch im Binnenlande »Salzwiesen« vorhanden sind, die in allen wesentlichen Punkten den hier besprochenen Strandwiesen gleichen. Es handelt sich dann um Bildungen, die durch das Zutagetreten salzhaltiger Quellen (Solquellen) hervorgerufen wurden und die in der Regel räumlich eng umschrieben sind[65].

Wüstenformationen (Deserta). Weite Gebiete der Erdoberfläche — es handelt sich beinahe um ein Drittel der Gesamtfläche — tragen den Charakter von Wüsten oder Wüstensteppen (Halbwüsten). Man kann von einem nordhemisphärischen und einem südhemisphärischen Wüstengürtel sprechen, wobei allerdings im Auge zu behalten ist, daß die einzelnen Wüstengebiete nicht nur dem Breitengrade nach gegeneinander verschoben liegen, sondern oft auch durch mächtige Zwischenräume voneinander getrennt sind. Das letztere gilt besonders von der Südhalbkugel, wo der Wüstenanteil des Bodens nur 10,6 Millionen qkm (18,8%) ausmacht, während er auf der Nordhalbkugel mit 22,5 Millionen qkm (28,8%) in Ansatz zu bringen ist. Der Großteil der Wüsten gehört warmtemperierten Klimaten an; Vorstöße in äquatorialer oder polarer Richtung finden besonders innerhalb der geschlossenen Kontinentalmassen (Asien, Afrika, Nordamerika) statt.

Fig. 31. Aus Zwiebelgewächsen (Brunswigia) bestehende Frühlingsvegetation in einem Teile der Kalahari. — Nach einer Aufnahme von L. SCHULTZE. (»Aus Namaland und Kalahari«; Jena 1907.)

Den Wüsten zuzurechnen sind auch diejenigen polnahen Gebiete, in denen infolge der klimatischen Ungunst während der sehr kurz bemessenen Sommerzeit die Kümmervegetation nicht mehr eine annähernd geschlossene Pflanzendecke zu erzeugen vermag (Kältewüsten). Ähnlich liegen die Verhältnisse in den Hochregionen der Gebirge, die unmittelbar an die dauernd von Schnee und Eis bedeckten Gipfel grenzen. Schließlich gibt es auf der Erde noch Flächen, die nur ein sehr lückenhaftes Pflanzenkleid zu tragen vermögen, weil entweder der Boden einen beträchtlichen Salzgehalt aufweist (Salzwüsten) oder weil eine dauernd in Bewegung begriffene Sanddecke vorliegt (Wanderfluren) oder schließlich weil der denudierte Fels überall zutage tritt

(Felswüsten). Während die drei letztgenannten Formationen unzweifelhaft auf die Bodenverhältnisse zurückzuführen sind, läßt sich von den Wüstensteppen, Trockenwüsten und Kältewüsten nicht das gleiche behaupten. Hier gibt vielmehr das Klima den Ausschlag, das durch seine Trockenheit oder durch die in gleichem Sinne wirkende Kälte eine ausgesprochene Grasflurfeindlichkeit an den Tag legt [14]. Die ungünstige Wasserbilanz der Wüstenvegetation ist nicht nur auf die geringe, meist an bestimmte Jahreszeiten gebundene Regenspendung zurückzuführen, sondern auch auf die Wirkung der direkten Sonnenstrahlung, der trockenen Luft und der oft kräftigen Windbewegung [66]. Dementsprechend läßt sich keine bestimmte Niederschlagshöhe als Grenze für das Auftreten wüstenartiger Formationen angeben. Wir finden solche ebensowohl bei über 200 mm Regenmenge als auch bei einer, die nur wenige Millimeter beträgt. Die jährlichen Schwankungen der Feuchtigkeitsspendung sind stellenweise so groß, daß selbst mehrjährige Regenpausen nicht zu den Seltenheiten gehören.

Genau wie bei den Grasfluren treten auch bei den Wüstensteppen und Wüsten die jahreszeitlichen Gegensätze ungemein scharf zutage. Da, wo eine kurzfristige Niederschlagshäufung zu verzeichnen ist, entfaltet sich nicht selten in erstaunlich kurzer Zeit eine zwar sehr lückenhafte, aber abwechslungsreiche Vegetation von Zwiebelgewächsen, Gräsern, Kräutern, Stauden und auch von Holzgewächsen (Fig. 31). Allerdings verschwindet dieses ephemere Pflanzenkleid sehr schnell wieder und macht einer trostlosen Dürre Platz, die neben vertrockneten Resten nur noch wenige Sukkulenten und Dornsträucher als Zeugen eines nicht völlig erloschenen Pflanzenlebens erkennen läßt. Dieser schnelle Wechsel der Szenerie erklärt manche auffälligen Widersprüche in den Berichten der Reisenden.

Noch schwerer als die jahreszeitlichen sind die täglichen Temperaturgegensätze des Klimas für die Wüstenflora erträglich. Zur Erläuterung seien hier einige klimatische Daten aus einer kalifornischen Wüstensteppe (Death Valley) angeführt:

Tabelle 15. Tagesamplitude der Temperatur in einer Wüstensteppe.

Death Valley (Kalifornien)	Mai	Juni	Juli	August	September
Absolut. Maximum	+ 40,6°	+ 50,0°	+ 50,0°	+ 50,0°	+ 48,3°
Tägliche Schwankung	21,1°	25,0°	30,6°	28,3°	24,4°
Relative Feuchtigkeit	26%	20%	20%	21%	27%
Regenmenge	4,6 mm	1,3 mm	9,4 mm	15,2 mm	5,1 mm

Besondere Beachtung verdient auch die erstaunliche Trockenheit der Luft, die beispielsweise vom 30. Juli bis 9. Aug. in den Nachmittagsstunden niemals 13% überstieg und im Mittel zu dieser Tageszeit nur 8% betrug [14].

1. Wüstensteppen und 2. Trockenwüsten. Beide Formationsgruppen sind nicht scharf voneinander zu trennen, zumal ein zuverlässiger Vergleich der in Frage kommenden Gebiete nur während der Zeit des Regenfalls möglich ist; denn die Trockenperiode verwischt in weitem Umfange die etwa vorhandenen Gegensätze. Es kommt hinzu, daß die Übergänge von der Steppe zur Wüste oft ganz unmerklich sind; infolgedessen bereitet es Schwierigkeiten, scharfe Formationsgrenzen zu ziehen. Die Trockenwüsten erhalten ihren Charakter durch die

Fig. 32. Vegetation in einer Regenrinne der Hammada-Fläche (ägyptisch-arabische Wüste). Nach einer Aufnahme von Dr. OTTO STOCKER.

Dürftigkeit des nur noch aus isolierten Individuen oder aus kleineren Individuengruppen bestehenden Pflanzenwuchses[67]. Selbst zur Zeit der üppigsten Entwicklung verdichtet sich die Vegetation nicht zu einer auch nur annähernd geschlossenen Decke, wie das bei der Wüstensteppe noch der Fall sein kann. Allerdings muß gleich betont werden, daß keine Wüste in allen ihren Teilen das gleiche Gepräge trägt. Bodensenken, die im Windschatten liegen und daher ihre Feuchtigkeit länger zu bewahren vermögen, sind im Pflanzenwuchse deutlich bevorzugt. Ebenso weisen die Trockenbetten der schon nach kurzer Laufstrecke versiegenden Flüsse, die sog. Wadis, die bei Regengüssen naturgemäß eine tiefere Durchtränkung des Bodens erfahren, ferner die Regenrinnen der Hammada (Fig. 32) und die Windseiten der aus der Wüstenebene sich erhebenden Gebirge wesentlich dichtere Pflanzenbestände als ihre Umgebung auf [68]. Da, wo infolge einer besonderen Bodenfiguration das Grundwasser zutage tritt, vermag sogar eine große Üppigkeit der Vegetation Platz zu greifen. Naturgemäß fallen solche »Oasen« aus dem Rahmen der hier zu besprechenden Formationen völlig heraus (Fig. 33) [69]. Da höhere Gebirge pflanzengeographisch als Klimainseln zu bewerten sind, so werden sie auch häufig Träger wüstenfremder Formationen sein. In manchen Fällen allerdings macht sich die Nachwirkung des Wüsten-

Fig. 33. In der Oase von Colomb-Béchar. Verwilderte Dattelpalmen; im Mittelgrunde Oleandergebüsch; im Vordergrunde die Blattbüschel von Juncus acutus. — Nach einer Aufnahme von Prof. E. PRITZEL.

(Aus: Rikli-Schroeter, Vom Mittelmeer zum Nordrand der Sahara; Zürich 1912.)

klimas bis zu sehr beträchtlicher Höhe geltend. Als Beispiel verweise ich auf das Elbursgebirge, dessen Südseite selbst in einer Höhe von 2200 m nur steppenartige Pflanzenverbände zu erzeugen vermag, die dann unmittelbar in die alpine Region übergehen; die unter anderen Einflüssen stehende Nordseite dagegen trägt bis zur Höhe von 2400 m ein dichtes Waldkleid [70].

Während die Trockenwüste Holzgewächse höchstens in der Form von dürftigen, mit Dornen bewehrten Sträuchern hervorbringt, finden sich in der Wüstensteppe (Fig. 34) an bevorzugten Stellen auch vereinzelte Bäume oder gar Baumgruppen. Der sonstige Pflanzenwuchs der Wüsten besteht teils aus ephemeren Zwiebelgewächsen, Gräsern, Kräutern und Stauden, teils aus extrem xerophilen Gewächsen, die in vielen Fällen sukkulente Eigenschaften erkennen lassen. Polsterwuchs ist ebenfalls eine weit verbreitete Erscheinung.

Weitaus der größte Teil der landläufig als »Wüsten« bezeichneten Flächen ist den oben genannten Formationen zuzurechnen. In der alten Welt hat von jeher die Sahara Nordafrikas die meiste Beachtung gefunden, die dem Europäer im allgemeinen als Prototyp der Wüste

Fig. 34. Lygeum-Steppe (Wüstensteppe) in Nordafrika (bei Le Kreider). — Nach einer Aufnahme von Prof. E. Pritzel.
(Aus: Rikli-Schroeter, Vom Mittelmeer zum Nordrand der Sahara; Zürich 1912.)

überhaupt gilt. An die Sahara schließt sich in östlicher Richtung die arabische Wüste an, die in ihren randlichen Teilen von Wüstensteppen umgeben ist [71]. Auch das Hochland von Iran trägt durchweg Wüstencharakter, der sogar im Bereiche der »großen Salzwüste« eine solche Steigerung erfährt, daß hier kaum noch von dem Vorhandensein eines Pflanzenlebens gesprochen werden kann. Wesentlich reicher ist die zentralasiatische Wüste ausgestattet; denn nicht nur die Gobi zeigt auf weite Strecken den Charakter der Wüstensteppe, sondern vielerorts vermag sich auch in den Tälern ein etwas dichterer Pflanzenwuchs zu entwickeln. Ähnliche Verschiedenheiten wie die eben angedeuteten finden sich auch in dem nordamerikanischen Wüstengebiet, das nicht nur die von mancherlei Dornengebüschen, von Kakteen, Yucca- und

Agave-Arten belebten Wüsten und Wüstensteppen von Kalifornien und Arizona umfaßt, sondern auch das ausgedehnte, zwischen Küstengebirge und Felsengebirge sich ausbreitende Plateau, das sich besonders in dem abflußlosen »Great Basin« zu einer trostlosen Salzwüste steigert.

Auf der Südhalbkugel ist es besonders Australien, das etwa ein Drittel (36,7%) seines Bodens den Wüstensteppen und Trockenwüsten überlassen muß. Hier sind es die hohen Randgebirge des Ostens, die die lebenspendenden Regenwinde dem Inneren fernhalten. Der Vegetationscharakter dieses großen Gebietes ist aber keineswegs einheitlich, sondern mannigfach abgestuft je nach den besonderen Existenzbedingungen. Auf südafrikanischem Boden haben wir an der Südwestküste ein bis über den Wendekreis hinaus sich erstreckendes Wüstengebiet, in dem die absonderliche Welwitschie (Tumboa Bainesii) beheimatet ist. Das sich ostwärts anschließende, hochgelegene Damara- und Namaland zeigt häufigeren Wechsel der Formationen, unter denen aber die Wüstensteppe den ersten Platz behauptet. In der Kalahari haben wir dann eine von Sand überschüttete Trockenwüste von größter pflanzlicher Dürftigkeit vor uns.

Am schwächsten sind die wüstenartigen Pflanzenverbände in Südamerika vertreten, wo sie etwa nur ein Zehntel (11,3%) des gesamten Areals sich zu eigen machen konnten. Wiederum muß hier die im Windschatten der Passate gelegene peruanisch-chilenische Küstenlandschaft genannt werden, die bis 34° s. Br. baumlos ist und bald als Steppe, bald als Wüstensteppe angesprochen werden kann. Das Atakamaplateau Chiles stellt eine völlig vegetationslose Salzwüste dar. Auch in den Hochlagen der Anden geht die Lückenhaftigkeit des Pflanzenwuchses nicht selten über das für die Steppe zulässige Maß hinaus.

3. Kältewüsten. Bei den Kältewüsten beruht die Dürftigkeit und Zerrissenheit des Pflanzenkleides nicht sowohl auf dem Fehlen von Niederschlägen oder auf einer zu großen Trockenheit der Luft als vielmehr auf dem Mangel an tropfbar flüssigem Wasser, dessen Aufnahme obendrein durch die Kälte des Bodens erschwert ist, und auf der Kürze der Vegetationszeit. Während weite Gebiete der Arktis noch mit tundren- und mattenartigen Formationen bedeckt sind, finden sich besonders auf Fels- und Lehmboden gar nicht selten wüstenähnliche Flächen, die neben verstreuten Moosrasen nur Polsterpflanzen und immergrüne Zwergsträucher in völlig offenen Beständen hervorzubringen vermögen [72].

Den Kältewüsten sind auch diejenigen Pflanzenverbände der Hochgebirge anzureihen, die oberhalb der Gebirgsmatten die nur für sehr kurze Zeit schneefreien Abhänge mit ihrem ephemeren Kümmerwuchse überziehen. Auch hier spielt die Kälte, oft im Verein mit der Ungunst des felsigen Bodens, die ausschlaggebende Rolle. Es darf aber nicht übersehen werden, daß das Hochgebirgsklima in manchen Punkten von dem polaren abweicht. Das kommt einerseits in der Intensität der Sonnenstrahlung, die im Gebirge unvergleichlich größer ist, andererseits in dem regelmäßigen Wechsel von Tag und Nacht, der in polnaher Lage durch Dauerbelichtung während der Vegetationszeit ersetzt ist, zum Ausdruck.

Die großartigste Entwicklung alpiner Wüsten führt uns das Hochland von Tibet vor Augen, wo selbst oberhalb 5000 m noch eine nicht unerhebliche Anzahl von Pflanzenarten (etwa 50) vorkommt. Aber auch auf anderen Gebirgen dringen Vertreter der Pflanzenwelt bis zu den höchsten Lagen vor, die wenigstens noch für kurze Wochen Daseinsmöglichkeiten bieten. Die Ausdehnung des hochalpinen Sprenkelwuchses ist außerordentlich verschieden, da er ja nicht nur von der Lage der Schneegrenze, sondern auch von dem Vorstoß der geschlossenen Pflanzendecke abhängt. Gesamthöhe der Gebirge, geographische Breite, Exposition, Gesteinsunterlage und Lokalfaktoren schaffen nach dieser Richtung hin sehr beträchtliche Unterschiede. In unseren Alpen beginnt die Auflösung der Pflanzendecke in der Regel zwischen 2000 und 3000 m.

4. Felswüsten. Es liegt auf der Hand, daß sich auf nackten Felsflächen keine aus höheren Pflanzen zusammengesetzte Decke zu bilden vermag. Nur Flechten und Algen können an solchen Stellen als Siedeler auftreten. Gelingt es ihnen, die durch chemische und mechanische Verwitterung losgelösten Gesteinspartikelchen an Ort und Stelle festzuhalten, so kann dadurch nach und nach ein Substrat geschaffen werden, das auch für Moose, Farne und Blütenpflanzen bewohnbar ist. Findet aber nach einer gewissen Zeit eine erneute Denudation statt, so wird der im Entstehen begriffene Zyklus unterbrochen. Lediglich in Klüften und Spalten vermag sich in solchem Falle der mit Humus untermengte Gesteinsgrus festzusetzen, und hier ist dann auch die Möglichkeit geboten, daß Kräuter und Stauden zur Belebung der »Felswüste« beitragen[73]. Formationen der angedeuteten Art müssen als edaphische bezeichnet werden. Sie können sowohl innerhalb der Trockenwüsten als auch der Kältewüsten — besonders der alpinen — eine große Rolle spielen. Allerdings gliedern sie sich an den genannten Orten völlig in den Rahmen des durch die klimatische Ungunst bedingten Vegetationscharakters ein. Die Felsfluren sind aber in ihrem Vorkommen nicht auf die eigentlichen Wüsten beschränkt, sondern vermögen auch in feuchteren Gebieten aufzutreten, wo sie sich dann scharf von den andersartigen Verbänden ihrer Umgebung abheben. Ihre Verbreitung wird unter natürlichen Bedingungen immer nur eine mehr oder weniger beschränkte bleiben; denn gerade das humide Klima ist ja der Bildung einer Verwitterungskrume günstig. Steinige Hänge, Wasserrunsen und Murbahnen, ferner jugendliche Lavafelder, Moränenanhäufungen und Schutthalden, schließlich poröse Kalksteinflächen, die schnell eine

oberflächliche Austrocknung erfahren, können in allen Zonen der Erde Gesteinsfluren bzw. Felswüsten in die Erscheinung treten lassen.

5. Wanderfluren. Von Wanderfluren spricht man dort, wo ein Substrat vorliegt, das durch Wind, Wasser oder Schwerkraft in Bewegung gesetzt werden kann. Man denke an die längs der steilen Gehänge herabgleitenden Schuttmassen, die sich am Fuße der Wände als Schuttkegel anhäufen, ferner an die Kies-, Schotter- und Sandbänke

Fig. 35. Dünen am Strande der Nordsee. Im Mittelgrunde künstliche Bepflanzung mit Strandhafer.

innerhalb der Flußläufe, die durch Hochwasser und Eisgang mancherlei Umschichtung und Verlagerung erfahren, und schließlich an die ungeheuren Sandmassen, die nicht nur weite Räume innerhalb der Trockenwüsten bedecken, sondern auch als Sandrflächen heute noch die Stillstandslagen der eiszeitlichen Gletscher erkennen lassen und als Dünenbildungen die Meeresküsten auf weite Strecken hin begleiten. Die Pflanzenwelt hat bei der Besiedelung von Wanderfluren ganz besonders große Schwierigkeiten zu überwinden. Diese bestehen nicht nur in der dauernden Gefahr, von den herabrieselnden Gesteinstrümmern, den vom Hochwasser zusammengeschwemmten Sinkstoffen oder den vom Winde aufgewirbelten Sandpartikelchen überdeckt zu werden, sondern auch in der zeitweiligen Trockenheit und der Nährstoffarmut der Unterlage. Infolge der lockeren Zusammenhäufung der genannten Böden versickert das Regenwasser meist in kürzester Zeit. Die Grobkörnigkeit verringert die Saugkraft auf ein Minimum. Der Mangel einer geschlossenen Pflanzendecke verhindert die schnelle Ansammlung humoser Bestandteile, die obendrein noch in der ausgetrockneten Oberflächenschicht einer sehr langsamen Zersetzung unterliegen. Ist es aber einer den örtlichen Verhältnissen angepaßten Vegetation erst einmal gelungen, festen Fuß zu fassen, dann tritt unter Umständen eine schnelle Besserung der Existenzbedingungen ein: die unterirdischen Pflanzenorgane binden und verfestigen die Bodenteilchen, füllen die Lücken aus, steigern die Wasserkapazität und Saugkraft und bereichern das mineralische Substrat mit den Zersetzungsprodukten des organischen Abfalls. Ob und in welchem Zeitraume das eben angedeutete Ziel erreicht wird, das hängt von der Stärke und Häufigkeit der Bodenbewegungen ab. Windreiche Gebiete, in denen die Sandbewegung so gut wie nie zur Ruhe kommt, sind die eigentlichen Schauplätze für ausgedehnte Wanderfluren. Sind es in der Wüste die Trockenheit und die ungehemmte Kraft des Windes, die die Festlegung des Sandbodens hintanhalten, so wirkt am Meeresstrande die immer erneute Zufuhr von sandigem Material durch die Brandung oft in dem gleichen Sinne (Fig. 35). Mag hier also der küstenfernere Dünenzug durch die sich verdichtende Pflanzendecke nach und nach in Fesseln geschlagen werden, der Vorstrand erzeugt immer wieder neue Bildungen, die sich im Zustande der Bewegung befinden. Liegen die Verhältnisse für den Pflanzenwuchs besonders ungünstig oder wird die mühsam erzeugte Grasnarbe durch Naturereignisse oder auch durch menschliche Einflüsse zerstört, so können die »Wanderdünen« weit landeinwärts vorstoßen und zum drohenden Verhängnis für Acker und Wald, für Haus und Ortschaft werden.

Pflanzen, die zum Kampfe mit bewegten Böden befähigt sind, müssen sich nicht nur mit der Trockenheit des Standortes und der Dürftigkeit des Nährsubstrates abfinden können, sondern sie müssen obendrein auch imstande sein, durch kriechende Rhizome und weitreichende Wurzeln sich fest zu verankern und durch immer erneute Streckung der Sprosse die Verschüttung wettzumachen. Das gilt in besonders hohem Maße von manchen Gräsern; aber auch andere Gewächse, wie z. B. die an tropischen Küsten so weit verbreitete Ipomoea pes caprae — man spricht von einer Pes-caprae-Formation —, vermögen derartiges zu leisten [74].

6. Salzwüsten. Schon zu verschiedenen Malen (vgl. S. 98 u. 149) hatten wir Gelegenheit, der eigenartigen Wirkung salzhaltiger Böden auf den Vegetationscharakter zu gedenken. Während Salzsümpfe, Strandwiesen, Salinenstellen und schließlich auch die salzliebenden Gewächse des sandigen Vorstrandes immer nur über ein verhältnismäßig geringes Areal verfügen, gilt das gleiche nicht für die sog. Salzwüsten. Überall dort, wo die Verdunstung so stark ist, daß das den Boden aus-

laugende Regenwasser weder zum Abfluß gelangt noch in die Tiefe zu sickern vermag, muß sich eine Anreicherung des Bodens mit salzigen Bestandteilen ergeben. Das wird also in allen vom ariden Wüstenklima beherrschten, abflußlosen Becken der Fall sein (Fig. 36). Welches Ausmaß dieser Vorgang erreicht, hängt von zahlreichen klimatischen und edaphischen Faktoren ab. Natürlich können auch eintrocknende Binnengewässer bzw. Reste ehemaliger Meeresräume zur Ausbildung einer stark salzhaltigen Oberfläche führen. Dadurch kann eine solche Steigerung

Fig. 36. Salzwüste im Schott el-Chergui (Nordafrika). Die kleinen Vegetationshügel sind mit Halocnemon strobilaceum bewachsen; dazwischen weiße Salzausblühungen. Nach einer Aufnahme von Prof. J. Dusinger.
(Aus: Rikli-Schroeter, Vom Mittelmeer zum Nordrand der Sahara; Zürich 1912.)

der Ungunstverhältnisse hervorgerufen werden, daß die Vegetation auf weite Strecken hin so gut wie ganz zum Erlöschen kommt. Die mannigfachen Abstufungen im Salzgehalte des Untergrundes spiegeln sich in dem mehr oder weniger halophilen Gepräge des Pflanzenwuchses deutlich wider. Überall, wo das der Fall ist, kann von Salzwüsten (unter Umständen auch von Salzsteppen) die Rede sein. Wohl kein Wüstengebiet der Erde ist ganz frei von Formationen der geschilderten Art. Als charakteristische Beispiele seien hier genannt: die Umgebung der Schotts in der algerisch-tunesischen Wüste [24], die aralo-kaspischen Salzsteppen und Salzwüsten, die große persische Salzwüste [75], das Salzseegebiet im nordamerikanischen Staate Utah und die nordchilenische Atakama.

* * *

Der Flächenanteil, der den wichtigsten Formationsgruppen innerhalb der verschiedenen Erdteile zufällt, läßt sich nur in sehr grober Annäherung feststellen. Die hier wiedergegebene tabellarische Übersicht wurde auf Grund der Angaben HERMANN WAGNERS [76] errechnet.

Tabelle 16. Ausdehnung der Formationen in Prozenten der Landfläche.

	Wald	Kulturland	Steppe	Ödland
Europa	30,0	44,0	6,0	20,0
Asien	29,4	20,4	20,8	29,4
Afrika	31,5	17,8	32,9	17,8
Australien (und Inseln)	14,4	11,1	37,8	36,7
Nordamerika	37,5	14,6	16,7	31,2
Südamerika	45,0	21,4	22,3	11,3
Unbek. Polargebiet	—	—	—	100,0
Land überhaupt	29,3	18,1	20,8	31,8

Sehr beachtlich ist die Tatsache, daß bisher noch nicht ein Fünftel der gesamten Erdoberfläche dem Anbau zugänglich gemacht wurde. Wenn auch Klima und Boden in weiten Gebieten der Kultur unüberwindliche Schwierigkeiten entgegensetzen, so kann es doch andererseits gar nicht zweifelhaft sein, daß sich die Grenzen des nutzbaren Landes noch sehr beträchtlich werden erweitern lassen. Gerodete Wälder ebenso wie künstlich bewässerte Steppen und selbst Wüsten werden in ferner Zukunft unter der pflegenden Hand des Menschen reiche Ernten bringen. Das Antlitz der Erde wird dann aber durch die Ausbreitung der menschlichen Kultur viele seiner schönsten und eigenartigsten Züge verloren haben. Mit dem Hinschwinden des im natürlichen Gleichgewichte der Lebensfaktoren erwachsenen Pflanzenkleides werden nicht nur Klima und Boden, sondern auch Mensch und Tier eine langsame, aber stetige Umwandlung erfahren, deren Auswirkungen sich bei der engen gegenseitigen Gebundenheit heute noch nicht annähernd überblicken lassen.

Literaturnachweise. [1] Von größter Wichtigkeit für den folgenden Abschnitt ist: J. BRAUN-BLANQUET, Pflanzensoziologie. Grundzüge d. Vegetationskunde; Berlin 1928. Besondere Beachtung verdienen ferner: FR. MARKGRAF, Kleines Praktikum d. Vegetationskunde; Berlin 1926. K. HUECK, Das Pflanzenkleid der Heimat (Der Heimatforscher Bd. 2); Breslau 1926. Ders., Botanische Ausflüge durch die Mark Brandenburg. Eine Einführung in d. Kenntnis d. heim. Pflanzenvereine; Berlin 1929. P. GRAEBNER, Die Pflanzenwelt Deutschlands, Lehrb. d. Formationsbiologie; Leipzig 1909. Als reiche Quelle einschlägigen Materials ist zu nennen: H. WALTER, Einführung in d. allg. Pflanzengeogr. Deutschlands; Jena 1927. Von Werken älteren Datums muß ganz besonders hervorgehoben werden: O. DRUDE, Deutschlands Pflanzengeographie. Ein geogr. Charakterbild d. Flora von Deutschland; Stuttgart 1896. Im übrigen wird auf die am Schlusse der Einleitung genannte Literatur verwiesen. — [2] O. DRUDE, Die floristische Facies in d. Assoziationsbildung; Beiträge zur Systematik u. Pflanzengeogr. Heft 3, 1926. — [3] G. KRAUS, Boden u. Klima auf kleinstem Raum. Versuch einer exakten Behandlung d. Standortes auf d. Wellenkalk; Jena 1911. — [4] O. DRUDE, Die Elementarassoziation im Formationsbilde;

Supan, Physische Erdkunde, VII. Auflage

PFLANZENGEOGRAPH

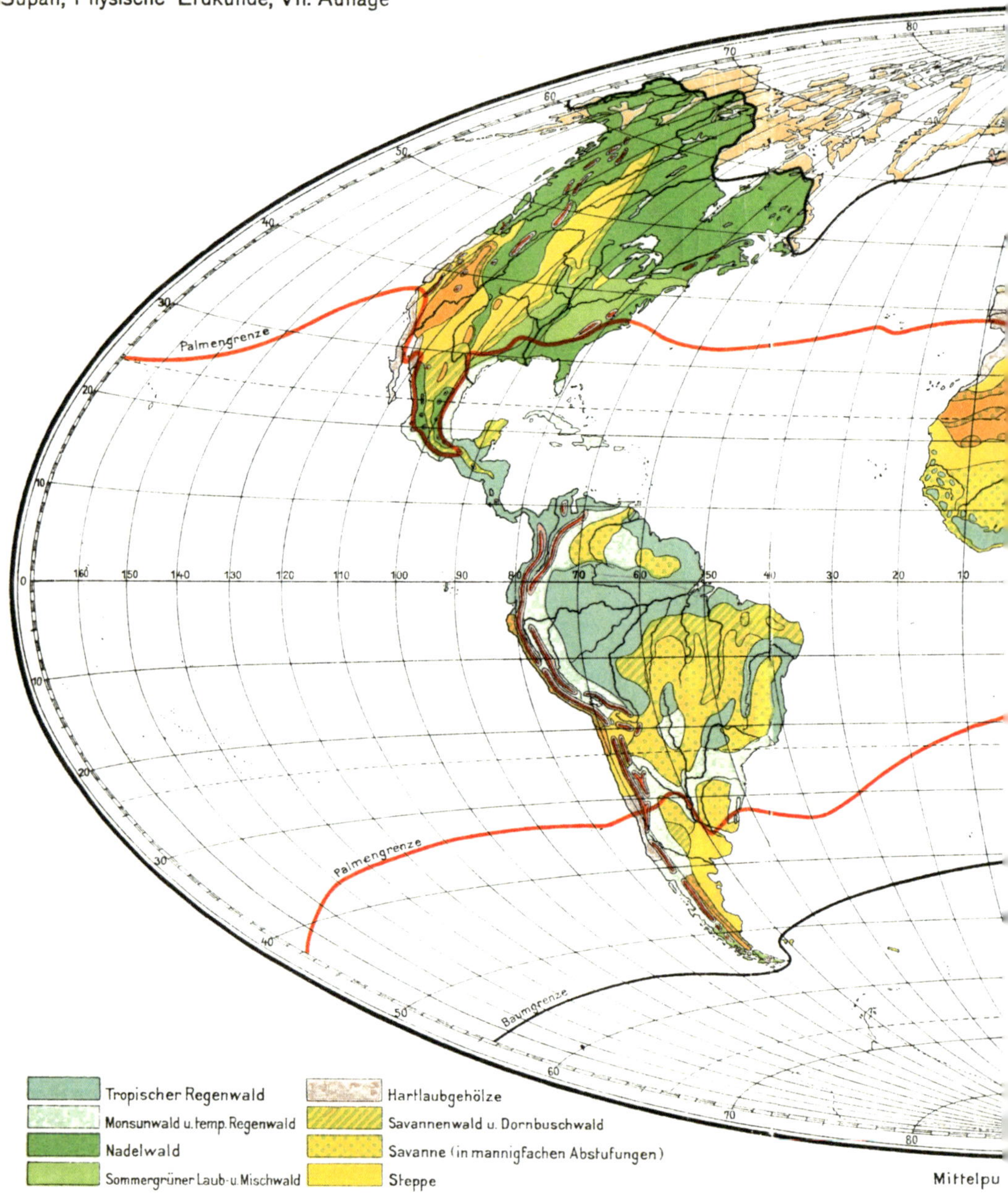

Druck von Georg Westermann, Braunschweig

LIEDERUNG DER ERDE

Band II, TAFEL III

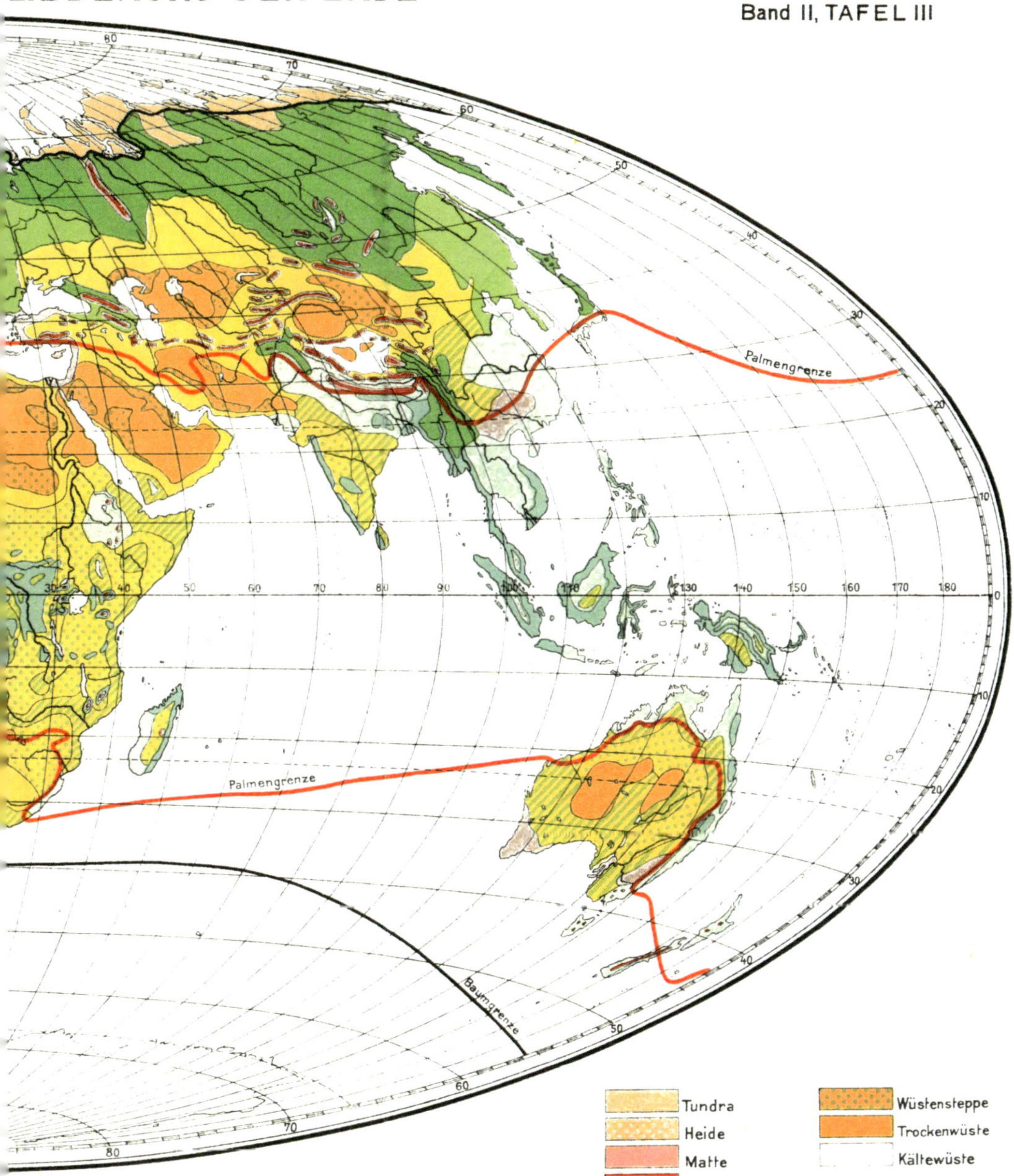

000 000

Verlag von Walter de Gruyter & Co., Berlin

Ber. d. Freien Ver. f. Pflanzengeogr. u. system. Bot. 1917/18 (1919). — [5] H. Pfeiffer, Von der Besiedelung und der Flora von Maulwurfshügeln; Beiträge z. Systematik u. Pflanzengeogr. Heft 5, 1928. Eine sehr enge Abgrenzung erfährt die Assoziation u. a. bei H. Osvald, Die Vegetation des Hochmoores Komosse; Svenska Växtsociologiska Sällskapets Handlingar I; Upsala 1923. — [6] Vgl. G. E. du Rietz, Zur methodolog. Grundlage d. modernen Pflanzensoziologie; Upsala 1921. H. Kylin, Über Begriffsbildung u. Statistik in d. Pflanzensoziologie; Botaniska Notiser, 1926. W. Wangerin, Beiträge zur pflanzensoziolog. Begriffsbildung u. Terminologie; Rep. spec. Nov. regni veg. Beiheft 36, Berlin 1925. Ders., Die Grundfragen d. Pflanzensoziologie; Die Naturwiss. Bd. 10, 1922. H. Gams, Prinzipienfragen d. Vegetationsforschung; Vierteljahrsschr. d. Naturf. Ges. Zürich Bd. 63, 1918. — [7] R. Hult, Försök till analytisk behandling af växtformationernes; Acta Soc. pro fauna et flora Fenn. Bd. 14, 1887. — [8] R. Sernander, Den skandinaviska Vegetationens Spridningsbiologi; Upsala 1901. — [9] G. E. du Rietz, Fries, H. Osvald u. Tengwall, Gesetze der Konstitution natürl. Pflanzengesellschaften; Medd. från Abisko Naturv. Station Bd. 3, 1920. — [10] J. Braun-Blanquet u. H. Jenny, Vegetationsentwicklung u. Bodenbildung in d. alp. Stufe d. Zentral-Alpen; Denkschr. d. Schweizer Naturf. Ges. Bd. 63, 1926. — [11] F. P. Clements, Plant succession. An analysis of the development of vegetation; Carnegie Inst., Washington 1906. W. Lüdi, Die Sukzession d. Pflanzenvereine; Mitt. d. nat. Ges. Bern, 1919. H. Gams, Prinzipienfragen d. Vegetationsforschung; Vierteljahrsschr. d. nat. Ges. Zürich Bd. 63, 1918. — [12] H. Brockmann-Jerosch u. E. Rübel, Die Einteilung d. Pflanzengesellsch. nach ökol.-physiognom. Gesichtspunkten; Leipzig 1912. — [13] F. Vierhapper, Eine neue Einteilung d. Pflanzengenossensch.; Naturw. Wochenschr., N. F. Bd. 20, 1923. — [14] A. F. W. Schimper, Pflanzengeogr. auf physiologischer Grundlage; 2. Aufl., Jena 1908. — [15] Zahlreiche Reiseschilderungen führen uns die Eigenart des tropischen Regenwaldes vor Augen. Ich ververweise hier nur auf: R. Avé-Lallemant, Wanderungen durch die Pflanzenwelt der Tropen; Breslau 1880. Hu. Winkler, Die Pflanzenwelt d. Tropen; in: Das Leben d. Pflanze, Bd. 6, Stuttgart 1913. C. Holtermann, In der Tropenwelt; Leipzig 1912. K. Guenther, Einführung in die Tropenwelt; Leipzig 1911. O. Warburg, Vegetationsschilderungen aus Südostasien; Englers bot. Jahrb. Bd. 17, 1893. F. Thonner, Dans la grande forêt de l'Afrique centrale. Mon voyage au Congo et à la Mongala en 1896; Bruxelles 1899. — [16] L. Kögel, Die Urwaldgebiete Amazoniens; Petermanns Mitt. Bd. 60, 1914. — [17] Vgl. K. Niehoff, Regen- u. Vegetationskarte d. Niger u. seiner Nachbargeb.; Mitt. a. d. Deutsch. Schutzgeb. Bd. 30, Berlin 1917. — [18] G. Haberlandt, Eine botanische Tropenreise; 3. Aufl., Leipzig 1926. — [19] R. Schomburgk, The flora of South-australia; Adalaide 1875. — [20] P. G. Lorentz, Die Vegetationsverhältnisse d. argentin. Republik; Buenos Aires 1876. — [21] A. Engler, Die Pflanzenwelt Afrikas; »Die Vegetation der Erde«, Bd. 9, I—III, Leipzig 1910. — [22] H. v. Guttenberg, Studien über das Verhalten des immergrünen Laubblattes der Mediterranflora zu verschiedenen Jahreszeiten; Planta Bd. 4, 1927. — [23] E. Pritzel, Vegetationsbilder aus dem mittl. u. südl. Griechenland; Englers bot. Jahrb. Bd. 41, 1908. — [24] M. Rikli u. C. Schroeter, Vom Mittelmeer zum Nordrand d. Sahara; Vierteljahrsschr. d. nat. Ges. Zürich Bd. 57, 1912. M. Rikli, Lebensbedingungen u. Vegetationsverh. d. Mittelmeerländer u. d. atlant. Inseln; Jena 1912. — [25] C. A. Purpus, Die Chaparralregion der südwestlichen Sierra Nevada von Kalifornien; Mitt. d. Deutsch. Dendrol. Ges. Bd. 6, 1897. — [26] K. Reiche, Grundzüge d. Pflanzenverbreitung in Chile; »Die Veget. d. Erde«, hrsg. v. A. Engler u. O. Drude, Bd. 8, 1907. — [27] R. Marloth, Das Kapland, insbes. d. Reich d. Kapflora, das Waldgeb. u. die Karroo, pflanzengeogr. dargestellt; Wiss. Ergeb. d. deutschen Tiefsee-Exp. Bd. 2, 3, Jena 1908. — [28] L. Diels, Die Pflanzenwelt von Westaustralien südl. d. Wendekreises; »Die Veget. d. Erde«, hrsg. von A. Engler u. O. Drude, Bd. 7, 1906. — [29] L. Diels, Die Flora von Central-China; Englers bot. Jahrb. Bd. 29, 1901. — [30] Ch. Sargent, Die Wälder von Nordamerika; Petermanns Mitt. 1886. — [31] Asa Gray, Characteristics of the North American Flora; Americ. Journ. sci. and arts. Ser. III, Bd. 28, 1884. — [32] Fr. v. Morton, Vergehen und Werden. Zur Lebensgeschichte d. europ. Waldes; Nürnberg 1924. F. Höck, Laubwaldflora Norddeutschlands; Forsch. z. deutsch. Landes- u. Volkskunde, Bd. 9, 4, Stuttgart 1896. M. Buesgen, Der deutsche Wald; Leipzig o. J. — [33] Vgl. H. B. Jacobi, Die Verdrängung d. Laubwälder durch d. Nadelwälder in Deutschland; Tübingen 1912. — [34] Vgl. G. J. Tanfilew, Die Waldgrenzen in Südrußland (russisch mit deutscher Zusammenf.); Petersburg 1894. — [35] Middendorff, Sibirische Reise; 1864. — [36] H. Mayr, Die Waldungen von Nordamerika; München 1890. — [37] A. Philippson, Das Mittelmeergebiet; 3. Aufl., Leipzig 1914. — [38] H. Gams, Heide u. Steppe; Beiträge z. Systematik u. Pflanzengeogr. Heft 4 (1926), Berlin 1927. — [39] Eine Karte der norddeutschen Heidegebiete findet sich in: P. Graebner u. O. v. Bentheim, Handbuch der Heidekultur; Leipzig 1904. — [40] P. E. Müller, Zur Theorie d. Ortsteinbildung; Englers bot. Jahrb. Bd. 27 (Beibl. 63), 1900. Vgl. auch P. Graebner, Die Heide Norddeutschl.; »Veg. d. Erde«, Bd. 5, 2. Aufl., Leipzig 1925. — [41] E. H. L. Krause, Die natürliche Pflanzendecke Norddeutschlands; Globus Bd. 61. Ders., Die Existenzbedingungen der norddeutsch. Heidefelder; Globus Bd. 70. — [42] E. Warming, Über Grönlands Vegetation; Englers bot. Jahrb. Bd. 4, 1883. Ders., Om Grönlands Vegetation; Meddel. om Grönland Bd. 12, 1887. — [43] G. Karsten, Über die Mangrovenvegetation im malayischen Archipel; Biblioth. bot. Heft 22, 1891. F. Johow, Die Mangrovensümpfe; Kosmos 1884. Vgl. auch die Schilderungen bei A. F. W. Schimper, Pflanzengeogr. auf physiol. Grundlage, 2. Aufl., Jena 1908. — [44] G. Schweinfurth, Pflanzengeogr. Skizze d. gesamten Nilgeb. u. d. Uferländer d. Roten Meeres; Peterm. Mitt. 1868. — [45] J. W. Harshberger, Phytogeographic Survey of North-America; »Die Veget. d. Erde«, hrsg. von A. Engler u. O. Drude, Bd. 13, Leipzig 1911. — [46] A. Grisebach, Die Veget. d. Erde nach ihrer klim. Anordnung; 2. Aufl., Leipzig 1884. — [47] E. Zederbauer, Neue Gesichtspunkte für die Grundlagen d. ökolog. Pflanzengeogr.; Verh. d. Ges. deutsch. Naturforscher u. Ärzte, Wien 1913. — [48] A. O. Kihlmann, Pflanzenbiolog. Schilderungen aus Russisch-Lappland; Acta. Soc. pro fauna et flora Fenn. Bd. 6, 1890. — [49] R. Schomburgk, Reisen in Guayana am Orinoco; Leipzig 1891. — [50] R. v. Wettstein, Vegetationsbilder aus Südbrasilien; Wien 1904. — [51] R. Semon, Im austral. Busch; 2. Aufl., Leipzig 1903. — [52] F. Woenig, Die Pußtenflora d. ungarischen Tiefebene; Leipzig 1899. — [53] J. Tuzon, Beiträge zur vergl. Flora d. südrussischen Steppen; Botan. Közlem. 1913. — [54] H. P. Baker, Die Prärien in Zentralnordam. u. ihr Wert f. d. Forstkultur; München 1911. Mac Dougal, North American Deserts; The Geogr. Journ. Bd. 39, 1912. — [55] M. v. Heuglin, Reisen nach dem Nordpolarmeer 1870—71, Bd. 3, 1874. — [56] Vgl. z. B. F. G. Stebler und C. Schroeter, Beiträge zur Kenntnis der Wiesen und Matten der Schweiz. Versuch einer Übersicht über die Wiesentypen der Schweiz; Landwirtschaftl. Jahrb. d. Schweiz Bd. 6, 1892. — [57] E. Leick u. a., Das Kieshofer Moor bei Greifswald; Beiträge z. Naturdenkmalpflege Bd. 12, 1, Berlin 1927. — [58] Vgl. C. A. Weber, Aufbau und Vegetation der Moore Norddeutschlands; Englers Botan. Jahrb. Bd. 40 (Beibl. 90), 1908. J. Früh u. C. Schroeter, Die Moore der Schweiz mit Berücksichtigung der gesamten Moorfrage; Beitr. z. Geologie d. Schweiz, Geotechnische Serie 3. Lief., Bern 1904. — [59] C. Montfort, Die Xeromorphie der Hochmoorpflanzen als Voraussetzung der »physiologischen Trockenheit« der Hochmoore; Bonn 1918. — [60] K. v. Bülow, Moorkunde; Berlin u. Leipzig 1925. B. Tacke u. B. Lehmann, Die norddeutschen Moore; Monogr. z. Erdkunde Bd. 27, Bielefeld u. Leipzig 1912. — [61] Vgl. R. Pohle, Pflanzengeographische Studien über die Halbinsel Kanin und das angrenzende Waldgebiet; Act. Hort. Petropol. Bd. 21, 1903. — [62] H. Paul, Pflanzengeogr. Durchforschung v. Bayern: Die Moorpfl. Bayerns; Ber. d. Bayer. Bot. Ges., Bd. 12,2, München 1910. — [63] K. Keilhack, Tropische u. subtropische Torfmoore auf Ceylon u. ihre Flora; Vortr. a. dem Gesamtgeb. d. Bot. Bd. 2, Berlin 1915. — [64] E. Warming, Dansk Planteväxt I. Strandvegetationen; Kjöbenhavn 1906. C. A. Weber, Über die Zusammensetzung d. natürl. Graslandes in Westholstein, Dithmarschen u. Eiderstedt; Schr. d. nat. Ver. Schleswig-Holstein Bd. 11, 1892. — [65] O. Dibbelt, Beiträge zu einer Halophytenflora d. vorpomm. Salzstellen; Abh. u. Ber. d. Pomm. Naturforsch. Ges. Bd. 3, Stettin 1922. — [66] J. Walther, Das Gesetz d. Wüstenbildung; 4. Aufl., Berlin 1924. — [67] C. Schroeter, Die Trockenwüste u. ihre Pflanzenwelt; Zürich 1922. — [68] O. Stocker, Der Wasserhaushalt ägyptischer Wüsten- u. Salzpfl. vom Standpunkte einer experimentellen u. vergl. Pflanzengeogr.; Heft 13 d. Bot. Abhandl., hrsgb. v. K. Goebel, Jena 1928. — [69] G. Haeh-

NEL, Die Morphologie u. Hydrographie d. Oasen in d. Sahara; Progr., Bunzlau 1895. — 70 F. A. BUHSE, Die Flora d. Elburs u. d. kasp. Südküste; Arb. d. Naturf. Ges. Riga, N. F. Bd. 8, 1900. — 71 G. VOLKENS, Flora d. ägyptisch-arabischen Wüste; Berlin 1887. — 72 TH. WULFF, Botan. Beobachtungen auf Spitzbergen; Lund 1902. C. H. OSTENFELD, Skildringer af vegetationen in Island; Bot. Tidskr. Bd. 22 (1899) u. Bd. 27 (1905). — 73 M. ÖTTLI, Beiträge zur Ökologie d. Felsflora; Jahrb. Nat. Ges. St. Gallen, 1903. — 74 A. F. W. SCHIMPER, Indomalayische Strandflora; Jena 1891. — 75 F. A. BUHSE, Nachrichten üb. d. große Salzwüste in Persien; Bull. de la Soc. d. Nat. Imp. Moscou, Bd. 23. — 7 H. WAGNER, Lehrbuch d. Geographie; 9. Aufl., Bd. I, S. 723.

Sechster Abschnitt.

Die Tierwelt.

Von

Ferdinand Pax.

Allgemeines.

Die Biosphäre. Die Tiergeographie hat die Aufgabe, die Verteilung der Tiere im Raum zu erforschen. Ihr Arbeitsgebiet umfaßt also die gesamte Erdoberfläche. Denn die wenigen Örtlichkeiten, die jeglichen Tierlebens bar sind, wie das Innere polarer Eiswüsten, vulkanische Krater, von Kohlensäure erfüllte Grotten, Salzseen oder mit Schwefelwasserstoff durchsetzte Meeresbecken, sind von so geringer Ausdehnung, daß wir sie hier unberücksichtigt lassen können. Im Hochgebirge werden noch die größten Höhen von Tieren besiedelt. Traf doch die erste Mount-Everest-Expedition in 6500 m Höhe Spornpieper und Rotschwänzchen, in 7000 m einen Wiedehopf an. Der Lebensraum, der den Tieren zur Verfügung steht, bildet eine im Verhältnis zum gesamten Erdkörper dünne Kugelschale, an deren Bildung Lithosphäre, Hydrosphäre und Atmosphäre, freilich in sehr verschiedenem Umfange, Anteil haben. Wenige Meter tief dringt im allgemeinen tierisches Leben in die feste Erdrinde ein, und nur wo natürliche Höhlen oder vom Menschen geschaffene Schächte einen bequemen Zugang bieten, finden wir eine an Arten und meist auch an Individuen arme Fauna in erheblicheren Tiefen. Jedenfalls ist aber der Anteil der Lithosphäre an dem Lebensraum der Tiere außerordentlich gering. In der Lufthülle der Erde beschränkt sich das Tierleben gleichfalls auf eine Bodenschicht von geringer Mächtigkeit. Im allgemeinen erfüllt das Insektenleben die untersten 300 m der Atmosphäre, wenn auch gelegentlich Kerfe durch vertikale Luftströmungen in größere Höhen entführt werden. Bei einer relativen Höhe von 400 m ist die Grenze des normalen Vogelflugs schon überschritten, und 2000 m stellen nach den Beobachtungen von Luftschiffern und Fliegern die größte Höhe dar, bis zu der die Vögel auf ihren Wanderungen emporsteigen. Alle Lufttiere, auch die besten Flieger, müssen aber nach kürzerem oder längerem Verweilen in der Atmosphäre auf die Erdoberfläche zurückkehren. Die Hydrosphäre ist freilich von der Oberfläche bis zu den größten Tiefen von Tieren bevölkert; aber dies ändert kaum etwas an der Tatsache, daß das organische Leben im Ganzen eine Erscheinung der Erdoberfläche ist. Es ist nach RATZELS Wort »mit dem Erdball verglichen, nur wie ein freundlicher Schimmer, den ein Sonnenstrahl auf einer dunklen Kugel hervorruft«. In der Besiedlung der irdischen Wasserhülle und den damit zusammenhängenden Ausbreitungsmöglichkeiten liegt der wesentlichste Unterschied zwischen Pflanzen- und Tierverbreitung. Dadurch, daß die Tiere im Gegensatze zu den Pflanzen auch noch in Wassertiefen zu leben vermögen, die kein Sonnenstrahl erhellt, steht ihnen ein fünfmal größerer Lebensraum zur Verfügung als den Pflanzen. Nur die Tiere haben von der gesamten Biosphäre Besitz ergriffen, die Pflanzen nehmen mit einem kleinen Teil

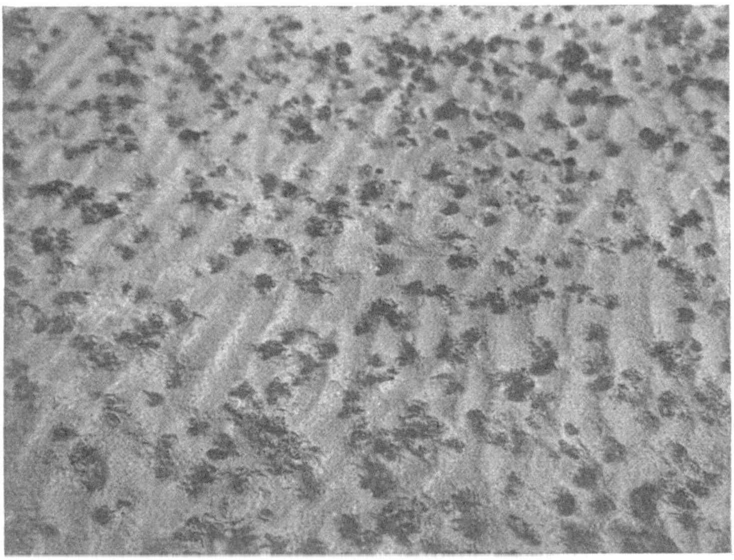

Fig. 37. Boden des Wattenmeeres bei Ebbe (unweit von Norderney), mit zahlreichen Kothaufen des Pierwurmes. — Originalaufnahme von Dr. H. METZLER, Breslau.

derselben vorlieb. In der Dichte der Besiedlung ihres Lebensraumes unterscheiden sich Pflanzen und Tiere gleichfalls voneinander. Kann man die Vegetation mit einem dichten Teppich vergleichen, der die Erdoberfläche überzieht, so fehlt, wenn wir von gewissen Wassertieren mit festsitzender Lebensweise absehen, der Tierbevölkerung der Erde ein derartig enger Zusammenhang der Einzelwesen. Tiergemeinschaften, die sich an flächenhafter Ausdehnung mit den Urwäldern der Tropen oder den Grasfluren mancher Steppengebiete messen könnten, gibt es nicht. Man hat berechnet, daß die Vegetationsdecke der Erde einem Volumen von 2237 Kubikkilometern entspricht, während die gesamte Tierbevölkerung nur einen Raum von 1 Kubikkilometer einnehmen würde. Gewiß handelt es sich hierbei um eine rohe Schätzung, die viele Fehlerquellen unberücksichtigt läßt, aber die Zahlen geben doch eine ungefähre Vorstellung von der verschiedenen Dichte der Besiedlung der Erdoberfläche durch Flora und Fauna.

Bedeutung des Tierlebens für das Landschaftsbild. Zweifellos ist das Tierleben für das Landschaftsbild von geringerer Bedeutung als die Vegetation. Immerhin ist man nur allzu leicht geneigt, den Einfluß der zoologischen Komponente zu unterschätzen. Meeresräume von erheblicher Ausdehnung verdanken ihre Färbung der Anwesenheit tierischer Planktons. In den Berichten vieler mariner

Fig. 38. Das Tier in der Landschaft: Vogelberg mit brütenden Lummen an der Küste von Northumberland. — Nach. F. M. CHAPMAN.

Expeditionen werden Verfärbungen des Seewassers durch tierische Organismen geschildert. Wie CHARLES DARWIN das Meer um Feuerland durch eine Garnelenart hellrot gefärbt fand und die Challenger-Expedition wiederholt meilenweite Bänder roter Copepodenschwärme antraf, so durchfuhr die Plankton-Expedition am Rande des Labradorstromes eine braunrote Wolke von *Calanus finmarchicus* in einer Ausdehnung von 50—70 Seemeilen. Tierische Organismen erzeugen das Phänomen des Meerleuchtens, und Tiere sind es, deren Skelette einen großen Teil der Inselflur der Südsee aufbauen. Wenn das schmale weiße Band, das Tausende kleiner Rankenfüßer um Helgolands Felsküste weben, dem Seefahrer schon von weitem die Zone der Spitzwellen anzeigt, so dürfen als Wahrzeichen des Wattenmeers die Kothaufen des Pierwurms gelten, die oft dicht gedrängt den Boden bedecken (Fig. 37) und wenigstens für die Dauer der Ebbe sein Relief bestimmen. Auf den Vogelbergen des hohen Nordens wie auf den Guano-Inseln der peruanischen Küste beherrscht der Vogel das Landschaftsbild (Fig. 38), das in den Steppengebieten Ugandas durch die gewaltigen Herden der Huftiere (Fig. 39), im Kimberley-Distrikt Nordaustraliens aber durch die mehr als 6 m hohen Bauten der Termiten (Fig. 40) wesentlich beeinflußt wird. Die eigentümliche Hügellandschaft (Fig. 41), die NIEZABITOWSKI aus Ostgalizien beschrieb, verdankt zahllosen Kuppelbauten von Ameisen ihre Entstehung, also denselben Tieren, die auch in den Sümpfen Lapplands als Hügelbildner auftreten. Im Waldlande Nordamerikas entstanden Lichtungen von erheblicher Ausdehnung durch die Tätigkeit des Bibers, dessen Dämme und Kanäle gelegentlich sogar eine Ver-

Fig. 39. Das Tier in der Landschaft: Giraffen in der baumarmen Steppe Ostafrikas. Nach L. HECK.

schiebung der Wasserscheide bewirkten. In Holland vermochten die Sturmfluten der Jahre 1731 und 1732 nur deshalb so unsäglichen Schaden anzurichten, weil eine unter dem Namen Schiffsholzwurm bekannte Bohrmuschel umfangreiche Zerstörungen an Uferbauten und Bollwerken verursacht hatte, das gleiche Tier, das auch den Schiffen der Amerikafahrer, insbesondere von Kolumbus und Drake, gefährlich wurde. Den Charakter der Landschaft bestimmen indirekt auch die tierischen Schädlinge, die in manchen Teilen der Erde den Anbau wichtiger Nutzpflanzen unmöglich machen, und die Parasiten, die in tropischen Gegenden die Haltung bestimmter Haustiere in Frage stellen oder, wie der Erreger der Schlafkrankheit, weite Strecken des schwarzen Erdteils, zum mindesten einstweilen noch, unbewohnbar machen für Europäer. Neben der Wildfauna verleihen häufig Haustiere der Landschaft ein besonderes Gepräge. Wie die großen Herden silbergrauer Steppenrinder jedem unvergeßlich bleiben, der die ungarische Pußta durchwanderte, so ist oder war jedenfalls nicht die Heidschnucke untrennbar mit unserer Vorstellung der Lüneburger Heide verknüpft. In den Pampas von Südamerika aber wird das Pferd zum beherrschenden Element in der Landschaft. Schließlich sei noch daran erinnert, daß auch den Tierstimmen eine erhebliche Bedeutung für die Kennzeichnung bestimmter Landschaftstypen zukommt. Schallt uns in vielen deutschen Teichgebieten im Frühjahr der durchdringende Ruf der Lachmöwe entgegen, die in solchem Gelände oft in Kolonien von Tausenden von Paaren brütet, so durchlärmen den Buschwald im Roten Istrien die Singzikaden mit ihrem monotonen, äußerst schwer zu beschreibenden Gesang. In der ostafrikanischen Steppe »ertönt allabendlich das dumpfe Gebrüll des Löwen, das widerliche Geheul der Hyäne, das Gebell der Schakale« (Obst). Sumatras Urwald aber hallt von dem Geschrei der Siamangs wider. So werden auch die Tierstimmen durch ihre Bindung an bestimmte Biotope zum geographischen Element in der Landschaft.

Fig. 40. Das Tier in der Landschaft: Turmnest von Eutermes pyriformis Frogg. im Kimberley-Distrikt Nordaustraliens. Mit seiner Höhe von mehr als 6 m stellt dieses Termitennest das größte tierische Bauwerk dar. — Nach W. Froggatt.

Tierbestand und Dichte des Vorkommens. Die Erforschung der Gesetze der Tierverbreitung hat zur Voraussetzung, daß die Aufnahme des Tierbestandes der Erde und die Festlegung der Areale der einzelnen Arten, Gattungen und Familien, wenigstens in ihren Grundzügen, bereits erfolgt ist. Leider sind diese unerläßlichen Vorarbeiten erst zum kleinsten Teile ausgeführt worden. Im Jahre 1928 schätzte man die Zahl der bekannten Tierarten[1]) auf über eine Million. Und doch kann es keinem Zweifel unterliegen, daß damit der Artenreich-

[1]) In der 10. Ausgabe von Linnés »Systema naturae« (1758) werden 4208 Arten vielzelliger Tiere beschrieben. Im Jahre 1898 berechnete Möbius die Zahl der damals bekannten Metazoen-Arten auf 412600. Eine Zusammenstellung von Pratt aus dem Jahre 1911 kommt auf 522400 Arten, und die neueste von Hesse (1928) vorgenommene Schätzung beläuft sich auf 1013773 Spezies.

tum der Tierbevölkerung noch keineswegs erschöpft ist. Nicht nur die Tiefen der Weltmeere und die Wildnisse der Tropen liefern regelmäßig einen beträchtlichen Zugang an neuen Arten, auch in scheinbar gut durchforschten Ländern wie Deutschland, England oder den Vereinigten Staaten von Nordamerika werden alljährlich faunistische Entdeckungen gemacht. Beinahe noch lückenhafter als die Inventarisation des Faunenbestandes sind unsere Kenntnisse von der Verbreitung der einzelnen Arten. Nicht einmal die Areale mancher Nutztiere lassen sich mit ge-

Fig. 41. Hugelbildung durch Ameisen bei Strzałków (Ostgalizien). Nach E. L. NIEZABITOWSKI.

nügender Sicherheit angeben. Dabei kann es keinem Zweifel unterliegen, daß die Festlegung von Verbreitungsgrenzen selbst wieder nur als eine Vorarbeit zu den eigentlich tiergeographischen Untersuchungen zu betrachten ist. Auch mit der Feststellung des Grades der Häufigkeit einer Tierart sind die Aufgaben der Faunistik keineswegs restlos erfüllt. Einen Einblick in das Wesen der Verbreitung erhalten wir erst, wenn wir die Vorkommensdichte analysieren. Wir kennen zahlreiche Beispiele von Spezies, die innerhalb eines größeren Gebietes an sehr vielen Orten, aber überall nur spärlich auftreten. Umgekehrt gibt es Arten, die auf demselben Areal zwar nur an wenigen Standorten, dort aber in ungeheurer Individuenzahl vorkommen. Die Gesamtzahl der in dem

Untersuchungsgebiete vorhandenen Individuen kann, wie leicht einzusehen ist, in beiden Fällen die gleiche sein. Neben der Zahl der in einem Gebiete nachgewiesenen Standorte (Flächendichte) muß man also auch die Zahl der an einem Standorte durchschnittlich vorhandenen Individuen (Ortsdichte) kennen, wenn man sich ein objektives Bild von der Verbreitung einer Tierart machen will. Zweifellos kann das seltene Auftreten eines Tieres in einem bestimmten Gebiete sowohl dadurch bedingt sein, daß hier die besondere Kombination von Lebensbedingungen fehlt, an die seine Existenz gebunden ist, als auch dadurch, daß dieses Gebiet an der Grenze des Verbreitungsareals der Spezies liegt. Im ersten Falle ist die geringe Dichte des Vorkommens ökologisch, im zweiten Falle rein geographisch zu erklären. Theoretisch muß gefordert werden, daß für das gesamte Verbreitungsgebiet jeder Spezies die Häufigkeit des Vorkommens nach Standorts-Typen gesondert festgestellt wird. Vorläufig sind wir von diesem Ziele freilich noch weit entfernt. Kaum für ein einziges Wirbeltier Mitteleuropas läßt sich eine auch nur einigermaßen befriedigende, auf quantitativen Untersuchungen beruhende Darstellung seiner ökologischen und tiergeographischen Dichte geben. Wir müssen also bekennen, daß die empirischen Grundlagen der faunistischen Tiergeographie heutzutage noch überaus dürftig sind und daß ihre Schlußfolgerungen der Sicherheit entbehren, die man von einer exakten Wissenschaft fordert. Immerhin hat auch sie schon zu bemerkenswerten Ergebnissen geführt.

Verbreitungszentrum. Für viele Untersuchungen ist die einwandfreie Feststellung des heutigen Verbreitungszentrums einer Tiergruppe eine unerläßliche Bedingung. Sie wird befriedigend erfüllt durch die Konstruktion von Linien gleicher Artdichte (Isospezien). Stellt man, wie dies in Fig. 42 geschehen ist, die Verbreitung der europäischen Lurche in Isospezien dar, so erkennt man, daß die größte Artdichte im Norden der iberischen Halbinsel erreicht wird. Ein ähnliches Ergebnis erhält man, wenn man von einer Betrachtung der höheren systematischen Kategorien, etwa der Gattungen und Familien, ausgeht. Konstruiert man für die europäischen Lurche Linien gleicher Gattungsdichte (Isogeneren), so tritt wiederum, wenn auch in etwas anderer Umgrenzung, der Norden der Pyrenäenhalbsinsel als das Gebiet stärkster Gattungsdifferenzierung hervor (Fig. 43). Das »Verbreitungszentrum« braucht also keineswegs im Mittelpunkte des gesamten Areals einer systematischen Kategorie zu liegen, sondern kann eine erhebliche exzentrische Verschiebung aufweisen.

Verbreitungstypen. Nicht gering ist die Zahl der echten Kosmopoliten, die infolge großer Anpassungsfähigkeit an verschiedene Lebensbedingungen eine weltweite Verbreitung erlangt haben. Freilich ist ihr Kosmopolitismus in vielen Fällen keine ursprüngliche Erscheinung, sondern im wesentlichen auf kulturelle Einflüsse zurückzuführen. Das gilt nicht nur für manche Schädlinge der Kulturpflanzen und Schmarotzer der Haustiere, sondern vor allem auch für die tierischen Bewohner unserer Häuser. Die Ausbreitung dieser Tierformen wurde durch den modernen Handelsverkehr in hohem Maße begünstigt (S. 244) Im Gegensatz zu solchen sekundären Kosmopoliten erblicken wir in dem Distelfalter einen primären Weltbürger, der ohne Zutun des Menschen sein heutiges Areal besiedelte. Außerordentlich häufig finden wir bei Land- und Wasserbewohnern eine zonare Verbreitung. Sie kommt besonders bei solchen Tieren vor, deren

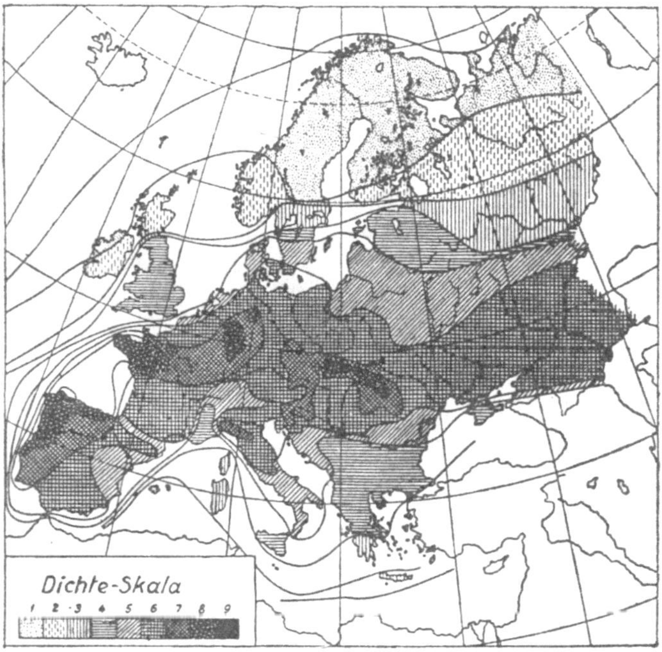

Fig. 42. Linien gleicher Artdichte (Isospezien) der europäischen Lurche. Die Skala 1—9 entspricht der Vorkommensdichte von 1—2, 3—4, 5—6, 7—8, 9—10, 11—12, 13—14, 15—16 und 17 Arten. — Nach A. JAKUBSKI.

Areal im wesentlichen durch klimatische Faktoren bedingt wird. Wie Waldspitzmaus und Löffelente als Beispiele einzelner Tierarten angeführt werden können, die die gemäßigte Zone Eurasiens und Nordamerikas bewohnen, so mögen die Maulwürfe, Biber, Rauhfußhühner, Salamander, Störe, Lachse, sowie die Laufkäfergattung *Carabus* als Belege für das Vorkommen der gleichen Verbreitungsform bei höheren systematischen Kategorien genannt werden. Zirkumtropische Verbreitung begegnet uns in allen Stämmen des Tierreiches so häufig, daß es sich wohl erübrigt, hier näher darauf einzugehen. Nicht mit Unrecht hat man das Tropenklima das Klima der Affen und Halbaffen, der Papageien, der Krokodile und der riffbildenden Korallen genannt. Wie die Randvölker an der Grenze der Ökumene eine besondere Stellung innerhalb der Menschheit einnehmen, so befinden sich auch viele Tiere in einer typischen Randlage, die oft genug ihr Schicksal bestimmt. Solche im Kampfe mit lebensfeindlichen Kräften an den Grenzen der tierischen Ökumene stehende Arten zeigen fast immer starke Oszillationen ihrer Areale. Erschwert die Randlage zweifellos den Kampf ums Dasein, so wird man umgekehrt in der Küstenlage und der Flußlage Faktoren erkennen, die die Ausbreitung des Lebens begünstigen. Eine besondere

Fig. 43. Linien gleicher Gattungsdichte (Isogeneren) der europäischen Lurche. Nach A. JAKUBSKI.

Bedeutung kommt schließlich der insularen Verbreitung zu. Groß ist die Zahl eigentümlicher Tierformen, die nur auf Inseln vorkommen. Ich erinnere hier an die noch zur Zeit Vasco da Gamas auf Mauritius lebende Dronte (Fig. 58), die Zahntaube der Samoa-Inseln, den Beutelwolf Tasmaniens.

Vertikale Verbreitung der Tiere. Wie wir in Bezug auf die horizontale Verbreitung der Tiere eine Anzahl typischer Lagen unterscheiden konnten, so lassen sich auch bei einer Betrachtung der vertikalen Verteilung gewisse Gesetzmäßigkeiten erkennen. Im allgemeinen sind die Höhengrenzen der Tiere eine Funktion der geographischen Breite und Länge. Daß sie sich polwärts senken, ist allgemein bekannt. Der Wasserpieper, dessen untere Verbreitungsgrenze in der Schweiz bei

1000 m liegt, baut in den Sudeten schon in 750 m Höhe sein Nest, und eine kleine Schnecke (*Clausilia cana*), die im schlesischen Berglande die montane Region bewohnt, gedeiht im Samlande und auf Rügen in der Nähe des Meeresstrandes. Im allgemeinen entspricht die Schichtung des Tierlebens in den Gebirgsländern der Aufeinanderfolge der Faunen vom Äquator nach den Polen. Weniger bekannt als diese Depression der vertikalen Verbreitungsgrenzen in den Polarländern ist ihre Senkung beim Übergange aus dem ozeanischen Westen Europas nach dem kontinentalen Osten. So kommt das kleine Nachtpfauenauge (*Saturnia pavonia*), das in Mitteldeutschland entschieden die montane Region bevorzugt, in Schlesien auch im niedrigen Hügellande vor, und um Warschau bewohnt dieser Spinner die Niederung.

Die Bergmannsche Regel. Das Klima beeinflußt nicht nur die horizontale und vertikale Verbreitung vieler Organismen, auch die Größe des Tierkörpers selbst ist in manchen Fällen eine Funktion der Temperatur. Nach der BERGMANNschen Regel zeigen homoisotherme Tiere der gleichen Art in den wärmeren Teilen ihres Verbreitungsgebietes geringere Körpermaße als in den tiefer temperierten Regionen ihres Areals. Damit hängt die bekannte Erscheinung zusammen, daß in Europa die Durchschnittsmaße vieler Vögel von Südwesten nach Nordosten eine merkliche Zunahme aufweisen. Auch die Tatsache, daß die Säuger des tropischen Regenwaldes, die ständig in einem gleichmäßig warmen Milieu leben, durchschnittlich kleiner sind als ihre in der Steppe heimischen Artgenossen, fällt wohl in den Geltungsbereich der BERGMANNschen Regel. Hier macht sich offenbar die Wirkung des in allen Grasländern recht erheblichen Betrages der täglichen Temperaturschwankung bemerkbar.

Kontinuierliche und diskontinuierliche Areale. Wir hatten bereits oben (S. 171) einige charakteristische Verbreitungstypen kennengelernt. Von einem anderen Gesichtspunkte aus können wir eine zusammenhängende und unterbrochene Verbreitung, kontinuierliche und diskontinuierliche Areale unterscheiden. Gliedert sich das Gesamtareal einer Art in mehrere Teilareale von ungefähr gleicher Größe, so pflegt man von einem lückenhaften Verbreitungsgebiet zu sprechen. Ist nur ein kleiner Teil der Artgenossen von der Hauptmasse getrennt, so handelt es sich um ein abgesondertes Areal. In vielen Fällen löst sich das Wohngebiet in eine sehr große Zahl isolierter Standorte auf; dann haben wir den überaus häufigen Fall einer zerstreuten Verbreitung vor uns. Unter den kontinuierlichen Arealen sind vor allem die Flächenunterschiede bemerkenswert. Von den Kosmopoliten, die den größten Teil der tierischen Ökumene besiedelt haben, führt eine Reihe allmählicher Übergänge bis hinab zu jenen Fällen beschränkter Verbreitung, in denen eine Tierart einen einzigen See, ein einziges Tal, einen einzigen

Bergabhang bewohnt. Wie gewisse Kolibris nur an bestimmte Vulkankegel der Anden gebunden sind, so kennen wir unter den Insekten zahlreiche Beispiele einer ähnlich beschränkten Verbreitung. Zweifellos hängt die Größe der Areale von dem geologischen Alter der Tiere und den ihnen zu Gebote stehenden aktiven und passiven Verbreitungsmitteln ab. Sehr verschieden sind die Hemmnisse, die sich der Ausbreitung der Tiere in Meer, Süßwasser und Luft entgegenstellen, und daher empfiehlt es sich auch, die Verteilung der Tierbevölkerung in diesen drei Lebensräumen gesondert zu betrachten (S. 182).

Das Diskontinuitätsproblem. Die Bildung disjunkter Areale läßt sich nur in den seltensten Fällen aus den ökologischen Verhältnissen der Gegenwart erklären, meistens werden wir die Ursachen ihrer Entstehung in der Vergangenheit zu suchen haben, und so bildet das Diskontinuitätsproblem das Hauptarbeitsgebiet der historischen Tiergeographie. Führt die Aufrichtung neuer Verbreitungsschranken oft zur Auflösung eines ursprünglich einheitlichen Areals in eine Anzahl isolierter Verbreitungsinseln, so kann die Beseitigung derartiger Barrieren umgekehrt Faunen miteinander in Berührung bringen, die dann trotz des Fehlens von Ausbreitungshindernissen lange Zeiträume hindurch unvermischt nebeneinander stehen. Der waldfeindliche Apollofalter bewohnt in den Bergländern Europas eine große Zahl isolierter Standorte, zwischen denen gegenwärtig kein Formenaustausch möglich ist. Dieser Schmetterling kann seine heutigen Wohnplätze nur zu einer Zeit erreicht haben, als die Waldgebiete, die sich jetzt seiner Ausbreitung entgegenstellen, noch nicht vorhanden waren. Umgekehrt deutet die heterogen zusammengesetzte Reptilienfauna Siziliens darauf hin, daß diese Insel ursprünglich aus zwei oder mehr Eilanden bestand, die erst durch eine im jüngsten Pliozän erfolgte negative Strandverschiebung zu einem einheitlichen Landkomplex vereinigt wurden. Aus dem Fehlen eines Tieres in einem Gebiete, das seine ökologischen Ansprüche befriedigt, lassen sich mitunter Schlüsse auf das Alter einer Verbreitungsschranke ziehen. So glaubt man nicht mit Unrecht in dem Fehlen des Eichhörnchens in der Krim einen Beweis für das hohe Alter der südrussischen Steppen erblicken zu dürfen. Der Grad der Verwandtschaft zwischen der Fauna einer festlandnahen Insel und der Tierwelt des benachbarten Kontinents ist hauptsächlich davon abhängig, wann die Trennung der Insel vom Festlande erfolgte. So wird die faunistische Analyse zu einem wichtigen Hilfsmittel der geographischen Forschung.

Allerdings wird in solchen Gedankengängen ein gemeinsamer Ursprung der diskontinuierlich verbreiteten Organismen als selbstverständlich vorausgesetzt. Dieses WALLACEsche Postulat besagt, daß nicht nur die einzelnen Arten, sondern auch die höheren systematischen Kategorien des Tierreiches ein einheitliches Entstehungszentrum besitzen und niemals an mehreren Orten unabhängig voneinander entstanden sind. Während die Annahme einer polytopen Schöpfung, die schon von AUGUSTINUS zur Erklärung der Inselfaunen herangezogen wurde, noch in LOUIS AGASSIZ einen Verteidiger fand, gilt den meisten modernen Tiergeographen die Lehre von der monotopen Artbildung als ein Dogma, an dem unter keinen Umständen gerüttelt werden darf. Dabei kann rein theoretisch die Möglichkeit, daß einmal gleiche Mutationen unabhängig voneinander an mehreren Stellen der Erdoberfläche entstehen, doch wohl kaum ernstlich bestritten werden. Eine polytope Entstehung von Standortsmodifikationen muß sogar als sehr wahrscheinlich bezeichnet werden, nachdem der schwedische Zoologe EKMAN dargelegt hat, wie in verschiedenen Seen des europäischen Festlandes zu wiederholten Malen unabhängig eine Umwandlung des marinen Copepoden *Limnocalanus grimaldii* in die Süßwasserform *Limnocalanus macrurus* stattgefunden hat. Ein anderes Beispiel einer derartigen polytopen Entstehung eines »Reliktenkrebses« werden wir noch später (S. 209) kennenlernen. Wir müssen also mit der Möglichkeit rechnen, daß eine solche parallele Entwicklung aus einer gemeinsamen Stammform immerhin hier und da eine gewisse Rolle gespielt hat. Unwillkürlich drängt sich uns diese Vermutung bei einer kritischen Betrachtung mancher bipolarer Arten (S. 201) auf, die heute in ihrer Verbreitung auf die Arktis und Antarktis beschränkt sind. Andererseits wird man v. HOFSTEN beipflichten müssen, daß die Annahme einer polytopen Artentwicklung nur in besonderen Fällen statthaft ist und jedenfalls als allgemeines Erklärungsprinzip ausscheidet.

Sehr interessant sind die Fälle, in denen sich eine vorübergehende Zerklüftung des ursprünglich einheitlichen Verbreitungsgebietes in zwei getrennte Areale und die dadurch hervorgerufene Wirkung geographischer Isolierung aus der Aufspaltung einer Stammart in mehrere Zweige erschließen läßt. Durch die Eiszeit wurden viele Bewohner Mitteleuropas zum Verlassen ihrer alten Wohnsitze gezwungen. Sie zogen sich in die Refugien zurück, die sich ihnen im Südosten und im Südwesten unseres Erdteils öffneten. Das nordische Inlandeis bildete eine breite Auslöschungszone in dem ehemals kontinuierlichen Verbreitungsgebiet, das auf diese Weise in zwei getrennte Areale zerlegt wurde. Als die trennende Eisschranke fiel, flossen die beiden Areale wieder zusammen, aber in der Zwischenzeit hatte sich unter dem Einflusse der geographischen Isolierung der ursprünglich gleichmäßige Bestand der Art in einen östlichen und einen westlichen, durch bestimmte morphologische Merkmale ausgezeichneten Stamm gegliedert. Wenn sich während der Dauer der räumlichen Trennung durch Abänderung der Geschlechtsorgane oder gewisser Fortpflanzungsgewohnheiten auch eine physiologische Sonderung vollzogen hatte, die eine Kreuzung verhindert, so stehen die beiden Stämme auf dem eisfrei gewordenen Boden Mitteleuropas unvermischt nebeneinander. Ist die physiologische Isolierung dagegen ausgeblieben, so bildet sich dort, wo der östliche und der westliche Zweig einander begegnen, eine neue Mischform. Wenn wir die Dauer der Eiszeit auf 600 000 Jahre und den seit dem Schwinden der Gletscher verstrichenen Zeitraum auf 50 000 Jahre veranschlagen, so bezeichnen diese Zahlen zugleich die Zeitspanne, in der sich eine Umbildung von Tierarten vollzogen hat. Zu diesem biologischen Wandel scheinen auch kürzere Zeiträume zu genügen. So haben sich einige Kaninchen, die im Jahre 1419 auf der Insel Porto Santo bei Madeira ausgesetzt worden waren, im Laufe von 450 Jahren zu einer durch auffallende Kleinheit und eigentümliche Körperfarbe ausgezeichneten Lokalform entwickelt, die sich angeblich nicht mehr mit dem europäischen Kaninchen paart. Kann das Porto-Santo-Kaninchen zweifellos auch nicht als vollgiltiger Beweis für die Differenzierung einer guten Art im Laufe weniger Jahrhunderte betrachtet werden, sondern wird man in ihm wohl nur eine degenerierte Inselrasse zu erblicken haben, bei der sich die schädlichen Wirkungen der Inzucht geltend machten, so verdient dieser Vorgang immerhin Beachtung im Hinblick auf die umgestaltende Wirkung der räumlichen Isolierung.

Endemismus, Immigranten und Relikte. Wandlungen der Fauna vollziehen sich bisweilen innerhalb recht kurzer Zeiträume (S. 241). Tiefgreifender sind natürlich die Veränderungen der Tierwelt, die wir im Ablauf geologischer Epochen feststellen. Da sehen wir neue Tierformen entstehen als Typen autochthoner Herkunft und ihr ursprüngliches Entstehungszentrum mit großer Zähigkeit festhalten bis zur geologischen Gegenwart. Das sind die für einzelne Gebiete charakteristischen endemischen Faunenelemente. Fällt durch geologische Vorgänge eine Verbreitungsschranke, so erscheinen in dem der Immigration schutzlos preisgegebenen Siedlungsraum Einwanderer allochthoner Herkunft, die häufig die bodenständige Tierbevölkerung verdrängen. So kommt es infolge der Überlegenheit geologisch jüngerer Typen über die altertümlichen Formen nicht selten zur Verdrängung ganzer Faunen. Das TAYLORsche Prinzip der Superiorität junger Typen spielt in der Entwicklungsgeschichte des Tierlebens eine erhebliche Rolle. Die Einwanderung einer neuen Fauna braucht nicht immer zu einer vollständigen Vernichtung der autochthonen Tierbevölkerung zu führen. Häufig findet nur eine starke Einengung ihres ursprünglichen Wohnraumes statt. Größe und Lage der Tierareale haben im Laufe der Erdgeschichte mannigfache Änderungen erfahren, und Faunenelemente von ehemals universeller Verbreitung bewohnen heutzutage als Relikte Räume von bescheidener Ausdehnung. Das Vorkommen der Fischgattung *Galaxias* an den Südspitzen von Afrika, Südamerika und Australien sowie in Neuseeland (Fig. 48) trägt ebenso Reliktencharakter wie die Verbreitung der Protracheatengattung *Peripatus* in Westindien, Südamerika, Südafrika, Australien und Neuseeland. Schon aus diesen Beispielen geht zur Genüge hervor, daß die heutigen

Tierareale häufig nicht den Entstehungszentren entsprechen, sondern vielfach Erhaltungsgebiete ehemals weiter verbreiteter Relikte darstellen. In manchen Fällen ist es gelungen, die heute auf die Südkontinente beschränkten altertümlichen Typen in mesozoischen Ablagerungen der nördlichen Halbkugel aufzufinden und damit den Nachweis ausgedehnter Tierwanderungen in der Vorzeit zu erbringen, die sich über große Teile des Erdballs erstreckten. Die ALLENsche Regel, welche besagt, daß Tiere in ihrer eigentlichen Heimat ihre bedeutendste Größe erreichen, in den peripheren Teilen ihres Verbreitungsgebietes dagegen geringere Körpermaße aufweisen, ist nur mit großer Vorsicht für die Feststellung von Entstehungszentren zu verwerten, da es sich bei diesem Prinzip um eine Regel häufigen Vorkommens, nicht aber um ein Gesetz handelt, das keine Ausnahme erleidet.

Permanenz der Kontinente und Ozeane und Reliktentheorie. Das Problem der diskontinuierlichen Verbreitung der Tiere hängt auf das engste zusammen mit der schwierigen Frage nach der Permanenz der Kontinente und Ozeane. Die Anhänger der Permanenztheorie glauben, daß die Kontinentalsockel und Tiefseebecken seit jeher bestanden und die geologisch nachweisbaren Transgressionen der Ozeane sich im wesentlichen auf die heutigen Schelfmeere beschränkt haben. In vielen Fällen mag die Annahme derartiger Oszillationen genügen, um Übereinstimmungen in der Fauna heute durch das Meer getrennter Länder zu erklären. Man denke etwa an die Tierwelt einer dem Kontinent unmittelbar vorgelagerten, nur durch einen seichten Meeresarm von ihm getrennten Insel oder an die einheitlich entwickelte Fauna, welche den Norden Eurasiens und Amerikas bewohnt. Zwar läßt sich die zirkumpolare Verbreitung der Tierwelt auf der nördlichen Halbkugel nur durch die Hypothese einer in der Vorzeit vorhandenen Landverbindung zwischen Europa und Nordamerika (Atlantis) sowie eines festländischen Wanderweges zwischen Asien und Nordamerika (Beringbrücke) befriedigend erklären, aber hier handelt es sich um die Annahme verhältnismäßig geringfügiger Niveauveränderungen, gegen die auch vom Standpunkte der Permanenztheorie kaum erhebliche Einwände erhoben werden. In anderen Fällen stellt die Permanenztheorie den Tiergeographen vor unüberwindliche Schwierigkeiten. Das Auftreten endemischer Formen auf manchen isoliert aus der Tiefsee aufragenden Inseln Polynesiens läßt sich nicht durch die Annahme passiver Verschleppung erklären. Wer sich zu der Anschauung von der Permanenz der Festländer und Weltmeere bekennt, muß auf tiergeographischem Gebiete die Reliktentheorie vertreten, die ganz allgemein in den diskontinuierlichen Arealen der Gegenwart Relikte aus einer Zeit allgemeiner Verbreitung erblickt. Die Reliktentheorie steht auf dem Standpunkte, daß die Tierwelt früher eine universelle oder subuniverselle Verbreitung besessen und erst mit der Ausbildung von Klimazonen die heute im allgemeinen herrschende zonale Verbreitung erlangt hat. Sie leitet daher die Beuteltierfauna Australiens nicht, wie viele Tiergeographen es tun, von derjenigen Südamerikas ab (S. 230), was notwendigerweise zu der Hypothese einer pazifischen Landbrücke führt, sondern nimmt an, daß eine als Didelphyoiden zu bezeichnende Gruppe von Marsupialiern noch zu jener Zeit eine weltweite Verbreitung besaß, als im Gebiete des nordamerikanischen Felsengebirges die Belly River-Schichten abgelagert wurden. Damals sollen alle Kontinente noch eine zusammenhängende Landmasse gebildet haben. Erst am Ausgange der Belly River-Zeit erfolgte die Trennung Australiens vom großen Nordlande, während die Loslösung Südamerikas in jene Epoche fällt, die der Bildung der sogenannten Puerco-Schichten Nordamerikas unmittelbar vorangeht, also in die Prä-Puerco-Zeit. In vielen Fällen muß der Anhänger der Permanenztheorie zu sehr unwahrscheinlichen Hypothesen über ausgedehnte Wanderungen der Tiere in der Vorzeit und ihr Aussterben in weiten Erdenräumen seine Zuflucht nehmen. Große Schwierigkeiten bereitet auch die Annahme einer universellen Verbreitung der paläozoischen und mesozoischen Fauna. Es sei hier nur an die permische Eiszeit (Bd. 1, S. 253) erinnert, an das Fehlen riffbildender Korallen und anderer stenothermer Warmwassertiere in der borealen Provinz der Jura- und Kreidezeit oder an das von Gothan nachgewiesene Auftreten von Wachstumringen an fossilen Koniferen der höchsten Breiten.

Verdrängungstheorie und wellenförmige Ausbreitung. Nichts anderes als eine Ergänzung der Reliktentheorie ist die sogenannte Verdrängungstheorie, welche lehrt, daß neue Tierarten hauptsächlich an Orten mit günstigen Existenzbedingungen entstehen unter dem konkurrierenden Einfluß der Überzahl gleicher Artgenossen. Von ihrem Bildungsherde aus sollen sich diese neu entstandenen Spezies wellenförmig ausbreiten und die geologisch älteren, für den Lebenskampf weniger gut ausgerüsteten Formen verdrängen. Eine gewisse Bestätigung dieser Auffassung kann man in der Jordanschen Regel erblicken, der zufolge man die nächsten Verwandten der tierischen Bewohner eines isolierten Bezirkes stets in Nachbargebieten antrifft. Da ständig neue Tierwellen sich über die Erdoberfläche ausbreiten, macht die Zurückdrängung gewisser Typen immer weitere Fortschritte, und so finden wir eine bemerkenswerte Zahl altertümlicher Tiergestalten heutzutage auf schwer zugänglichen Inseln und an den Südspitzen der Kontinente vereinigt. Nicht mit Unrecht hat man Australien »das Land der lebenden Fossilien« genannt. Nach der Verdrängungstheorie hat eine bemerkenswerte Zahl von Tierwellen von der Landhalbkugel ihren Ausgang genommen, insbesondere wird von manchen Tiergeographen Asien als das wichtigste Schöpfungszentrum terrestrischer Wirbeltiere betrachtet. Es ist hier nicht der Ort, auf die Schwierigkeiten einzugehen, die sich dieser Auffassung entgegenstellen. Sie wird von vielen Anhängern der Brückentheorie energisch bekämpft.

Ehemalige Landbrücken als Postulate der Tiergeographie. Nach der Brückentheorie haben ehemalige Landverbindungen zwischen den heute durch tiefe Meere getrennten Kontinenten und Inseln bestanden. Zweifellos ist bei der Konstruktion hypothetischer Landbrücken von zoologischer Seite nicht immer die Sorgfalt beobachtet worden, die man bei die Grundprobleme anderer Wissenschaften so tief berührenden Schlußfolgerungen als selbstverständlich voraussetzen sollte. Infolgedessen werden die als Postulate der Tiergeographie begründeten Landverbindungen vielfach recht skeptisch beurteilt. Andererseits läßt sich nicht leugnen, daß manche Tatsachen der Tierverbreitung ohne die Annahme ehemaliger Landbrücken unverständlich bleiben. Das gilt z. B., worauf H. Hoffmann kürzlich hingewiesen hat, für die Verbreitung der Regenwürmer aus der Gruppe der Lumbricinen, die in Eurasien weit verbreitet sind und auch im östlichen Teile Nordamerikas vorkommen, dem Westen dieses Kontinents aber fehlen. Wollte man annehmen, daß die Besiedlung Nordamerikas mit Lumbricinen von Asien her über die Beringbrücke erfolgt ist, so bleibt die Frage unbeantwortet, warum diese Würmer im Westen Nordamerikas trotz der dort vorhandenen günstigen Lebensbedingungen ausgestorben sind. Ein zweites Beispiel, das ich gleichfalls der Darstellung H. Hoffmanns entnehme, betrifft die tropische Nacktschnecke *Semperula maculata.* Das Verbreitungsgebiet dieser Art umfaßt die ostafrikanischen Inseln, die Küsten des südöstlichen Asiens und den malayischen Archipel. Mit Recht hebt Hoffmann hervor, daß wir hier mit der Annahme einer passiven Verschleppung nicht auskommen, da ja sonst unverständlich bliebe, warum das gleiche Transportmittel, durch das die Nacktschnecke auf alle Inseln des indoaustralischen Archipels gelangte, sie nicht auch nach Neuguinea und Australien verfrachtete. Hier werden wir in der Tat die Annahme einer ehemaligen Landverbindung von den ostafrikanischen Inseln nach Indien (Lemuris) sowie einer zweiten Landbrücke von Hinterindien nach dem malayischen Archipel als die in biologischer Hinsicht befriedigendere Erklärung bezeichnen müssen. Von den Gegnern der Brückentheorie werden hauptsächlich zwei Einwände geltend gemacht. Einmal finden die von der Tiergeographie angenommenen Landbrücken in vielen Fällen in den geologischen Verhältnissen keine Stütze, dann aber sind die Übereinstimmungen in der Fauna zweier ehemals angeblich durch Landbrücken verbundener Gebiete bisweilen so gering, daß es nicht recht verständlich erscheint, warum der Verbindungsweg nur von einem so geringen Prozentsatz der Tierbevölkerung benützt worden ist. Dieser Schwächen der Brückentheorie sind wir uns wohl bewußt, und wenn wir im folgenden wiederholt von »Landbrücken« sprechen, so möchten wir diesen Ausdruck nur im Sinne einer Arbeitshypothese verstanden wissen, ohne die die Tiergeographie in zahlreichen Fällen nicht auskommt.

Wegeners Theorie der Kontinentalverschiebung und die Tiergeo-

graphie. Einen grundsätzlich anderen Standpunkt als die Permanenzlehre und die Brückentheorie nimmt in diesen Fragen WEGENERS Theorie der Kontinentalverschiebung ein. Nach seiner Auffassung bildeten noch im Karbon alle Kontinente eine einheitliche Landmasse, die im Mesozoikum zu zerbrechen begann. Zunächst löste sich Australien, später die Antarktis und Südamerika los. Im Eocän öffnete sich ein Spalt zwischen Afrika und Südamerika, der schließlich zur vollständigen Trennung Nord- und Südamerikas von Europa und Afrika führte. Die heutige Verteilung von Wasser und Land besteht seit dem Quartär. Wie schon v. UBISCH, HOFFMANN und ECKARDT hervorgehoben haben, lassen sich viele Tatsachen der Tierverbreitung mit den von WEGENER angenommenen horizontalen Triftbewegungen der Kontinentalschollen durchaus in Einklang bringen. Wohl alle Zoogeographen sind sich darin einig, daß der Tierwelt des indopazifischen Ozeans ein wesentlich höheres Alter zugeschrieben werden muß als der Fauna des Atlantischen Ozeans. Mit WEGENERS Vorstellungen von dem allmählichen Aufreißen der atlantischen Spalte stimmt auch die Verbreitung mancher Landtiere zu beiden Seiten des atlantischen Ozeans in ausgezeichneter Weise überein. Die tiergeographischen Verhältnisse Australiens, die auf ursprünglich enge Beziehungen dieses Erdteils zu Vorderindien und Afrika sowie auf eine in späterer Zeit bestehende Verbindung mit Südamerika hinweisen, lassen sich nach der WEGENERschen Theorie gleichfalls zwanglos erklären. Es muß aber betont werden, daß die Brückentheorie diese Probleme in ebenso befriedigender Weise löst. Aus der Reihe schwerwiegender Bedenken, die von den zoologischen Kritikern der WEGENERschen Theorie geltend gemacht worden sind, seien hier nur einige hervorgehoben. Nach HOFFMANN vermag die WEGENERsche Theorie die Verbreitung der tropischen Nacktschnecken aus den Familien der Vaginuliden und Oncidiiden nicht oder nur sehr unvollkommen zu erklären, wie sie nach ROSZKOWSKIS Auffassung auch nicht imstande ist, die Frage nach der Differenzierung der Schlammschnecken (Limnaeiden) in Europa und dem östlichen Nordamerika in befriedigender Weise zu beantworten. v. UBISCH hat ferner darauf hingewiesen, daß WEGENERS Anschauungen über die Entstehung des Atlantischen Ozeans den Zoologen zu der wenig wahrscheinlichen Annahme einer seit der Tertiärzeit erfolgten Verlegung der Laichplätze der Aale zwingen. Diese Schwierigkeit fällt für die Brückentheorie fort, da nach ihrer Auffassung das heutige Laichgebiet der Aale während des Eocäns nicht, wie WEGENER annimmt, auf dem Festlande, sondern in dem zentralen Mittelmeer, der Thetys, lag. Für die Tiergeographie bedeutungsvoller ist vielleicht der Hinweis auf die Fauna von Juan Fernandez. Diese Insel, der sich der amerikanische Kontinent angeblich erst allmählich genähert hat, müßte nach WEGENERS Theorie eine von südamerikanischen Beimengungen freie Tierbevölkerung aufweisen. Tatsächlich bestehen aber enge verwandtschaftliche Beziehungen zwischen den Landschnecken von Juan Fernandez und denjenigen von Chile, wie auch die Insektenfauna dieser Insel durchaus südamerikanischen Charakter trägt und keine Spuren polynesischer oder hawaischer Einflüsse aufweist. Auch die Besiedlung der Galapagos-Inseln kann nach zoologischer Auffassung nur auf einer Landbrücke von Südamerika her erfolgt sein.

v. Ubisch hat mit vollem Rechte darauf hingewiesen, daß die einwandfreie Feststellung des Grades der Ähnlichkeit zwischen den Landfaunen zu beiden Seiten des Atlantischen Ozeans, insbesondere zwischen der Tierwelt Afrikas und Südamerikas, an sich dem Tiergeographen die Möglichkeit böte, sich zugunsten der Permanenztheorie (S. 177), der Brückentheorie (S. 179) oder der Lehre von der Kontinentalverschiebung (S. 180) zu entscheiden. Nach der Permanenztheorie ist die heutige Tierbevölkerung Afrikas und Südamerikas aus den Ländern der nördlichen Hemisphäre eingewandert. Sie hat, um an ihre jetzigen Wohnplätze zu gelangen, sehr lange Wanderwege zurücklegen müssen, auf denen sie verschiedene Klimazonen durchquerte. Nur ein Bruchteil der Wanderer konnte das Ziel erreichen, und unter der Wirkung wechselnder klimatischer Einflüsse werden mannigfache Umformungen stattgefunden haben. Die Feststellung einer verhältnismäßig geringen Ähnlichkeit der Faunen Südamerikas und Afrikas würde durchaus mit den Vorstellungen der Permanenztheorie in Einklang stehen. Die Brückentheorie setzt kürzere Wanderwege voraus, die im wesentlichen in der Richtung der Breitengrade verlaufen und daher einheitlichen Klimazonen angehören. Nach dieser Auffassung wird man eine größere Ähnlichkeit der Tierwelt Afrikas und Südamerikas erwarten müssen. Nach Wegeners Lehre hat die atlantische Spalte ein ursprünglich einheitliches Wohngebiet in zwei Teilareale geschieden. Wenn wir daher eine sehr weitgehende Übereinstimmung zwischen den Faunen Afrikas und Südamerikas feststellten und gleichzeitig fänden, daß diese Ähnlichkeit sich auch auf solche Tiergruppen erstreckt, die ein geringes Wandervermögen besitzen, so würden wir hierin eine wertvolle Stütze der Wegenerschen Theorie erblicken dürfen. Tatsächlich sind ja nun sehr bemerkenswerte Übereinstimmungen zwischen den Faunen Afrikas und Südamerikas (S. 230) vorhanden, aber das Tatsachenmaterial reicht noch nicht aus, um eine Annahme oder Ablehnung der Wegenerschen Theorie aus diesen Gründen zu rechtfertigen.

Die Pendulationstheorie. Eine großzügige Lösung der Hauptprobleme der Tiergeographie versucht schließlich die von Reibisch aufgestellte, später von Simroth biologisch begründete Pendulationstheorie zu geben, der zufolge die Erde außer den beiden Rotationspolen (Nord- und Südpol) noch zwei in Sumatra und Ekuador gelegene Schwingungspole besitzt, zwischen denen sie periodisch hin- und herpendelt. Die in den einzelnen geologischen Zeitaltern auftretenden Hebungen und Senkungen, die nach Simroth durchaus gesetzmäßig verlaufen, sind durch derartige Pendelbewegungen bedingt. Der Hauptvorzug dieser Theorie beruht darauf, daß sie alle Erscheinungen der Tierverbreitung auf ein einheitliches Prinzip zurückführt. Doch sind ihre geologischen und zoogeographischen Grundlagen noch so stark umstritten, daß Erörterungen darüber im Rahmen eines Lehrbuches nicht angebracht erscheinen.

Die Verbreitung der Meerestiere.

Der Lebensraum der marinen Tiere. 361 Millionen Quadratkilometer, d. h. 71% der gesamten Erdoberfläche, werden vom Meer bedeckt. Das Meer stellt also das größte Wohngebiet tierischer Organismen dar, hinter dem die Lebensbezirke des Landes und des Süßwassers an Flächenausdehnung weit zurückstehen. War man früher der Ansicht, daß die marine Fauna gleich den in ihrem Lebensprozeß an das Sonnenlicht gebundenen Pflanzen schon in einer Tiefe von wenigen hundert Metern erlösche und der Boden der Ozeane kein Tierleben beherberge (Abyssus-Theorie von FORBES), so haben uns die modernen Tiefsee-Expeditionen eines Besseren belehrt. Auch die größten Tiefen der Weltmeere sind von Tieren bevölkert. An der Existenz einer Bodenfauna in Tiefen von mehr als 6000 m kann nicht mehr gezweifelt werden. Die noch in der Mitte des vorigen Jahrhunderts verbreitete Auffassung, daß der auf dem Boden der Ozeane lastende Wasserdruck die Entfaltung tierischen Lebens in jenen Tiefen unmöglich mache, hat sich als irrig erwiesen. Nicht nur die Erwägung, daß im Körperinneren der Tiefseetiere derselbe Druck herrschen muß wie in den von ihnen bewohnten Wasserschichten, sondern vor allem auch die Beobachtung, daß manche Bewohner der Flachsee in nahezu gleicher Häufigkeit bis zu Tiefen von mehreren Tausend Metern angetroffen werden, widerspricht jener Anschauung. Welche geringe Bedeutung der Wasserdruck im allgemeinen für die marine Tierwelt hat, zeigen besonders die ausgedehnten Vertikalwanderungen, die von zahlreichen Meerestieren regelmäßig unternommen werden. Das Ausmaß dieser Wanderungen wird nicht durch den absoluten Betrag des Wasserdruckes bestimmt, sondern ist von der Fähigkeit des tierischen Organismus abhängig, etwa auftretende Druckunterschiede zwischen Körperinnerem und Umwelt ohne funktionelle Schädigung auszugleichen. Tiere, die diese Fähigkeit nur in beschränktem Maße besitzen, wie gewisse Knochenfische ohne Ductus pneumaticus der Schwimmblase, sind daher in ihrer Verbreitung an bestimmte Tiefenstufen gebunden, erweisen sich als stenobath im Gegensatz zu der großen Schar der von der Wassertiefe unabhängigen eurybathen Formen. Als die These von der Unbewohnbarkeit der Tiefsee für tierische Organismen bereits durch positive Befunde widerlegt war, galt es als sicher, daß sich zwischen das von Tieren bevölkerte Abyssal und die durch eine reiche Fauna ausgezeichneten oberflächlichen Schichten des Meeres eine von jeglichem Tierleben freie sogenannte azoische Zone einschiebe.

Auch diese Meinung ist, vor allem durch die Untersuchungen Carl Chuns, widerlegt worden, und heutzutage wissen wir, daß alle Schichten des Meeres, wenn auch nicht in gleicher Dichte der Verteilung, tierisches Leben beherbergen. Die 2700 m mächtige Wasserhülle, die den ganzen Erdball umgäbe, wenn die Landmassen gleichmäßig über den Boden des Meeres ausgebreitet würden (Bd. I, S. 74), müssen wir uns in allen Tiefen von Tieren erfüllt denken, um eine Vorstellung von der gewaltigen Ausdehnung des marinen Lebensbezirkes zu gewinnen. Während die Landfauna mehr flächenartig entwickelt ist, jedenfalls nur eine verhältnismäßig dünne Schicht am Boden des Luftmeeres bildet, trägt das marine Tierleben einen ausgesprochen dreidimensionalen Charakter. Es hat von dem gesamten Wasservolumen Besitz ergriffen, das die Meeresbecken füllt. An dieser allgemeinen Auffassung vermag die Tatsache nichts zu ändern, daß es auch innerhalb des marinen Lebensbezirkes Räume von geringer Ausdehnung gibt, in denen Tiere nicht zu leben vermögen. Im Schwarzen Meere macht eine Anhäufung von Schwefelwasserstoff die Wasserschichten unterhalb der Isobathe von 180 m unbewohnbar für tierische Organismen, wie auch in manchen Fjorden Norwegens die Entwicklung einer Bodenfauna durch Ansammlungen von Schwefelwasserstoff verhindert wird. Von größter Bedeutung für die Verbreitung der Meerestiere erweist sich die Kontinuität ihres Lebensraumes. Entbehrt das Weltmeer auch keineswegs der Gliederung, so ist doch zwischen allen seinen Teilen ein mehr oder minder ungehinderter Formenaustausch möglich. Die Zerlegung des terrestrischen Lebensbezirkes in Kontinente und Inseln oder die Gliederung der Binnengewässer in selbständige, durch Wasserscheiden getrennte Stromsysteme und abgeschiedene Seebecken findet innerhalb des marinen Anteils der Biosphäre kein Analogon. Das Moment der geographischen Isolierung tritt hier stark zurück. Der räumlichen Kontinuität der Meere entspricht eine gewisse Gleichförmigkeit der Lebensbedingungen. Nirgends finden wir im Bereiche des marinen Lebensbezirkes auf gleicher Fläche ähnliche Temperaturschwankungen, Niveaudifferenzen oder Unterschiede in der Zusammensetzung der Pflanzendecke wie auf dem festen Lande, überall scheinen die Gegensätze gemildert. Die räumliche Verteilung der Meerestiere regelt sich daher im allgemeinen nach einfacheren Gesetzen als die Verbreitung der Landtiere, die von einer großen Zahl häufig sogar gegensätzlich wirkender Faktoren abhängig ist.

Die Zusammensetzung der marinen Fauna. Am Aufbau der Meeresfauna sind Vertreter aller Tierstämme beteiligt. Zwei Tierstämme, nämlich die Stachelhäuter (Echinodermen) und die Manteltiere (Tunicaten) sind ausschließlich marin. Aber auch in den übrigen Tierstämmen finden sich zahlreiche Gruppen, die in ihrer Verbreitung auf das Meer beschränkt sind, so die Radiolarien, Xenophyophoren, Röhrenquallen (Siphonophoren), Lappenquallen (Scyphomedusen), Korallen (Anthozoen), Rippenquallen (Ctenophoren), Pfeilwürmer (Chaetognathen), Echiuroideen, Sipunculoideen, Phoronideen, Armfüßer (Brachiopoden), Enteropneusten, Urmollusken (Amphineuren), Kielschnecken (Heteropoden) Flossenschnecken (Pteropoden), Tintenfische (Cephalopoden), Rankenfüßer (Cirripedien), Asselspinnen (Pantopoden), Röhrenherzen (Leptocardien) und Bartenwale (Mysticeten). Überwiegend marin sind die Schwämme (Spongien), Schnurwürmer (Nemertinen), Moostiere (Bryozoen) und Zahnwale (Denticeten). Dieser Mannigfaltigkeit der Baupläne, die uns unter den Meerestieren entgegentritt, haben die Süßwasserbewohner und die Lufttiere nichts Ebenbürtiges gegenüberzustellen. Die Fauna der Binnengewässer und des festen Landes erscheint in ihrer Organisation im allgemeinen spezialisierter, aber auch einförmiger als die Tierwelt des Meeres. Daß kein terrestrisches Wirbeltier die Körpergröße der marinen Säuger erreicht, ist allgemein bekannt. Neben den Riesen der Weltmeere, einem 23 m langen Pottwal oder gar einem 30 m langen Blauwal, erscheinen die größten Tiere des Festlandes, Elefanten, Giraffen und Flußpferde, verhältnismäßig klein. Mit Recht erblickt man in der Flachsee, die noch heute so viele altertümliche Tiergestalten birgt, die Wiege des Lebens. Vom Litoral hat nicht nur die Besiedlung der Tiefsee ihren Ausgang genommen, auch der Ursprung der Landtiere muß in diese Zone des marinen Lebensbezirkes verlegt werden. Wenn wir schließlich ein negatives Kennzeichen der Meeresfauna hervorheben wollen, so wäre das starke Zurücktreten derjenigen Gruppen zu erwähnen, die den Charakter des Tierlebens auf dem festen Lande bestimmen: der Wirbeltiere und der Insekten. Unter den Wirbeltieren haben lediglich die Fische einen bemerkenswerten Reichtum mariner Arten entwickelt, und die Insekten, die 75% aller rezenten Tiere stellen, sind im Meere nur durch die artenarme Familie der Meerwanzen (Halobatiden) vertreten. An dieser Feststellung vermag auch die Tatsache kaum etwas zu ändern, daß hier und da ein Vertreter einer anderen Insektenfamilie sich dem Leben in den schwach salzigen Küstengewässern angepaßt hat.

Benthal und Pelagial. Bei dem Versuch, uns einen Überblick über die Verteilung der Meerestiere zu verschaffen, können wir von einer Betrachtung der Beziehungen ausgehen, die zwischen Tierwelt und Meeresboden bestehen, und der Gesamtheit der vom Substrat abhängigen Bodentiere, dem Benthal, die im Seewasser frei schwebenden oder schwimmenden Tiere als Pelagial gegenüberstellen. Zum Benthal gehören neben den Tieren mit festsitzender Lebensweise (sessiles Benthos) alle Formen, die sich auf dem Meeresgrunde kriechend, laufend oder dicht über dem Boden schwimmend fortbewegen (vagiles Benthos). Das Pelagial umfaßt außer der vom Wind und Strömungen abhängigen Schwebefauna (Plankton) das Heer der ozeanischen Schwimmer (Nekton). Natürlich sind die Ausbreitungsmöglichkeiten der benthonischen und der pelagischen Fauna außerordentlich verschieden. Trotzdem läßt sich die Grenze zwischen beiden Typen nicht immer mit der wünschenswerten Schärfe ziehen. Abgesehen davon, daß es häufig dem subjektiven Ermessen unterliegt, ob wir einen Bodenfisch dem vagilen Benthos oder dem Pelagial zurechnen, ist eine sichere Entscheidung in allen Fällen unmöglich, in denen die erwachsenen Tiere eine andere Lebensweise führen als ihre Jugendstadien. So bilden die Larven der benthonischen Echinodermen einen wesentlichen Bestandteil des marinen Planktons, während bei dem Generationswechsel der Polypen und Medusen eine freischwimmende Generation von Geschlechtstieren mit einer sessilen Ammengeneration alterniert.

Tiefengliederung der Meeresfauna. Sowohl innerhalb des Benthals wie des Pelagials können wir sodann eine vertikale Gliederung der Fauna vornehmen, die zur Unterscheidung eines litoralen und eines abyssalen Benthals und eines superfiziellen und eines abyssalen Pelagials führt. Für die beiden der Tiefsee angehörigen Stufen haben sich neuerdings die Bezeichnungen Bathybenthal und Bathypelagial eingebürgert. Dieser Tiefengliederung der Meeresfauna liegt die Erkenntnis zugrunde, daß das Licht einen wesentlichen Einfluß auf die Verbreitung der marinen Tierwelt ausübt. Sowohl im Benthal wie im Pelagial können wir eine vom Licht durchflutete euphotische von einer lichtlosen aphotischen Stufe unterscheiden, zwischen die sich noch eine lichtarme dysphotische Übergangsstufe einschiebt. Die absoluten Grenzwerte dieser Stufen ändern sich mit der geographischen Breite. Sie stellen aber auch insofern variable Größen dar, als die Reizschwelle nicht für alle tierischen Lichtsinnesorgane die gleiche ist. Im allgemeinen wird man sagen können, daß schon bei 200 m Tiefe die Lichtintensität so gering ist, daß sie unter der Reizschwelle vieler Tieraugen und unter der Assimilationsschwelle der meisten Pflanzen liegt. Alle Meeresräume unterhalb der Isobathe von 400 m können wir vom Standpunkte des Biologen als aphotisch bezeichnen, wenn man auch neuerdings in erheblich größerer Tiefe Schwärzungen hoch empfindlicher photographischer Platten nachgewiesen hat. Da das Pflanzenleben an das Sonnenlicht gebunden ist, sind die Pflanzenfresser in ihrer Verbreitung gleichfalls auf die obersten 200 m des Meeres beschränkt. Zugleich ist dies die Region, in der sich die Wirkung der Wasserbewegung noch deutlich bemerkbar macht. Mannigfach sind die Anpassungen der Tiere, die in der Brandungszone der Steilküsten leben und die sich, gleich den Bewohnern des Bergbachs, gegen die Gefahr des Fortgeschwemmtwerdens durch die Ausbildung von Haftapparaten und Klammerorganen schützen müssen. Schwankungen der Temperatur von beträchtlichem Ausmaß, erhebliche Unterschiede des Salzgehaltes und ein häufiger Wechsel der Facies sind charakteristische Eigentümlichkeiten der Flachsee, in der wir eine sonst im Meere nicht wiederzufindende Mannigfaltigkeit der Lebensbedingungen antreffen. Der Vielgestaltigkeit des Wohnraumes entsprechen hier Artenfülle und Individuenreichtum des Tierlebens.

Außerordentlich schwierig gestaltet sich die Abgrenzung der Flachsee gegen das Abyssal, da die obere Grenze der aphotischen Zone, wie bereits erwähnt wurde, von mehreren Faktoren abhängig ist. Eine auf die Verteilung des Lichtes begründete vertikale Gliederung der Organe ergibt nicht nur für verschiedene geographische Breiten, sondern auch für die einzelnen Tierklassen stark voneinander abweichende Werte. Bei dieser Sachlage erscheint KRUMBACHS Anregung durchaus zweckmäßig, den biogeographischen Begriff des Litorals durch Schelfsee zu ersetzen. Dieser Vorschlag erscheint nicht nur faunengeschichtlich wohl begründet, sondern wird auch den Tatsachen der Tierverbreitung gerecht. Im wesentlichen schließt sich die Grenze der Schelfsee der Isobathe von 200 m an, sinkt aber an einzelnen Stellen zu größeren Tiefen ab. Es ist wohl kein Zufall, daß gerade in solchen Gebieten auch die vertikalen Verbreitungsgrenzen mancher Litoraltiere eine Senkung erfahren.

Faunistische Gliederung der Schelfsee. Wenn wir jetzt zu einer Gliederung der Schelfsee (Fig. 44) übergehen, so wollen wir zunächst nur die Bodentiere berücksichtigen, also uns auf jene Lebensgemeinschaft beschränken, die wir (S. 185) als litorales Benthal bezeichnet haben. Seine Verteilung ist im wesentlichen klimatisch bedingt. Wie ORTMANN auseinandergesetzt hat, ist für die Verbreitung der Flachseebewohner die Tatsache maßgebend, daß sich zwischen die gleichmäßig warmen Tropenmeere und die gleichmäßig kalten Gewässer der Polargegenden ein Wassergürtel von mittlerer Durchschnittstemperatur einschaltet, in dem die jährlichen Schwankungen der Temperatur erhebliche Ausmaße zeigen. Tiere, die in dem gleichmäßig warmen Wasser der Tropen leben, sind nicht imstande, sich in Gebieten anzusiedeln, die bedeutende Schwankungen der Wassertemperatur aufweisen. Infolgedessen liegt nach ORTMANN die wichtigste Faunenscheide der Schelfsee dort, wo der Betrag der jährlichen Temperaturschwankung so groß wird, daß stenotherme Warmwassertiere nicht mehr existieren können. Die Grenze zwischen den gemäßigten Zonen und den Polargebieten macht sich faunistisch weniger deutlich bemerkbar. In den gemäßigten Meeren der nördlichen und südlichen Hemisphäre leben Formen, die an kühle Temperaturen ihres Lebensraumes und erhebliche Schwankungen angepaßt sind, eurytherme Kaltwassertiere. Solchen Lebewesen ist es sehr wohl möglich, auch in höheren Breiten festen Fuß zu fassen, wo zwar die absoluten Temperaturen des Wassers tiefer liegen, zugleich aber auch die jährliche Schwankung gering ist. Zwischen die gemäßigten Zonen und die Polargebiete schieben sich daher fast überall mehr oder minder breite Übergangszonen ein, in denen eine Faunenmischung stattfindet. ORTMANN unterscheidet innerhalb der Schelfsee drei Tierregionen, für die wir

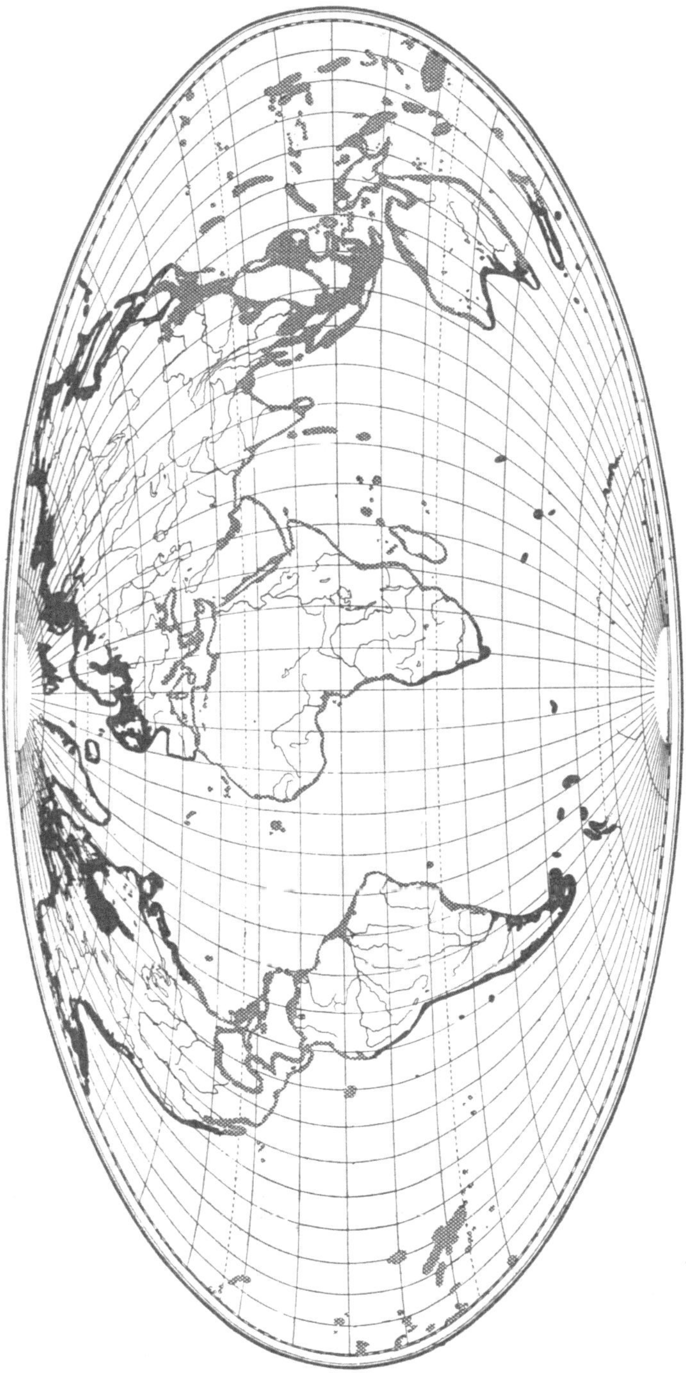

Fig. 44. Faunistische Gliederung der Schelfsee: 1. Die arktische Region (schwarz) mit im allgemeinen zirkumpolarer Verbreitung ihrer Bewohner. 2. Das zirkumtropische Warmwassergebiet (schraffiert), gegliedert in eine indopazifische, westamerikanische, ostamerikanische und westafrikanische Subregion, 3. Die antarktische Region (schwarz) mit starker Zerklüftung der Schelfsee und infolgedessen bemerkenswerter Differenzierung der Fauna. — Nach A. E. Ortmann.

die Bezeichnungen arktische Region, zirkumtropische Region und antarktische Region gebrauchen können. Die arktische Region zeichnet sich durch eine kontinuierliche Entwicklung der Schelfsee und infolgedessen durch eine im allgemeinen zirkumpolare Verbreitung ihrer tierischen Bewohner aus. Das gilt besonders für das Gebiet, das man vielfach als arktisch-zirkumpolare Subregion abgrenzt. Es ist die Zone, in der auch im Sommer die Küsten einen Eissaum tragen. Entschließt man sich zur Abgrenzung einer arktisch-zirkumpolaren Subregion, so zerfällt der übrige Teil der arktischen Region in eine atlantisch-boreale und eine pazifisch-boreale Subregion, deren östliche und westliche Hälften durch breite Tiefseeareale getrennt werden. Die sich hier bereits anbahnende Diskontinuität der Schelfsee macht in dem zirkumtropischen Warmwassergebiet weitere Fortschritte. Hier können wir mit ORTMANN eine indopazifische, westamerikanische, ostamerikanische und westafrikanische Subregion unterscheiden. Im Gegensatz zur arktischen Region finden wir in der antarktischen Region eine außerordentlich weitgehende Zerklüftung der Schelfsee und trotz der Neigung gewisser Tiergruppen zu zirkumpolarer Ausbreitung eine bemerkenswerte Differenzierung der Fauna, die manche Autoren zu einer Gliederung dieser Region in zahlreiche Subregionen benützen.

Tierleben der Tiefsee. Der größte Teil des marinen Lebensbezirkes gehört dem Abyssal an, dessen wesentlichste Merkmale Lichtmangel, geringe Wasserbewegung, hoher Druck, gleichmäßig niedere Temperatur und geringer Wechsel der Facies bilden. Im Vergleich zum Litoral herrscht in der Tiefsee eine große Einförmigkeit der Lebensbedingungen. Dringt auch kein Sonnenstrahl in die Tiefe der Weltmeere, so fehlt es doch nicht vollkommen an Lichtquellen, die in bescheidenem Umfange das Dunkel des Abyssals erhellen. Wie wir unter den Landtieren und unter den Bewohnern der Flachsee Formen kennen, die mit Leuchtorganen ausgestattet sind, so kommt auch vielen Tiefseetieren die Fähigkeit der Lichtproduktion zu. Besonders unter den Krebsen, Tintenfischen und Fischen gibt es zahlreiche Arten, die durch den Besitz komplizierter Leuchtorgane ausgezeichnet sind. Das Auge der Tiefseetiere hat unter dem Einflusse des im Abyssal herrschenden Lichtmangels eigentümliche Umbildungen erfahren. Gleich manchen Dämmerungs- und Nachttieren unter den terrestrischen Wirbeltieren zeigen viele Tiefseebewohner eine auffällige Vergrößerung der Augen; häufig sind sie zu Teleskopaugen umgewandelt. Das Pigment im Auge der Tiefseetiere befindet sich stets in Dunkelstellung. Alle diese Anpassungen stehen im Dienste einer möglichst vollkommenen Ausnutzung der geringen in der Tiefsee vorhandenen Lichtmenge. Bei anderen Bewohnern des Abyssals ist eine Rückbildung der Lichtsinnesorgane eingetreten, so bei den Tiefseeschnecken, bei Krebsen (Eryoniden und Halocypriden) und gewissen Fischen (*Benthobatis, Aphyonus, Barathronus*). Was die Färbung der

Tiefseetiere anlangt, so herrschen unter den Seeanemonen und den Krebsen rote Farbentöne vor, während die Fische der Tiefsee in ihrer überwiegenden Mehrzahl schwarz gefärbt sind. Eine Folge des Lichtmangels in der Tiefsee ist das Fehlen von Pflanzen. Unter den Tiefseetieren gibt es daher keine Pflanzenfresser. Wie ein Industriestaat in bezug auf die Ernährung seiner Bewohner von dem Import aus Agrarländern abhängig ist, so ist die Fauna der Tiefsee auf die Zufuhr von Nahrungsstoffen aus der euphotischen Region des Meeres angewiesen. Von hier ergießt sich ein unaufhörlich in die Tiefe rieselnder Regen toter Organismen. Die Tiefseetiere nähren sich entweder von diesen zu Boden fallenden Leichen, sind also Detritusfresser, oder sie führen eine räuberische Lebensweise, worauf schon das weite Maul, die starke Bezahnung und die Dehnbarkeit des Magens vieler Tiefseefische hindeuten. Mit dem in der Dunkelheit stark herabgesetzten Orientierungsvermögen werden wir wohl die ungewöhnliche Länge der Tastorgane vieler Bewohner des Abyssals in Zusammenhang bringen dürfen. Erreicht doch bei manchen Garnelen der Tiefsee die Länge der Tastorgane das 10—12fache der Körperlänge. Der Mangel an Wasserbewegung in großen Meerestiefen macht die Ausbildung besonderer Schutzeinrichtungen gegen Wellenschlag und Brandung überflüssig. Zart und brüchig sind daher die Skelette vieler Tiefseebewohner, die entweder mit dünnen, zerbrechlichen Stielen auf dem Grunde festsitzen oder auf hohen, stelzenartigen Beinen ungeschickt umherlaufen, wie die sonderbare Riesenkrabbe des japanischen Abyssals. Die Tiefsee ist das Reich der »Stillwasserfauna«, wie man die Tierwelt der von keiner Wellenbewegung erreichten Wasserschichten genannt hat. Wenn man von einzelnen Ausnahmen absieht, zeichnen sich die Bewohner des Abyssals im allgemeinen durch einen im Vergleich mit Flachwassertieren kleinen Wuchs aus, der vielleicht mit dem Nahrungsmangel in der Tiefsee zusammenhängt. Da der aus den oberflächlichen Wasserschichten stammende Nahrungsregen zum Teil auch von der Schwebefauna ausgenützt wird, kommt er nicht in vollem Umfange den Bodentieren zugute. Je tiefer das Meer ist, desto dürftiger wird im allgemeinen die Nahrungszufuhr des Bathybenthals sein. Damit hängt wohl auch die geringe Dichte der Tierbevölkerung in der Tiefsee zusammen. Nur wo die Nahrungsquellen reichlicher fließen, entwickelt sich auch eine üppigere Fauna. Das gilt nicht nur für die in Küstennähe gelegenen Tiefseebezirke, sondern auch vor allem für die Gebiete, wo warme und kalte Meeresströmungen zusammentreffen. So sehen wir, daß an der Ostküste Japans die Tiefseefauna gerade dort einen bemerkenswerten Reichtum an Arten und Individuen entwickelt, wo der warme Kuroschio sich mit dem kalten Kurilenstrom mischt und daher ein besonders reichliches Absinken der Leichen pelagischer Tiere stattfindet.

Lange galt es als ein Dogma, daß die meisten, wenn nicht alle Tiefseetiere weltweit verbreitet sind. Tatsächlich läßt sich ja an zahlreichen Beispielen zeigen, daß die Verbreitungsgebiete der Meerestiere mit zunehmender Tiefe größer werden. Während viele Flachwassertiere ein sehr beschränktes Areal bewohnen, umfaßt das Verbreitungsgebiet der meisten Tiefseetiere größere Erdenräume. Zweifellos hängs dies mit der schon oben erwähnten Einförmigkeit der Lebensbedingungen in der Tiefsee zusammen. Trotzdem wäre es falsch, von einem generellen Kosmopolitismus der Abyssalbewohner zu reden. Auch in der Tiefsee macht sich bis zu einem gewissen Grade eine Differenzierung bemerkbar, die uns gestattet, ein noch unter dem Einfluß der Landnähe stehendes, im allgemeinen bis 1000 m hinabreichendes Küstenabyssal von einem die tieferen Meeresgründe umfassenden Hochseeabyssal zu unterscheiden. Es mag dahingestellt bleiben, ob diese Gliederung der Tiefsee für alle Tiergruppen durchführbar ist. Jedenfalls lassen die Hornkorallen (Gorgonarien), die deutlich eine Ausbreitung längs der Kontinentalsockel zeigen, aber die Böden des Hochsee-Abyssals meiden, eine derartige Unterscheidung als gerechtfertigt erscheinen. Aber selbst innerhalb des Hochseeabyssals ist die Tierbevölkerung keineswegs gleichmäßig verbreitet. Im nördlichen Teile des Atlantischen Ozeans spielt der Wyville-Thomson-Rücken die Rolle einer Faunenscheide, und gleich den Wüsten des Festlandes wirken die mit tiefem Schlamm bedeckten, nur für wenige Tiere bewohnbaren Tiefseeböden als Schranken der Verbreitung.

Der Anteil der einzelnen Tierstämme an der Zusammensetzung der Tiefseefauna ist recht verschieden. Bei einer Beschränkung auf die höheren systematischen Kategorien wird man die Glasschwämme (Hexactinelliden), die Seelilien (Crinoideen) und die Fischfamilie der Macruriden als für das Abyssal charakteristisch bezeichnen dürfen. Aber auch diese Tiergruppen zeigen, wie die übrigen Bewohner der Tiefsee, enge Beziehungen zur Fauna des Litorals. Die heutige Tiefseefauna erweist sich als eine verarmte, durch spezielle Anpassungen an ihren Lebensraum etwas modifizierte Flachwasserfauna, und zwar scheint die Besiedelung der Tiefseeböden hauptsächlich vom tropischen Litoral ihren Ausgang genommen zu haben.

Schwer zu beantworten ist die Frage nach dem Alter der heutigen Tiefseefauna. John Murray nimmt an, daß die gesamte Wassermasse der Weltmeere zu Anfang des Mesozoikums annähernd die gleiche Temperatur besessen habe und die Tiefen der Ozeane damals nicht mit Tieren bevölkert gewesen seien. Eine Besiedlung des Abyssals sei erst möglich geworden, seit durch die Ausbildung von Klimazonen das polare Meerwasser eine Abkühlung erfahren habe und als dichteres, sauerstoffreicheres Wasser in die Tiefen hinabgeglitten sei und diese bewohnbar gemacht habe für tierische Organismen. Die Differenzierung der Klimazonen ist nach Murray in der Mitte oder gegen das Ende des Mesozoikums erfolgt, eine Auffassung, gegen die vor allem die Erwägung spricht, daß die Sphäroidform des Erdkörpers in allen geologischen Epochen eine ungleiche Erwärmung der Erdoberfläche und damit das Vorhandensein von Klimazonen bedingt hat. Nach MURRAY wäre die Bildung der heutigen Tiefseefauna frühestens in die Jura- oder Kreidezeit zu verlegen. Tatsächlich kennen wir unter den rezenten Bewohnern des Abyssals kaum eine Art, die Anklänge an die Fauna des Paläozoikums zeigt, wenn wir von den mit kambrischen und devonischen Formen verwandten Brachiopoden der Tiefsee absehen. Diese kommen aber für eine Beurteilung der Frage nach dem Alter der Abyssalfauna nicht in Betracht, da auch in der Flachsee Armfüßer von ausgesprochen paläozoischem Gepräge auftreten. Sehr deutlich sind die Beziehungen der heutigen Tiefseefauna zu der Tierwelt des Mesozoikums. Die abyssale Seeliliengattung *Pentacrinus* ist fossil seit der Trias bekannt, ebenso die Krebsfamilie der Eryoniden, die z. B. in prächtig erhaltenen Exemplaren im Solnhofener Schiefer vorkommt und in der rezenten Tiefseefauna durch die blinden Gattungen *Polycheles* und *Willemoesia* vertreten wird. Die in der Tiefsee lebende Schwammfamilie der Euretiden ist kretazeischen Ursprungs, wie ja auch die Seeigel und die Kreiselkorallen der Tiefsee fast sämtlich Gattungen der Kreidezeit angehören. So trägt die heutige Tiefsee im wesentlichen ein mesozoisches Gepräge, eine Tatsache, die um so bemerkenswerter ist, als die Beziehungen der rezenten Abyssalfauna zur Tertiärfauna recht lockere sind. Einige Tiergruppen haben offenbar erst in jüngster Zeit die Tiefsee erobert. Wir werden daher annehmen müssen, daß die Besiedlung des Abyssals im wesentlichen im jüngeren Mesozoikum erfolgt ist, daß aber auch noch in posttertiärer Zeit eine Invasion von Litoraltieren stattgefunden hat. So erweist sich die Tiefsee im allgemeinen weder als ein eigenes Schöpfungszentrum noch als eine Zufluchtsstätte besonders altertümlicher, durch einfache Organisationsverhältnisse ausgezeichneter Tierformen.

Das Pelagial. Das Pelagial umfaßt die vom Boden unabhängige Tierwelt des freien Wassers, die in besonders dichter Verteilung die oberen 200 m bevölkert, aber, wenn auch in geringerer Zahl, noch die größten Tiefen der Weltmeere bewohnt. An dem Aufbau des Pelagials beteiligen sich in erster Linie Foraminiferen, Radiolarien, Quallen (Medusen), Röhrenquallen (Siphonophoren), Rippenquallen (Ctenophoren), Pfeilwürmer (Chaetognathen), die beiden zu den Borstenwürmern gehörenden Familien der Alciopiden und Tomopteriden, unter den Krebsen die Copepoden und Schizopoden, ferner die Flügelschnecken (Pteropoden), Kielschnecken (Heteropoden), die Salpen, Fische und Bartenwale (Mysticeten). Sowohl die Schwebefauna (Plankton) als auch das Heer der ozeanischen Schwimmer (Nekton), die unabhängig von Wind und Wellen eigene Bahnen verfolgen, zeigen mannigfache Anpassungen an das Leben im freien Wasser. Zahlreiche pelagische Tiere zeichnen sich durch einen Mangel an lichtabsorbierenden Pigmenten aus, eine Anpassung, die wohl einen Schutz gegen schädliche Lichtwirkungen darstellt. So finden wir unter Medusen, Siphonophoren, Ctenophoren,

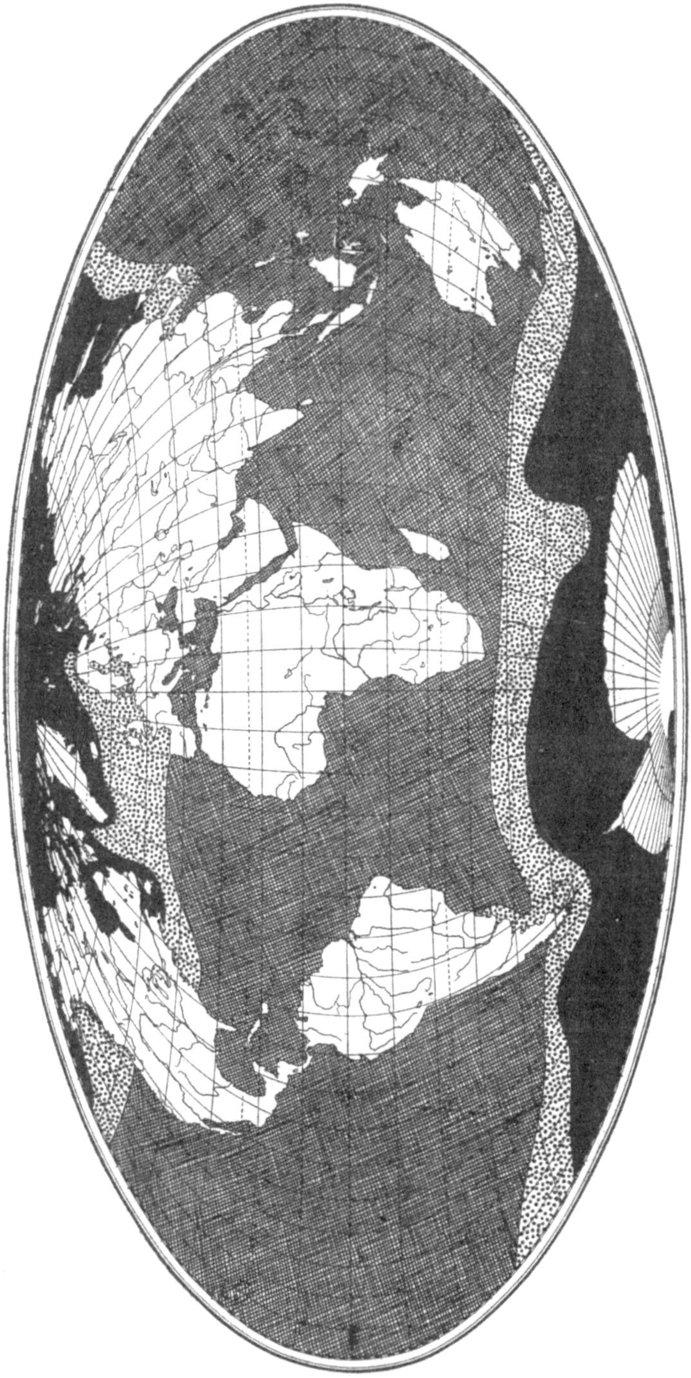

Fig. 45. Regionen des pelagischen Lebensbezirkes. Zwischen die kontinuierlich entwickelte tropische Warmwasserzone (schraffiert) und die arktische und antarktische Kaltwasserzone (schwarz) schieben sich schmale Übergangszonen (punktiert) ein. Nach J. MEISENHEIMER.

Chaetognathen, Mollusken, Crustaceen, Salpen und Fischen zahlreiche »Kristalltiere«, die durchsichtig sind wie das Meerwasser, in dem sie leben. Das Plankton besitzt viele Einrichtungen, die dazu dienen, durch Erhöhung des Reibungswiderstandes und Verringerung des spezifischen Gewichts das Schweben im Wasser zu erleichtern. Dahin gehören alle der Vergrößerung der Oberfläche dienenden Fortsätze und Anhänge des Körpers, sein hoher Wassergehalt, die Speicherung von Lipoiden und die Ausbildung von Hohlräumen, die mit Gasen gefüllt sind. Wie bei den Bodentieren der Schelfsee (S. 186) können wir auch in der Verbreitung des Pelagials drei Zonen unterscheiden, eine zirkumtropische Warmwasserzone und eine arktische und eine antarktische Kaltwasserzone, zwischen die sich schmale Übergangszonen einschalten (Fig. 45). Während das litorale Warmwassergebiet in eine Anzahl getrennter Areale zerfällt, denen die Tiergeographie den Rang eigener Subregionen zuerkennt (S. 187), ist die zirkumtropische Warmwasserzone des Pelagials durchaus kontinuierlich entwickelt. Dies beruht darauf, daß auf der südlichen Halbkugel die Gewässer um Tasmanien und an der Südspitze von Afrika eine pelagische Fauna von subtropischem Charakter beherbergen. Hier ist also für pelagische Tiere ein ungehinderter Formenaustausch zwischen dem Atlantischen und dem Indopazifischen Ozean möglich. Eine Sonderstellung nimmt in dem tropischen Warmwassergebiet des Atlantischen Ozeans die Fauna der Sargasso-See ein, die gewissermaßen eine litorale Enklave inmitten des Pelagials darstellt. Die Mischgebiete, die im Norden den Übergang aus dem tropischen Warmwassergürtel in die arktische Kaltwasserzone vermitteln, umfassen die unter der Herrschaft des Golfstromes und des Kuro Shio stehenden Gewässer. Im Süden, wo die Abgrenzung dieses Übergangsgebiets noch unsicher ist, sind Warmwassertiere noch südlich von Kap Horn und südlich der Kerguelen nachgewiesen worden.

Die Verteilung der Landmassen bringt es mit sich, daß die Schelfsee der Tropen in zwei getrennte Areale zerlegt wird, zwischen denen kein nennenswerter Formenaustausch möglich ist. Denn eine Wanderung um die von tief temperierten Meeresströmungen und kaltem Auftriebwasser umspülten Südspitzen der Kontinente herum kommt für Tropenbewohner im allgemeinen nicht in Frage, wie auch die schmalen Verbindungen, die durch den Suezkanal und den Panamakanal geschaffen worden sind, schon wegen ihrer geringen Tiefe nur von wenigen Meerestieren als Wanderstraßen benutzt werden können. Man sollte also erwarten, daß sich zwar innerhalb des indopazifischen Gebiets wegen der dort bestehenden Möglichkeit des Formenaustausches eine mehr oder minder gleichartige Fauna entwickelt habe, daß sich aber unter dem Einflusse geographischer Isolierung erhebliche Unterschiede in der Zusammensetzung der Tierwelt des atlantischen und des indopazifischen Warmwassergebietes herausgebildet hätten. In der Tat wird diese Vermutung durch das Verhalten mancher mariner Tiergruppen durchaus bestätigt.

In anderen Fällen finden wir aber Übereinstimmungen zwischen der atlantischen und der indopazifischen Warmwasserfauna, die nicht als Konvergenzerscheinungen gedeutet werden können und daher einer Erklärung bedürfen. Damit kommen wir zu der Frage nach der Existenz ehemaliger Wasserverbindungen zwischen dem Atlantischen und dem Indopazifischen Ozean.

Atlanto-pazifische Meeresverbindungen. Die Ähnlichkeit der Molluskenfauna und der Fischfauna auf beiden Seiten der Landenge von Panama ist so groß, daß die Tiergeographie das Postulat einer ehemaligen atlanto-pazifischen Meeresverbindung erheben müßte, auch wenn es nicht durch geologische Befunde gestützt würde. Tatsächlich wissen wir aber, daß die Landverbindung zwischen den amerikanischen Kontinenten erst seit dem Ende der Tertiärzeit besteht. Die Meeresstraße, die noch zur Pliozänzeit an Stelle des heutigen Mittelamerikas Atlantischen und Pazifischen Ozean verband, kann nur eine geringe Tiefe besessen haben und muß dauernd von einer ostwärts gerichteten Meeresströmung durchflutet worden sein, die zwar planktonische Larven aus dem Pazifischen in den Atlantischen Ozean verfrachtete, aber westindischen Formen die Wanderung nach Westen verwehrte. Nur diese Annahme erklärt in befriedigender Weise die Tatsache, daß sämtliche Anthozoen, die die mittelamerikanische Meeresverbindung als Wanderweg benutzten, Flachwasserbewohner sind und daß zwar pazifische Formen das Antillenmeer besiedelt haben, von den endemischen Gattungen Westindiens aber nicht eine einzige an die pazifische Küste Amerikas gelangt ist.

Atlanto-indische Meeresverbindungen. Auf eine noch vor dem Einbruch des Roten Meeres vorhandene Wasserverbindung zwischen Atlantischem und Indischem Ozean über das heutige Vorderasien hinweg deuten gewisse Tatsachen in der Verbreitung der Seeigel, während die räumliche Verteilung anderer Tiergruppen, die man gleichfalls als Beweise zugunsten dieser Auffassung herangezogen hat, sich bei kritischer Nachprüfung als nicht stichhaltig erwiesen hat. Die auffällige Ähnlichkeit zwischen den Tiefsee-Aktinien des Golfes von Bengalen und atlantischen Tiefseeformen kann natürlich auf einer Durchwanderung dieser atlanto-indischen Meeresstraße beruhen, läßt aber auch die Erklärung einer Wanderung um die Südspitze von Afrika zu, da es sich um Arten handelt, die an die niederen Temperaturen des ozeanischen Bodenwassers angepaßt sind. Allerdings müßten wir annehmen, daß diese Tiefsee-Aktinien ein erheblich größeres Areal bewohnen, als die bisherigen Funde vermuten lassen.

Ein viel erörtertes Problem der marinen Tiergeographie betrifft die Frage nach den Beziehungen der mediterranen zur erythräischen Tierwelt. An der Landenge von Suez werden zwei durchaus verschiedene marine Faunen durch eine nur 150 km breite Barriere voneinander getrennt, eine Schranke, die in neuerer Zeit dreimal geöffnet worden ist.

1869 wurde der Durchstich des heutigen Suezkanals vollendet, so daß die Verbindung zwischen dem Roten Meer und dem Mittelmeer schon mehr als ein halbes Jahrhundert besteht. Allerdings wird durch die Beschaffenheit des Kanals eine Migration der Tierbevölkerung nicht gerade begünstigt. Wie die Einbeziehung der Bitterseen in die Kanalzone etwaige Einwanderungen mindestens verzögert, so erweist sich der Schlammüberzug des Bodens und der hohe Salzgehalt des Kanalwassers für viele marine Tiere als ein nicht leicht zu überwindendes Hindernis. Auch erschweren der durch den Dampferverkehr erzeugte starke Wellenschlag und die Tätigkeit der Bagger die Ansiedlung einer im Vorrücken begriffenen Bodenfauna. Immerhin zeigen die Funde der Cambridge-Expedition (1924), daß die Fauna des Suezkanals erheblich reicher ist, als man bisher angenommen hat, und daß an ihrem Aufbau im wesentlichen erythräische Formen beteiligt sind. Dem Suezkanal des Altertums, der gleichfalls die Isthmusseen benutzte, werden wir keine erhebliche Bedeutung für den Formenaustausch zwischen Mittelmeer und Rotem Meer zuschreiben können. Denn er mündete in den östlichen Nilarm, erhielt also ein so stark ausgesüßtes Wasser, daß stenohaline Tiere ihn keineswegs passieren konnten. Anders steht es dagegen mit den Lagunen, die noch im Pleistozän auf der Landenge von Suez bestanden und eine immerhin kontinuierliche Verbindung zwischen der erythräischen und der mediterranen Tierwelt herstellten. Auf die Existenz dieser pleistozänen Wasserstraße sind wohl auch die heute vorhandenen Übereinstimmungen in der Fauna der beiden Meere zurückzuführen. Die Zahl der Arten, die einen gemeinsamen Besitz des Roten und des Mittelländischen Meeres bilden, hat durch die neuesten Untersuchungen von W. STEINITZ eine beträchtliche Vermehrung erfahren. Dieser Forscher fand in der Bucht von Haifa eine Anzahl indoerythräischer Formen, die in erheblicher Individuenzahl vorkommen und deren Auftreten nicht durch gelegentliche Verschleppung erklärt werden kann. Unter den eingewanderten Fischen seien Arten der Gattungen *Teuthis*, *Caranx*, *Epinephelus*, *Scarichthys*, *Hemiramphus*, *Clupea* und *Monacanthus*, von dekapoden Krebsen *Neptunus pelagicus* und *Charybdis sexdentata*, von Muscheln *Meleagrina margaritifera* genannt.

Archhelenis. Für viele Bodentiere der Flachsee stellen die Schlammgründe des Hochseeabyssals ein Verbreitungshindernis dar, das nur überwunden werden kann, wenn Meeresströmungen den Transport der pelagischen Larven übernehmen. Daß auf diese Weise tatsächlich Tiefseeareale von nicht zu großer Ausdehnung überbrückt werden können, zeigt das Beispiel der Bermuda-Inseln. 76% der Aktinien und 94% der Hornkorallen, die im Litoral dieser Inselgruppe heimisch sind, kommen auch in Westindien vor, und zwar handelt es sich um Arten, die auf diese beiden Gebiete beschränkt sind, also auch nicht aus anderen Gewässern eingewandert sein können. Sollte bei diesem Sachverhalt die Annahme zu kühn erscheinen, daß hier jene Meeresströmung das Transportmittel gebildet hat, die mit einer Geschwindigkeit von 100—120 Seemeilen im Etmal als Floridastrom Westindien verläßt und in nahezu geradlinigem Verlaufe den Bermuda-Inseln zustrebt? Freilich wird hierbei auch der an der Außenseite der westindischen Inseln nach NW fließenden Antillenströmung ein bescheidener Anteil zufallen. Daß die planktonischen Larven sessiler Bodentiere mit Hilfe von Meeresströmungen etwa den Atlantischen Ozean überqueren könnten, erscheint wegen der kurzen Dauer des Larvenlebens ausgeschlossen. Dies gilt z. B. für die Brachiopoden, deren Verbreitungsbild Blochmann nur durch die Annahme einer ehemaligen Landverbindung zwischen Afrika und Südamerika erklären zu können glaubt. Freilich könnte man daran denken, daß die erwachsenen Tiere auf treibendem Tang die Reise über den Ozean zurücklegen. Doch kommt ein solcher Transport nur für wenige Tiergruppen, wie Seeanemonen und Seescheiden, in Frage. Für andere Tiere, die sich nur auf festem Untergrunde, nicht aber auf marinen Algen ansiedeln, scheidet auch diese Möglichkeit der Verfrachtung aus. Wenn wir also feststellen, daß manche Bodentiere Westindiens, bei denen an eine Verbreitung durch Meeresströmungen nicht zu denken ist, im europäischen Mittelmeer durch vikariierende Arten vertreten werden, wird man den Schluß ziehen müssen, daß hier in der Vorzeit eine Landverbindung bestanden hat, die eine Wanderung von Kontinent zu Kontinent ermöglichte. v. Ihering hat eine Reihe wichtiger Tatsachen aus der Verbreitung der Landtiere angeführt, die die Existenz einer von ihm als Archhelenis bezeichneten südatlantischen Landverbindung bis ins Eozän hinein wahrscheinlich machen. Für die marinen Bodentiere ist diese Landbrücke, deren Nordrand etwa zwischen Marokko und Westindien lag, offenbar noch zu einer Zeit von Bedeutung gewesen, als sie für Landtiere durch Einbrüche schon unpassierbar geworden war.

Ehemalige Landverbindungen in den Polargebieten. Die zirkumpolare Verbreitung vieler arktischer Flachwasserbewohner läßt sich in befriedigender Weise nur durch die Annahme erklären, daß die Tiefenverhältnisse des Nordpolarmeeres früher wesentlich andere gewesen sind als heutzutage. Für eine bis ins Pleistozän reichende Landverbindung zwischen Nordeuropa und Nordamerika spricht ja auch die geographische Verbreitung vieler Landtiere. Im nördlichen Teile des Stillen Ozeans liegen die Verhältnisse insofern einfacher, als hier die Ähnlichkeit der Litoralfaunen von Japan und Kalifornien ohne Schwierigkeit aus den Verhältnissen der Gegenwart erklärt werden kann. Die Inselbögen der Kurilen und Aleuten begünstigen eine Wanderung von Litoraltieren außerordentlich, und auch die Richtung der Meeresströmungen, insbesondere der Kuroschio-Trift, unterstützt eine Immigration ostasiatischer Faunenelemente an der Westküste Nordamerikas.

Auch der antarktische Kontinent dürfte in der Vorzeit eine größere

Ausdehnung besessen haben als heutzutage. Wenigstens spricht die Verbreitung gewisser Bewohner der Schelfsee entschieden zugunsten einer pazifischen Landverbindung zwischen Südamerika und Südaustralien. Wie die Primnoiden und Isididen in der Schelfsee dieser beiden Kontinente eine weitgehende Übereinstimmung zeigen, so verknüpfen enge verwandtschaftliche Bande die Bryozoenfauna Neuseelands mit derjenigen Südamerikas. Daß auch die Verbreitung der Beuteltiere, gewisser Krebse und Käfer anscheinend sichere Beweise für die ehemalige Existenz einer pazifischen Landverbindung zwischen Südamerika und Australien liefert, wird noch später erörtert werden. Mit dieser Feststellung soll natürlich nicht behauptet werden, daß der antarktische Kontinent der Vorzeit die Lage und Ausdehnung gehabt habe, die v. Ihering seiner Archinotis zuschreibt. Mit vollem Recht hat Marcus erst kürzlich hervorgehoben, daß für eine genauere zeitliche und räumliche Bestimmung der südpazifischen Landbrücke die geologischen und paläontologischen Grundlagen noch fehlen.

Korallenriffe. Zwischen der Steinkorallenfauna des atlantischen und des indopazifischen Gebiets bestehen wesentliche Unterschiede. Diese Differenzierung, die uns am eindrucksvollsten an der Ost- und Westküste Zentralamerikas entgegentritt, reicht bis in das Pliozän zurück. Zahlreiche indopazifische Gattungen, die heute der Fauna Westindiens fehlen, lebten noch im Oligozän im südlichen Teile der Vereinigten Staaten, in Westindien und Zentralamerika. In der rezenten Steinkorallenfauna Westindiens ist dieser pazifische Einschlag nicht mehr erkennbar. Wenn wir also auch im allgemeinen nicht von einer zirkumtropischen Verbreitung der Gattungen und Arten der Steinkorallen sprechen können, so ist das Phänomen der Riffbildung doch an die Tropenzone gebunden. Im wesentlichen ist die geographische Verbreitung der Korallenriffe eine Funktion der Temperatur. Nur in Meeresteilen, deren Wassertemperatur auch im Mittel des kältesten Monats nicht unter + 22° C sinkt und deren absolutes Jahresminimum nicht mehr als + 18° C beträgt, vermögen riffbildende Korallen freudig zu gedeihen. Sie sind daher im allgemeinen auf die Tropenmeere beschränkt; ihre Verbreitung innerhalb der Wendekreise wird durch kalte Meeresströmungen und Auftriebwasser stark beeinflußt. An der Westküste Afrikas beeinträchtigt der kalte Benguelastrom die Entwicklung von Korallenriffen, an der Westküste Südamerikas übt der Perustrom die gleiche Wirkung aus. Umgekehrt schiebt sich im Bereiche warmer Meeresströmungen, wie des Golfstromes und des Kuroschio, die Polargrenze der Korallenbauten weit nach Norden vor. Süßwasser wirkt auf alle Riffkorallen tödlich. Daher sind der Küste vorgelagerte Korallenriffe überall da durchbrochen, wo sich Flüsse ins Meer ergießen. Umgekehrt hat man mit Recht darauf hingewiesen, daß das große Lagunenriff Neu-Kaledoniens sich nur deshalb so zusammenhängend entwickeln konnte, weil große Flußläufe fehlen. Die Empfindlichkeit gegen Verunreinigungen des Meerwassers ist bei den Steinkorallen recht verschieden ausgebildet. Finden sich auch bisweilen lebende Riffe in einem durch Sedimente stark getrübten Meerwasser, so ist die Ablagerung von Schlamm auf Korallengründen doch bei weitem die häufigste Ursache für den Eintritt des akzidentellen Todes der Riffbildner. In der Nähe tätiger Vulkane gehen die Steinkorallen meistens infolge der durch den Aschenregen hervorgerufenen Verunreinigungen des Wassers zugrunde. Da zahlreiche physikalische und chemische Bedingungen erfüllt sein müssen, um den Prozeß der Riffbildung zu ermöglichen, so ist es leicht verständlich, daß die Korallenriffe ein außerordentlich zerklüftetes, diskontinuierliches Verbreitungsareal aufweisen (Fig. 46). Ihre üppigste Entfaltung zeigen die Korallenbauten im Stillen Ozean. Über 100 Längengrade und mehr als 55 Breitengrade erstreckt sich dort eine Zone reichlichster Riffbildung von der Westküste Neu-Guineas bis zu den Paumotu-Inseln und von Laysan (25° N) bis zu den Lord-Howes-Inseln (31° S). Das Meer zwischen Neu-Kaledonien und dem Louisiade-Archipel trägt wegen seines Reichtums an Riffbildungen den Namen Korallenmeer. Im Indischen Ozean, der gleichfalls ein bevorzugtes Gebiet der Riffkorallen ist, liegen die nördlichsten Riffe an der Sinaihalbinsel unter 30° nördlicher Breite; auf der südlichen Halbkugel erreicht die Polargrenze der Korallenbauten an der Küste von Natal die gleiche Breite. Nicht im entferntesten können sich mit den ausgedehnten Riffbildungen des indopazifischen Gebietes die Korallenbauten des Atlantischen Ozeans messen. Nur in Westindien entfalten die Riffkorallen eine bescheidene Blüte. Ihre Nordgrenze wird im Atlantischen Ozean durch die Bermuda-Inseln (32° N), ihre Südgrenze durch die Abrolhosbank (18° S) bezeichnet. Als stenotherme Warmwassertiere sind die Erbauer der Korallenriffe auf die obersten Meeresschichten beschränkt. In Tiefen von 20—30 m zeigen sie das üppigste Wachstum; 50 m wird man im allgemeinen als die äußerste Tiefengrenze der Riffbildner annehmen können. Doch ist hierbei zu beachten, daß sich diese Angaben nur auf die Korallenriffe im engeren Sinne beziehen, d. h. diejenigen korallinen Bildungen, die dicht unter dem Meeresspiegel liegen. Korallenbänke, also von Steinkorallen gebildete Ablagerungen in Tiefen von mehr als 100 m, finden sich auch in den gemäßigten Zonen. Im Atlantischen Ozean liegen die nördlichsten hauptsächlich von *Lophohelia prolifera* gebildeten Korallenbänke sogar jenseits des Polarkreises bei den Lofoten. Im Trondhjemsfjord, wo sie an eine Wassertemperatur von mindestens + 6,6° C gebunden sind, beginnen sie in 200 m Tiefe und reichen so weit hinab wie das warme atlantische Wasser (600 m). Arten, die keine Riffe und Bänke bilden, kommen auch noch in höheren Breiten vor. Wie in der Arktis Steinkorallen auf dem Grunde der Davisstraße wachsen, so haben die Expeditionen des »Gauß« und des »Pourquoi pas« lebende Vertreter dieser Tiergruppe unweit der Küste des antarktischen Festlandes nachgewiesen. Die Polargrenzen der Steinkorallen (Fig. 46) fallen

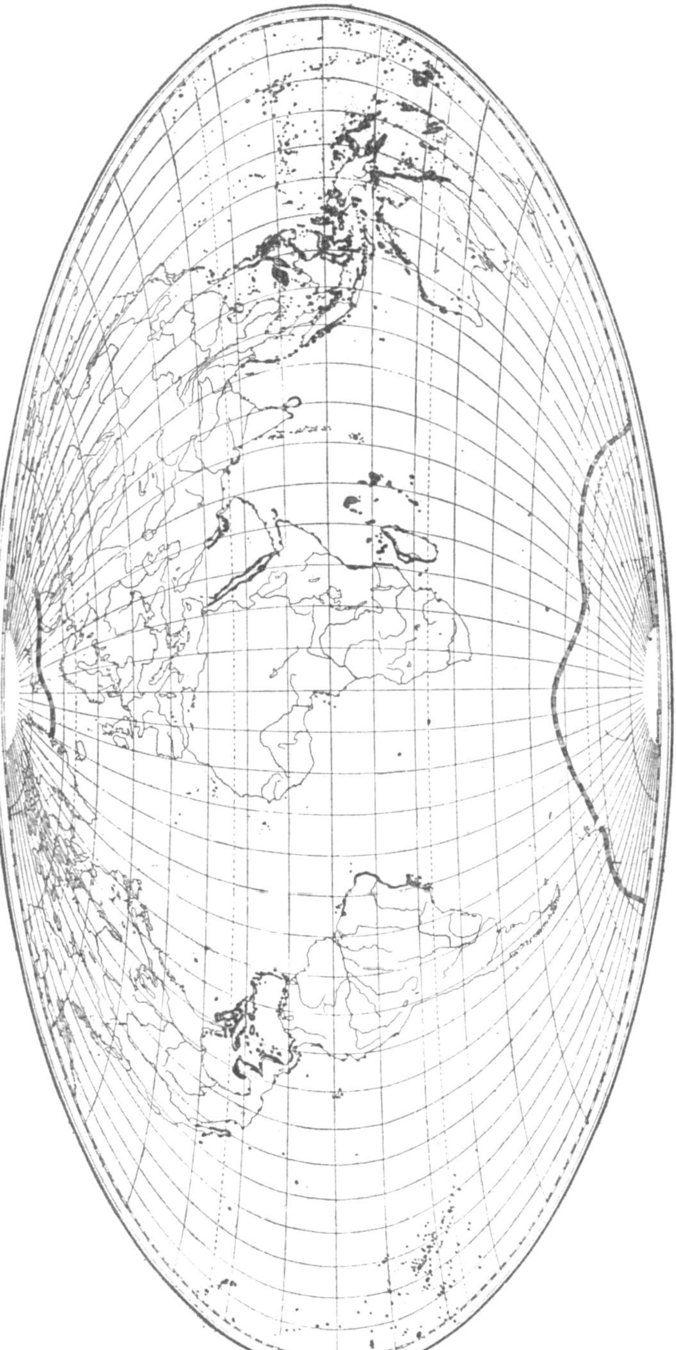

Fig. 46. Verbreitung der Korallenriffe. Die Grenzen der Riffbildung fallen nicht mit den Polargrenzen der Steinkorallen zusammen. Nach L. JOUBIN und F. PAX.

also keineswegs mit den Grenzen der Riffbildung zusammen. Den scheinbaren Widerspruch, daß das Phänomen der Riffbildung zwar auf die Tropenzone beschränkt ist, mit den Riffbildnern nahe verwandte Korallen aber sogar in den Polarmeeren vorkommen, ist nach THÉEL physiologisch zu erklären. Durch die höhere Temperatur des Meerwassers in den Tropen wird die Sprossung der Steinkorallen so beschleunigt,

Fig. 47. Lebendes Korallenriff (Australisches Barrierriff). — Nach W. SAVILLE-KENT.

daß ein Wachstum von Zweigen gar nicht mehr stattfindet, sondern daß Kelch neben Kelch zu stehen kommt. Das Fehlen von Riffen in den kälteren Meeren beruht also nicht darauf, daß dort keine Steinkorallen zu leben vermögen, sondern auf dem Einfluß, den die Temperatur auf die Wuchsform der Riffbildner ausübt.

Bedeutung der Eiszeit für den Aufbau der Korallenriffe. In den letzten Jahrzehnten ist von mehreren Seiten übereinstimmend auf die große Bedeutung hingewiesen worden, die der Eiszeit für den Aufbau der Korallenriffe zukommt. Wie die Bildung polarer Eiskappen ein Sinken des Meeresspiegels herbeiführen mußte, so hat das Abschmelzen der Gletscher am Ausgange der Eiszeit zweifellos ein Steigen des Meeres ausgelöst. Der Betrag dieser positiven Niveauänderung wird auf 70 bis 150 m geschätzt. Nach VAUGHANS Messungen des Wachstums lebender Riffkorallen genügen zum Aufbau eines Riffes von 46 m Mächtigkeit 1800—7500 Jahre; einige besonders schnellwüchsige Arten vermögen nach GARDINERS Beobachtungen diese Leistung sogar schon in 1000 Jahren zu vollbringen. Demnach hat der Aufbau der meisten rezenten Korallenriffe 10 000—30 000 Jahre gedauert, so daß wir für einen großen Teil der korallinen Bildungen eine postglaziale Entstehung annehmen dürfen.

Die Bipolarität der Meeresfaunen. Neben dem Problem der zirkumtropischen Verbreitung mariner Tiere ist es vor allem die Erscheinung der sogenannten Bipolarität der Meeresfaunen, die einer Erklärung bedarf. Unter Bipolarität versteht man die Tatsache, daß die marine Tierwelt der Arktis enge Beziehungen zu derjenigen der Antarktis aufweist. In vielen Fällen beruht die große habituelle Ähnlichkeit der heute durch ein breites Warmwassergebiet getrennten polaren Faunen gewiß nicht auf innerer Verwandtschaft, sondern Anpassung und Auslese haben sich unter der Wirkung ähnlicher Lebensbedingungen in der Arktis und Antarktis in analoger Weise vollzogen. So ist die Bipolarität der Meeresfaunen zum Teil durch Konvergenz bedingt, zum Teil erweist sie sich als ein negatives Merkmal, indem sie auf dem Fehlen einer Anzahl für die Meere der Tropen wie der gemäßigten Zone sehr charakteristischer Gruppen beruht. Als eine positive Übereinstimmung wird man es jedoch bezeichnen müssen, wenn gewisse in den Kaltwassergebieten der Tropen durch wenige Spezies vertretene Gattungen in den polaren Meeren eine gesteigerte Artentwicklung zeigen oder wenn gar Familien, Gattungen oder Arten in ihrer Verbreitung auf die Arktis und Antarktis beschränkt sind, den Zwischengebieten aber vollkommen fehlen. Unter den Tieren der Schelfsee ist diese Bipolarität in verschieden hohem Maße entwickelt. Während sie bei Kalkschwämmen, Seesternen, Haarsternen, Seeigeln, Seegurken, Amphipoden, Asseln und Fischen, wahrscheinlich auch bei Mollusken fehlt, ist sie bei Hydroiden, Gephyreen, Polychaeten, Cumaceen und Schizopoden deutlich vorhanden. Am stärksten ausgesprochen ist die Erscheinung der Bipolarität bei den Organismen des pelagischen Lebensbezirkes, wo sie bei Quallen, Flügelschnecken, Appendicularien und Copepoden nachgewiesen werden konnte. Über die Bipolarität in der Verbreitung der Tiefseetiere sind die Meinungen der Forscher geteilt.

Die zuerst von THÉEL ausgesprochene, später von PFEFFER eingehend begründete Reliktenhypothese erblickt in den marinen Polarfaunen der Gegenwart Überbleibsel einer in der Vorzeit über den ganzen Erdball verbreiteten Warmwasserfauna. Die Annahme einer derartigen Universalfauna setzt ein gleichmäßig warmes Klima voraus, wie es nach der Annahme mancher Geologen am Ende des Mesozoikums und noch im älteren Tertiär bestanden hat. Mit der Entstehung der Klimazonen ging eine Differenzierung der alten Universalfauna Hand in Hand. Tiere, die sich der Temperaturerniedrigung des Meerwassers in den Polargebieten nicht anpassen konnten, gingen zugrunde. Infolgedessen ist die marine Tierwelt der Arktis und Antarktis verhältnismäßig artenarm. Eine Umbildung der polaren Faunen soll nach der Reliktenhypothese durch die Einförmigkeit der Lebensbedingungen in den Polargebieten verhindert worden sein, während in dem zirkumtropischen Warmwassergürtel die Mannigfaltigkeit des Milieus den Prozeß der Artbildung gefördert haben soll. Gegen die Reliktenhypothese spricht vor allem — abgesehen von der problematischen Entstehung der Klimazonen (S. 190) — die Annahme, daß eine Umbildung der Fauna gerade in den tropischen Warmwassergebieten stattgefunden haben soll, wo die Lebensbedingungen der Meeresbewohner sich zweifellos wenig geändert haben, während in den Polargebieten, in denen sich ein sehr erheblicher Klimawechsel vollzog, sich die Tierwelt unverändert erhalten haben soll. Wenn ferner die Faunendifferenzierung durch ein generelles Prinzip bewirkt worden wäre, wie die Reliktenhypothese es annimmt, so sollte man erwarten, daß die Erscheinung der Bipolarität sich in der Verbreitung aller Litoraltiere nachweisen ließe, deren geologisches Alter bis in das Mesozoikum zurückreicht. Diese Vermutung trifft keineswegs zu, vielmehr finden wir umgekehrt eine ausgesprochene Bipolarität gerade bei einer Tiergruppe, die fossil erst im oberen Tertiär auftritt, den Pteropoden. Diese Schwierigkeiten will die zuerst von dem Polarfahrer Ross, später von Ortmann aufgestellte Migrationshypothese durch die Annahme beseitigen, daß die unleugbare Ähnlichkeit der marinen Faunen der Arktis und Antarktis auf einer Wanderung der Tiere von Pol zu Pol beruht. Für die Litoraltiere hat man zwei Wege in Anspruch genommen: eine Wanderung auf dem Boden der Tiefsee und eine solche längs der von kalten Meeresströmungen bespülten Westküsten Amerikas und Afrikas. In der Tat wissen wir, daß manche Gattungen und Arten, die in niederen Breiten in großen Meerestiefen vorkommen, in den polaren Meeren im Flachwasser gefunden werden. Für eurybathe, stenotherme Kaltwassertiere wird also die Möglichkeit eines Formenaustausches über den Boden der Tiefsee hinweg zugegeben werden müssen. Bezüglich der Migration längs der Westküsten der Kontinente liegen die Verhältnisse insofern anders, als hier kein kontinuierlicher Wanderweg für Kaltwasserbewohner vorhanden ist. Zwar wissen wir, daß einzelne Bodentiere der subantarktischen Gewässer an der Westküste Südamerikas bis in die Tropenzone vordringen, aber in jedem Falle müßte eine mehr oder minder breite Warmwasserzone von ihnen überschritten werden, ehe sie wieder in tief temperierte Meeresströmungen polaren Ursprungs gelangen. Die bipolaren Tiere des Pelagials sollen hypothetische Tiefenströme von Pol zu Pol tragen. Nach der Meisenheimerschen Hypothese, die sich hauptsächlich auf die Verbreitungsverhältnisse der Pteropoden stützt, sind die bipolaren Meerestiere von der tropischen Warmwasserfauna abzuleiten. Unter den Pteropoden finden sich neben Arten, die streng an die äquatorialen

Warmwassergebiete gebunden sind, auch Spezies, die gegen Temperaturschwankungen weniger empfindlich sind und daher auch in höhere Breiten vordringen. Bei einigen Pteropoden hat diese Anpassung an kühlere Stromgebiete weitere Fortschritte gemacht, so daß sie in der Tropenzone bereits spärlich auftreten und die größte Dichte des Vorkommens in die Randzone der Tropen fällt. Als Endglied dieser allmählichen Wanderung und Anpassung an kaltes Wasser sind nach der Meisenheimerschen Hypothese die bipolaren Arten zu betrachten. Bei ihnen ist es zur Scheidung des ursprünglich einheitlichen Verbreitungsgebietes in zwei durch eine Warmwasserzone getrennte Areale gekommen.

Die Verbreitung der Süßwassertiere.

Der Lebensraum der Süßwassertiere. Nur ein kleiner Teil der Erdoberfläche wird von Süßwasser bedeckt. Schon die geringe Flächenausdehnung dieses Lebensraumes bedingt zahlreiche Eigentümlichkeiten in der Verbreitung seiner tierischen Bewohner. Von dem größten Binnengewässer der Erde, dem Kaspi-See, der 438 000 qkm umfaßt, führt eine kontinuierliche Reihe der verschiedensten Gewässertypen bis hinunter zu den nur von Niederschlägen gespeisten Himmelsteichen, Schmelzwassertümpeln und Regenpfützen, den von Pflanzenwuchs erfüllten Weihern ohne offenen Wasserspiegel und den feuchten Moosrasen auf Felsen, Bäumen und Dächern. Diesen Kleingewässern gemeinsam ist eine verhältnismäßig kurze Lebensdauer. Die in ihnen lebenden Wassertiere müssen sich daher ebenso gegen die Gefahr des Austrocknens durch die Ausbildung widerstandsfähiger Dauerformen schützen wie die Tierbevölkerung in den periodischen Gewässern der Karstgebiete oder den vergänglichen Wasserbecken der Tropen. In den polaren und subpolaren Gebieten tritt noch die Gefahr des Ausfrierens im Winter hinzu. Die durch diese Momente bedingte scharfe Auslese ist in erster Linie maßgebend für die Zusammensetzung der Fauna in periodischen Wasseransammlungen. Wie die Flächenausdehnung der Süßwasserbecken ist auch ihre Tiefe im allgemeinen gering. Nur wenige sind tiefer als 400 m, und nur in zweien sinkt das Lot mehr als 1000 m hinab, im Tanganyika-See (1435 m) und im Baikal-See (1526 m). Den meisten Seen fehlt also eine lichtlose, pflanzenleere Zone, die im Meere das Tierleben so nachhaltig beeinflußt; ihr Boden ist häufig von einer Pflanzendecke überzogen, die auch phytophagen Tieren den Aufenthalt in der Seetiefe ermöglicht. Außerordentlich mannigfaltig gestalten sich in den Binnengewässern die Lebensbedingungen, soweit der Chemismus des Wassers und seine Temperaturverhältnisse in Betracht kommen. Zur vollen Wirkung können diese Faktoren dadurch gelangen, daß das Süßwasser nicht nur räumlich beschränkt, sondern zugleich ausgesprochen diskontinuierlich verbreitet ist.

Dies bedingt eine weitgehende Sonderung seines Tierbestandes. Jedes dieser getrennten Wasserbecken ist eine Welt für sich, oft ohne unmittelbare Verbindung mit anderen Gewässern und darum auch der tiergeographischen Analyse leicht zugänglich.

Zusammensetzung der Süßwasserfauna. Im Vergleich zu der Tierbevölkerung des Meeres wird die Fauna des Süßwassers durch eine gewisse Armut gekennzeichnet. Zwei Tierstämme, die Stachelhäuter und Manteltiere, fehlen dem Süßwasser vollständig. Aber auch unter den übrigen Tierstämmen finden sich zahlreiche Gruppen von Wassertieren, die, auf das Meer beschränkt, den Binnengewässern vollkommen fremd sind. Sie sind bereits auf Seite 183 genannt worden. Artenarm sind im Süßwasser entwickelt die Schwämme, Nesseltiere, Moostiere und Schnurwürmer. In der überwiegenden Mehrzahl ihrer Arten auf Binnengewässer beschränkt sind Sonnentierchen, Rädertiere, Gastrotrichen, Oligochaeten, Wassermilben, die Blattfußkrebse, das große Heer der Wasserinsekten und die Schmelzschupper. Ausschließlich Süßwasserbewohner sind die Lungenfische und die Lurche. Während unter den Meerestieren und den Lufttieren Leuchtvermögen verbreitet ist, sind leuchtende Süßwasserbewohner bisher nicht bekannt geworden.

Gliederung der rheophilen Fauna. Innerhalb des Lebensbezirks des Süßwassers lassen sich zwanglos zwei Facies unterscheiden, welche die Wohnstätten der rheophilen und der limnophilen Fauna bilden. Der einseitige Druck, dem die Tierwelt der fließenden Gewässer ausgesetzt ist, hat bei vielen rheophilen Formen zu dorsoventraler Abplattung des Körpers, einer Vergrößerung der Adhäsionsfläche und zur Ausbildung besonderer Haftapparate geführt. Freilich sind diese Anpassungserscheinungen nur dort allgemein verbreitet, wo die Stärke der Strömung beträchtlich ist, also besonders in den Gebirgsbächen, während die Fauna der Quellen und der im Flachlande träge dahinziehenden Ströme ebensowenig besonderer Schutzmittel gegen den einseitigen Wasserdruck bedarf wie die Tierwelt der stehenden Gewässer. Eine Sonderstellung nimmt innerhalb der rheophilen Facies die Fauna der Quellen ein, an deren Zusammensetzung sich neben echten Quelltieren auch Bewohner des feuchten Erdreichs und ursprünglich in subterranen Gewässern heimische Formen beteiligen. Im allgemeinen pflegt man die Bezeichnung Quellfauna auf die Tierwelt der kalten Quellen zu beschränken und ihr als Thermalfauna die Bewohner derjenigen Quellen gegenüberzustellen, deren Temperatur die mittlere Jahrestemperatur der Luft an der Ausflußstelle beträchtlich übersteigt. Bis zu einer Temperatur von + 55° C finden wir in den Thermen tierisches Leben. Allerdings vermögen diese Wärmegrade des Wassers nur einige Protozoen ohne Schädigung zu ertragen, während für alle Metazoen die obere Grenze des Vorkommens bei + 45° C liegt. Schon den älteren Autoren war es bekannt, daß die vertikale Verbreitung der Fische sich in vorzüglicher Weise zu einer Gliederung der fließenden Gewässer eignet. In den Strömen Mitteleuropas lassen sich im allgemeinen vier aufeinander folgende Zonen unterscheiden, die man nach den für sie charakteristischen Fischen als Forellen-, Äschen-, Barben- und Brassenregion bezeichnet. Während die Forellen- und Äschenregion Fische mit nahezu kreisrundem Querschnitt des Körpers und vorzüglichem Schwimmvermögen bewohnen, treten schon in dem unteren Teile der Barbenregion weniger geschickte Schwimmer mit seitlich komprimiertem Körper auf, die in der Brassenregion durchaus vorherrschen. An die Brassenregion schließt sich eine mehr oder minder breit entwickelte Brackwasserzone an, in der eine Mischung von Süßwasserbewohnern mit marinen Faunenelementen stattfindet. Neben dem Stint, der für dieses Gebiet charakteristisch ist, tritt in den Mündungen der mitteleuropäischen Ströme die Flunder auf. Wie die Fische, so sind auch andere Bewohner unserer Flüsse infolge Anpassung an eine bestimmte Beschaffenheit des Untergrundes, Stromgeschwindigkeit oder Wassertemperatur in ihrer Verbreitung an einzelne Regionen gebunden, so z. B. die Strudelwürmer und die Flußmuscheln. Die Planktonmenge der fließenden Gewässer ist umgekehrt proportional dem Gefälle. Die reißenden Bergbäche des Hochgebirges sind planktonleer, während sich in der Brassenregion der Tieflandströme ein zwar spärliches, aber in seiner Zusammensetzung durchaus charakteristisches Flußplankton entwickelt, das sich häufig von der hauptsächlich von Krebsen gebildeten Schwebefauna der stehenden Gewässer durch das Vorherrschen der Rädertiere unterscheidet.

Gliederung der limnophilen Fauna. Der Versuch, die Gesamtheit der stehenden Gewässer auf der Erdoberfläche nach biologischen Gesichtspunkten zu gliedern, ist trotz der überraschenden Forschungsergebnisse der letzten beiden Jahrzehnte bisher noch nicht vollkommen gelungen. Dem an Pflanzennährstoffen, insbesondere an Stickstoff- und Phosphorsäureverbindungen armen oligotrophen See mit relativ geringer Planktonproduktion und seltenem Auftreten einer Wasserblüte, der in Europa z. B. durch den Genfer See oder den Vättern-See Skandinaviens vertreten wird, stellt man den an Pflanzennährstoffen reichen eutrophen See gegenüber, dessen Wasser durch reiche Entwicklung des Planktons getrübt ist und in dem sommerliche Wasserblüten keine seltene Erscheinung sind. Diesem Seentypus gehören die meisten Wasserbecken der norddeutschen Tiefebene an. Während der von den Gliedern der artenreichen, sauerstoffbedürftigen »Tanytarsus-Gemeinschaft« besiedelte Tiefenschlamm der oligotrophen Seen im allgemeinen keine Fäulniserscheinungen zeigt, wird der von der artenarmen, gegen Sauerstoffmangel wenig empfindlichen »Chironomus-Gemeinschaft« überzogene Boden eutropher Seen von typischem Faulschlamm bedeckt. Oligotrophe und eutrophe Seen sind Hellwasserseen im Sinne Seligos mit einem geringen Gehalt an Humusstoffen und stets schwach alkalischer Reaktion ihres Wassers. Ihnen können wir als dritten Seentypus den dystrophen See gegenüberstellen, der ein ausgesprochener Braunwassersee mit einem hohen Gehalt an gelösten Humusstoffen und schwach saurer Reaktion seines Wassers ist. Den nährstoffarmen Torfschlamm seines Bodens besiedelt die außerordentlich artenarme »Corethra-Gemeinschaft«. Derartige Humusgewässer bilden in gewisser Hinsicht einen Übergang zu den Hochmooren, in deren Fauna alle Tiere stark zurücktreten, die zum Aufbau ihres Skeletts größerer Kalkmengen bedürfen. Die ungünstigen Lebensbedingungen in Sphagnum-Mooren lassen es begreiflich erscheinen, daß dieser Biotop von vielen Tieren streng gemieden wird. Sphagnophobie beherrscht fast alle Weichtiere, Flohkrebse, Regenwürmer und Blutegel. Auch die Milben fliehen im allgemeinen das humussäurereiche Wasser. Demgegenüber erscheint die Zahl der sphagnophilen Tiere, die sich speziell dem Leben im Hochmoor angepaßt haben, verhältnismäßig klein.

Regionale und universale Süßwasserfauna. Der stark ausgeprägten Diskontinuität des Lebensraumes der Süßwassertiere entspricht nur zum Teil eine ebenso scharfe Differenzierung der Fauna. Die Tierbevölkerung mancher Stromsysteme erscheint uns allerdings als ein einheitliches Ganzes, gewissermaßen als eine Individualität, die sich deutlich von den Faunen benachbarter Flußgebiete abhebt. Das gilt z. B. für die Nilfauna, die ihren Charakter ziemlich unverändert durch verschiedene klimatische Provinzen hindurch beibehält. Hier tritt uns außerordentlich eindrucksvoll die biologische Bedeutung der Wasserscheide entgegen, die nicht nur den Lebensraum der Wassertiere gliedert, sondern auch in weitgehendem Maße die Verteilung mancher Lufttiere beeinflußt. Stellen doch nach einer von Matschie geäußerten Hypothese auch niedrige Wasserscheiden wichtige Verbreitungsgrenzen der Säugetiere dar. In vielen Seen Mitteleuropas bilden das zur Gruppe der Geißeltiere gehörige *Ceratium hirundinella*, das Rädertier *Anuraea cochlearis* und der Wasserfloh *Daphne longispina* deutlich unterscheidbare Lokalformen, wie ja auch die Schneckenfamilie der Melaniiden und die Muscheln aus der Familie der Corbiculiden fast in jedem See der Insel Celebes eine besondere Rasse entwickelt haben. In diesen Fällen entspricht die Neigung zur Ausbildung von Sonderformen unter der Wirkung räumlicher Isolierung durchaus der Zerklüftung des Verbreitungsareals. Aber neben dieser regionalen Süßwasserfauna lebt in den Binnengewässern noch eine universale Fauna mit einer nahezu weltweiten Verbreitung. Trägt das Plankton schon zum Teil einen kosmopolitischen Charakter, so ist die Fauna der Moosrasen mehr oder minder gleichmäßig über den ganzen Erdball verbreitet. Protozoen, Rädertiere und Bärtierchen können im allgemeinen als Kosmopoliten angesprochen werden. Während die flugbegabten Wasserinsekten aktiv von See zu See wandern, werden andere Vertreter der universell verbreiteten Süßwasserfauna durch Luftströmungen, Wasservögel oder den Menschen passiv von einem Wasserbecken in das andere verschleppt. Die Cysten der Protozoen, die Gemmulae der Schwämme, die Statoblasten der Moostiere, die Dauereier der Rädertiere und die Ephippien der Wasserflöhe sind für einen derartigen Transport durch die Luft ganz besonders geeignet.

Alte Wasserverbindungen. Wenn innerhalb eines und desselben Stromlaufs auffällige Unterschiede in der Zusammensetzung der Fauna sich bemerkbar machen, so ist der Schluß auf eine erst spät erfolgte Vereinigung ehemals getrennter Flußabschnitte gestattet. So deutet die Differenzierung der Rheinfauna darauf hin, daß dieser Strom aus vier verschiedenen Stücken besteht, die sich erst am Ende der Eiszeit vereinigt haben. Im Oberlauf der Warthe, der nach der Auffassung mancher Geologen den Rest eines präglazialen Entwässerungssystems darstellt, lebt eine Muschelfauna von anderer Zusammensetzung als im Unterlauf, der von den für das Gebiet der norddeutschen Urstromtäler bezeichnenden Formen bevölkert wird. Auch hier wird man die Vermutung aussprechen dürfen, daß zwei ursprünglich getrennte Faunen erst verhältnismäßig spät miteinander in dem gleichen Flußlauf vereinigt worden sind. Umgekehrt sprechen auffällige Übereinstimmungen in der Tierwelt heute getrennter Stromsysteme für die frühere Existenz einer inzwischen versiegten Wasserstraße. So weist die Verbreitung des im Oberlauf von Rhein und Donau heimischen Riemlings auf eine alte Wasserverbindung zwischen diesen beiden Strömen hin, und die Tatsache, daß von den Mollusken des Niederrheins nur 4% in der Themse fehlen, während die an der Westküste Englands mündenden Flüsse eine Fauna von wesentlich anderer Zusammensetzung beherbergen, läßt sich wohl nur im Sinne eines ehemaligen Zusammenhanges zwischen Rhein und Themse erklären. In der Sahara bewohnt die Garnele *Caridina togoensis* ein Quellbecken bei Djanet, das mehr als 1000 km von dem nächsten Wasserlauf entfernt ist. Das Auftreten dieser aus dem Kongo und Niger bekannten Krebsart in der Wüste läßt sich wohl durch die Annahme erklären, daß das Wadi Tafassasset einst ein Nebenfluß des Niger war und mit einem Seitenarm Djanet berührte. Daß die Isolierung erst in der geologischen Gegenwart erfolgt ist, beweist die Tatsache, daß die Garnele bei Djanet in der gleichen Form (*forma stuhlmanni*) auftritt, die den Niger und Kongo bewohnt. Jedenfalls hat die räumliche Trennung hier nicht zur Differenzierung einer neuen Form geführt.

Reliktenseen. Auf die Bedeutung des Auftretens mariner Tiere in Binnenseen * hat schon Peschel hingewiesen und für Süßwasser-

* Manche Tatsachen sprechen dafür, daß die Meere der ältesten geologischen Epochen einen geringeren Salzgehalt hatten als die Ozeane der Gegenwart, so daß die Trennung der Wasserfauna in einen marinen und einen limnischen Zweig eine verhältnismäßig spät erreichte Stufe der Entwicklung darstellt.

becken, die eine Fauna ozeanischer Herkunft beherbergen, die Bezeichnung Reliktenseen vorgeschlagen. Dieser Begriff hat sich in der wissenschaftlichen Literatur rasch eingebürgert, obwohl er das Wort »Relikt« in einem von dem Sprachgebrauche der Tiergeographen stark abweichenden Sinne verwendet. Wie schon (S. 176) erwähnt wurde, pflegt man in der Zoogeographie ganz allgemein als Relikte solche Tierformen zu bezeichnen, die in früheren Perioden der Erdgeschichte ein ausgedehnteres Areal bewohnten und heutzutage sich nur an wenigen Standorten finden. Ehemals über einen größeren Teil der Erdoberfläche verbreitete Süßwassertiere, die in der Gegenwart nur in einem einzigen See angetroffen werden, sind Relikte im Sinne der Tiergeographie, und Seen, in denen zahlreiche derartige Relikte leben, sind daher auch dann als Reliktenseen zu bezeichnen, wenn die Annahme eines marinen Ursprungs durch die Zusammensetzung ihrer Fauna widerlegt wird.

Eine Tierbevölkerung anscheinend mariner Herkunft findet sich vor allem im Baikalsee, der bei einer maximalen Tiefe von 1526 m sich als das tiefste Süßwasserbecken der Erde erweist. Die Analyse seiner Fauna stellte schon die Zoologen des 19. Jahrhunderts vor ein tiergeographisches Rätsel. Auf Grund der Tatsache, daß in diesem Binnengewässer ein Seehund vorkommt, sprach Peschel als erster die Vermutung aus, das Eismeer habe noch in geologisch junger Zeit bis in das Baikalgebiet gereicht; der Baikalsee und seine Fauna seien also als marine Relikte anzusprechen. Im Gegensatz hierzu nimmt die Tscherskische Hypothese an, daß seit dem Paläozoikum eine derartige Transgression des nördlichen Eismeeres nicht stattgefunden habe. Der Baikalsee habe seine Tierbevölkerung durch Einwanderung aus dem Eismeer erhalten, und zwar während der Glazialzeit, als Jenissei und Angara wasserreicher waren als heutzutage. Andere Forscher sind geneigt, die Fauna des Baikalsees für ein Überbleibsel der Tertiärzeit zu halten, in der eine Einwanderung von Tieren aus dem sarmatisch-pontischen Binnenmeer stattgefunden haben soll (Hoernessche Hypothese). Während Peschel, Tscherski und Hoernes an dem marinen Ursprung der Baikalfauna festhalten, beruhen nach der Andrussowschen Hypothese die Übereinstimmungen zwischen Baikalfauna und Meeresfauna lediglich auf Konvergenz. Schon der ursprüngliche Charakter der im Baikalsee heimischen Oligochaeten, die weder im Brackwasser noch im Salzwasser zu leben vermögen, spricht dafür, das der Baikalsee während langer geologischer Zeiträume ein Süßwassersee gewesen ist. An der Zusammensetzung seiner Fauna beteiligen sich neben einem hohen Prozentsatz endemischer Formen Überreste der tertiären Süßwasserfauna Sibiriens, deren Trümmer sich auch im Ochridasee Mazedoniens und im Kaspischen Meer finden. Wahrscheinlich werden wir der Fauna des Baikalsees mit Berg noch ein wesentlich höheres Alter zuschreiben müssen. In ihr haben wir wohl die letzten

Vertreter jener alten Süßwasserfauna zu erblicken, die einst den Angarakontinent besiedelte und die erst durch die Eiszeit im größten Teile ihres Verbreitungsgebietes vernichtet wurde. Daß das Problem der Baikalfauna jedoch noch keineswegs endgültig gelöst ist, zeigen die überraschenden Ergebnisse der russischen Baikal-Expedition (1925-1928), die in diesem schon so oft durchforschten Süßwasserbecken mehr als 600 für den Baikalsee neue Tierformen nachgewiesen hat. Man wird erst das Ergebnis der Untersuchung dieser reichen Ausbeute abwarten müssen, ehe man zu der durch neue geologische Forschungen gestützten Hypothese von Vereščagin wird Stellung nehmen können, der einen Teil der marinen Elemente der Baikalseefauna durch eine Transgression des Jurameeres erklären will.

Ähnliche Schwierigkeiten wie bei der zoogeographischen Analyse der Baikalfauna ergeben sich bei der Frage nach der Herkunft der Tierwelt des Tanganyikasees. Dort lebt neben einer lakustren Fauna, wie sie sich in ähnlicher Zusammensetzung auch in den übrigen ostafrikanischen Seen findet, eine Tiergemeinschaft, die zweifellos eine überraschende Ähnlichkeit mit gewissen marinen Formen aufweist. Diese halolimnische Fauna stellt nach Moore den Rest eines Meeres dar, das sich in der Jurazeit vom Kongobecken her bis in die Gegend des heutigen Tanganyikasees erstreckt hat. Sprechen gegen die Existenz dieses Jurameeres schon gewichtige geologische Gründe, so stößt die Mooresche Hypothese auch auf sehr erhebliche biologische Bedenken. Man wird kaum annehmen dürfen, daß in einem Arm des afrikanischen Jurameeres, in dem durch allmähliche Aussüßung gewaltige Änderungen der Lebensbedingungen stattfanden, sich altertümliche Tierformen unverändert erhalten haben, während im freien Meer, wo die ökologischen Verhältnisse eher konstant geblieben sind, sich eine vollkommene Wandlung der Fauna vollzog. Tatsächlich wird die Mooresche Hypothese heutzutage wohl von der Mehrzahl der Forscher abgelehnt. Die halolimnischen Formen des Tanganyikasees stellen die letzten überlebenden Vertreter einer alten, jetzt in den übrigen afrikanischen Seen ausgestorbenen Süßwasserfauna dar, die in gewissen morphologischen Merkmalen Spuren ihrer Abstammung von marinen Vorfahren bewahrt hat, vielleicht aber auch unter dem Einflusse des Lebens im Brackwasser des Tanganyikasees infolge Konvergenz gewissen Meeresbewohnern ähnlich geworden ist.

Leichter als das Auftreten halolimnischer Formen in der Tiefe des Tanganyikasees ist das Vorkommen gewisser mariner Krebse in einigen Seen Nordamerikas und des norddeutschen Flachlandes zu erklären. Diese im nördlichen Eismeer zirkumpolar verbreiteten Arten hatten sich wohl schon dem Leben im Süßwasser angepaßt, als das Yoldiameer am Ausgange der Eiszeit das Gebiet der heutigen Ostsee bedeckte. *Mysis oculata* wandelte sich in die Form *relicta* um, ein Vorgang, den wir noch heute überall beobachten können, wo dieser marine

Krebs in das Brackwasser eindringt, wie an der Küste Spitzbergens und im Weißen Meer. Durch Stauwirkung der vorrückenden Eismassen haben wohl im Niveau gehobene Teile des Yoldiameeres über die Wasserscheide nach den Binnenseen vorübergehend einen Abfluß gefunden, der zugleich den marinen Krebsen als Wanderstraße diente. Die Geschichte der Ostsee berichtet von erheblichen Schwankungen des Salzgehaltes und der Temperatur, denen die baltische Fauna in postglazialer Zeit ausgesetzt war. Wurde zur Ancyluszeit die Ostsee vom offenen Meere abgeschnürt und durch Schmelzwasserströme ausgesüßt, so brach zur Litorinazeit das Meer erneut vom Westen her ein. Ein erhebliches Ansteigen des Salzgehaltes im Baltischen See war die Folge. Damals gediehen in der Ostsee Austernbänke, die heutzutage dort nicht mehr die erforderlichen Existenzbedingungen finden. Sie starben während der Myazeit aus, in der die Ostsee aufs neue ausgesüßt wurde und ihre heutige Gestalt erhielt. Auf ähnliche Weise gelangten wohl aus glazialen Stauseen im Gebiete der Petschora und Dwina arktische Tiere ins Wolgagebiet, das damals bis Kasan aufwärts vom Kaspischen See erfüllt war.

Die wechselvolle Geschichte dieses Seebeckens spiegelt sich vor allem in der Zusammensetzung seiner Crustaceenfauna wider, die deutliche Spuren einer alten Wasserverbindung mit dem Eismeer und eines in jüngerer Zeit erfolgten Formenaustausches mit dem Mittelmeer aufweist. Im allgemeinen vollzieht sich der Übertritt mariner Organismen in das Süßwasser in den Tropen leichter als in den Polargebieten. Darauf beruht die bekannte Erscheinung, daß die Ähnlichkeit der Süßwasserfauna mit der Meeresfauna von den Polen gegen den Äquator hin zunimmt, eine Tatsache, die man als v. MARTENSsche Regel bezeichnet. Das tierische Leben in den Salzseen und Salinen des Binnenlandes zeigt kaum Anklänge an die Fauna des Meeres. Seine bemerkenswertesten Vertreter sind neben dem weltweit verbreiteten Salinenkrebs (*Artemia salina*) die Larven der Salzfliege (*Ephydra*). Mit zunehmender Salinität tritt in den Gewässern des Binnenlandes eine Verminderung der Fauna ein, bis schließlich ein Salzgehalt erreicht ist, bei dem jegliches tierische Leben erlischt. Das Tote Meer mit einer Salinität von 23% trägt seinen Namen mit Recht.

Faunenreiche des Süßwassers. Jeder Versuch einer geographischen Gliederung der Süßwasserfauna wird an die Tatsache anknüpfen müssen, daß die Tierbevölkerung der Binnengewässer eine zonenartige Verbreitung zeigt, die etwa den Klimagürteln der Erde entspricht. Demgemäß lassen sich vier Faunenreiche unterscheiden, die trotz der unverkennbaren Neigung vieler Süßwassertiere zu kosmopolitischer Ausbreitung durch den Besitz einer Anzahl charakteristischer Typen gekennzeichnet werden. Die Arktische Region umfaßt Gewässer, die alljährlich eine lange Eisbedeckung tragen, im Winter bis auf den Grund zufrieren und auch während des polaren Sommers sich nur wenig erwärmen.

Viele von ihnen tragen den Charakter arktischer Schmelzwassertümpel. Das Fehlen von Lurchen, die spärliche Entwicklung der Mollusken und eine bescheidene Planktonblüte sind neben dem Vorherrschen von Salmoniden unter den Fischen die bemerkenswertesten Eigentümlichkeiten dieser Region. In der nördlichen gemäßigten Region sind die meisten Binnengewässer nur während einer kurzen Zeit des Jahres mit Eis bedeckt, die jährlichen Schwankungen der Wassertemperatur sind erheblich. Hier entfaltet das Plankton eine Formenmannigfaltigkeit, wie sie weder in den Polargebieten noch in der Tropenzone erreicht wird. Unter den Fischen treten neben den Salmoniden die Familien der Hechte und Weißfische durchaus in den Vordergrund. Der zweifellos vorhandene Gegensatz zwischen der Süßwasserfauna Nordamerikas

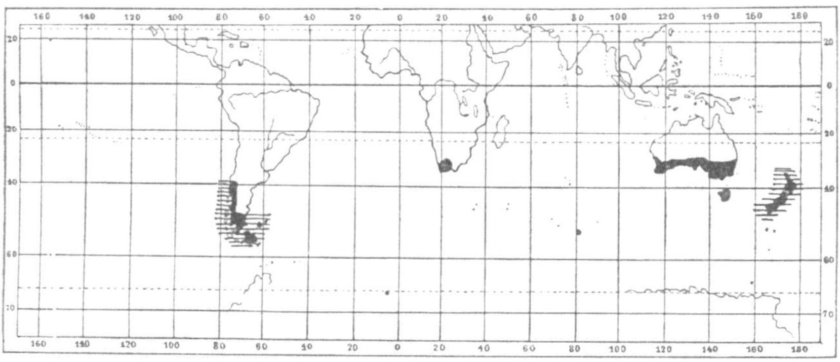

Fig. 48. Verbreitung der Fischgattung Galaxias. Da die Galaxias-Arten nicht auf das Süßwasser beschränkt sind, sondern zum Teil noch heute in der Schelfsee leben, liegt die Annahme nahe, daß ihre Vorfahren marin waren und an verschiedenen Stellen der Südhalbkugel eine Einwanderung in das Süßwasser stattgefunden hat. — Nach G. A. Boulenger.

und Eurasiens beruht hauptsächlich darauf, daß die Eiszeit in den präglazialen Tierbestand der Neuen Welt nicht solche Lücken gerissen hat wie in die Fauna Europas. Während in Nordamerika die an größere Wärmemengen angepaßte Tierwelt der Tertiärzeit vor den anrückenden Gletschern ungehindert nach Süden ausweichen konnte, wobei wohl das Mississippi-Tal den Hauptstrom der Flüchtlinge aufnahm, stellte sich in Europa die von Westen nach Osten quer durch den Kontinent ziehende Kette von Hochgebirgen den Tierwellen, die vor dem Inlandeis zurückbrandeten, als ein schwer zu überwindendes Hindernis entgegen. Nur hier und da schlug die Woge über die schmalen Schwellen zu beiden Seiten der Alpen. Innerhalb des eurasiatischen Anteils der nördlichen gemäßigten Region zeichnet sich das Mittelmeergebiet durch einen gewissen Reichtum an Tertiärrelikten aus. Die Binnengewässer der Tropenregion weisen während des ganzen Jahres gleichmäßig hohe Wassertemperaturen und reichen Pflanzenwuchs auf. Sie haben im allgemeinen ein geologisch höheres Alter als die Wasserbecken der nördlichen gemäßigten Region, mindestens hat ihr Tierleben durch die Eiszeit keine Störungen erfahren. Nach der Verbreitung der Süßwasserfische kann man innerhalb der Tropenregion vier Unterregionen unterscheiden. Die indische Unterregion, in der Lungenfische fehlen, aber Steinpeitzger zahlreich vertreten sind, stimmt mit der durch den Besitz von Lungenfischen, aber das Fehlen von Steinpeitzgern charakterisierten afrikanischen Unterregion darin überein, daß in beiden Gebieten Weißfische vorkommen. In der amerikanischen und pazifischen Subregion fehlt die artenreiche Familie der Cypriniden vollständig. Als vierte Region fassen wir nach dem Vorschlage Lauterborns die außertropischen Gebiete der Südhemisphäre zusammen. Auch wenn die Erforschung der Binnengewässer in dieser Region weiter fortgeschritten wäre, als es tatsächlich der Fall ist, müßten wir uns wahrscheinlich wegen der geringen Entwicklung der Landmassen im wesentlichen mit einem Hinweis auf die Armut der Süßwasserfauna begnügen. Die Lachse werden in dieser Region durch die Familie der Haplochitoniden ersetzt. An die Stelle der nordischen Hechte treten die unter dem Namen Hechtlinge bekannten Galaxiiden (Fig. 48).

Die Verbreitung der Lufttiere.

Der Lebensraum der Lufttiere. 149 Millionen Quadratkilometer, d. h. 29% der gesamten Erdoberfläche werden vom festen Lande eingenommen. Die Fläche, die den Lufttieren zur Verfügung steht, ist also erheblich kleiner als die Gesamtheit der Wohnstätten, die von Wassertieren besiedelt werden. Die geringe Ausdehnung dieses Lebensraumes tritt uns besonders deutlich vor Augen, wenn wir uns vergegenwärtigen, daß die Hydrosphäre in allen Tiefen tierisches Leben beherbergt, während im Luftmeere die Fauna im allgemeinen auf eine Bodenschicht von geringer Mächtigkeit beschränkt bleibt. Im Gegensatze zu dieser Enge des Wohnraumes steht die große Zahl der ihn bevölkernden Tierarten. Rund 80% aller rezenten Spezies sind Luftbewohner. Artenfülle ist also ein Kennzeichen der festländischen Fauna, für die gleichzeitig eine sehr ungleichmäßige Dichte der Verteilung charakteristisch ist. Sinkt in den polaren Eiswüsten die Wohndichte der Tierbevölkerung auf ein Minimum herab, so stellt die Tropenzone umgekehrt ein Gebiet dichtester tierischer Besiedlung dar. Maßgebend für diese faunistischen Differenzen ist in erster Linie die wechselnde Ergiebigkeit der Nahrungsquellen, die den Landtieren ganz allgemein nirgends in so gleichmäßiger Verteilung zur Verfügung stehen wie den Bewohnern des feuchten Elements. Dies ist wohl auch der Grund, weshalb unter den Lufttieren, wenn wir etwa von den Schildläusen absehen, Formen mit festsitzender Lebensweise fehlen. Da Stockbildung bei den Lufttieren nicht vorkommt, gibt es auf dem festen Lande keine Tiere von pflanzenähnlichem Habitus, wie sie uns unter den Wassertieren in großer Mannigfaltigkeit bei den Schwämmen, Hohltieren, Moostieren und Manteltieren begegnen. An die Stelle der Stockbildung tritt bei den Bewohnern des Festlandes die Staatenbildung (Termiten, Ameisen, Bienen).

Die Zusammensetzung der Luftfauna. Zu den Lufttieren gehören zwar die höchst organisierten Typen des Tierreichs, aber die Mannigfaltigkeit der Baupläne ist unter ihnen verhältnismäßig gering. Die Tiergruppen, die in ihrer Verbreitung auf das Meer (S. 183) oder das Süßwasser (S. 204) beschränkt sind, also auf dem Festlande fehlen, sind schon früher namhaft gemacht worden. Hier können wir uns daher mit der Feststellung begnügen, daß der gewaltige Formenreichtum des festländischen Lebensbezirks sich im wesentlichen auf die Insekten und die Wirbeltiere verteilt. Neben diesen beiden Organisationstypen spielen in der kontinentalen Fauna alle übrigen nur eine untergeordnete Rolle. Wie Meer, Süßwasser und Festland in bezug auf die Diskontinuität des Lebensraumes eine Stufenleiter darstellen, so wird dieser Dreiklang auch hinsichtlich der Mannigfaltigkeit der ökologischen Verhältnisse von dem Prinzip der Steigerung beherrscht. Nirgends im Bereiche der Hydrosphäre treffen wir einen derartigen Wechsel der Lebensbedingungen an wie auf dem festen Lande, und nirgends finden wir daher unter der Tierbevölkerung der Erde eine derartige Fülle komplizierter Anpassungserscheinungen wie unter ihren terrestrischen Vertretern. Zweifellos stellt der Schutz gegen Austrocknung, der unter den Landtieren allerdings in sehr verschiedenem Grade entwickelt ist, die wichtigste Anpassung an das Luftleben dar.

Ökologische Gliederung der Landfauna. Wohnstätten mit gleichen oder ähnlichen Lebensbedingungen beherbergen im allgemeinen eine ähnliche Fauna. So sind die unwegsamen Regenwälder der Tropen durch einen Reichtum an Klettertieren, die Steppengebiete durch eine Fülle schnellfüßiger Lauftiere und grabender Tiere, die Höhlen durch den Besitz von pigmentarmen Feuchtlufttieren mit zum Teil rückgebildeten Augen ausgezeichnet. Es mag dahingestellt bleiben, ob die Übereinstimmungen der Organisation unter den Bewohnern dieser Biotope echte Anpassungen der Tiere an ihren Lebensraum darstellen, die erst in dem Milieu entstanden sind, in dem wir sie heute finden, oder ob wir uns die Entwicklung nicht vielleicht so vorzustellen haben, daß gewisse Lebensstätten nur von solchen Tieren besiedelt werden konnten, die schon eine den Bedingungen ihres heutigen Lebensraumes adäquate Organisation besaßen. Jedenfalls hat uns die ökologische Tiergeographie mit einer Fülle derartiger Anpassungen bekannt gemacht, die uns die habituelle Ähnlichkeit der Fauna in Biotopen mit ähnlichen Lebensbedingungen erklärt. Überall zeigt sich eine starke Abhängigkeit des Tierlebens von der Vegetation, und wie in den Polargebieten so erweist sich auch im Hochgebirge die Baumgrenze (S. 228) als eine wichtige Faunenscheide. Tierökologische Karten, wie die von WAIBEL für Deutsch-Ostafrika entworfene (Fig. 49), zeigen daher eine weitgehende Übereinstimmung mit Vegetationskarten. Benötigt der Pflanzengeograph zur Veranschaulichung seiner Befunde neben einer Karte der Florenreiche, die die genetischen Beziehungen

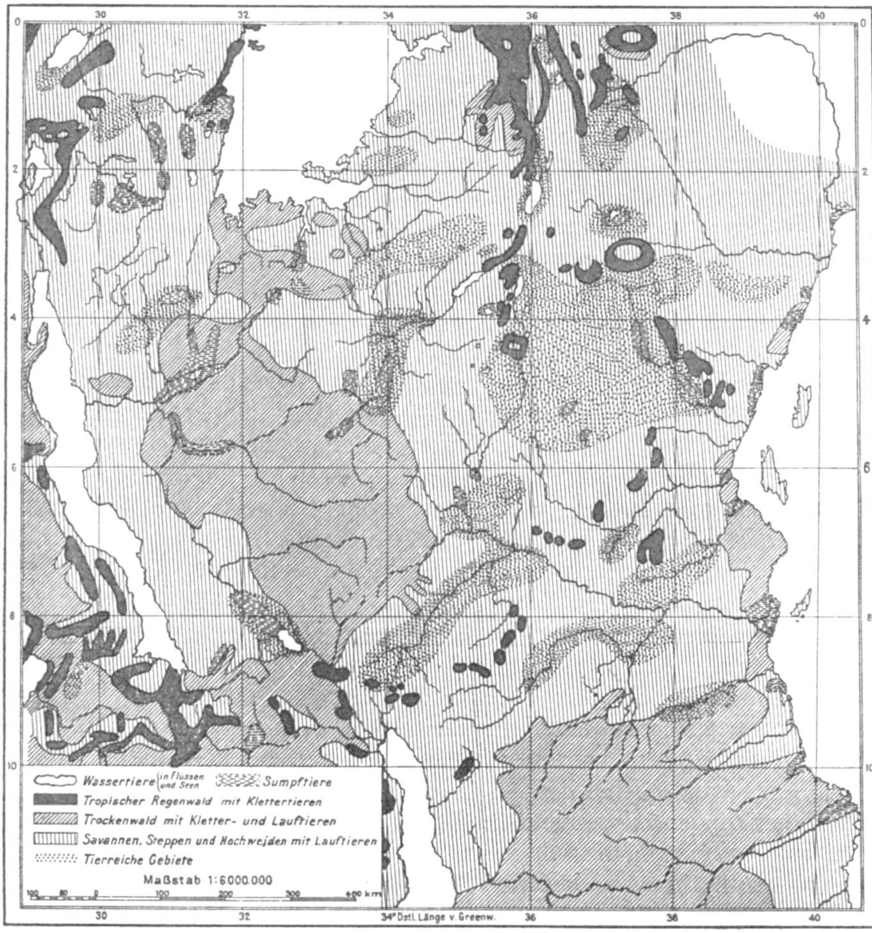

Fig. 49. Tierökologische Karte von Deutsch-Ostafrika. — Nach L. WAIBEL.

klarlegt, auch Vegetationskarten, welche die Verbreitung der wichtigsten Pflanzenformationen zeigen, so wird der Tiergeograph auf ein analoges Hilfsmittel der Darstellung im allgemeinen verzichten können.

Die Faunenreiche des Festlandes. Eine für alle Lufttiere gültige Einteilung des kontinentalen Lebensraumes ist nicht möglich, da das geologische Alter und die Ausbreitungsmöglichkeit der einzelnen Tiergruppen große Verschiedenheiten aufweisen. Wohl aber gelangen wir zu einer einigermaßen befriedigenden Gliederung der festen Erdoberfläche in tiergeographische Regionen, wenn wir uns im wesentlichen auf die Säugetiere und Vögel beschränken. In diesem Falle lassen sich zwanglos fünf Faunenreiche unterscheiden, die man als Notogaea, Neogaea, Arctogaea, Arktis und Antarktis bezeichnet (Fig. 50).

Im einzelnen lassen sich diese fünf Faunenreiche des Festlandes folgendermaßen gliedern:

I. Notogaea.
  1. Australisch-tasmanische Provinz.
  2. Neuseeländische Provinz.
  3. Papuanische Provinz.
  4. Polynesische Provinz.
  5. Hawaische Provinz.

II. Neogaea.
  1. Zentralamerikanische Provinz.
  2. Antillenprovinz.
  3. Brasilianische Provinz.
  4. Chilenische Provinz.

III. Arctogaea.
  A. Äthiopische Region.
    1. Westafrikanische Provinz.
    2. Südafrikanische Provinz.
    3. Ostafrikanische Provinz.
    4. Madagassische Provinz.
  B. Orientalische Region.
    1. Vorderindische Provinz.
    2. Ceylonische Provinz.
    3. Hinterindische Provinz.
    4. Malayische Provinz.
  C. Paläarktische Region.
    1. Mitteleuropäische Provinz.
    2. Mediterrane Provinz.
    3. Zentralasiatische Provinz.
    4. Ostasiatische Provinz.
  D. Nearktische Region.
    1. Kanadische Provinz.
    2. Kanadisch-sonorisches Übergangsgebiet.
    3. Sonorische Provinz.

IV. Arktis.

V. Antarktis.

Notogaea. Die Notogaea, welche Australien mit Tasmanien, Neuguinea, die Molukken, den Bismarckarchipel, die Admiralitäts- und Salomonsinseln, Neuseeland und Polynesien bis zu den Sandwich-, Marquesas- und Paumotu-Inseln umfaßt, ist in zoogeographischer Hinsicht vor allem durch den Besitz eierlegender Säugetiere charakterisiert. Das

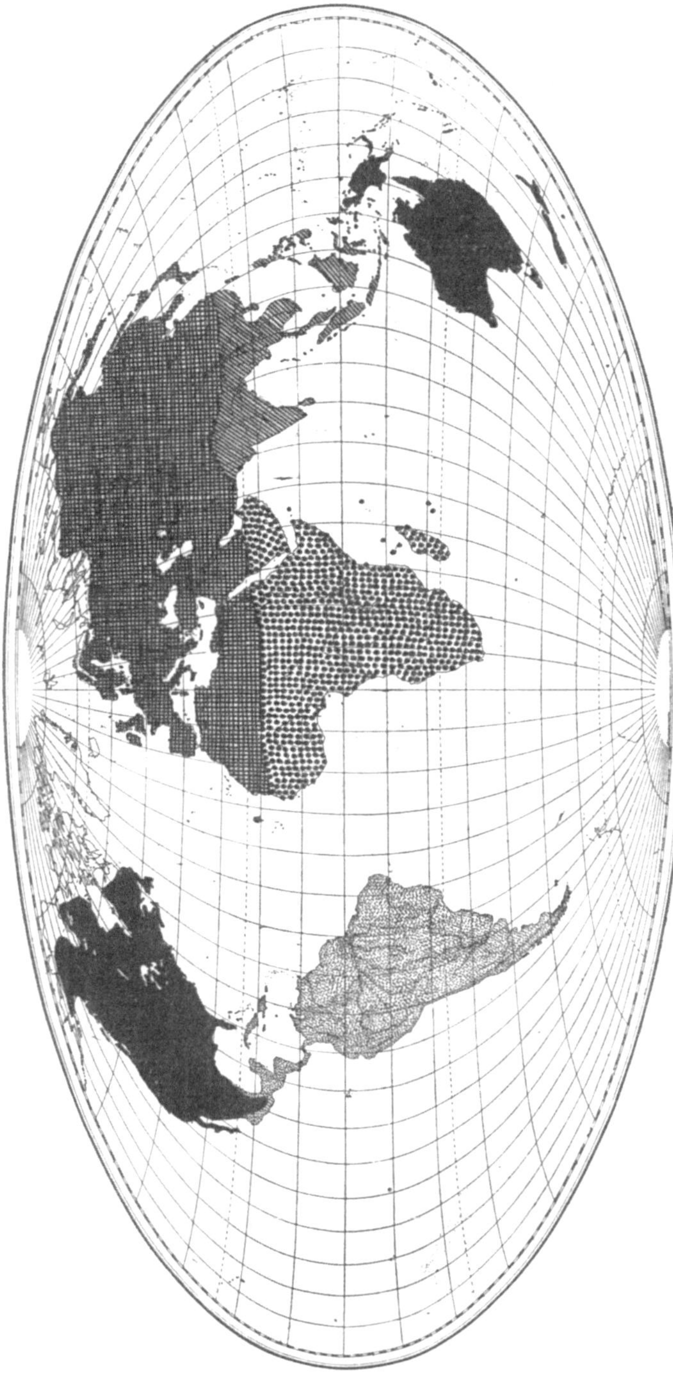

Fig. 50. Gliederung des terrestrischen Lebensbezirkes: 1. Notogaea, 2. Neogaea, 3. Arctogaea, a) Äthiopische Region, b) Orientalische Region, c) Paläarktische Region, d) Nearktische Region. 4. Arktis (weiß), 5. Antarktis (weiß). — Nach J. Meisenheimer.

Areal dieser als Monotremen bezeichneten Säugetiergruppe, zu denen die Ameisenigel und das Schnabeltier gehören, erstreckt sich von Neuguinea bis Tasmanien. Ein weiteres Merkmal, durch das sich das notogäische Reich von der Neogaea und Arctogaea wesentlich unterscheidet, ist die überaus mannigfaltige Entwicklung der Beuteltiere (Marsupialia). Von den etwa 200 rezenten Beuteltierarten der Erde kommen rund 150 nur in der Notogaea vor, und die hauptsächlich aus Pflanzenfressern bestehende Unterordnung der Diprotodonten (Känguruh, Kusu, Wombat) ist fast ausschließlich auf dieses Gebiet beschränkt. Um so auffälliger ist das starke Zurücktreten höherer (plazentaler) Säugetiere im Bereiche der Notogaea. Außer einer Anzahl Fledermäuse sind von hier nur zwei Schweine-Arten, der Dingo und einige mäuseartige Nager bekannt. Befähigte die Fledermäuse ihr Flugvermögen zu aktiver Einwanderung, so gelangten die beiden Schweine im Gefolge des Menschen in die Notogaea. Das gleiche werden wir wohl auch für den leicht zähmbaren und zur Bastardierung mit anderen Hunden neigenden Dingo annehmen müssen, obwohl fossile Reste dieses Säugers schon im Pleistozän Australiens vorkommen. Einige der notogäischen Nager (*Hydromys*, *Xeromys*) zeigen verwandtschaftliche Beziehungen zur Fauna der Insel Luzon. Unter den Vögeln finden wir gleichfalls eine Reihe eigentümlicher Familien, die in ihrer Verbreitung auf die Notogaea beschränkt sind, wie die Kasuare, Emus, Kiwis, Leierschwänze, Paradiesvögel und Honigsauger. Andererseits fehlen hier zahlreiche auf der übrigen Erde weit verbreitete Formen, so z. B. Fasanen, Geier, Spechte und alle echten Finkenvögel. Groß ist der Reichtum der Notogaea an Giftschlangen. Dagegen fehlen wiederum alle Schwanzlurche, die Blindwühlen und bis auf eine Art alle echten Frösche. So erscheint die Fauna der Notogaea in ihrer heutigen Zusammensetzung überaus seltsam, reich an altertümlichen, sonst nirgends mehr lebend anzutreffenden Tiergestalten, zugleich aber auch arm an höheren Säugetieren, die in allen übrigen Teilen der Erde den Charakter der Fauna in so hohem Maße bestimmen. Innerhalb der Tierbevölkerung der Notogaea macht sich eine deutliche Differenzierung bemerkbar, die schon die älteren Zoologen veranlaßt hat, das Gebiet in fünf tiergeographische Provinzen zu gliedern.

Unter ihnen gewinnt die australisch-tasmanische Provinz nicht nur durch ihre räumliche Ausdehnung, sondern auch durch die Zahl ihrer Endemismen bei weitem die größte Bedeutung. Das Schnabeltier, die Vogelfamilien der Emus und der Leierschwänze sind, um nur einige Beispiele zu nennen, auf diese Provinz beschränkt. Gewisse in der rezenten Fauna von Australien und Tasmanien hervortretende Unterschiede sind offenbar sekundärer Entstehung. Das zeigt besonders deutlich die Verbreitung des Beutelwolfs, der heute auf Tasmanien beschränkt ist, fossil aber auch auf dem australischen Festlande nachgewiesen werden konnte.

Die neuseeländische Provinz umfaßt außer Neuseeland selbst die Auckland-Inseln, Campbell Island, die Antipodeninsel und die Chatham-Inseln. Schließlich werden wir hierher wohl auch die Norfolk- und Lord-Howes-Inseln rechnen müssen, obwohl sich auf diesen beiden Inselgruppen eine Mischung australisch-tasmanischer und neuseeländischer Faunenelemente vollzieht. Bevor Neuseeland von Europäern besiedelt wurde, entbehrte es aller nicht-fliegenden und nicht-schwimmenden Säuger. Zwei Fledermäuse und eine Rattenart bildeten die autochthone Säugetierfauna des Gebietes. Auch die für die Notogaea so charakteristischen Monotremen und Marsupialia fehlen auf Neuseeland. Die alteinheimische Vogelwelt zeichnet sich durch einen überraschend hohen Prozentsatz flugunfähiger und schlecht fliegender Formen aus und zeigt die Erscheinung einer weitgehenden Spezialisierung. Es sei hier nur an die Kiwis, Eulenpapageien, Nestorpapageien, Buschhühner und die ausgestorbenen, eine Höhe von 3½ m erreichenden Moas erinnert. Landschlangen fehlen dem Gebiete ganz. In der altertümlichen Brückenechse besitzt Neuseeland einen überaus merkwürdigen Vertreter der Reptilien. Wie die Wirbeltierfauna zeichnen sich auch die Evertebraten der neuseeländischen Provinz durch eine auffällige Armut an Arten aus. Nichts veranschaulicht diese Tatsache wohl deutlicher als die Feststellung, daß Neuseeland, also ein Gebiet von fast derselben Größe wie Italien, nur 16 Tagfalterarten beherbergt. Andererseits finden wir in Neuseeland eine Reihe Kleinschmetterlinge, die wir in Australien vermissen. Daß das Fehlen vieler sonst weit verbreiteter Tiere auf Neuseeland nicht etwa ökologisch bedingt, sondern ausschließlich auf die frühzeitige Isolierung dieser Inselgruppe zurückzuführen ist, hat das Experiment bewiesen. Fast alle von den Europäern dort ausgesetzten Arten haben die erforderlichen Existenzbedingungen gefunden. Unter diesen Umständen ist die Frage nach den verwandtschaftlichen Beziehungen der neuseeländischen Fauna von ganz besonderem Interesse. Soweit sich schon heute ein Urteil abgeben läßt, treten die Beziehungen zur papuanischen Region, insbesondere zu Nordaustralien und Neuguinea, wohl am deutlichsten hervor, daneben machen sich aber auch gewisse Anklänge an die Fauna Südamerikas bemerkbar.

Die papuanische Provinz, deren Zentrum Neuguinea bildet, schließt sich faunistisch so eng an Nordaustralien an, daß wir nicht umhin können, diese beiden Gebiete zu einer zoogeographischen Einheit zu verschmelzen. Die Verbreitung gewisser Beuteltiere, der Paradiesvögel und Kasuare, aber auch der Krokodile läßt kaum einen anderen Schluß zu als die Annahme, daß Nordaustralien in der Vorzeit von den übrigen Teilen Australiens einmal getrennt war, während gleichzeitig mit Neuguinea die Möglichkeit eines Formenaustausches bestand. Die Abgrenzung der papuanischen Provinz gegen die orientalische Region (S. 225) der Arctogaea ist außerordentlich schwierig. Heute stimmen wohl die meisten Tiergeographen darin überein, daß eine scharfe Faunenscheide, wie sie die früher viel umstrittene, durch die Meerenge zwischen Bali und Lombok, die Makassarstraße und die Celebessee bezeichnete »WALLACEsche Grenzlinie« voraussetzte, nicht vorhanden ist, sondern daß insbesondere Celebes, die Molukken, die kleinen Sunda-Inseln sowie die Philippinen ein Mischgebiet darstellen, in dessen Tierbevölkerung sich allmählich der Übergang aus der orientalischen Region der Arctogaea in die papuanische Provinz der Notogaea vollzieht. Im einzelnen bedürfen die tiergeographischen Verhältnisse dieses Mischgebietes freilich noch sehr der Klärung. So kommt z. B. der Meeresstraße zwischen Java und Bali in herpetologischer Beziehung eine erhebliche Bedeutung zu, die wahrscheinlich in der seit dem jüngeren Diluvium bestehenden Trennung der beiden Inseln begründet ist. Andere Forscher heben hervor, daß der nördliche Teil der WALLACEschen Grenzlinie, also die Makassarstraße, eine Faunenscheide darstelle, deren Bedeutung nicht unterschätzt werden dürfe.

Der polynesischen Provinz gehören Inseln vulkanischen und korallinen Ursprungs an, die außer Fledermäusen und einigen eingeschleppten Mäusearten keine Säugetiere, keine Schlangen, keine Amphibien und keine Süßwasserfische beherbergen. Die spärliche Fauna, die diese Inselflur belebt, weist ihrer Herkunft nach auf Australien. Hier und da haben sich endemische Formen entwickelt, so besonders auf Neukaledonien, wo die eigentümliche Familie der Rallenkraniche beheimatet ist.

Von einem sehr hohen Alter und einer wirksamen räumlichen Isolierung durch lange Zeiträume zeugt die Fauna der hawaischen Provinz. Vor dem Erscheinen der Europäer lebte auf Hawai als einziges Säugetier eine Fledermaus, die der amerikanischen Gattung *Lasiurus* angehört. Die 18 verschiedene Gattungen umfassende Vogelfamilie der Drepanididen ist den Sandwich-Inseln eigentümlich. Unter den dort heimischen Landmollusken sind 75% auf Hawai beschränkt, darunter die 14 Gattungen in 300 Arten umfassende Familie der Achatinelliden. Unter den Käfern erweisen sich, wenn wir von den in neuerer Zeit eingeschleppten Arten absehen, über 80% als endemisch. Diese Insekten stellen zwar isoliert stehende Typen dar, sind aber nicht durch besonders primitive Merkmale ausgezeichnet. Ihre Ansiedlung auf Hawai dürfte daher im späteren Mesozoikum erfolgt sein.

Unsere Vorstellungen über die Herkunft der notogäischen Fauna sind bei dem geringen Umfange des fossilen Beweismaterials durchaus hypothetisch. Auf die schwierige im Schrifttum viel erörterte Frage nach der Urheimat der Beuteltiere kann hier nicht näher eingegangen werden. Die Anhänger der Reliktenhypothese nehmen an, daß nicht nur die Marsupialia, sondern auch die Monotremen aus den Ländern der nördlichen Halbkugel nach Australien eingewandert sind. Während diese beiden Zweige des Säugetierstammes in ihrer ursprünglichen Heimat ausgestorben sind, haben sie sich in der Notogaea erhalten und weiter entwickelt. Da der malayische Archipel noch im Jura Tiefseeboden war, kann die Invasion der Beuteltiere frühestens in der Kreidezeit erfolgt sein. Neuseeland, das weder Monotremen noch Marsupialia besitzt, muß schon damals vom australischen Kontinent getrennt gewesen sein. Denn sonst hätte die Tierwelle, die sich aus dem südöstlichen Asien über die Notogaea ergoß, auch die neuseeländische Provinz erreichen müssen. Die Fauna Australiens gibt uns auch einen Fingerzeig, wann der Wanderweg, den die Beuteltiere benutzten, durch Transgressionen des Meeres für terrestrische Wirbeltiere ungangbar wurde. Die Einbrüche müssen zu einer Zeit erfolgt sein, als die Entwicklung der Nagetiere auf der nördlichen Halbkugel schon eingesetzt hatte, die Differenzierung der übrigen Plazentalier aber noch nicht erfolgt war. Schon an der Schwelle des Tertiärs muß die indomalayische Landbrücke wenigstens zum Teil wieder versunken sein. Nur so erklärt sich die Tatsache, daß, abgesehen von den bereits (S. 217) erwähnten Ausnahmen, kein plazentales Säugetier die Notogaea erreichte. Auf die faunistischen Beziehungen Australiens zu Südamerika und das Problem der pazifischen Landverbindung soll erst später eingegangen werden.

Neogaea. Zur Neogaea im Sinn der Tiergeographie rechnet man außer Süd- und Mittelamerika ganz Westindien sowie die pazifischen und atlantischen Küstenstriche Mexikos unter Ausschluß des zentral gelegenen Hochlandes. In dieser Umgrenzung erscheint uns die Neogaea als eine faunistisch wohl begründete Einheit. Neben Australien ist Südamerika der einzige Erdteil, in dem Beuteltiere in beträchtlicher Zahl vorkamen. Wenn wir von einer Ausnahme (dem auch in Nordamerika verbreiteten Opossum) absehen, erscheint die Familie der Beutelratten auf die Neogaea beschränkt, die als Vertreter der sonst notogaeischen Diprotodonten (S. 217) die Gattung *Caenolestes* beherbergt. Ferner ist die Neogaea das Entwicklungszentrum der Xenarthra, zu denen die zoologische Systematik Faultiere, Ameisenbären und Gürteltiere zählt. Sind Faultiere und Ameisenbären rein neogäisch, so haben die Gürteltiere ihre äußersten Vorposten bis Texas vorgeschoben. Besondere Beachtung verdient aber die Tatsache, daß die Xenarthra auch in früheren Erdperioden stets auf die Neogaea beschränkt waren. Sie haben in der Vorzeit Formen von ausgesprochenem Riesenwuchs entwickelt, wie gewisse Gürteltiere der Gattung *Chlamydotherium* oder die Erdfaultiere aus der Familie der Megalotheriiden. In einem bemerkenswerten Gegensatze zu den altweltlichen Affen (Menschenaffen, Meerkatzen), die sämtlich der Gruppe der Breitnasen angehören, stehen die als Schmalnasen zusammengefaßten Affen der Neogaea (Rollaffen, Schweifaffen, Krallenaffen). Wie schon Dahl mit Recht hervorgehoben hat, ist die Neogaea ferner das einzige Faunenreich der Erde, das in der Gruppe der fliegenden Säugetiere trotz deren großer Ausbreitungsfähigkeit zwei eigentümliche Familien

(Natalidae, Phyllostomatidae) besitzt. Auch in diesem Punkte unterscheidet sich also die Tierwelt der Neogaea wesentlich von der Fauna aller anderen Erdteile. Wenn wir schließlich hervorheben, daß die Insektenfresser ganz besonders spärlich vertreten sind, unter den Huftieren alle Schweine der Gattung *Sus*, alle Schafe, Ziegen, Rinder, ursprünglich auch alle Pferde, alle echten Hirsche der Gattung *Cervus*, alle Antilopen, Nashörner, Nilpferde und echten Elefanten fehlen, daß dagegen die Nagetiere in der Gruppe der stachelschweinartigen Hystricomorphen eine recht mannigfaltige Entwicklung zeigen, dürften wir die wesentlichsten Eigentümlichkeiten der neogäischen Säugetierfauna erwähnt haben.

Im Aufbau der Ornis treten ähnliche Charakterzüge hervor wie in der Zusammensetzung der Säugetierfauna. Auch hier äußert sich der Gegensatz zu der Tierbevölkerung der Alten Welt, sowohl in dem Vorhandensein von Familien, die ganz oder fast ganz auf die Notogaea beschränkt sind, wie die Pfefferfresser, Kondore, Glanzvögel, Hokkovögel, Steißfußhühner, Ameisendrosseln, Tangaren, als auch in dem Fehlen überaus charakteristischer Typen, wie der meisten altweltlichen Singvögel. Bezeichnend für die Neogaea ist schließlich auch die Familie der Kolibris, die zwar in einigen Arten auch in Nordamerika vorkommt, deren Hauptentwicklungsgebiet aber unverkennbar in Südamerika liegt. Der dreizehige Strauß (Nandu) ist gleichfalls eine charakteristische Gestalt der Neogaea. Unter den Amphibien fehlen die Schwanzlurche fast vollständig, während umgekehrt die große Zahl der Laubfrösche — die Hälfte aller lebenden Arten kommt in der Neogaea vor — hervorgehoben zu werden verdient.

Innerhalb des neogäischen Reiches lassen sich vier faunistische Provinzen unterscheiden, deren genetische Bedeutung allerdings sehr verschieden zu beurteilen ist. Die zentralamerikanische Provinz, die sich von dem Isthmus von Panama bis in die mexikanischen Küstenländer erstreckt, stellt ein typisches Übergangsgebiet dar, in dem eine Vermischung neogäischer und sonorischer Formen stattfindet. Die faunistische Selbständigkeit dieses Gebietes kommt darin zum Ausdruck, daß eine stattliche Reihe von Säugetier- und Vogelfamilien hier ihr Hauptentwicklungszentrum besitzt (Waschbären, Taschenratten, Taschenmäuse, Truthühner, Sägeratten, Tangaren, Stärlinge).

Die Antillenprovinz, der Westindien mit Ausnahme von Trinidad und den südlichen Kleinen Antillen angehört, hat eine außerordentlich arme, nur durch Fledermäuse, Insektivoren und Nager vertretene Säugetierfauna. Unter den Insektenfressern befindet sich aber die früher auf Cuba und Haiti verbreitete, jetzt fast ausgerottete Familie der Schlitzrüßler *(Solenodon)*, die sowohl in Nordamerika wie in Südamerika fehlt und deren nächste Verwandte wir in den Borstenigeln (*Centetes*) Madagaskars wiederfinden (S. 224). Während die Schlitzrüßler wohl arktogäischer Herkunft sind, scheinen die Nager und Fledermäuse der Antillenprovinz aus Südamerika zu stammen. Auch die reich entwickelte Molluskenfauna spricht dafür, daß die Trennung der Antillen vom Festlande schon in sehr alter Zeit erfolgt ist.

Die brasilianische Provinz umfaßt das tropische Regenwaldgebiet Südamerikas, in dem die Rollaffen, Krallenaffen, die Trugratten, Agutis, Faultiere, Ameisenbären, die Gürteltiere und Beutelratten, aber auch zahlreiche Vogelfamilien den Schwerpunkt ihrer Entwicklung haben.

Als chilenische Provinz bezeichnet die Tiergeographie den südlichen gemäßigten Teil von Südamerika, der sich durch eine große Mannigfaltigkeit der Lebensbedingungen auszeichnet, da er außer dem Hochgebirge der Anden Steppen, ja sogar echte Salzwüsten umfaßt. In ihm treten die tropischen Urwaldtiere stark zurück. Während der faunistische Charakter der Antillenprovinz im wesentlichen entwicklungsgeschichtlich begründet ist, sind die Unterschiede in der Tierbevölkerung der brasilianischen und der chilenischen Provinz hauptsächlich durch ökologische Verhältnisse bedingt. Insofern sind die tiergeographischen Unterabteilungen der Neogaea nicht als vollkommen gleichwertig zu betrachten. Allerdings darf nicht verschwiegen werden, daß manche Tiergeographen auch der Abtrennung der brasilianischen Provinz insofern eine genetische Bedeutung beimessen, als nach ihrer Auffassung das heutige Südamerika aus mindestens zwei isolierten Landkomplexen besteht, die ursprünglich durch die vom Meer überflutete Niederung des Amazonenstromes (Archamazona) voneinander getrennt waren. Der nördliche Landkomplex, Archiguyana, umfaßt die Hochländer von Guyana und Venezuela; dem südlichen, meist als Archiplata bezeichneten, gehören die gebirgigen Teile Brasiliens an. Die hochspezialisierte Fauna der Galapagos, die von südamerikanischen Formen abzuleiten ist (vergl. S. 181), zwingt den Tiergeographen zu der Annahme, daß diese Inselgruppe die Reste einer vielleicht alttertiären Landbrücke darstellt, die sich von Chile über die Galapagos nach dem südlichen Kalifornien zog.

Arctogaea. Das dritte große Faunenreich des Festlandes, die Arctogaea, stellt das Hauptentwicklungszentrum der höheren Säuger dar. Es umfaßt ganz Eurasien und Nordamerika (mit Ausnahme der arktischen Gebiete) sowie den afrikanischen Kontinent. Nach der Verbreitung der Säugetiere und Vögel lassen sich innerhalb der Arctogaea vier Unterabteilungen unterscheiden: die äthiopische, orientalische, paläarktische und nearktische Region.

Die äthiopische Region. Die äthiopische Region umfaßt den afrikanischen Kontinent südlich der Sahara, die Südhälfte Arabiens und die Küstengebiete des Arabischen Meeres bis an die Westgrenze Vorderindiens, ferner Madagaskar, die Maskarenen, Seychellen, St. Helena und Ascension. Zweifellos stellt das äthiopische Gebiet diejenige Region der Arctogaea dar, die die größte faunistische Selbständigkeit aufweist.

Infolgedessen wird es von manchen Tiergeographen auch als eigenes Faunenreich bewertet. Die Auffassung, die Äthiopien der Arctogaea zurechnet, gründet sich auf die Entwicklungsgeschichte der Tierwelt. Noch im älteren Tertiär hatte Afrika, das damals durch das Mittelmeer vollständig von Eurasien getrennt war, eine Säugetierfauna von vermutlich ähnlicher Zusammensetzung wie derjenigen des heutigen Madagaskar. Erst im Pliocän wanderte von Nordosten her die Tierbevölkerung ein, die wir fossil aus den Tonen von Pikermi in Attika und aus den Siwalikschichten des Vorhimalaya kennen. Sie bildet den Ausgangspunkt für die Entwicklung der rezenten Tierwelt Afrikas mit ihrem wahrhaft erstaunlichen Formenreichtum. Die alte Prä-Pikermifauna wurde durch die neuen Einwanderer größtenteils zurückgedrängt; nur in Madagaskar hat sie sich ziemlich unversehrt erhalten können, weil diese Insel schon vom afrikanischen Kontinent getrennt war, als die Invasion der Pikermi- und Siwalikfauna stattfand. Wer hauptsächlich genetische Gedankengänge verfolgt, wird die äthiopische Region unbedingt der Arctogaea zurechnen. Wer dagegen die seit dem Pliocän eingetretene Differenzierung stärker betonen möchte, wird Afrika den Rang eines eigenen tiergeographischen Reiches zubilligen.

Im Gegensatz zu anderen Regionen der Arctogaea beherbergt Afrika eine tropische und subtropische Fauna, an deren Aufbau sich zahlreiche Pflanzenfresser von zum Teil erheblicher Körpergröße (Elefant, Nilpferd, Nashorn) sowie ein bemerkenswerter Prozentsatz von Baumfruchtfressern (Affen, Nashornvögel, Papageien) beteiligen. Die Selbständigkeit Äthiopiens äußert sich in dem Besitz einer großen Zahl typischer Säugetierfamilien wie der Makis, Fingertiere, Rohrrüßler, Borstenigel, Goldmulle, Hyänen, Dornschwanzhörnchen, Strandgräber, Springhasen, Klippschliefer, Flußpferde, Giraffen und Erdferkel, sowie eigentümlicher Vogelfamilien, wie der Pisangfresser, Mäusevögel, Baumhopfe und Sekretäre. Enge Beziehungen zu der paläarktischen Region der Arctogaea zeigen die Familien der Igel, Ginsterkatzen, Schlafmäuse, Springmäuse, Stachelschweine und Pferde. Durch die Sahara ist eine weitgehende Vermischung äthiopischer und mediterraner Tierformen wirksam verhindert worden. Infolgedessen trägt die Fauna der nördlich des Wüstengürtels gelegenen Randgebiete Nordafrikas einen überwiegend paläarktischen Charakter, während südlich der Sahara typisch afrikanische Formen vorherrschen. Groß ist schließlich die Zahl der Tierfamilien, die einen gemeinsamen Besitz Afrikas und Indiens darstellen und die manche Forscher veranlaßt haben, von einem äthiopisch-indischen Faunenreich zu sprechen.

Innerhalb der äthiopischen Region haben schon die älteren Tiergeographen vier Unterregionen unterschieden, die man heutzutage meist als westafrikanische, südafrikanische, ostafrikanische, madagassische Provinz bezeichnet. Die w e s t a f r i k a n i s c h e P r o v i n z umfaßt das

Gebiet des tropischen Regenwaldes im Niger- und Kongobecken mit seinem Reichtum an Klettertieren. Es ist die Heimat der Menschenaffen, des Okapi und vieler eigentümlicher Vogelformen. Nahe verwandtschaftliche Beziehungen verknüpfen die Fauna dieses Teiles der äthiopischen Region mit der Tierwelt der Nachbarprovinzen, doch machen sich daneben auch Anklänge an die Fauna entfernt liegender Gebiete bemerkbar, so des indomalayischen Archipels, Madagaskars und Südamerikas, faunistische Übereinstimmungen, zu deren Erklärung der Hinweis auf die Ähnlichkeit der Lebensbedingungen in diesen von üppigem Regenwald bedeckten Tropenländern nicht ausreicht.

In der südafrikanischen Provinz, der wir das südliche Afrika bis zum Nordrand der Kalahari zurechnen, macht sich eine gewisse Armut der vorwiegend xerophilen Fauna bemerkbar. Sie ist wohl im wesentlichen darauf zurückzuführen, daß dieses bereits außerhalb der Tropen gelegene Gebiet unter den Tierprovinzen der äthiopischen Region die geringste Fläche einnimmt.

Gering ist die tiergeographische Selbständigkeit und Einheitlichkeit der hauptsächlich von Steppen, Buschsteppen und Kulturland bedeckten ostafrikanischen Provinz, die nördlich der westafrikanischen Regenwälder bis zum Senegal und südlich dieses Waldgebietes bis an die Küste von Angola reicht. Ihr sind nach der Zusammensetzung ihrer Tierbevölkerung auch Südarabien und Sokotra zuzurechnen.

Während die bisher besprochenen drei Tierprovinzen der äthiopischen Region im wesentlichen klimatischen Faktoren ihre Entstehung verdanken und sicher erst in posttertiärer Zeit sich entwickelt haben, sind die faunistischen Eigentümlichkeiten der madagassischen Provinz genetisch begründet und lange vor jener Zeit entstanden, in der sich die jetzige Verteilung von Wasser und Land anbahnte. Madagaskars Fauna bezeugt ebenso deutlich den ehemaligen Zusammenhang der Insel mit dem afrikanischen Festlande wie die frühzeitige Entstehung des Kanals von Mozambique, der für den größten Teil der tierischen Bewohner eine unüberschreitbare Barriere bildet. Der Reichtum an Halbaffen, die fast die Hälfte der madagassischen Säugetiere ausmachen, die Entwicklung eigentümlicher Viverriden und das Auftreten sonderbarer Insektenfresser (Schlitzrüßler), deren nächste Verwandte heute in Westindien leben (S. 221), sind bezeichnende Züge im Bilde der madagassischen Fauna. Auch das Vorkommen der Flughundgattung *Pteropus*, die dem afrikanischen Festlande fehlt, verdient Beachtung. Flugunfähige Riesenvögel von straußenartigem Aussehen, wie die erloschene Gattung *Aepyornis*, verleihen der Tierwelt der Insel ein altertümliches Gepräge. Vielleicht noch auffälliger als der Besitz dieser Tierformen ist das Fehlen der für Afrika charakteristischen Affen, Huftiere und Raubtiere, sowie zahlreicher äthiopischer Vogelfamilien. So steht die heutige Tierwelt Madagaskars der afrikanischen Fauna durchaus fremdartig gegenüber, und nur wenige Gruppen, wie die Tagfalter, die imstande sind, den trennenden Meeresarm zu überfliegen, zeigen verwandtschaftliche Beziehungen zur Fauna des benachbarten Kontinents. Die Inselgruppen der Maskarenen, Komoren, Amiranten und Seychellen werden meistens der madagassischen Tierprovinz angegliedert. Wie Madagaskar, so besaßen auch die Maskarenen in der jetzt ausgestorbenen Familie der Didiiden charakteristische Vertreter flugunfähiger Vögel, und in großer Zahl lebten dort früher riesige Landschildkröten, deren Reste heute auf Aldabra und den Seychellen nur unter dem Schutze des Menschen gedeihen. Die Seychellen besitzen, wenn wir von den in historischer Zeit importierten Arten absehen, außer einem Flughund kein einheimisches Säugetier, und die verwandtschaftlichen Beziehungen ihrer Insektenfauna deuten mehr auf Ceylon und Indien als auf Madagaskar hin. Diese Feststellungen sind wichtig für die Frage nach der Existenz ehemaliger Landverbindungen im Bereiche des Indischen Ozeans, mag man an den hypothetischen Lemurenkontinent denken oder an das längst versunkene Gondwana-Land, das einen Formenaustausch zwischen Madagaskar, Dekan und dem malayischen Archipel ermöglichte.

Die orientalische Region. Die orientalische Region erstreckt sich vom Gebiet des Indus bis Formosa und vom Südabhang des Himalaya bis zu den Kleinen Sunda-Inseln. Sie umfaßt somit ganz Vorderindien mit Ceylon, Hinterindien und den größten Teil des Malayischen Archipels. Daß Neuguinea, die Aru- und Kei-Inseln nach der Zusammensetzung ihrer Fauna zur Notogaea gerechnet werden müssen, wurde schon früher (S. 218) betont. Die Zahl der Säugetierfamilien, die in ihrer Verbreitung auf die orientalische Region beschränkt sind, ist verhältnismäßig klein. Unter ihnen verdienen die Gibbons (Hylobatiden), die Koboldmakis (Tarsiiden), Flattermakis (Galeopitheciden) und Spitzhörnchen (Tupajiden) besonders hervorgehoben zu werden. Dagegen finden wir unter den Säugetiergattungen des südöstlichen Asiens viele Endemismen. Ich erinnere hier nur an den Orang-Utan von Borneo und Sumatra oder den Hirscheber *(Babyrussa)* von Celebes. Die Vogelwelt hat in der Familie der Rachenvögel (Eurylaemiden) einen rein orientalischen Typus entwickelt. Wie in der Vorzeit die Siwalikfauna den Ausgangspunkt für die Besiedlung des afrikanischen Kontinents bildete, so verknüpfen auch in der Gegenwart enge verwandtschaftliche Bande die Tierbevölkerung der äthiopischen und der orientalischen Region. Es entbehrt daher nicht einer gewissen Berechtigung, wenn manche Forscher von einem äthiopisch-indischen Faunenreich sprechen. Andererseits läßt sich nicht leugnen, daß sich auch zwischen die Notogaea und die orientalische Region ein Übergangsgebiet mit einer ausgesprochenen Mischfauna einschiebt, eine Tatsache, die zur Aufstellung eines indo-australischen Faunenreichs Veranlassung gegeben hat. Aus dieser verschiedenen tiergeographischen Beurteilung der orientalischen Region geht deutlich hervor, daß wir es hier mit einem Teil der Arctogaea zu tun haben, der eine verhältnismäßig geringe faunistische Selbständigkeit aufweist und sowohl im Südosten wie im Westen ohne scharfe Grenze in die Nachbarregionen übergeht. Infolgedessen stößt auch die Gliederung der orientalischen Region in Tierprovinzen, wenigstens bei ihrer praktischen Durchführung, auf nicht unerhebliche Schwierigkeiten.

Meistens pflegt man eine vorderindische, ceylonische, hinterindische und malayische Provinz zu unterscheiden. Während sich in der Fauna der vorderindischen Provinz noch starke Anklänge an die äthiopische und die paläarktische Region bemerkbar machen, fehlt dieser fremde Einschlag in der Tierwelt der ceylonischen Provinz fast vollständig. Sie umfaßt außer der Insel Ceylon die Südspitze von Vorderindien einschließlich des tropischen Regenwaldes, der sich entlang der Westküste bis in die Gegend von Bombay erstreckt. Keine Tiergruppe erweist die Berechtigung dieser faunistischen Abgrenzung so überzeugend wie die Regenwürmer Ceylons, die, scharf geschieden von ihren Stammesgenossen im nördlichen Indien, in nahen verwandtschaftlichen Beziehungen zu den Oligochaeten Australiens stehen. Wer die orientalische Fauna in ihrer typischen Entwicklung kennenlernen will, muß die hinterindische Provinz aufsuchen. Ganz Hinterindien, das südchinesische Bergland und die Insel Hainan zeigen eine annähernd gleiche Zusammensetzung der Tierwelt, die uns, freilich wesentlich verarmt, auch noch auf den Andamanen und Nikobaren entgegentritt. Dagegen ist die Halbinsel Malakka seit jeher mit vollem Rechte der malayischen Tierprovinz zugerechnet worden. Eine gewisse faunistische Sonderstellung nimmt Formosa ein. Wenn auch die Zugehörigkeit dieser Insel zur hinterindischen Provinz wohl nicht ernstlich bestritten werden kann, so läßt sich die beachtenswerte Entwicklung endemischer Formen unter den Säugetieren und Vögeln, aber auch unter manchen Evertebraten, kaum anders als im Sinne einer verhältnismäßig frühzeitig erfolgten Loslösung vom asiatischen Festlande deuten. Als malayische Provinz sollen hier die Halbinsel Malakka, Sumatra, Java, die Kleinen Sunda-Inseln, Borneo, Celebes, die Molukken und Philippinen zusammengefaßt werden. Es ist dasjenige Gebiet der orientalischen Region, in deren Fauna sich arktogäische und notogäische Typen mischen. Es wird immer dem subjektiven Ermessen überlassen bleiben müssen, ob man die Tierbevölkerung des malayischen Archipels als eine einheitliche Mischfauna auffassen oder diesen Teil der orientalischen Region in eine Sunda-, eine Philippinen- und eine Celebes-Provinz gliedern will. Daß die Fauna der Philippinen und diejenige von Celebes eine gewisse Sonderstellung einnehmen, wird von der Mehrzahl der Tiergeographen in bemerkenswerter Übereinstimmung anerkannt.

Die paläarktische Region. Die südlich der Baumgrenze

gelegenen gemäßigten Teile Eurasiens bilden die paläarktische Region, die sich von Makaronesien bis zu den japanischen Inseln erstreckt. Wie im nördlichen Afrika die Sahara noch überwiegend paläarktischen Charakter trägt, so muß auch der große Wüstengürtel Innerasiens nach der Zusammensetzung seiner Fauna dieser Region zugerechnet werden. Affen treten nur in den südlichen Randbezirken (Gibraltar, Nordafrika, Japan) auf. Fast ausschließlich auf das paläarktische Gebiet beschränkt ist die Familie der Maulwürfe. Im übrigen sind zahlreiche Gattungen von Säugetieren, Vögeln, Kriechtieren und Lurchen der Region eigentümlich, die sich zwanglos in 4 Provinzen gliedern läßt. Die mitteleuropäische Provinz ist vor allem durch ein negatives Merkmal gekennzeichnet. Sie umfaßt in den höheren systematischen Kategorien der Wirbeltiere keine eigenen Formen, ein Nachklang der diluvialen Eiszeit, deren lebenvernichtender Einfluß sich noch in der heutigen Zusammensetzung der mitteleuropäischen Fauna bemerkbar macht. In einem bemerkenswerten Gegensatze zu der im Quartär verarmten Tierwelt Zentraleuropas steht die formenreiche Fauna der mediterranen Provinz, die außer Makaronesien und den eigentlichen Mittelmeerländern auch die Steppen und Wüstengebiete Vorderasiens umfaßt. Hier begegnen uns neben europäischen Tiergestalten zahlreiche Vertreter der äthiopischen Fauna und in geringer Beimengung auch orientalische Typen. Schakal, Hyäne, Ginsterkatze, Klippschliefer, Stachelschwein, Kuhantilope und Strauß sind solche Fremdlinge im Bestande der mediterranen Fauna. Als zentralasiatische Provinz pflegt man Sibirien, die Mongolei und Tibet zusammenzufassen und ihr als ostasiatische Provinz die Mandschurei, Korea, Japan und das nördliche China gegenüberzustellen. Wie die Mittelmeerländer so beherbergt auch Ostasien Vertreter der Affen (*Macacus* und *Semnopithecus*); gleichzeitig machen sich in der ostasiatischen Provinz Anklänge an die Wirbeltierfauna Nordamerikas bemerkbar, die der zentralasiatischen Tierprovinz fehlen.

Die nearktische Region. Der neuweltliche Teil der Arctogaea wird als nearktische Region bezeichnet. Ihr gehört das gemäßigte, südlich der Baumgrenze gelegene Nordamerika einschließlich des mexikanischen Hochlandes, aber ausschließlich der von neogäischen Formen. (S. 220) besiedelten mexikanischen Küstenländer an. Unter den Säugetieren sind außer Stinktier, Waschbär und Nasenbär die Familien der Bergbiber (Haplodontidae) und Gabelantilopen (Antilocapridae) der nearktischen Region eigentümlich. Die Vögel, Reptilien und Amphibien haben hier zahlreiche endemische Gattungen entwickelt. Innerhalb der nearktischen Region hat man drei Provinzen unterschieden: eine kanadische Provinz, die das große Waldgebiet im Norden umfaßt und südwärts durchschnittlich bis zum 45° nördl. Breite reicht. Freilich schließt sich die Südgrenze der kanadischen Provinz in ihrem Verlaufe nur auf eine verhältnismäßig kurze Strecke diesem Breitengrade an. Während sie in den Rocky Mountains, den Alleghanies und in der Sierra Nevada wesentlich südlicher liegt, überschreitet sie in dem vom Saskatchewan durchströmten Tieflande nur unmerklich den 54. Breitengrad. An die kanadische Provinz schließt sich im Süden eine verhältnismäßig schmale Zone mit einer ausgesprochenen Mischfauna an, die man vielleicht am besten als kanadisch-sonorisches Übergangsgebiet bezeichnet. Den ganzen Süden der nearktischen Region nimmt die sonorische Provinz ein, in der als Vertreter der Neogaea Taschenratten, Gürteltiere und Beutelratten erscheinen. Diese wechselseitige Durchdringung arktogäischer und neogäischer Faunenelemente bedingt den eigentlichen Charakter der nearktischen Region. Die Südgrenze des kanadisch-sonorischen Übergangsgebietes trennt den überwiegend arktogäischen Teil Nordamerikas von dem stärker mit neogäischen Formen durchsetzten Areal. Die Übereinstimmungen zwischen nearktischer und paläarktischer Region, die sich z. B. in dem gemeinsamen Besitz von Spitzmäusen, Bären, Mardern, Hunden, Katzen, Bibern, Mäusen, Hasen, Schweinen, Hirschen usw. äußern, sind so groß, daß manche Tiergeographen eine Trennung der beiden Regionen nicht für gerechtfertigt halten. In der Tat wird man zugeben müssen, daß alle Besonderheiten, durch die sich die Fauna Nordamerikas von derjenigen Eurasiens unterscheidet, auf Invasionen neogäischer Herkunft zurückzuführen sind. Im Pliozän und Pleistozän müssen Landverbindungen zwischen Nordamerika und Eurasien bestanden haben, und zwar spricht die Tatsache, daß die Wirbeltierfauna Nordamerikas mit derjenigen Ostasiens näher verwandt ist als mit der europäischen, sehr zugunsten einer die Lücke der Beringstraße ausfüllenden Landmasse, während auf eine Verbindung Nordamerikas mit Europa über Grönland nicht mit der gleichen Sicherheit geschlossen werden kann. Merkwürdigerweise bestehen auch zwischen den Skorpionen der Mittelmeerländer und denjenigen der sonorischen Provinz enge Beziehungen, so daß hier in geologisch alter Zeit die Möglichkeit eines Formenaustausches bestanden haben muß.

Arktis. Zweifellos schließt sich das arktische Faunenreich auf das engste an die Arktogaea und zwar an deren paläarktische und nearktische Region an. Die von manchen Tiergeographen vorgeschlagene Vereinigung der drei Gebiete zu einer holarktischen Region sucht diese faunistische Verwandtschaft auch äußerlich zu betonen. Die Arktis umfaßt die nördlich der Baumgrenze gelegenen Gebiete Nordamerikas und Eurasiens einschließlich der im nördlichen Eismeer gelegenen Inseln, also vor allem auch den nordamerikanischen Archipel, Grönland, Island, Spitzbergen, Franz-Josephland und die Neusibirischen Inseln. Dieses zum Teil schon außerhalb der menschlichen Ökumene gelegene Faunenreich zeichnet sich durch eine bemerkenswerte Armut an Arten aus, die in ihrer überwiegenden Mehrzahl eine zirkumpolare Verbreitung zeigen. Der mangelnde Baumwuchs bedingt das Fehlen von Klettertieren und Baumfruchtfressern, wie der lange arktische Winter das Vorkommen insektenfressender Säuger ausschließt. Viele arktische Tiere sind während des ganzen Jahres weiß gefärbt, andere legen nur während des Winters ein helles Kleid an. Renntier, Moschusochse, Eisbär, Eisfuchs, Schneehase und Lemminge bilden den autochthonen Bestand der terrestrischen Säugetierfauna, zu der als Überläufer aus niederen Breiten noch Vielfraß, Hermelin und Wolf treten. Unter den Landvögeln sind Schneeammer, Schneeeule und Schneehuhn zu erwähnen. Reptilien und Amphibien fehlen der Arktis. Während die zwar auf das Nordpolargebiet beschränkten, aber als Hochseebewohner zweifellos zur marinen Fauna gehörigen Cetaceen (Grönlandwal, Weißwal und Narwal) hier unberücksichtigt bleiben müssen, liegen die Verhältnisse bezüglich der Robben insofern anders, als diese Meeressäugetiere in ihrer Existenz auf das feste Land angewiesen sind. Unter ihnen sind Walroß und Klappmütze für die Arktis charakteristisch. Die Seevögel haben in der Familie derAlke arktische Sonderformen entwickelt. Dazu gehört auch der in der ersten Hälfte des 19. Jahrhunderts von Menschen ausgerottete Riesenalk, dessen Balg und Skelett heutzutage zu den begehrtesten Objekten zoologischer Museen gerechnet werden.

Antarktis. Die Antarktis im tiergeographischen Sinne umfaßt außer dem vereisten Hochlande des Südpolarkontinents die innerhalb der mittleren Treibeisgrenze gelegenen subantarktischen Inseln (Süd-Shetlandinseln, Süd-Orkneyinseln, Südgeorgien, Bouvet-Insel, Crozet-Inseln, Kerguelen). Landsäugetiere fehlen diesem Faunenreich vollständig, dagegen sind seine Küstengewässer reich an Robben, unter denen Roßrobbe, Weddelrobbe, Seeleopard und Krabbenfresser endemische Formen der Antarktis darstellen. Unter den Vögeln haben die Familien der Pinguine, der Sturmvögel und der Scheidenschnäbel in dem Südpolargebiet ihr Verbreitungszentrum. Reptilien und Amphibien fehlen.

Außerordentlich arm ist die Fauna des antarktischen Kontinents. Kaiserpinguin, Adelie-Pinguin, zwei Sturmvögel, eine Raubmöwe und eine Seeschwalbe sind die einzigen dort heimischen Wirbeltiere. Die Insekten sind, abgesehen von den auf Vögeln und Seeleoparden lebenden Parasiten, durch eine Fliegenart und mehrere Collembolen vertreten. Der unter 77° südl. Breite gelegene Fundort des Collembolen *Gomphiocephalus hodgsoni* bezeichnet den südlichsten Punkt, an dem bisher Insektenleben festgestellt wurde. In dem Moos des Gaußberges lebt das bisher nur aus Schweden nachgewiesene Bärtierchen *Hypsibius antarcticus*, und am Cap Royds kommt unter 77° 30' südl. Breite dei kosmopolitisch verbreitete *Hypsibius arcticus* vor. Unter der an Arten armen Insektenfauna der Kerguelen findet sich ein auffallend hoher Prozentsatz flugunfähiger Schmetterlinge, Käfer und Fliegen, eine Tatsache, die man als Anpassung an die in jenen Gebieten häufigen Stürme gedeutet hat.

Das antarktische Schöpfungszentrum. Auf das Problem des antarktischen Schöpfungszentrums kann hier nur kurz eingegangen werden. Nach der Meinung vieler Forscher kam dem antarktischen Festlande in der Vorzeit eine erhebliche Bedeutung für den

Austausch der Faunen der drei Südkontinente zu. In der Tat muß eine bis in die Tertiärzeit reichende Verbindung der Antarktis mit der Neogaea nach dem gegenwärtigen Stande unserer Kenntnisse als sehr wahrscheinlich bezeichnet werden, wie auch vielleicht eine Landbrücke den Südpolarkontinent mit Neuseeland verband. Dagegen sind die Beweise, mit denen man früher die zuerst von RÜTIMEYER ausgesprochene Vorstellung von einem großen, Australien, Südamerika und Afrika verbindenden Faunenzentrum zu stützen versuchte, durch neuere Forschungen zum Teil entkräftet worden. Wie sich das Vorkommen der straußenartigen Vögel auf den drei Südkontinenten nicht im Sinne der Landbrückentheorie deuten läßt, weil diese von der älteren Systematik begründete Tiergruppe sich als heterogen erwies, so müssen auch nach dem Urteil aller Kenner die Edentaten Afrikas und Südamerikas, die in den Erörterungen der älteren Tiergeographen eine große Rolle spielten, aus der Diskussion ausgeschaltet werden. Die heute auf den drei Südkontinenten verbreiteten pleurodiren Schildkröten wird man deshalb nicht als Zeugen einer früheren Landverbindung gelten lassen, weil sie fossil in weiter Verbreitung auf der nördlichen Halbkugel vorkommen, wie sich auch Reste von Riesenschildkröten, die man eine Zeitlang als Endemismen der Maskarenen und Galapagos betrachtete, in Indien, Madagaskar, Griechenland und Frankreich haben nachweisen lassen. Die rezenten Dipnoer der drei Südkontinente sind Reste einer im Paläozoikum und Mesozoikum weit verbreiteten Klasse, und die Süßwasserfische der Gattung *Galaxias*, deren eigentümliches Verbreitungsbild Fig. 48 wiedergibt, können sehr wohl unabhängig voneinander in die Flüsse der drei Südkontinente eingewandert sein. So bleibt als wichtigstes, freilich schon oft widerspruchsvoll gedeutetes Argument zugunsten der Hypothese einer pazifischen Landverbindung die Verwandtschaft der Beuteltierfaunen Australiens und Südamerikas übrig. Die Wege, auf dem sich einst die Besiedlung dieser beiden Kontinente mit Marsupialiern vollzog, haben auch die scharfsinnigen Erörterungen von ERNST MARCUS nicht vollkommen klarzulegen vermocht. Immerhin wird man diesem Forscher beistimmen müssen, wenn er das Verbreitungsbild der Beuteltiere zu den durch die Reliktenhypothese (S. 177) nicht befriedigend erklärbaren Tatsachen der Tiergeographie rechnet. Für eine pazifische Landverbindung spricht auch die Verbreitung der dekapoden Crustaceen. Die heute in Australien, Neuseeland und Archiplata heimischen Parastaciden können als kiementragende Süßwasserbewohner das Weltmeer weder aktiv überschritten, noch passiv auf Eisschollen oder Treibholz überquert haben. Die verwandtschaftlichen Beziehungen, welche die Käferfauna Archiplatas mit derjenigen Australiens verknüpfen, legen gleichfalls die Annahme einer ehemaligen Landverbindung zwischen der Notogaea und der Neogaea nahe, für die sich auch gewichtige Tatsachen aus der Verbreitung der fossilen Saurier anführen lassen.

Landbrücken zwischen den Südkontinenten. Kein anderes Problem der Tiergeographie hat eine so verschiedene Beurteilung erfahren wie die Frage nach der einstigen Existenz festländischer Verbindungen zwischen den Südkontinenten. Glaubt ein Teil der Forscher die heutige Verbreitung zahlreicher Tiergruppen ohne eine solche Hypothese nicht erklären zu können, so vertreten andere den Standpunkt, daß die Annahme ausgedehnter Niveauveränderungen im Bereiche des Stillen Ozeans in der Zoogeographie keine Stütze findet. Die Ursache dieser Meinungsverschiedenheit ist wohl hauptsächlich darin zu suchen, daß die Vertreter gegensätzlicher Anschauungen von der Betrachtung ganz verschiedener Tiergruppen ausgehen. Oft schließt aber schon die Verschiedenheit der Ausbreitungsfähigkeit und des geologischen Alters die Möglichkeit eines Vergleiches von vornherein aus. Tierklassen, deren Verbreitungsbild in den Grundzügen vielleicht schon im Paläozoikum festgelegt wurde, sind anders zu beurteilen als Formen, die erst an der Schwelle der geologischen Gegenwart ihre heutigen Wohnsitze erreichten. So erklärt es sich, daß die Erinnerung an alte, heute vom Meer überflutete Landzusammenhänge in der Verbreitung mancher Gruppen fortlebt, während andere Tiere, deren Stammbaum nicht so tief in der geologischen Geschichte der Erde wurzelt, uns nichts von Veränderungen in der Verteilung von Land und Wasser in der Vorzeit zu berichten wissen.

Diesen Gesichtspunkt wird man auch bei der Beurteilung des Wertes tiergeographischer Einteilungen der festen Erdoberfläche in erster Linie berücksichtigen. Der Geograph kann, wie schon Supan betont hat, eine räumliche Gliederung der Kontinentalfaunen nicht entbehren. Er wird sich aber stets des relativen Wertes derartiger »Faunenreiche« bewußt bleiben müssen. Eine Einteilung der festen Erdoberfläche, die für alle Tierklassen gilt, gibt es nicht. Infolgedessen sind wir genötigt, bei unseren Betrachtungen eine Tiergruppe in den Vordergrund zu stellen. Wir haben in Übereinstimmung mit der Gepflogenheit der meisten Tiergeographen die Wirbeltiere herausgegriffen, deren Verbreitung genauer bekannt ist als diejenige der meisten Evertebraten und deren fossile Reste uns wichtige Fingerzeige geben für die Verteilung von Wasser und Land in früheren Perioden der Erdgeschichte.

Ausbreitungsgebiete. Eine besondere Bedeutung kommt denjenigen Teilen der Erdoberfläche zu, auf denen sich nicht nur in der Vorzeit große Faunenverschiebungen vollzogen haben, sondern die zum Teil noch in der Gegenwart Richtung und Ausmaß von Tierinvasionen bestimmen. Man hat diese Gebiete eines besonders intensiven Formenaustausches nach dem Vorschlage von Jacobi als Ausbreitungs- oder Übergangsgebiete bezeichnet, weil es sich nur selten um geographisch scharf fixierte, auf dem Kartenbilde als Linien erscheinende Wanderzüge handelt, sondern um nach Länge und Breite nicht immer genau bestimmbare Lagen häufig ausufernder Tierströme. In Europa sind es vor allem vier

Ausbreitungsgebiete, auf denen sich der Formenaustausch vollzog (Fig. 51): das Grönländische Ausbreitungsgebiet (I), das eine Verbindung zwischen nearktischer und paläarktischer Region herstellt und als dessen südliche Fortsetzung wir das Großbritannien mit der Pyrenäenhalbinsel verknüpfende Lusitanische Ausbreitungsgebiet (II) betrachten können. Eine am Ausgange der Tertiärs viel benutzte Wanderstraße ist das Mediterrane Ausbreitungsgebiet (III), während das Sarmatische Ausbreitungsgebiet (IV) wohl erst im Interglazial und Postglazial seine größte Bedeutung erreichte. In dem Ira-

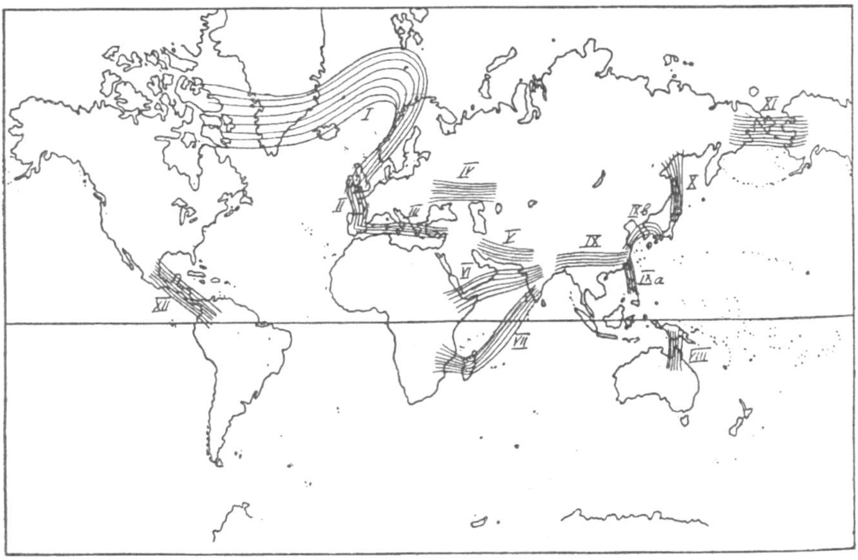

Fig. 51. Übersicht der tierischen Ausbreitungsgebiete. — Nach A. Jacobi.

nischen Ausbreitungsgebiet (V) begegnen einander paläarktische und orientalische Faunenelemente, während das Arabische Ausbreitungsgebiet (VI) uns die Wanderstraße angibt, auf der einst die Siwalikfauna nach Afrika gelangte. Das in seiner Begrenzung unsichere (Fig. 51), aber tiergeographisch wohl begründete Indo-afrikanische Ausbreitungsgebiet (VII) erklärt in ebenso befriedigender Weise die Übereinstimmungen zwischen der Tierbevölkerung Madagaskars und Vorderindiens, wie das Papuanische Übergangsgebiet (VIII) den Schlüssel zum Verständnis für die engen faunistischen Beziehungen zwischen Neuguinea und Nordaustralien bildet. Für die Besiedlung Ostasiens spielt das Hinterindische Ausbreitungsgebiet (IX) die größte Rolle, das sich an der Küste in ein Philippinen- (IXa) und ein Südjapanisches (IXb) Ausbreitungsgebiet gabelt. Von dem Sibirischen Ausbreitungsgebiet (X) nahmen die Tierwellen ihren Ausgang, die nordische Faunenelemente nach Japan brachten, während das Ausbreitungsgebiet, dessen Zentrum die Beringstraße (XI) bildet, den zweiten großen Wanderweg darstellt, auf dem sich nearktische und paläarktische Formen begegneten. Als wichtigstes Ausbreitungsgebiet der Neuen Welt erscheint schließlich das Mittelamerikanische Ausbreitungsgebiet (XII), in dem in erheblichem Ausmaße eine Vermischung neogäischer und nearktischer Typen stattfand. Dies sind die hauptsächlichsten in ihrer Lage einigermaßen sicher bestimmbaren Straßen, auf denen die Landfauna ihre heutigen Wohnsitze erreichte. Daß daneben in der Vorzeit noch andere Wanderwege bestanden haben müssen, wurde bereits wiederholt erörtert.

Wanderungen der Tiere.

Wie in der Vorzeit die Tierbevölkerung der Erde häufig ihre Wohnplätze wechselte und Invasionen neuer Faunen das Bild der früheren Verbreitung wesentlich umgestalteten, so finden auch in der Gegenwart Tierwanderungen statt, die schon wegen ihrer Abhängigkeit von der Gestaltung der Erdoberfläche, vor allem aber wegen ihrer zum Teil erheblichen wirtschaftlichen Bedeutung das Interesse des Geographen beanspruchen. Unter den Insektenwanderungen sind besonders die Züge der Wanderheuschrecken durch meteorologische und klimatische Faktoren bedingt. Wie Köppen nachgewiesen hat, fällt die Grenze der permanenten Verbreitung der Wanderheuschrecke *Pachytilus migratorius* ziemlich genau mit der Juni-Isotherme von + 20° C zusammen. Offenbar sind für die Verbreitung der Art die Temperaturverhältnisse des Juni deshalb von besonderer Bedeutung, weil in diesem Monat die Entwicklung ihrer Larven stattfindet.

Fischwanderungen. Periodische Wanderungen unternehmen zahlreiche Fische zur Zeit der Fortpflanzung. Die Laichwanderungen des Herings bilden für die Küstenbevölkerung zahlreicher Länder eine Quelle des Reichtums, und mehr als einmal sind schwere Erschütterungen des Wirtschaftslebens dadurch hervorgerufen worden, daß bestimmte Nutzfische von ihren gewohnten Wanderwegen abwichen. Als in Bohuslän, vermutlich infolge gewisser Veränderungen in der Beschaffenheit des Küstenwassers, vom Jahre 1808 ab der Seehering fast sieben Jahrzehnte lang nicht erschien, war dies ein Ereignis, das tief in das Wirtschaftsleben der schwedischen Westküste eingriff, wie auch das Ausbleiben der Sardinen auf den Fanggründen der Bretagnefischer in den Jahren 1880 bis 1895 eine wirtschaftliche Krise in den an Sardinenfang und Sardinenhandel beteiligten Bevölkerungsschichten hervorrief. Nach den neuesten Untersuchungen des dänischen Zoologen J. Schmidt liegt das Laichgebiet des europäischen Aals zwischen dem 22. und 30. Grade nördlicher Breite und dem 48. und 65. Grade westlicher Länge, und zwar dürfen wir wohl als Laichplatz im engeren

Sinne den Meeresabschnitt bezeichnen, in dem Larven von höchstens 10 mm Länge gefunden werden. Denn diese können sich unmöglich sehr weit von der Stelle entfernt haben, wo sie dem Ei entschlüpft sind. Trägt man die Verbreitung der Aallarven von 10, 15, 25 und 45 mm Länge in eine Karte ein (Fig. 52), so gewinnt man eine Vorstellung von den Wanderungen der Larven in den ersten Lebensjahren. Ein Blick auf die Karte zeigt, daß die Mehrzahl der Aallarven sogleich in nordöstlicher Richtung den europäischen Küsten zustrebt. Bei einer

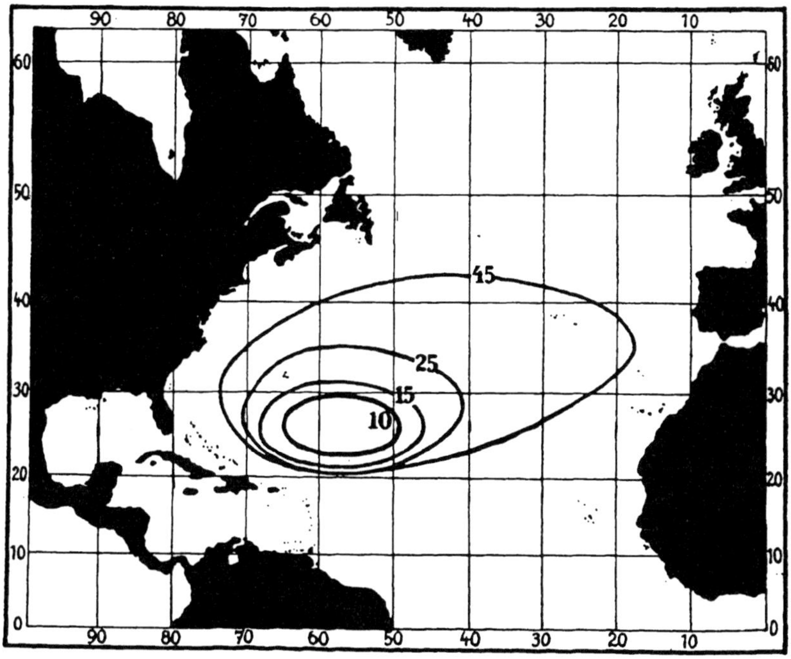

Fig. 52. Laichgebiet des europäischen Flußaales. Die schwarzen Linien begrenzen die Meeresteile, in denen Larven bis 10, 15, 25 und 45 mm Länge angetroffen werden. — Nach J. Schmidt.

Wassertemperatur von + 20° C werden Larven bis 15 mm Länge im Frühling in Tiefen von 200—300 m angetroffen. Im ersten Sommer erreichen sie eine Länge von 25 mm und halten sich in Tiefen von 25—50 m östlich des 50. Längengrades auf. Im zweiten Sommer, wo sie bis zu einer Durchschnittsgröße von 50—55 mm heranwachsen, bevölkern sie die oberflächlichen Wasserschichten im mittleren Teile des Atlantischen Ozeans, und erst im dritten Sommer gelangen sie als erwachsene Larven von 75 mm Länge an die europäischen Küsten, im Frühling des vierten Jahres erfolgt die Umwandlung in das Stadium des Glasaals, und nun beginnt die Einwanderung in das Süßwasser, in dem der Aal 5—20 Jahre seines Leben zubringt. Während ein Teil der Jungaale, besonders Männchen, im Mündungsgebiet der europäischen Ströme bleibt, dringen andere weit in das Innere des Kontinents vor und erklimmen zum Teil recht beträchtliche Höhen. Aus den 3000 m hoch gelegenen Alpenseen, in denen sich die Eisriesen der Schweizer Bergwelt spiegeln, treibt den Aal der Geschlechtstrieb in das tropische Warmwassergebiet des Atlantischen Ozeans. Hier geht er dann nach der Fortpflanzung, die sich wahrscheinlich in Tiefen von 5000 m vollzieht, zugrunde. Die eigentümliche Entwicklungsgeschichte des Aals macht es begreiflich, warum der in allen europäischen Zuflüssen des Atlantischen Ozeans, der Ost- und Nordsee sowie des Mittelmeers häufige Fisch im Gebiete des Schwarzen und des Kaspischen Meeres ursprünglich fehlte und sich dort auch trotz wiederholter Aussetzung nicht fortpflanzte. Liegen die Laichgründe des Aales im offenen Meere, so suchen die Lachse zum Zwecke der Fortpflanzung das Süßwasser auf. Hier legen sie zum Teil gewaltige Strecken zurück, wie der Königslachs des Stillen Ozeans, der im Yukon 3000 km stromaufwärts schwimmen muß, um zu seinen Laichplätzen zu gelangen.

Der Vogelzug. Unter den Vögeln ist die Erscheinung periodischer Wanderungen so verbreitet, daß H. Schlegel sie schon im Anfange des neunzehnten Jahrhunderts zu einer biologischen Einteilung dieser Tiergruppen benutzt hat, die noch heute Anwendung findet: Standvögel bleiben das ganze Jahr an ihrem Brutplatze, Strichvögel führen nach der Aufzucht der Jungen ein Nomadenleben, Zugvögel fliegen nach der Brutzeit auf geographisch fixierten Wegen in ein bestimmtes Gebiet. Schon dem Versuche v. Middendorfs (1855), die Wanderungen der Zugvögel durch Isepiptesen, d. h. Linien gleicher mittlerer Ankunftszeiten, kartographisch festzulegen, lag, wenn auch nicht deutlich ausgesprochen, die Vorstellung zugrunde, daß die Zugvögel in breiter Front ziehen und sich dabei nicht, wie es später Palmén (1874), der Begründer der Zugstraßen-Theorie, behauptete, an räumlich eng begrenzte Wanderwege halten. Heute kann der Streit zwischen diesen beiden Auffassungen, der jahrzehntelang die Ornithologie beschäftigte, im wesentlichen wohl als entschieden gelten. Es kann keinem Zweifel unterliegen, daß sich für gewisse Vogelarten bestimmte »Zugstraßen« nachweisen lassen, wenn wir uns diese auch nicht als schmale Linie im Sinne unserer Verkehrswege vorstellen dürfen. Andererseits vollzieht sich die Wanderung mancher Arten sicherlich »in breiter Front«. Welchem der beiden Zugtypen ein Vogel angehört, d. h. ob seine Wanderstraße schmal oder breit ist, hängt von seinen ökologischen Bedürfnissen ab. Der Verlauf des Wanderwegs wird hauptsächlich durch die Tatsache bestimmt, daß die Vögel auf dem Zuge meistens solche Örtlichkeiten aufsuchen, die ihrem Brutplatz ähneln. So ziehen die meisten Sumpf- und Wasservögel den Meeresküsten entlang oder folgen Flußläufen, und ihre Zugstraße ähnelt daher am meisten der Vorstellung, die sich die älteren Ornithologen von einer Vogelzugstraße gebildet hatten. Umgekehrt sind Steppenvögel und Waldvögel nicht so eng an geographisch fixierte Wanderwege gebunden, und so macht ihr Zug mehr den Eindruck eines Vorrückens in breiter Front. Wenn man den Begriff »Zugstraße« im Sinne der modernen Ornithologie auffaßt, so lassen sich in Europa vier Hauptzugstraßen (Fig. 53) unterscheiden, die von zahlreichen Vögeln der verschiedensten Arten benutzt

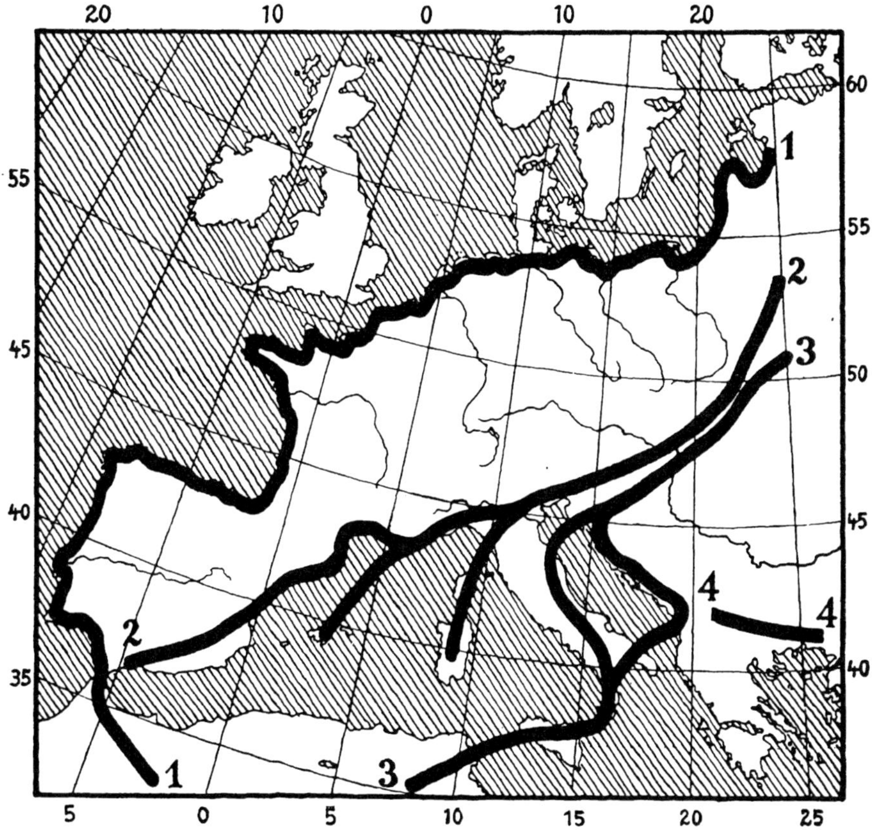

Fig. 53. Die vier Hauptzugstraßen der Vögel Europas: 1. Westliche Küstenstraße, 2. Italienisch-spanische Straße, 3. Adriatisch-tunesische Straße, 4. Bosporus-Suez-Straße. — Nach F. v. LUCANUS.

werden: die westliche Küstenstraße, die längs der Küste der Ost- und Nordsee und der atlantischen Küsten Europas nach Nordafrika führt, die italienisch-spanische Zugstraße, welche aus den Karpathenländern am Südfuß der Alpen vorbei in das westliche Mittelmeergebiet, nach Korsika und Sardinien, den Balearen sowie nach Südfrankreich und Spanien führt, die adriatisch-tunesische Zugstraße, auf der die Vögel des östlichen Europa längs der adriatischen Küsten über Sizilien nach Tunis gelangen, und die Bosporus-Suez-Straße, die über den Balkan, den Bosporus, Kleinasien und Suez in das Niltal läuft. Die hauptsächlichsten Wanderstraßen Nordamerikas gibt Figur 54 wieder. Unter ihnen wird die Route 4, die quer über den Golf von Mexiko führt, von den meisten Arten und Individuen benutzt. Sie stellt zweifellos die Hauptvogelzugstraße N o r d a m e r i k a s dar. Auffälligerweise folgen die meisten Zugvögel nicht dem

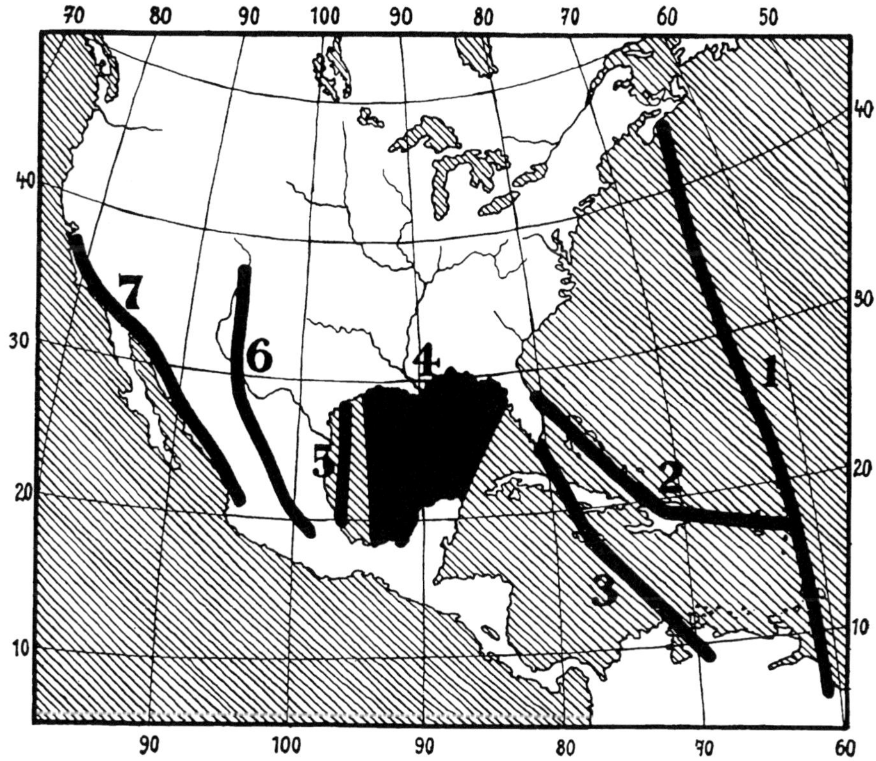

Fig. 54. Hauptwanderstraßen der Vögel Nordamerikas. Die meisten Wanderer benutzen die Route 4 trotz der Notwendigkeit eines Überwasserfluges von 750—1050 km über den Golf von Mexiko. Die Route 1 (Überwasserflug von 3600 km) wird außer von Wasservögeln nur vom Goldregenpfeifer benutzt. — Nach W. W. Cooke aus H. Wachs.

Wege, der unter Benutzung der kürzesten Meeresstrecken von Florida über Cuba nach der Halbinsel Yucatan führt, sondern Millionen von Vögeln überfliegen den Golf von Mexiko gerade an seiner breitesten Stelle. Wir haben »also in dieser Beziehung in der neuen Welt ein vollkommenes Analogon zu den Zugverhältnissen in der Sahara, wo ebenfalls keine bestimmten Zugstraßen vorhanden sind, sondern Zugvögel in allen Teilen der Wüste angetroffen werden. Weder die Sand- noch die Wasserwüste vermögen demnach einen wesentlichen Einfluß auf den Vogelzug auszuüben« (W. R. Eckardt). *Charadrius fulvus*, eine Regenpfeiferart, die an der Westküste von Alaska und an der Nordküste der

Tschuktschenhalbinsel brütet, fliegt alljährlich in beträchtlicher Zahl über den nördlichen Teil des Stillen Ozeans nach Hawai, verbringt dort den Winter, um im Frühjahr auf dem gleichen 3000 km langen Wege

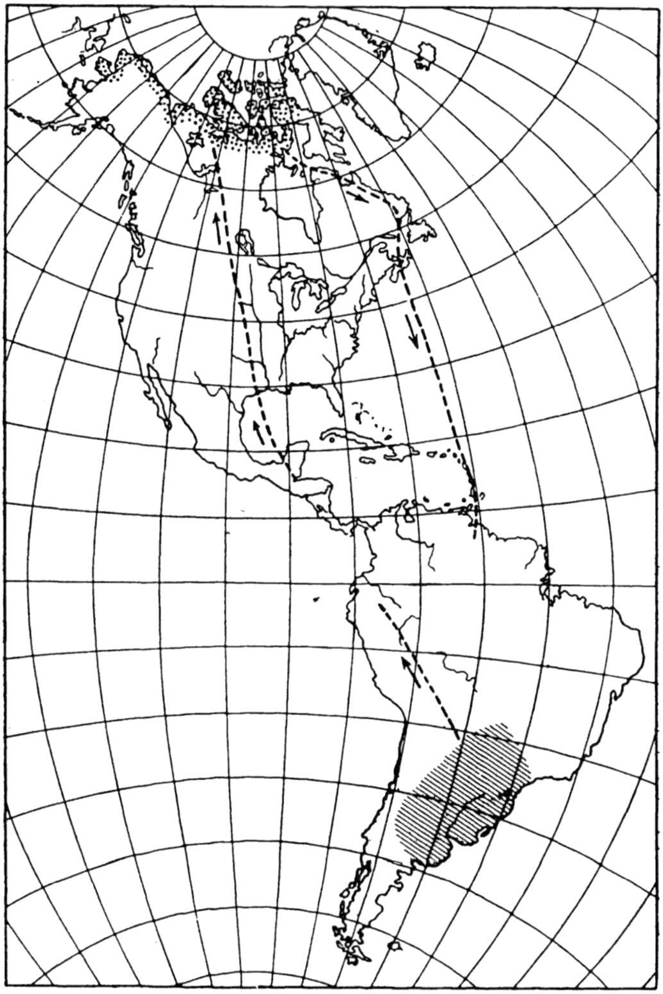

Fig. 55. Wanderung des Goldregenpfeifers. Im Herbst überquert er den Ozean von Neuschottland bis Südamerika in einem ununterbrochenen Fluge von 3600 km. Im Frühling kehrt er durch das Tal des Mississippi in sein Brutgebiet zurück. — Nach W. W. Cooke aus H. Wachs.

zu seinen Nistplätzen in Alaska zurückzukehren. Noch erstaunlicher ist die Leistung des nordamerikanischen Goldregenpfeifers (Fig. 55), der im Herbst den Atlantischen Ozean von Neuschottland bis Südamerika in einem ununterbrochenen Fluge von 3600 km überquert. Im Frühling kehrt er über den Golf von Mexiko und das Mississippital in sein Brutgebiet zurück, das sich von der Nordküste Alaskas bis zur Hudson Bay erstreckt. So bildet der jährliche Wanderweg des Goldregenpfeifers eine gewaltige Ellipse mit einem kürzeren Durchmesser von 3000 und einem

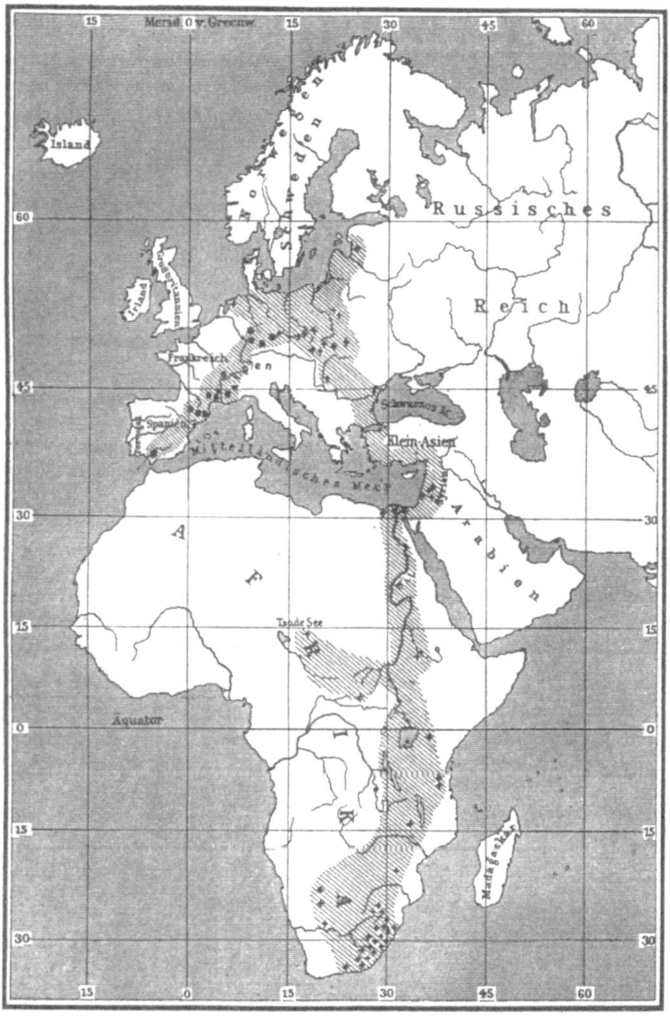

Fig. 56. Zug des weißen Storchs, dargestellt auf Grund der Wiederfunde beringter Tiere. Die west- und süddeutschen Störche (Fundorte durch Punkte markiert) wandern über Südfrankreich und Spanien, die norddeutschen (Fundorte durch Kreuze angegeben) über Ungarn, Kleinasien, Palästina, Ägypten, nilaufwärts bis Südafrika. Die Weser bildet die Grenze der Wohngebiete. — Nach J. Thienemann.

längeren von 12 000 km. Und doch bleibt die Länge dieses Wanderweges noch weit zurück hinter der Strecke von 33 000 km, welche die Polarseeschwalbe alljährlich durchfliegt. Ihr Brutgebiet nähert sich dem

Nordpol bis auf $7^{1}/_{2}{}^{0}$. Dort hält sie sich 11 Wochen auf, um einige Monate später an der Grenze der Antarktis ihr Winterungsgebiet zu beziehen. »So hat die Polarseeschwalbe mehr Tag- und Sonnenlicht als jedes andere Geschöpf auf Erden. An ihren nördlichen Brutplätzen ist die Mitternachtsonne schon vor ihrer Ankunft aufgegangen und geht

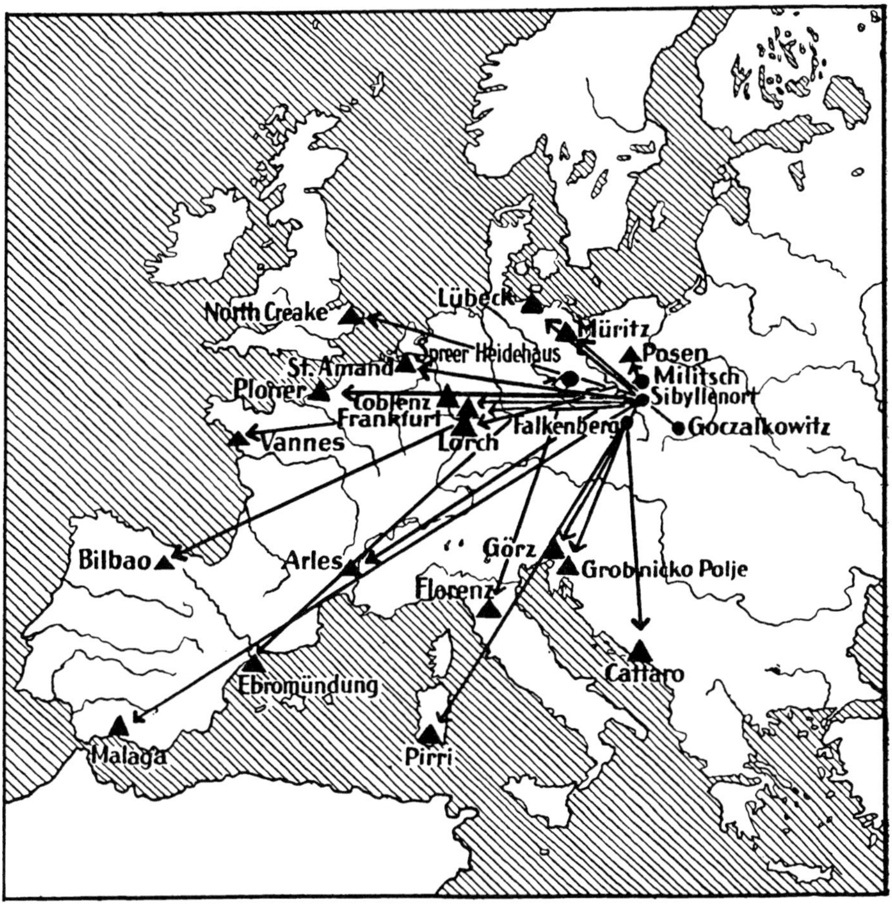

Fig. 57. Wanderungen schlesischer Brutmöwen. Beringungsorte ● und Erlegungsorte ▲ sind durch gerade Linien verbunden. — Nach F. Pax und H. Stadie.

während der ganzen Brutzeit nicht unter. Auch in der Antarktis sehen die Vögel während zweier Monate ihres Aufenthaltes keinen Sonnenuntergang, und für die übrige Zeit taucht die Sonne nur ein kleines Stück unter den Horizont, und das helle Tageslicht ist beständig. So haben die Vögel wenigstens acht Monate lang 24 Stunden Tageslicht und auch in den anderen vier Monaten bedeutend mehr Tageslicht als Dunkelheit« (H. Wachs). Wie kompliziert das Zugphänomen sich gestaltet, zeigt die Tatsache, daß Vögel derselben Art die verschiedenen Teile ihres Brutgebietes auf verschiedenen Wegen verlassen. Die Störche aus Ost- und Mitteleuropa wandern über Ungarn, Kleinasien, Palästina, Ägypten das Niltal aufwärts bis nach Südafrika, während die Brutvögel Westeuropas über Südfrankreich, Spanien und Gibraltar ihrem Reiseziel zustreben (Fig. 56). Die Grenze der beiden Storchgruppen bildet in Norddeutschland ungefähr die Weser. Sogar die Artgenossen eines und desselben Brutgebietes suchen nicht immer die gleichen Winterquartiere auf. Der Herbstzug der in Schlesien erbrüteten Lachmöwen (Fig. 57) geht im allgemeinen nach Westen. Aber ein Teil der schlesischen Brutvögel wendet sich südwärts der Adria zu, folgt also der Anziehungskraft jener Zugstraße, auf der auch ein Teil der Möwen der Kurischen Nehrung in seine mediterranen Winterquartiere gelangt.

Wanderungen der Säugetiere. Weit verbreitet sind regelmäßige Wanderungen in der Gruppe der Säugetiere. Daß manche Fledermäuse nach Art der Zugvögel wandern, kann kaum ernstlich bestritten werden, wenn auch der Nachweis dieser Gewohnheit durch das Markierungsexperiment noch aussteht. Der Rhythmus der Jahreszeiten zwingt in den arktischen Ländern Ren und Moschusochsen zu regelmäßigem Wechsel des Standorts, wie er in den Hochgebirgen Zentralasiens die Berg- und Talwanderungen der Wildschafe auslöst. Mit dem Monsun wandern die Elefanten des Berglandes von Tenasserim in das Flachland hinab, und in der Kalahari beziehen die Springböcke mit den einsetzenden Sommerregen ihre alten Weidegründe, aus denen sie Wassermangel während der trockenen Jahreszeit vertrieb. Vertikalbewegungen geringeren Ausmaßes lassen sich auch in der Fauna der deutschen Mittelgebirge beobachten. Hier zwingt der Winter mit seinem reichlichen Schneefall und dem manchen Tieren gefährlichen Rauhreif viele Bewohner der subalpinen Region, sich in tiefere Lagen zurückzuziehen. Erst mit der Schneeschmelze steigen sie wieder empor. So vollziehen sich regelmäßig in allen Klimaten der Erde Fluktuationen der Tierbevölkerung, und der Faunenwechsel erweist sich als das eigentlich konstante Element im Ablauf des biologischen Geschehens.

Der Einfluß des Menschen auf die Verbreitung der Tiere.

Ausrottung von Tieren durch den Menschen. Das Bild, das wir bisher von der Verbreitung der Fauna entworfen haben, bliebe unvollständig, wenn wir nicht auch des umgestaltenden Einflusses gedächten, den der Mensch auf die Tierwelt ausgeübt hat. Schon die Jagd der Vorzeit mag hier und da eine Lücke in den Tierbestand gerissen haben. Allerdings will es mir scheinen, als wenn man bisweilen die Bedeutung der steinzeitlichen Jagdmethoden für den Bestand der Fauna überschätzt hätte. Sie lassen sich in bezug auf die Intensität ihrer Wirkung keineswegs mit den Maßnahmen vergleichen, durch welche die modernen Kulturvölker das ursprüngliche Tierleben der Erde bedrohen, und das Aussterben der großen kälteliebenden Säuger, wie des Mammuts und des Wollnashorns, am Ausgange des Diluviums ist sicher in erster Linie durch eine Änderung des Klimas und nicht durch das Eingreifen des Menschen herbeigeführt worden. Immerhin bezeichnen die dem Nahrungserwerb dienenden Jagden der Paläolithiker den Anfang einer grundlegenden Wandlung der Fauna, die sich in historischer Zeit mit wachsender Beschleunigung vollzog. Das Zeitalter der großen Rodungen, das in Europa in das 7.—13. Jahrhundert, in Nordamerika in das 18. und 19. Jahrhundert fällt, hat zu einer starken Beeinträchtigung der Waldfauna und zu einer gleichzeitigen Ausbreitung derjenigen Tiergesellschaften geführt, die an offene Formationen gebunden sind. Mit der Lichtung der Wälder und der Vervollkommnung der Feuerwaffen war das Schicksal der großen Raubtiere entschieden, und so sehen wir, wie seit dem Ende des 18. Jahrhunderts ein Teil der Carnivoren in allen Kulturländern allmählich ausstirbt. Die Zahl der Tierarten, die durch den Menschen ausgerottet worden sind, ist in rascher Progression begriffen. Unter den in historischer Zeit ausgestorbenen Vögeln befinden sich außer solchen, die wir nur nach Knochenresten, Federn und Eierschalen kennen, wie die Moas Neuseelands und die Madagaskarstrauße, auch einige, deren Habitus wenigstens nach zeitgenössischen Bildern und Beschreibungen bekannt ist, wie die flugunfähigen, mit den Tauben verwandten Dronten von Mauritius und Réunion (Fig. 58). Etwa in der Mitte des 18. Jahrhunderts wurde eines der merkwürdigsten Seesäugetiere, die Stellersche Seekuh, ausgerottet, deren Herden ehemals das Beringsmeer bevölkerten, und reichlich hundert Jahre später verschwand der Bison von den Prärien Nordamerikas, der vor der Besiedlung dieses Landes durch Europäer in einem Bestande von vielen Millionen von Exemplaren die Grundlage der Existenz der Indianer gebildet hatte. Was heute noch an Bisons in Nordamerika erhalten ist, stellt nur einen winzigen Rest früher unübersehbarer Herden dar. Ließ sich der Kampf gegen die großen Raubtiere durch das Bestreben des Menschen rechtfertigen, sich und seine Haustiere zu schützen, so ist die Vernichtung der meisten übrigen Tiere um eines verhältnismäßig geringen Gewinnes willen erfolgt. Kurzsichtiger Raubbau an den Tierschätzen der Erde droht gegenwärtig die Pelztiere der Polarländer auszurotten, bereitet in den Weltmeeren den Untergang der Walfauna vor und rückt schließlich auch die Gefahr der Vernichtung des afrikanischen Großwildes in bedrohliche Nähe.

Kulturflüchter. Weit größer als die Zahl der Tiere, die der nachdrücklichen Verfolgung durch den Menschen zum Opfer fielen, ist die Anzahl der Lebewesen, deren Existenzbedingungen durch die menschliche Kultur untergraben wurden. Viele Tiere gedeihen nur in unberührter Wildnis, fern von den Siedlungen des Menschen und den Störungen des Verkehrs. Der Forst, der an die Stelle des Urwaldes der Vorzeit trat, bietet diesen Kulturflüchtern keinen geeigneten Wohnplatz; infolgedessen sterben sie aus oder sind doch in starkem Rückgange begriffen. Wo unberührte Moore von erheblicher Ausdehnung erhalten geblieben sind, da erweisen sie sich häufig als Rückzugsgebiete, in denen noch diejenige Fauna eine bescheidene Blüte entfaltet, die auf dem Kulturlande der Umgebung bereits dahingewelkt ist. Neben der Waldfauna sind besonders die tierischen Bewohner der Bäche und Flüsse durch den Menschen arg dezimiert worden. Dadurch, daß in den dicht bevölkerten Kulturländern der Erde Industrie und Großstädte ihre

Fig. 58. Die Dronte, eine im 17. Jahrhundert ausgestorbene, flugunfähige Taube der Insel Mauritius. Nach einem Bilde von R. Savery aus dem Jahre 1626. — Nach F. v. Lucanus.

Abwässer meist ohne genügende Reinigung den Flüssen zuführen, hat der Chemismus im Lebensraum der Süßwassertiere eine sehr erhebliche Umgestaltung erfahren. Zwar spielen sich in unseren Binnengewässern auch unter natürlichen Bedingungen Fäulnisprozesse ab, aber die weite Verbreitung polysaprober und mesosaprober Lebensgemeinschaften ist doch zum größten Teil auf den Einfluß des Menschen zurückzuführen.

Kulturfolger. Die Gesamtheit der Tiere, die sich der menschlichen Kultur angepaßt haben und ihr Areal infolgedessen ständig vergrößern, wird als Kulturfolger bezeichnet. Unter der Hand des Menschen haben sich in geschichtlicher Zeit große Waldländer in eine mit Getreide bepflanzte Kultursteppe verwandelt, die sich zwar in mancher Hinsicht von der natürlichen Steppe der Vorzeit unterscheidet, aber den meisten

Tieren doch ähnliche Lebensbedingungen bietet wie diese. Gehört die überwiegende Mehrzahl der Kulturflüchter der Waldfauna an, so bilden Steppentiere die Hauptmasse der Kulturfolger. In Ländern, die von der menschlichen Kultur noch wenig berührt sind, herrscht der Zustand des biologischen Gleichgewichts, das zwar durchaus labil ist, aber im allgemeinen doch nur Schwankungen von geringem Ausmaß erfährt. Jedenfalls kommen Störungen von solcher Intensität und Dauer, wie sie das Eingreifen des Menschen erzeugt, im Naturzustande kaum vor. Eine Überhandnahme pflanzenfressender Insekten, die in allen Kulturländern eine ständige Sorge der Forstwirtschaft bildet, ist im Urwalde niemals beobachtet worden, wie auch auf der natürlichen Steppe im Gegensatz zur Kultursteppe alle Vorbedingungen für eine das biologische Gleichgewicht störende Entwicklung einzelner Tierarten fehlen. Zwar stehen auch im Naturzustande jeder Pflanzenart eine Reihe tierischer Feinde gegenüber, aber ihre unheilvolle Wirkung, die sich bisweilen bis zu einer Verwüstung des Landschaftsbildes steigert, können sie erst entfalten, seit der Mensch durch Bevorzugung bestimmter Pflanzenarten die Lebensbedingungen dieser Pflanzenfresser in einem im Urzustande unbekannten Maße verbessert hat. So erweisen sich die großen Schädlingsepidemien als eine Begleiterscheinung der menschlichen Kultur. Armut an Arten und Reichtum an Individuen kennzeichnen im allgemeinen die vom Menschen geschaffenen Biotope. Das gilt für den Kulturwald und die Kultursteppe, in geringerem Maße auch für die eigenartige Biocönose ehemaliger Felsbewohner, die sich an und in den Steinbauten des Menschen angesiedelt hat. Dagegen macht eine Ausnahme von dieser Regel das Gartenland, das sich wie die Buschsteppe der Vorzeit, der es ähnelt, durch eine bemerkenswerte Mannigfaltigkeit der Fauna, ganz besonders durch einen Reichtum des Vogellebens auszeichnet.

Einfluß von Handel und Verkehr. Als Faktoren von nicht zu unterschätzender Bedeutung für die Verbreitung der Tierwelt erweisen sich Handel und Verkehr, die, seit Jahrtausenden wirksam, an der Umgestaltung des Faunenbildes arbeiten. Wie der nur geringe Entfernungen überbrückende lokale Handel und Verkehr unaufhörlich die Tierwelt durcheinandermischt, so verfrachten die Transportmittel des modernen Weltverkehrs Vertreter aller Faunenreiche über große Teile des Erdballs. Eine Verschleppung liegt vor, wenn die von den menschlichen Transportmitteln mitgeführten Tiere unterwegs aus Mangel an Nahrung, infolge zu großer Wärme oder Kälte, durch Wassermangel oder aus anderen Gründen absterben. Als Einschleppung bezeichnet man diejenigen Fälle, in denen die Tiere zwar lebend das Ziel der Reise erreichen, dort aber nicht dauernd festen Fuß fassen können. Erst wenn es einem Tier gelingt, in der neuen Heimat sich regelmäßig fortzupflanzen, ist die Einbürgerung vollzogen. Während langer Zeiträume ergießen sich über alle Kulturländer Tierströme, die von Handel und Verkehr gespeist werden; aber die Auslese, die alle an eine Veränderung der Lebensbedingungen nicht vollkommen angepaßte Formen ausmerzt, bewirkt, daß nur ein verhältnismäßig geringer Bruchteil der passiv verschleppten Tiere zur Einbürgerung gelangt. Ihr stellen sich vor allem klimatische Hindernisse in den Weg. Daraus erklärt sich die bekannte Tatsache, daß die Ausbreitung von Landtieren durch den Verkehr sich hauptsächlich in der Richtung der Breitenkreise vollzieht. Erfolgreiche Einschleppungen beobachten wir daher besonders zwischen Europa und Nordamerika, zwischen Afrika und Südamerika und zwischen dem orientalischen und dem australischen Faunengebiete. Von den 490 Tierarten, die der Schiffsverkehr im Laufe dreier Jahre in den Hamburger Hafen brachte, vermochten sich nur 5% bei uns anzusiedeln. Der Erfolg der Invasion hängt nicht von der Zahl der eingeschleppten Individuen, sondern in erster Linie von den ökologischen Verhältnissen ab, die der Fremdling in der neuen Heimat vorfindet. Das zeigt besonders deutlich das Beispiel der San José-Schildlaus, die, ursprünglich in Ostasien heimisch, sich in Nord- und Südamerika, in Australien und Neuseeland, auch auf Hawai anzusiedeln vermochte. Alljährlich werden Millionen Exemplare dieses gefürchteten Schädlings nach Hamburg verschleppt, aber ohne Gefahr für den deutschen Obstbau, weil in Mitteleuropa offenbar die erforderlichen Existenzbedingungen fehlen.

Verbreitung der Schmarotzer. Wie seit alter Zeit das Heer der tierischen Schädlinge die Kulturpflanzen auf ihren Wanderwegen von Kontinent zu Kontinent begleitet haben, so folgen zahlreiche Schmarotzer ihren Wirten, den Haustieren und dem Menschen, von Land zu Land. In erstaunlich kurzer Zeit hat sich der Sandfloh, der ursprünglich in Brasilien heimisch war, längs der großen Karawanenstraßen in Afrika ausgebreitet. Dieser Parasit, dessen Weibchen sich mit Vorliebe unter den Zehennägeln des Menschen einnistet, kam 1872 zum ersten Male nach Loanda. Schon nach einem Jahrzehnt hatte er sich längs der Westküste über ein Gebiet von 25 Breitengraden ausgedehnt und nach zwei Jahrzehnten die ostafrikanischen Seen erreicht. 1898 wurde er zum ersten Male in Sansibar beobachtet. So hat der Sandfloh in einem Zeitraum von rund fünfundzwanzig Jahren den schwarzen Erdteil durchquert. Ein tierischer Parasit, dessen wechselnde Verbreitung mehr als einmal die wirtschaftlichen und politischen Geschicke der Völker entscheidend beeinflußt hat, ist der Erreger der Malaria. Wie der Niedergang der griechischen Kultur wenigstens zum Teil durch die Malaria bedingt wurde, die sich seit dem Peloponnesischen Kriege in Griechenland erschreckend ausbreitete, wie diese Krankheit während des Mittelalters in Italien ganze Städte entvölkerte, so hat sie in der Neuzeit nicht nur die Kolonisation der Tropenländer außerordentlich erschwert, sondern ist für diese Gebiete auch in der Gegenwart noch von der größten wirtschaftlichen Bedeutung

Im wesentlichen ist die Malaria eine Krankheit der warmen Länder, doch dringt sie auf der nördlichen Halbkugel auch in höhere Breiten vor (Fig. 59). Liegt ihre Polargrenze in Europa etwa unter dem 63., in Asien unter dem 62. und in Nordamerika unter dem 45. Breitengrade, so reicht sie in Südamerika ungefähr bis zum 35., in Afrika zum 30. und in Australien zum 20° südl. Breite. Die kartographisch schwer zu erfassenden Wandlungen ihrer Verbreitung sind einmal dadurch bedingt, daß mit der Ausbreitung intensiver Bodenkultur jedesmal eine Zurückdrängung der Malaria verbunden ist, während der Verkehr sie häufig in Gegenden gebracht hat, die vorher malariafrei waren. Während als Erreger der Malaria Blutparasiten aus der Gruppe der Plasmodien erkannt wurden, ist die Übertragung der Krankheit an das Vorhandensein von Stechmücken der Gattung *Anopheles* gebunden. So gewinnen diese meist als Moskitos bezeichneten Insekten eine sehr erhebliche geographische Bedeutung. Das gleiche gilt für die Tsetsefliegen der Gattung *Glossina*, welche in Afrika die Schlafkrankheit des Menschen übertragen. Seit jeher war diese durch einen Flagellaten der Gattung *Trypanosoma* erzeugte Seuche im Mündungsgebiet des Kongo und in den angrenzenden Küstenstrichen Westafrikas heimisch. Längs der Karawanen- und Handelsstraßen breitete sie sich sodann im Kongobecken aus und griff schließlich auf das Gebiet des Viktoria Nyanza über, wo sie vielleicht durch die in Uganda angesiedelten Soldaten Emin Paschas eingeschleppt wurde. Durch afrikanische Sklaven, die sich in ihrer Heimat infiziert hatten, gelangte die Krankheit schließlich auch nach Westindien, konnte sich aber dort nicht ausbreiten, weil der Überträger, die Tsetsefliege, fehlte. Nachdem die infizierten Neger ausgestorben waren, erlosch die Krankheit in Westindien. Wie diese Infektionskrankheiten des Menschen, so haben auch gewisse durch Trypanosomen erzeugte Seuchen der Haustiere, die in den Tropenländern eine sehr erhebliche wirtschaftliche Bedeutung besitzen, ihre heutige Verbreitung (Fig. 59) erst durch Handel und Verkehr erlangt.

Einschleppung mariner Tiere. Auch für viele marine Bodentiere hat sich der moderne Handelsverkehr als ein passives Verbreitungsmittel von nicht zu unterschätzender Bedeutung erwiesen. So ist aus der geographischen Verbreitung der Seeanemonen ein Beispiel bekannt, das sich auf Verschleppung zurückführen läßt. Im Jahre 1890 trat an der Küste von Connecticut eine bis dahin unbekannte Aktinie, *Diadumene luciae*, auf, die von 1892 ab auch in New Haven beobachtet wurde und sich von dort aus sehr rasch nach Osten und Norden verbreitete. 1895 erreichte sie Newport, 1898 Woods Hole, 1899 Nahant, 1901 Salem. Wo sie vorkam, wurde sie in großen Massen beobachtet, und heute gehört sie zu den gemeinsten Seeanemonen der Neuengland-Staaten. Auch in Europa hat sie festen Fuß gefaßt. 1896 wurde sie zum ersten Male in Plymouth beobachtet, 1911 trat sie im Golf von Neapel auf, wurde 1913 in Holland festgestellt, und

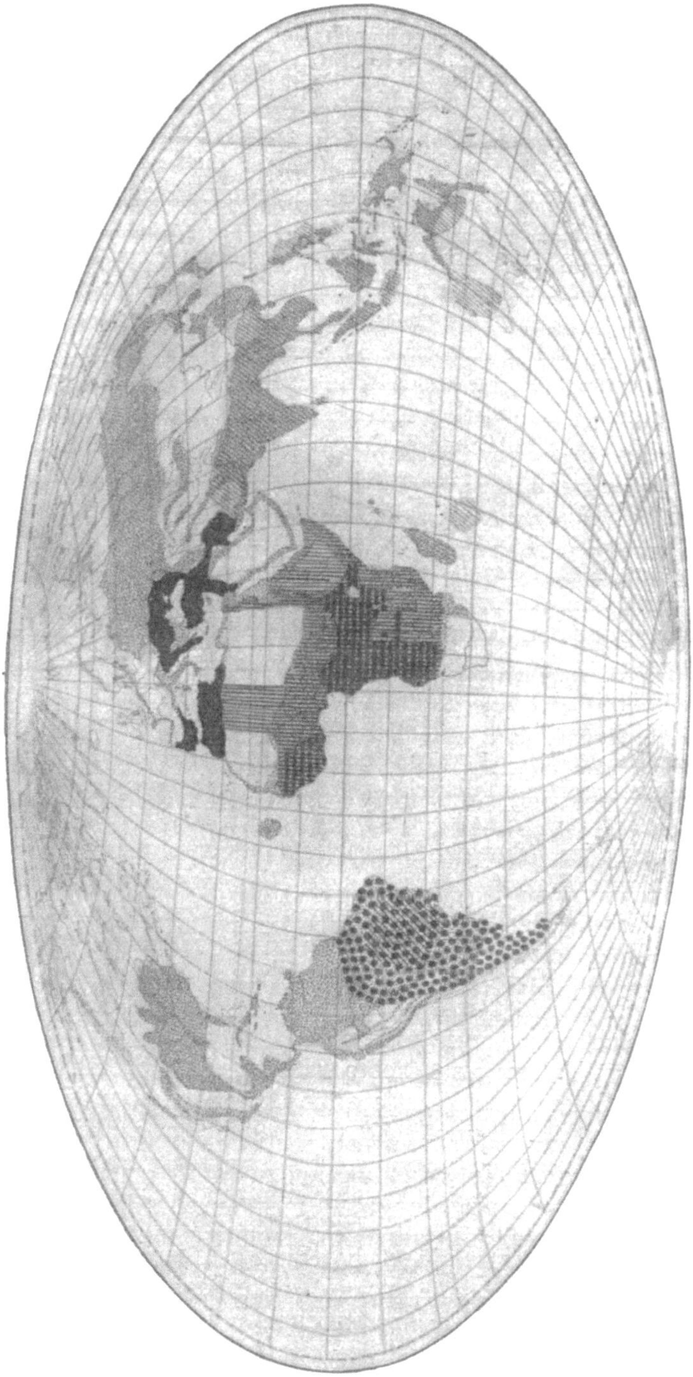

Fig. 59. Tiere als Überträger und Erreger von Krankheiten: Malaria des Menschen (in allen Erdteilen), Schlafkrankheit des Menschen (in Afrika), Beschälseuche der Pferde (in den Mittelmeerländern und Vorderasien), Naganaseuche der Haustiere (in Afrika), Kreuzlähme (Mal de Caderas) der Pferde (in Südamerika), Surraseuche der Haustiere (in Asien und Australien). In Brasilien gibt die gleiche Schraffierung die Verbreitung der Schizotrypanose des Menschen an. — Nach H. Ziemann und F. Doflein.

1920 hat sie die deutsche Küste erreicht. Die Cambridge-Expedition (1924) wies sie neuerdings im Suezkanal nach.

Aus der Verbreitung anderer Bodentiere lassen sich ähnliche Schlüsse ziehen. So kommt die Seescheide *Ciona intestinalis* in Australien nur in solchen Häfen vor, die von Überseedampfern angelaufen werden, nicht aber in den kleineren Häfen, die lediglich dem Lokalverkehr der Küstendampfer dienen. Wohl das auffälligste Beispiel einer derartigen Verschleppung stellt die chinesische Wollhandkrabbe dar, die ursprünglich in den brackigen Küstengewässern Ostasiens heimisch war. In China besiedelt sie nicht nur den Unterlauf der großen Ströme, sondern dringt zum Teil weit in das Binnenland vor. So ist sie im Jangtsekiang, 1300 km von seiner Mündung entfernt, angetroffen worden. 1912 wurde die Art zum ersten Male in Deutschland und zwar in der Aller gefunden. Heute bewohnt sie den Unterlauf von Ems, Weser und Elbe in so beträchtlicher Zahl, daß sie als vollkommen eingebürgert gelten kann. Daß ihre Ausbreitung in Deutschland aber noch nicht beendet ist, beweist die erst kürzlich erfolgte Auffindung der Krabbe in der Saale bei Halle und in der Oder unweit von Breslau.

Ansiedlung von Tieren durch den Menschen. War in den bisher besprochenen Fällen die Ausbreitung von Tieren ohne Zutun, bisweilen sogar sehr gegen den Willen des Menschen erfolgt, so kennen wir doch andererseits zahlreiche Beispiele, in denen der Import von Nutztieren durchaus planmäßig vorgenommen wurde. Der Dingo gelangte nach Australien wohl als Begleiter des Menschen, wie auch die Pferde, die heute die Pampas Südamerikas bevölkern, erst durch den Menschen dorthin gebracht wurden. Recht verschiedener Herkunft ist ein Teil des Haar- und Federwildes in Mitteleuropa. Unter die Tiere, die hier Heimatrecht besitzen, mischen sich der nordamerikanische Wapiti, das sibirische Reh, das Damwild der Mittelmeerländer, das dem Südwesten Europas entstammende Wildkaninchen, das Muffelwild Korsikas und Sardiniens und der aus den pontischen Ländern eingeführte Fasan. Die heutige Verbreitung der Weinbergschnecke in Norddeutschland zeigt noch deutlich den Weg, auf dem dieses Weichtier an seine jetzigen Standorte gelangte. Von den Mönchen des Mittelalters als beliebte Fastenspeise eingeführt, ist die Art in Norddeutschland noch jetzt auf die Umgebung alter Klöster und Ordenssitze beschränkt. Europäische Hummeln hat man nach Neuseeland gebracht, um die infolge ungenügenden Insektenbesuches spärliche Samenentwicklung der Kleefelder zu steigern, und hat damit auch den gewünschten Erfolg erzielt. In anderen Fällen hat der Mensch bei der Einfuhr fremder Tiere keine glückliche Hand bewiesen. Das zeigt die Geschichte des Kaninchens in Australien. Dort hat sich dieser zu Jagdzwecken eingeführte Nager zu einer fürchterlichen Landplage entwickelt, so daß allein die Regierung von Neusüdwales in einem Jahrzehnt etwa 15 Millionen Mark für die Bekämpfung des Schädlings aufwenden mußte. Vor unseren Augen vollzieht sich die Ausbreitung eines nicht weniger gefährlichen Nagetieres, der nordamerikanischen Bisamratte. Sie wurde 1905 in Böhmen eingeführt und vermehrte sich dort so stark, daß sie in kurzer Zeit über das ganze Land verbreitet war. 1914 wanderte sie in Bayern, 1917 in Sachsen und 1924 in Schlesien ein

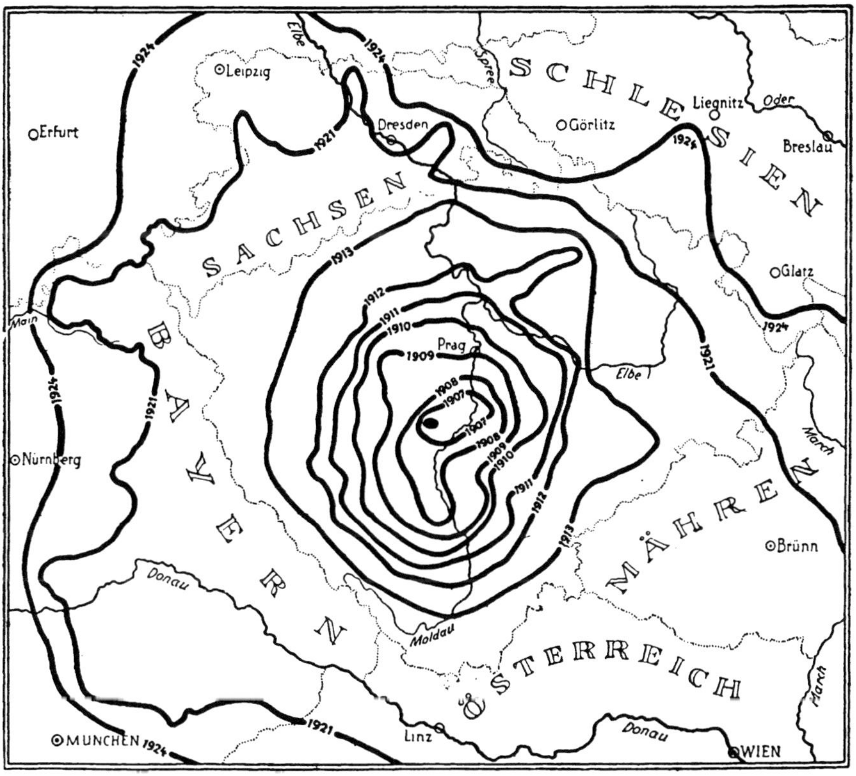

Fig. 60. Die Einwanderung der Bisamratte in Bayern (1914), Sachsen (1917) und Schlesien (1924). — Nach F. PAX.

(Fig. 60). Wohl die schlimmsten Erfahrungen auf diesem Gebiete hat man mit dem europäischen Schwammspinner in Nordamerika gemacht. Durch Unvorsichtigkeit gelangten einige Raupen dieser Art im Jahre 1868 nach Massachusetts. Da dort die natürlichen Feinde des Schmetterlings fehlten, vermehrte er sich in den folgenden Jahrzehnten derartig, daß daraus eine der größten Insektenkalamitäten entstand, welche die Geschichte kennt. Mitte der neunziger Jahre waren in Massachusetts in 33 Städten alle Straßen, Gärten und Häuser dicht mit den Raupen des Schwammspinners bedeckt, und die Bäume standen entlaubt da wie im Winter. Auch heute ist das Schwammspinnerproblem, das die Vereinigten Staaten jährlich fast eine Million Dollar kostet, noch keineswegs in befriedigender Weise gelöst.

Wiederherstellung des biologischen Gleichgewichts. Erst in jüngster Zeit hat der Mensch versucht, die von ihm selbst herbeigeführten Störungen des biologischen Gleichgewichts wenigstens zum kleinen Teile wieder rückgängig zu machen. Durch die Rückkehr zur Mischkultur, wie sie die moderne Forstwirtschaft anstrebt, wird nicht nur die Eintönigkeit der Kulturlandschaft gemildert, sondern vor allem auch ein Faktor beseitigt, der die Vermehrung gewisser Pflanzenfresser und besonders die Entwicklung von Insektenkalamitäten in hohem Maße begünstigte. Der Wiederherstellung des durch die Einführung fremder Tiere gestörten Gleichgewichts der Biozönosen dient die sogenannte biologische Bekämpfung der Schädlinge. Mit ihr hat man in den Fällen Erfolge erzielt, wo die Überhandnahme eines Schädlings auf den Mangel an Parasiten und anderen natürlichen Feinden beruhte. Indem der Mensch Tiere in eine neue Umgebung verpflanzte, ohne von vornherein durch gleichzeitige Einfuhr ihrer natürlichen Feinde eine Schranke aufzurichten gegen eine allzu starke Vermehrung, hat er Fehler begangen, deren Folgen sich nachträglich nur mit einem unverhältnismäßig hohen Aufwande an Kosten und Arbeit beseitigen lassen. Während diese hier nur kurz angedeuteten Maßnahmen moderner Schädlingsbekämpfung durch wirtschaftliche Notwendigkeiten bedingt werden, sind für die in den letzten Jahrzehnten erfolgte Einrichtung von Naturschutzgebieten im wesentlichen wissenschaftliche, ethische und ästhetische Gesichtspunkte maßgebend gewesen. Das gilt sowohl für die Vogelfreistätten der europäischen Küsten wie die Wildreservate der afrikanischen Kolonien oder die großen Nationalparke der Vereinigten Staaten.

Selbstverständlich vermögen derartige Einrichtungen nichts an der Tatsache zu ändern, daß das Tierleben des ganzen Erdballs durch den Menschen in tiefgreifender Weise umgestaltet worden ist. In jedem Gebiete läßt sich eine präkulturelle von der durch die Kultur eingeführten Fauna unterscheiden. Ein Teil der Kulturfauna ist aktiv eingewandert, nachdem der Mensch ihr geeignete Ansiedlungsmöglichkeiten geschaffen hatte, ein anderer passiv eingeschleppt worden. Wie sich die Wanderwege dieser Adventivfauna häufig im Dunkel der Vorzeit verlieren, so birgt auch das Geheimnis ihrer Herkunft manches tiergeographische Rätsel.

Literaturnachweise. Der im Folgenden gebotene Schriftennachweis erhebt in keiner Beziehung Anspruch auf Vollständigkeit. Er verfolgt lediglich den Zweck, dem mit der zoogeographischen Bibliographie nicht vertrauten Leser das Auffinden der einschlägigen Literatur zu erleichtern. Infolgedessen beschränkt er sich im wesentlichen auf die Nennung der wichtigsten Lehr- und Handbücher aus neuerer Zeit sowie der beiden bekanntesten Atlanten der Tiergeographie.

1. Zusammenfassende Darstellungen aus neuerer Zeit.

1853. Schmarda, L. K., Die geographische Verbreitung der Tiere. 3 Bände. Wien.
1866. Murray, A., The geographical distribution of animals. London.
1876. Sclater, P. L., Über den gegenwärtigen Stand unserer Kenntnis der geographischen Zoologie. Erlangen.
1876. Wallace, A., The geographical distribution of animals. London. Deutsch von A. B. Meyer, Dresden 1876.
1880. Semper, C., Die natürlichen Existenzbedingungen der Tiere. 2 Bände. Leipzig.
1890. Trouessart, E. L., Géographie zoologique. Paris.
1891. Möbius, K., Die Tiergebiete der Erde, ihre kartographische Abgrenzung und museologische Bezeichnung, in: Arch. f. Naturgesch. Bd. 57, I, S. 277—291.
1895. Beddard, F. E., A Textbook of Zoogeography (Cambridge Natural Science Manuals). Cambridge.
1896. Ortmann, A. E., Grundzüge der marinen Tiergeographie. Jena.
1897. Heilprin, A., The geographical and geological distribution of animals. 2. Aufl. New York.
1897. Kobelt, W., Studien zur Zoogeographie. Wiesbaden.
1899. Kirchhoff, A., Pflanzen- und Tierverbreitung. Wien.
1901. Lydekker, R., Die geographische Verbreitung und geologische Entwicklung der Säugetiere. 2. Aufl. Jena.
1901. Ratzel, F., Die Erde und das Leben. 2 Bände. Leipzig.
1902. Kobelt, W., Die Verbreitung der Tierwelt. Leipzig.
1907. Arldt, Th., Die Entwicklung der Kontinente und ihrer Lebewelt. Leipzig.
1907. Maas, O., Lebensbedingungen und Verbreitung der Tiere. (Aus Natur u. Geisteswelt Bd. 139.) Leipzig.
1907. Simroth, H., Die Pendulationstheorie. Leipzig.
1914. Brauer, A., Tiergeographie, in: F. Hinneberg, Kultur der Gegenwart, Teil III, Abteilung IV, 4. Leipzig und Berlin.
1915. Meisenheimer, J., Zoogeographie, in: Handwörterb. d. Naturwiss. Bd. 10, S. 951—990. Jena.
1919. Gradmann, Pflanzen und Tiere im Lehrgebäude der Geographie, in: Geograph. Abende im Zentralinst. f. Erziehung u. Unterricht, Heft 4. Berlin.
1919. Jacobi, A., Tiergeographie (Sammlung Göschen Bd. 218), 2. Aufl. Berlin und Leipzig.
1920. Sokolowsky, A., Die Tierwelt, in: S. Passarge, Grundlagen der Landschaftskunde. Bd. 2, S. 138—223, Abb. 46—78. Hamburg.
1921—23. Dahl, F., Grundlagen einer ökologischen Tiergeographie. 2 Teile. Jena.
1922. Trouessart, E. L., La distribution géographique des animaux (Encyclopédie scientifique). Paris.
1923. Hentschel, E., Grundzüge der Hydrobiologie. Jena.
1924. Hesse, R., Tiergeographie auf ökologischer Grundlage. Jena.
1925. Dahl, F., Tiergeographie, in: Enzyklop. der Erdkunde, herausgegeb. von O. Kende. Wien.
1926. Jakubski, A., New methods and tendencies in zoogeographical cartography, in: Travaux géograph., publiés sous la direction de F. Romer, fasc. 8, Lwów u. Warszawa.
1926. Pearse, A. S., Animal ecology. New York.
1927. Chevalier, A. et Cuénot, L., Biogéographie (E. de Martonne, Traité de Géograph. phys. Tome 3).
1928. Feige, E., Die Haustierzonen der Alten Welt, in: Petermann's Mitteilungen, Ergänzungsheft Nr. 198. Gotha.

2. Kartenwerke.

1887. Marshall, W., Atlas der Tierverbreitung (Berghaus' Physikal. Atlas, Abteilg. 6). Gotha.
1911. Bartholomew, J. G., Clark, W. E. and Grimshaw, P. H., Atlas of Zoogeography (Bartholomew's Physical Atlas vol. 5). London. [Mit ausführlicher Bibliographie].

Register.

Die Autorennamen sind gesperrt gedruckt. * bei der Seitenzahl bedeutet eine Literaturnotiz. Namen, die man unter C nicht findet, suche man unter K oder Z und umgekehrt. Desgleichen suche man die Namen, die man unter J nicht findet, unter Y.

Gleichzeitig mit diesem Teil des Werkes erschien:

II. Band. 1. Teil: VIII, 551 Seiten. Mit 2 Tafeln und 151 Figuren im Text.

1927 erschien:

I. Band. Mit 5 Buntdrucktafeln und 113 Figuren im Text. XI, 495 Seiten. RM 22.—, geb. 24.—

Erd-, Länder- und Völkerkunde

Schriften aus dem Verlage

Walter de Gruyter & Co., Berlin W 10

Februar 1930

Allgemeines, Geschichte der Erdkunde

Natur und Mensch. Die Naturwissenschaften und ihre Anwendungen. Herausgegeben von Dr. C. W. SCHMIDT. Vier Bände. Lexikon-Oktav.

Band I: Weltraum und Erde. Von Dr. H. H. KRITZINGER und Dr. C. W. SCHMIDT. Mit 409 Abbildungen und 30 zum Teil farbigen Tafeln. XII, 494 Seiten. 1926. In Leinen geb. Rm. 32.—, in Halbleder 36.—

Band II: Das Leben und seine Entwicklung. Von Prof. Dr. C. SCHÄFFER, Prof. Dr. W. GOTHAN und Prof. Dr. Freiherr E. STROMER von Reichenbach. Mit 352 Abbildungen im Text und 28 teils farbigen Tafeln. XI, 563 Seiten. 1926. In Leinen geb. Rm. 32.—, in Halbleder 36.—

Band III: Der Mensch und seine Entwicklung. Von Prof. Dr. G. KRAITSCHEK und Dr. F. CAPPELLER. Mit 243 Abbildungen im Text und 24 teils farbigen Tafeln. XI, 422 Seiten. 1929.
In Leinen geb. Rm. 32.—, in Halbleder 36.—

Band IV: Angewandte Naturwissenschaften. 1930. Im Druck.

„Wie den ersten und zweiten Band dieses Standardwerkes moderner Naturbeschreibung, so nimmt man auch den nunmehr erschienenen dritten Band mit dem Gefühle zur Hand, hochstehende deutsche Gelehrtenarbeit vor sich zu haben. Die Ausstattung des Werkes und die Bebilderung ist hervorragend schön; es ist inhaltlich und äußerlich eine Zierde jeder Bibliothek."
Natur und Kultur.

Geschichte der Erde und des Lebens. Von Prof. Dr. JOHANNES WALTHER. Royal-Oktav. IV, 571 Seiten. 1908. Rm. 14.—, geb. 16.—

„Ein durchaus eigenartiges Werk, es leuchtet in ihm von der ersten bis zur letzten Seite vor allem der entwicklungsgeschichtliche Gedanke hindurch, man erkennt allenthalben den begeisterten Schüler Darwins und Haeckels, der es unternimmt, seine eigenen von der herrschenden Lehre manchmal stark abweichenden Meinungen in glanzvoller Darstellung und ausgewählter, ja formvollendeter Sprache zu einem einheitlichen Gesamtbild verarbeitet, vorzuführen."
Petermanns Mitteilungen.

Geschichte der Geographie. Von Prof. Dr. KONRAD KRETSCHMER. Zweite Auflage. Mit 11 Karten im Text. 163 Seiten. 1923. (Sammlung Göschen Bd. 624.) Geb. Rm. 1.80

„Ein Berufener hat hier den ungeheuren Stoff auf einem kleinen Raum zusammengedrängt. Aber trotz des geringen Umfanges enthält das Büchlein sozusagen alles ....."
Dtsch. Geographische Blätter, Bremen.

Astronomische Erdkunde, Kartenwissenschaft

Astronomische Geographie. Von Dr. SIEGMUND GÜNTHER, Geh. Hofrat, Professor an der Technischen Hochschule in München. Mit 52 Abbildungen. Neudruck. 170 Seiten. 1919. (Sammlung Göschen Bd. 92.) Geb. Rm. 1.80

Die bekannten Aufgaben der mathematischen Erd- und Himmelskunde wie z. B. Orts- und Zeitbestimmungen, Erdvermessung usw. werden in sehr klarer und anregender Form unter weitgehender Berücksichtigung der geschichtlichen Entwicklung besprochen. Außerdem wird die Stellung unserer Erde im Planetensystem, Entfernung, Größe und Bewegung der Planeten behandelt.

Die Kartenwissenschaft. Forschungen und Grundlagen zu einer Kartographie als Wissenschaft. Von Dr. MAX ECKERT, Professor der Geographie an der Technischen Hochschule in Aachen. Quart.

Erster Band. Mit 10 Abbildungen im Text und 1 Karte. XVI, 640 Seiten. 1921. Rm. 30.—, geb. 33.—

Zweiter Band. Mit 33 Abbildungen im Text und 2 Tafeln. XIV, 880 Seiten. 1925. Rm. 45.—, geb. 48.—

Dritter Band in Vorbereitung.

„... einen Begriff von der gigantischen Stoffmenge geben, die das Buch bewältigt, so daß es dem Geographen ein Wegweiser für die auf den verschiedensten Gebieten seiner Wissenschaft vorhandenen Karten und kartographischen Methoden wird. Das angehängte Register kommt einem wirklichen Bedürfnis entgegen. Man wird im Interesse der Sache nichts Besseres wünschen können, als daß dem Verfasser die Zeitumstände möglichst bald gestatten mögen, den geplanten Faksimileatlas als Band III herauszubringen." Petermanns Geographische Mitteilungen.

Kartenkunde. Von Dr. M. GROLL. Zweite Auflage, neubearbeitet von Dr. OTTO GRAF in Calbe (Saale). 2 Bände.

I. Die Projektionen. Mit 56 Figuren. 116 Seiten. 1922. (Sammlung Göschen Bd. 30.) Geb. Rm. 1.80

II. Der Karteninhalt. Mit 39 Figuren. 133 Seiten. 1923. (Sammlung Göschen Bd. 599.) Geb. Rm. 1.80

Das in leicht faßlicher Form geschriebene Werk kann zum Selbststudium bestens empfohlen werden.

Kartographische Aufnahmen und geographische Ortsbestimmung auf Reisen. Von Dr.-Ing. R. HUGERSHOFF, Professor an der Forstlichen Hochschule in Tharandt, und Dr.-Ing. OTTO ISRAEL, Professor an der Technischen Hochschule in Dresden.

I. Die topographischen Aufnahmen. Mit 66 Figuren und 2 Tafeln. Zweite Auflage. 152 Seiten. 1925. (Sammlung Göschen Bd. 607.) Geb. Rm. 1.80

„Auf Grund reicher praktischer Erfahrung geben die Verfasser eine sehr klare Übersicht über die Methoden der topographischen Aufnahmen auf Reisen. Ich kann das Büchlein jedem Forschungsreisenden warm empfehlen." Geographische Zeitschrift.

Grundriß der geographischen Ortsbestimmung aus astronomischen Beobachtungen. Von Dr. K. GRAFF, Observator der Hamburger Sternwarte. Mit 64 Figuren. Groß-Oktav. VIII, 210 Seiten. 1914. Geh. Rm. 6.—, geb. 7.—

Physikalische Erdkunde, Meteorologie und Geologie

Grundzüge der physischen Erdkunde. Von Dr. ALEXANDER SUPAN, Professor der Geographie an der Universität Breslau. Siebente, gänzlich umgearbeitete Auflage, unter Mitwirkung von Fachgelehrten herausgegeben von Professor Dr. ERICH OBST. Groß-Oktav.

I. Band. Mit 5 Buntdrucktafeln und 113 Figuren im Text. XI, 495 Seiten. 1927. Rm. 22.—, geb. 24.—

„Die erste übersichtliche Darstellung der allgemeinen physischen Geographie, in der im Gegensatz zur Geophysik und zur allgemeinen Erdkunde die moderne geographische Auffassung zur Geltung kam. Jeder Forscher wird es mit Vorteil zu Rate ziehen und manches daraus lernen können." Geographische Zeitschrift.

Physische Erdkunde. Von Prof. Dr. R. LANGENBECK in Darmstadt.

I. Die Erde als Ganzes und die Erdoberfläche. Mit 26 Abbildungen. 110 Seiten. 1922. (Sammlung Göschen Bd. 849.) Geb. Rm. 1.80

II. Die Lufthülle und Wasserhülle der Erde. Mit 25 Abbildungen. 136 Seiten. 1923. (Sammlung Göschen Bd. 870.) Geb. Rm. 1.80

Im ersten Teil werden Erdinneres, Wärme-, Dichte- und Schwereverhältnisse sowie die Bedeutung der Rotation für die Gestaltung der Erdoberfläche besprochen, im zweiten Teil Klimate, Klimaänderungen, Eiszeiten, Temperaturen, der Seen und Meere usw.

Physische Geographie. Von Dr. GEORG GREIM, Professor an der Technischen Hochschule in München. Fünfte, gänzlich neubearbeitete Auflage von SIEGMUND GÜNTHER. 146 Seiten. 1927. (Sammlung Göschen Bd. 26.) Geb. Rm. 1.80

Die Darstellung umfaßt folgende Gebiete; Erdinneres, Lufthülle, Meer, Gewässer des Binnenlandes, Schnee und Eis auf der Landoberfläche, die Erde und die Einwirkungen des Erdinneren auf sie.

Kurzes Lehrbuch der physikalischen Geographie. Von A. GEIKIE, Professor der Geologie an der Universität Edinburgh. Autorisierte Ausgabe von BRUNO WEIGAND. Mit einer Vorrede von v. DRYGALSKI. Zweite, verbesserte und vermehrte Auflage. Mit 77 Holzschnitten, 5 Vollbildern und 13 Karten. Oktav. X, 386 Seiten. 1908. Geh. Rm. 4.50, geb. 5.50

Die Klimate der Erde. Grundriß der Klimakunde. Von Prof. Dr. W. KÖPPEN. Mit 8 Tafeln und 19 Textfiguren. Oktav. X, 369 Seiten. 1923. Rm. 7.20, geb. 8.20

„Der Lehrer der Erdkunde wird reichen Gewinn aus dem Studium dieses Werkes ziehen. Das Buch ist anregend geschrieben." Unterrichtsbltt. f. Mathematik u. Naturwissenschaften.

Klima und Leben. (Bioklimatologie.) Von Dr. WILHELM R. ECKARDT, Wetterdienstleiter und I. Assistent am Meteorologischen Observatorium in Essen a./R. 84 Seiten. 1912. (Sammlung Göschen Bd. 629.) Geb. Rm. 1.80

„Man wird nirgends so klar und doch so kurz die einschlagenden Verhältnisse geschildert finden. Dabei finden wir die mannigfachsten Beziehungen erwähnt, und selbst negative, wie die Unmöglichkeit des Menschen, das Klima zu ändern, haben einen Platz gefunden." Literar. Zentralblatt.

Meteorologie. Von Dr. ALBERT DEFANT, o. Professor an der Universität und Direktor des Instituts und Museums für Meereskunde in Berlin. Fünfte, umgearbeitete Auflage, unter Benutzung der dritten Auflage der Bearbeitung von Prof. W. TRABERT. Mit 38 Figuren und 7 Tafeln. 140 Seiten. 1929. (Sammlung Göschen Bd. 54.) Geb. Rm. 1.80

„Wer sich rasch und ohne Mühe über den modernen Stand der Meteorologie unterrichten will, dem mußte man seit fast drei Jahrzehnten immer die jeweils neueste Auflage der Meteorologie der Sammlung Göschen empfehlen, deren meisterhafte Konzeption auf W. Trabert zurückgeht. Als kurze, leichtfaßliche Physik der Atmosphäre ist das Werk namentlich dem Geographen willkommen." Ztschr. d. Ges. f. Erdkunde.

Luft- und Meeresströmungen. Von Dr. FRANZ SCHULTZE, Professor, Direktor der Seefahrtschule zu Lübeck. Mit 27 Abbildungen und Tafeln. Zweite, verbesserte Auflage. 157 Seiten. 1920. (Sammlung Göschen Bd. 551.) Geb. Rm. 1.80

„Zahlreiche meteorologische Beobachtungen aus des Verfassers reicher seemännischer Erfahrung machen das ursprünglich für Seeleute bestimmte Buch dem Geographen wertvoll." Petermanns Geogr. Mitteilungen.

Paläoklimatologie. Von Dr. W. R. ECKARDT, Leiter des Meteorologischen Observatoriums und der Öffentlichen Wetterdienststelle in Essen. Zweite, neubearbeitete Auflage. 110 Seiten. 1923. (Sammlung Göschen Bd. 482.) Geb. Rm. 1.80

Das Eiszeitalter. Von Dr. EMIL WERTH, Professor in Berlin-Wilmersdorf. Mit 18 Abbildungen und 1 Karte. Zweite, verbesserte Auflage. 171 Seiten. 1920. (Sammlung Göschen Bd. 431.) Geb. Rm. 1.80

Paläogeographie. (Geologische Geschichte der Meere und Festländer.) Von Dr. FRANZ KOSSMAT, Geh. Bergrat, Professor an der Universität Leipzig. Mit 7 Karten. Dritte, neubearbeitete Auflage. 146 Seiten. 1924. (Sammlung Göschen Bd. 406.) Geb. Rm. 1.80

„Das vorliegende Buch versucht in gedrängter Kürze in diesen Fragenkomplex einzuführen. Besonderer Wert wird dabei auf eine recht gründliche und übersichtliche Darlegung des vorhandenen Tatsachenmaterials gelegt. Zur Erhöhung der Anschaulichkeit ist eine kleine Anzahl von Karten beigegeben. Das Buch kann zur Einführung und Orientierung warm empfohlen werden." Deutsche Geographische Blätter, Bremen.

Geologie. Von Dr. EDGAR DAQUÉ, Konservator an der Staatssammlung in München.
Teil I: Allgemeine Geologie. Mit 73 Figuren. Dritte, verbesserte Auflage. 128 Seiten. 1927. (Sammlung Göschen Bd. 13.) Geb. Rm. 1.80
Teil II: Stratigraphie. Mit 56 Abbildungen und 7 Tafeln. Neudruck. 135 Seiten. 1924. (Sammlung Göschen Bd. 846.) Geb. Rm. 1.80

Aus dem Inhalt:
I. Der Erdkörper. Erdkruste und Wasser. Zerfall und Entstehung der Gesteine. Erdrelief und Landschaftsbild. Die Gestaltung der Erdrinde.
II. Gesteinsablagerungen. Die zeitliche Folge der geologischen Ereignisse. Die fossilführenden Formationen. Die nichtfossilführenden ältesten Formationen.

Bodenkunde. Von Dr. P. VAGELER. Zweite, völlig umgearbeitete Auflage. Mit 1 Figur. 104 Seiten. 1921. (Sammlung Göschen Bd. 455.) Geb. Rm. 1.80

Moorkunde. Von Dr. KURD VON BÜLOW in Berlin. Mit 30 Abbildungen. 142 Seiten. 1925. (Sammlung Göschen Bd. 916.) Geb. Rm. 1.80

Aus dem Inhalt; Über Moorbildung, Arten der Moore, botanische Grundlagen, Gesteine und Mineralien, Moorstratigraphie, Tierwelt und Geographie der Moore, kulturgeschichtliche Bedeutung der Moore u. a. m.

Gletscherkunde. Von Dr. FRITZ MACHATSCHEK, o. ö. Professor an der Deutschen Universität in Prag. Mit 5 Abbildungen im Text und 16 Tafeln. Zweite Auflage. 120 Seiten. 1917. (Sammlung Göschen Bd. 154.) Geb. Rm. 1.80

Physische Meereskunde. Von Dr. GERHARD SCHOTT, Professor an der Hamburger Universität. Mit 39 Abbildungen. Dritte, umgearbeitete Auflage. 155 Seiten. 1924. (Sammlung Göschen Bd. 112.) Geb. Rm. 1.80

„Das kleine Buch gibt trotz seines geringen Umfanges ein erschöpfendes Bild über alle Fragen der Meereskunde. Es behandelt in seinen 3 Teilen die räumliche Ausdehnung der Meere, das Wasser der Meere (physikalisch-chemische Eigenschaften, Wärmeverteilung und Eisverhältnisse) und die Bewegungserscheinungen der Meere (Wellenbewegung, Gezeiten und Meeresströmungen)." Natur.

Flußkunde. Von H. GRAVELIUS. Mit 21 Figuren. Groß-Oktav. VIII, 179 Seiten. 1914. Rm. 5.—, geb. 6.—

Kreislauf des Wassers und Gewässerkunde. Von Dr.-Ing. R. DRENKHAHN, Karlsruhe in Baden. Mit 46 Abbildungen und 16 Zahlentafeln. 114 Seiten. 1927. (Sammlung Göschen Bd. 960.) Geb. Rm. 1.80

Grundriß der gesamten Gewässerkunde. Von H. GRAVELIUS. 4 Bände. I. Band: Flußkunde. Mit 21 Figuren. Groß-Oktav. VIII, 179 Seiten. 1914. Geh. Rm. 5.—, geb. 6.—

Botanische, Zoologische und Mineralogische Erdkunde

Pflanzengeographie. Von Dr. LUDWIG DIELS, Professor an der Universität Berlin. Dritte, umgearbeitete Auflage. 166 Seiten. 1929. (Sammlung Göschen Bd. 389.) Geb. Rm. 1.80

Eine gleichmäßig durchgeführte Darstellung der allgemeinen Pflanzengeographie in ihren verschiedenen Zweigen.

Tiergeographie. Von Prof. Dr. ARNOLD JACOBI. Mit 3 Karten im Text. Zweite, umgearbeitete Auflage. 153 Seiten. 1919. (Sammlung Göschen Bd. 218.) Geb. Rm. 1.80

Der Verfasser sieht die Aufgabe der Tiergeographie in der Erörterung der Stellung der tierischen Welt zum Erdraum, der verschiedenen Abhängigkeit der Tiergruppen von den Lebensbedingungen und äußeren Verhältnissen und der Lage der Verbreitungsgebiete zur Oberflächengestalt der Erde.

Mineralogie. Von Dr. R. BRAUNS, Geh. Bergrat, Professor an der Universität Bonn. Mit 132 Abbildungen. Sechste, verbesserte Auflage. 143 Seiten. Neudruck. 1929. (Sammlung Göschen Bd. 29.) Geb. Rm. 1.80

Der Untersuchung der Formen und der physikalischen und chemischen Eigenschaften der Mineralien folgt die Beschreibung der Sulfide, Oxyde, Karbonate, Nitrate, Borate, Sulfate, Phosphate, Silikate u. a.

Handbuch der Mineralogie. Von CARL HINTZE, weil. Professor an der Universität Breslau. Fortgeführt von der 19. Lieferung des I. Bandes an unter Mitwirkung zahlreicher Fachgenossen von Dr. GOTTLOB LINCK, Geheimer Hofrat, o. Professor an der Universität Jena.
Verlangen Sie einen Sonderprospekt.

Tafeln zum Bestimmen der Mineralien mittels äußerer Kennzeichen. Von Dr. ALFONS LEHNER. Oktav. 72 Seiten. 1921. Rm. 1.20

Tafeln zum Bestimmen der Mineralien auf chemischem Wege, besonders vor dem Lötrohr. Von Dr. ALFONS LEHNER. Oktav. 63 Seiten. 1921. Rm. 1.20

Petrographie (Gesteinskunde). Von Dr. W. BRUHNS, Professor an der Bergakademie Clausthal. Neubearbeitet von Dr. P. RAMDOHR, Professor an der Technischen Hochschule in Aachen. Mit 10 Abbildungen. 112 Seiten. 1926. (Sammlung Göschen Bd. 173.) Geb. Rm. 1.80

Der Band befaßt sich mit den Untersuchungsmethoden und Bestandteilen der Gesteine und erörtert dann die einzelnen großen Gesteinsmassen (Eruptivgesteine, Sedimentgesteine, kristalline Schiefer).

Kristallographie. Von Dr. W. BRUHNS, Professor an der Bergakademie Clausthal. Neubearbeitet von Dr. P. RAMDOHR, Professor an der Technischen Hochschule in Aachen. Mit 184 Abbildungen. 111 Seiten. 1926. (Sammlung Göschen Bd. 210.) Geb. Rm. 1.80

Das vor allem für Studierende der Naturwissenschaften bestimmte Buch hat in der Neuauflage eine grundlegende Umarbeitung erfahren und ist auf den gegenwärtigen Stand der kristallographischen Wissenschaft gebracht.

Politische, Wirtschafts- und Verkehrsgeographie

Leitlinien der allgemeinen politischen Geographie. Naturlehre des Staates. Von Prof. Dr. A. SUPAN. Zweite, umgearbeitete Auflage. Nach dem druckfertig hinterlassenen Manuskript A. SUPANS besorgt von Prof. Dr. E. OBST. Mit dem Bildnis des Verfassers und 7 Textfiguren. Groß-Oktav. VIII, 199 Seiten. 1922. Rm. 4.—, geb. 5.20.

Allgemeine politische Geographie. Von Dr. K. DOVE, Professor in Jena. 95 Seiten. 1920. (Sammlung Göschen Bd. 800.) Geb. Rm. 1.80

„Die erste „Politische Geographie", die die Erfahrungen des Weltkrieges verarbeitet und dadurch vielfach zu ganz neuen Auffassungen geführt wird, zudem durch eine wirklich geographische Behandlung des Stoffes ausgezeichnet." Ztschr. d. Ges. f. Erdk. 1921 1/2.

Allgemeine und spezielle Wirtschaftsgeographie. Von Dr. ERNST FRIEDRICH, a. o. Professor an der Universität Leipzig. Dritte Auflage. Groß-Oktav.
Erster Band: Allgemeine Wirtschaftsgeographie. Mit 3 Karten. IX, 249 Seiten. 1926. Rm. 12.—, geb. 13.50
Zweiter Band: Spezielle Wirtschaftsgeographie. VIII, 548 Seiten. 1926. Rm. 23.—, geb. 25.—

„Das klassische Werk der Wirtschaftsgeographie." Petermanns Geograph. Mitteilungen.

Allgemeine Wirtschaftsgeographie. Von Dr. K. DOVE, Professor in Jena. 87 Seiten. 1921. (Sammlung Göschen Bd. 835.) Geb. Rm. 1.80

Allgemeine Verkehrsgeographie. Von Dr. K. DOVE, Professor in Jena. 95 Seiten. 1921. (Sammlung Göschen Bd. 834.) Geb. Rm. 1.80

Allgemeine Verkehrsgeographie. Von Dr. KURT HASSERT, Professor der Geographie an der Handelshochschule Köln. Mit 12 Karten und graphischen Darstellungen. Groß-Oktav. VIII, 494 Seiten. 1913. Neue Auflage im Druck.

Länderkunde

Landeskunde von Baden. Von Dr. O. KIENITZ, Gymnasialdirektor a. D. in Wertheim a. M. Mit 7 Figuren im Text, 8 Tafeln und 1 Karte. Zweite Auflage. 132 Seiten. 1921. (Sammlung Göschen Bd. 199.) Geb. Rm. 1.80

Dieses Bändchen gewährt einen wertvollen Überblick über das ganze Badener Land, über die innere Entwicklung, das Klima und die allgemeinen geographischen Verhältnisse. Eine gut übersichtliche Karte von Baden vervollständigt den Wert dieses Bändchens.

Bayerische Landeskunde. Von Dr. JOS. REINDL in München. Mit 4 Abbildungen im Text. 8 Tafeln und 1 Karte. 128 Seiten. 1920. (Sammlung Göschen Bd. 176.) Geb. Rm. 1.80

Der Verfasser gibt in diesem Bändchen eine Darstellung der wichtigsten Punkte der bayerischen Landeskunde. Lage und Grenzen, Geschichtliches, Klima, Geologie und Orographie, Bewässerung, Siedlungen, Tier- und Pflanzenwelt, das Volk selbst — alles im wesentlichen erfaßt; ein wertvoller wirtschaftsgeographischer Überblick vervollständigt das Bild.

Landeskunde von Mecklenburg und der Freien und Hansestadt Lübeck. Von Dr. SEBALD SCHWARZ, Direktor der Realschule zum Dom in Lübeck. Mit 17 Abbildungen und Karten im Text, 16 Tafeln und 1 Karte in Lithographie. 144 Seiten. 1910. (Sammlung Göschen Bd. 487.) Geb. Rm. 1.80

Landeskunde von Pommern. Von Dr. W. DEECKE, Professor an der Universität Freiburg im Breisgau. Mit 10 Abbildungen und Karten im Text, 16 Tafeln und 1 Karte in Lithographie. 132 Seiten. 1912. (Sammlung Göschen Bd. 575.) Geb. Rm. 1.80

Landeskunde der Provinz Westpreußen. Von FRITZ BRAUN, Oberlehrer. Mit 16 Tafeln, 7 Textkarten und 1 lithographischen Karte. 108 Seiten. 1912. (Sammlung Göschen Bd. 570.) Geb. Rm. 1.80

Landeskunde von Sachsen. Von Prof. Dr. J. ZEMMRICH, Rektor der Oberrealschule in Plauen i. V. Mit 4 Abbildungen. Zweite Auflage. 117 Seiten. 1923. (Sammlung Göschen Bd. 258.) Geb. Rm. 1.80

„Das Büchlein gibt eine gedrängte, aber trotzdem verhältnismäßig eingehende Schilderung des Landes, das nach seinen sechs natürlichen Landschaften besprochen wird. Besonders wertvoll ist der letzte Abschnitt ‚Volk und Staat' behandelt." Dtsch. geographische Blätter.

Landeskunde von Elsaß-Lothringen. Von Dr. R. LANGENBECK, Professor in Darmstadt. Mit 4 Abbildungen im Text, 16 Tafeln und 1 Karte. Zweite Auflage. 135 Seiten. 1920. (Sammlung Göschen Bd. 215.) Geb. Rm. 1.80

Das Thema wird gegliedert in einen allgemeinen Teil, in dem in üblicher Reihenfolge Lage, Aufbau, orographische Gliederung, Klima, Pflanzen- und Tierwelt, Bevölkerung und Wirtschaft behandelt werden, und in einen besonderen Teil, in dem einzelne Landschaften der alten Reichslande an dem Leser vorbeigeführt werden.

Länderkunde von Europa. Von Dr. FRANZ HEIDERICH, Hofrat, Professor in Wien. Mit 10 Textkärtchen und Profilen. Fünfte, verbesserte Auflage. 172 Seiten. 1926. (Sammlung Göschen Bd. 62.) Geb. Rm. 1.80

Dieses Bändchen bietet eine kurze wissenschaftliche Orientierung über alle länderkundlichen Fragen Europas.

Die Alpen. Von Dr. ROB. SIEGER, Professor in Graz. Mit 7 Tafeln. Zweite Auflage. 189 Seiten. 1923. (Sammlung Göschen Bd. 129.) Geb. Rm. 1.80

Eine Einführung in die Geographie der Alpen.

Landeskunde der Schweiz. Von Dr. HERMANN WALSER, Professor an der Universität Bern. Neubearbeitet von Dr. OTTO FLÜCKIGER, Professor an der Universität Zürich. Mit 16 Abbildungen. 140 Seiten. 1926. (Sammlung Göschen Bd. 398.) Geb. Rm. 1.80

„Wer eine übersichtliche und geistvolle Landeskunde der Schweiz zu lesen wünscht, dem sei das vorliegende Bändchen bestens empfohlen.“ Der Schweizer Geograph.

Landeskunde von Skandinavien. Norwegen, Schweden und Dänemark und Finnland (Fennoskandia). Von HEINRICH KERP, Schulrat in Bonn a. Rh. I. Band: Physische Geographie. (Landschaftskunde, Geologie, Klima und Pflanzenleben.) Zweite, erweiterte Auflage. 119 Seiten. 1925. (Sammlung Göschen Bd. 202.) Geb. Rm. 1.80

Eine kurze, aber übersichtliche physisch-geographische Betrachtung.

Albanien. Bauten, Trachten und Geräte Nordalbaniens. Von Dr. FRANZ BARON NOPCSA. Mit 131 Abbildungen. Groß-Oktav. VIII, 257 Seiten. 1925. Rm. 22.—, geb. 24.—

„Dem Ethnologen, Geographen und Prähistoriker kann das Werk als eine reiche Fundgrube bestens empfohlen werden. Es kann durch die Fülle des Vergleichsmaterials mit als Wegweiser dienen, um in dem verwirrenden Völkergemisch der Balkanhalbinsel den Spuren geschichtlicher und vorgeschichtlicher Wanderungen nachzugehen.“ Die Erde.

Länderkunde der außereuropäischen Erdteile. Von Dr. FRANZ HEIDERICH, Hofrat, Professor in Wien. Mit 10 Textkärtchen und Profilen. Fünfte, verbesserte Auflage. 176 Seiten. 1926. (Sammlung Göschen Bd. 63.) Geb. Rm. 1.80

„Dieses Buch bietet dem Lehrer einen erstaunlichen Reichtum geographischer Darstellung.“ Württemberg. Schulwarte.

Afrika. Von Prof. Dr. FRITZ JAEGER. 1925.
I. Physische Erdkunde. 134 Seiten.
II. Geographie des Menschen und seiner Kultur. 139 Seiten.
(Sammlung Göschen Bd. 910/11.) Geb. je Rm. 1.80

„Die Darstellung ist klar, übersichtlich, anregend und für jeden auch nur einigermaßen geographisch Vorgebildeten völlig verständlich.“ Geographische Zeitschrift.

Atlas Africanus. Belege zur Morphologie der afrikanischen Kulturen. Herausgegeben im Auftrage des Forschungsinstitutes für Kulturmorphologie von LEO FROBENIUS und RITTER VON WILM. Folio. Bisher erschienen 5 Hefte. Ausführlicher Prospekt kostenlos. Je Heft Rm. 6.—

„Das Unternehmen bedeutet einen gewaltigen Schritt voran in dem Verlangen, die Wesenheit der Kultur zu ergründen.“ Petermanns Geographische Mitteilungen.

Altvater Nil. Reise-Radierungen aus einer Vorfrühlingsfahrt durch Ägypten und den Sudan. Von CHRISTIAN ECKERT. Mit 16 Aufnahmen. Oktav. IV, 150 Seiten. 1924. Geb. Rm. 5.—

Neger-Eros. Ethnologische Studien über das Sexualleben bei den Negern. Von FELIX BRYK. Mit 85 Abbildungen im Text und einer Tafel. Groß-Oktav. X, 146 Seiten. 1928. Rm. 9.—, geb. 10.50

Südwestafrika. (Die deutschen Kolonien, IV.) Von Dr. K. DOVE, Professor in Jena. Mit 16 Tafeln und 1 lithographischen Karte. 96 Seiten. 1913. (Sammlung Göschen Bd. 637.) Geb. Rm. 1.80

Amerika. Eine Übersicht des Doppelkontinents. Von Prof. Dr. K. SAPPER
I. Physische Erdkunde. (Geologie, Klimatologie, Pflanzen- und Tiergeographie.) 112 Seiten. 1923. (Sammlung Göschen Bd. 855.) Rm. geb. 1.80
II. Geographische Kulturkunde. (Rassen, Völker, Staaten, Wirtschaft und Verkehr.) 156 Seiten. 1923. (Sammlung Göschen Bd. 856.) geb. Rm. 1.80

Eine Übersicht des Doppelkontinents in knappen aber doch alles Wesentliche erschöpfend darlegenden Ausführungen.

Argentinien. Wirtschaft und Wirtschaftsgrundlagen. Von JOSEF HELLAUER. Oktav. X, 251 Seiten. 1921. Rm. 4.—, geb. 5.20

Dieses Bändchen enthält eine reiche Fülle von praktischen Ratschlägen, die jedem Argentinien-Interessenten von unschätzbarem Nutzen sein werden.

Landeskunde von Chile (Republica de Chile). Von Dr. P. STANGE, Professor in Schleswig. Mit 3 Figuren im Text und 1 Karte in Lithographie. 116 Seiten. 1914. (Sammlung Göschen Bd. 743.) Geb. Rm. 1.80

Eine gründliche geographische Darstellung des ganzen Landes, der Angaben über wirtschaftliche Einrichtungen hinzugefügt sind.

Die Kordillerenstaaten. Von Dr. WILHELM SIEVERS, weil. Professor an der Universität Gießen.

Erster Band: Einleitung, Bolivia und Peru. Mit 10 Textabbildungen, 16 Tafeln und 1 Karte in Lithographie. 148 Seiten. 1913. (Sammlung Göschen Bd. 652.) Geb. Rm. 1.80

Zweiter Band: Ecuador, Columbia und Venezuela. Mit 7 Textabbildungen, 16 Tafeln und 1 Karte in Lithographie. 123 Seiten. 1913. (Sammlung Göschen Bd. 653.) Geb. Rm. 1.80

Länder- und Völkernamen. Von Dr. RUDOLF KLEINPAUL. Zweite, verbesserte und vermehrte Auflage. 139 Seiten. 1919. (Sammlung Göschen Bd. 478.) Geb. Rm. 1.80

Wörterbuch der Geologie, Mineralogie und Paläontologie. Von Dr. C. W. SCHMIDT. Mit 296 Abbildungen. Oktav. VII, 290 Seiten. 1928. Geb. Rm. 12.—

Dieses Wörterbuch gibt eine sachliche und etymologische Erklärung der wichtigeren Ausdrücke aus der mineralogisch-geologischen Literatur.

Etymologisches Wörterbuch der Naturwissenschaften und Medizin. Sprachliche Erklärung der wichtigeren Ausdrücke und Namen der Anatomie, Astronomie, Biologie, Botanik, Chemie, Geographie, Geologie, Medizin, Mineralogie, Naturphilosophie, Paläontologie, Physik, Psychologie und Zoologie. Von Dr. C. W. SCHMIDT. Oktav. VII, 138 Seiten. 1923. Geb. Rm. 2.—

Der rund 522 Namen und Ausdrücke umfassende Band wendet sich vor allem an Leser ohne griechische und lateinische Vorbildung.

Völkerkunde

Anthropologie. Von Dr. ERNST FRIZZI, Professor am Anthropologischen Institut der Universität München. Mit 41 Figuren. 133 Seiten. 1921. (Sammlung Göschen Bd. 838.) Geb. Rm. 1.80

Völkerkunde. Von Dr. MICHAEL HABERLANDT, Professor in Wien.

I. Allgemeine Völkerkunde. Mit 39 Abbildungen. Dritte, vermehrte und verbesserte Auflage. Neudruck. 138 Seiten. 1922. (Sammlung Göschen Bd. 73.) Geb. Rm. 1.80

II. Beschreibende Völkerkunde. Mit 29 Abbildungen. Dritte, vermehrte und verbesserte Auflage. 150 Seiten. 1920. (Sammlung Göschen Bd. 802.) Geb. Rm. 1.80

Diese Bändchen bieten einen guten Überblick und dürften allen willkommen sein, die sich kurz unterrichten wollen.

Kultur und Rasse. Von Professor Dr. FRANZ BOAS. Zweite, unveränderte Auflage. Mit 1 Kurve im Text. Groß-Oktav. VIII, 256 Seiten. 1922. Rm. 1.60, geb. 2.60

Eine Untersuchung über das Wesen der Rassenunterschiede.

AUS DEM
VERLAG FRIEDERICHSEN, DE GRUYTER & CO. M. B. H., HAMBURG 36

Auf landschaftlicher Darstellungsmethode aufgebaute Arbeiten:

Beschreibende Landschaftskunde. Von SIEGFRIED PASSARGE. Zweite, erweiterte und verbesserte Auflage des I. Bandes der Grundlagen der Landschaftskunde. Oktav XV, 312 Seiten mit 178 Abbildungen und 20 Tafeln. 1929. Geh. Rm. 17.—, Leinen 19.—

Die Grundlagen der Landschaftskunde. Von SIEGFRIED PASSARGE.

Band I: **Beschreibende Landschaftskunde** ist vergriffen und wird durch das vorstehende erweiterte und verbesserte Buch ersetzt.

Band II: **Klima, Meere, Pflanzen und Tiere.** Oktav. 222 Seiten mit 78 Abbildungen und 18 Tafeln. 1920. Geh. Rm. 4.—, Leinen 7.—

Band III: **Die Oberflächengestalt der Erde.** Oktav. 553 Seiten mit 220 Abbildungen und 17 Tafeln. 1920. Geh. Rm. 14.—, Leinen 22.—

Band IV: **Der Mensch in der Landschaft.** Ist in Vorbereitung.

Landschaft und Kulturentwicklung in unseren Klimabreiten. Von SIEGFRIED PASSARGE. Oktav. 165 Seiten mit 2 Karten. 1922. Geh. Rm. 5.—, geb. 8.—

Morphologischer Atlas.

Lieferung I: **Morphologie des Meßtischblattes Stadtremda.** Von S. PASSARGE. In Mappe (30×25 cm) mit Text und Erläuterungen (Sonderdruck aus den Mitteilungen der geographischen Gesellschaft in Hamburg-Band XXVIII). Oktav. VIII, 221 Seiten mit 72 Figuren und 19 Abbildungen auf 14 Tafeln. 1914. Rm. 4.—

Lieferung II: **Morphologie des Meßtischblattes Saalfeld.** Von CARL RATHJENS. In Mappe (30×25 cm). Erläuterungen Oktav. IV, 92 Seiten. 1920 Rm. 4.—

Die chemische Verwitterung in der ägyptischen Wüste. Von E. BLANCK und S. PASSARGE. Lexikon-Oktav. IX, 110 Seiten mit 2 Karten und 14 Abbildungen im Text und 11 Tafeln. 1925. (Band 17 der Abhandlungen aus dem Gebiete der Auslandskunde.) Geh. Rm. 10.—

Wirtschaftsformen und Landschaft. Von RUDOLF AHRENS. Lexikon-Oktav. XII, 97 Seiten mit 7 Textfiguren und 19 Karten. 1927. (Band 24 der Abhandlungen aus dem Gebiete der Auslandskunde.) Geh. Rm. 10.—

Die Waldsteppenlandschaften, ihr Wesen und ihre Verbreitung. Von SUSI FUNK. Lexikon-Oktav. 65 Seiten. 1927. (Veröffentlichungen des Geographischen Instituts der Universität Königsberg i. Pr. Heft VIII). Geh. Rm. 4.—

Das Mar Chiquita in Argentinien, Provincia de Córdoba. Von HELMUTH KANTER. Lexikon-Oktav. XII, 91 Seiten. Mit Karten und Profilen und 31 Abbildungen auf 8 Tafeln. 1925. (Band 19 der Abhandlungen aus dem Gebiete der Auslandskunde.) Geh. Rm. 12.—

Die Buschwüsten. Von KARL KROHM. Lexikon-Oktav. 64 Seiten. 1927. (Veröffentlichungen des Geographischen Instituts der Universität Königsberg i. Pr. Heft IX.) Geh. Rm. 4.—

Veröffentlichungen des Geographischen Instituts der Universität Königsberg i. Pr.

Die Moore Kurlands. Von JOH. DREYER. Lexikon-Oktav. VIII, 261 Seiten mit 4 Abbildungen im Text und 1 farbigen Karte. 1919. (Band I.) Geh. Rm. 10.—

Die Morphologie der samländischen Steilküste auf Grund einer physiologisch-morphologischen Kartierung des Gebiets. Von HANS MORTENSEN. Lexikon-Oktav. II, 70 Seiten mit 2 Profilbeilagen, 26 Skizzen und 31 Abbildungen im Text. 1921. (Band III.) Geh. Rm. 4.—

Ostpreußen. Von F. MAGER. Lexikon-Oktav. VIII, 176 Seiten. 1922. (Band IV.) Geh. Rm. 8.—

Die völkischen Verhältnisse in Masuren. Von LEO WITTSCHELL. Lexikon-Oktav. VIII, 45 Seiten mit 3 Tafeln und 2 Kartenbeilagen. 1925. (Band V) Geh. Rm. 15.—

Die wichtigste geographische Literatur über das russische Reich seit dem Jahre 1914 in russischer Sprache. Von HELMUT ANGER. Lexikon-Oktav. 64 Seiten. 1926. (Band VI.) Geh. Rm. 2.—

Das Ergebnis der Sprachenzählung von 1925 im südlichen Ostpreußen. Von LEO WITTSCHELL. Lexikon-Oktav. 8 Seiten mit 1 Karte. 1926. (Band VII.) Geh. Rm. 2.—

Klima und Landschaft in Tripolitanien. Von LEO WITTSCHELL. Lexikon-Oktav. 50 Seiten mit 8 Kartenskizzen und 18 Abbildungen. 1928. (Band X.) Geh. Rm. 5.—

Die Tschetschenen. Forschungen zur Völkerkunde des nordöstlichen Kaukasus. Von BRUNO PLAETSCHKE. Lexikon-Oktav. XI, 116 Seiten mit 68 Figuren und 1 Karte im Text und 24 Abbildungen auf 12 Tafeln. 1929. (Band XI.) Geh. Rm. 8.—

Band VIII und IX siehe vorstehende Seite.

Landeskunde von Chile. Von CARL MARTIN. Groß-Oktav. XXIX, 786 Seiten mit 141 Abbildungen und 1 Karte von Chile. Zweite, vermehrte und verbesserte Auflage. 1924. Geh. Rm. 20.—, Ganzleinen 24.—

Landeskunde von Litauen. Von HANS MORTENSEN. Groß-Oktav. 350 Seiten mit 24 Abbildungen auf Tafeln, 8 Karten und 12 Kartenskizzen im Text. 1926. Geh. Rm. 25.—, Ganzleinen 28.—

Karte von Litauen. Nach amtlichen Quellen bearbeitet von R. FRIEDERICHSEN und K. A. OZELIS unter Mitarbeit von HANS MORTENSEN. Maßstab 1 : 750 000. Fünffarbiger Steindruck. (64×58 cm.) Fünfte Auflage. 1926. Im Umschlag gefaltet Rm. 5.—

Deutscher Kulturatlas

Herausgegeben von

Gerhard Lüdtke und Lutz Mackensen

500 Karten aus folgenden Gebieten
(jede eine graphische Darstellung mit nebengesetztem Text): Vorgeschichte / Geschichte / Siedlung / Wirtschaft und Verkehr / Religionsgeschichte / Recht / Sprache Literaturgeschichte / Bildungsgeschichte / Philosophie Kunstgeschichte / Musik.

Der „Deutsche Kulturatlas" setzt sich die Aufgabe, Werdegang und Entwicklung des deutschen Lebens in sinnfälliger und greifbarster Weise vor Augen zu führen. Die Linien, die die einzelnen geistesgeschichtlichen Epochen verbinden, und die Fäden, die sich zwischen den verschiedenen Kulturzweigen des gleichen Zeitalters hin und her spinnen, möchte er aufzeigen: inwieweit geistige Schöpfungen vom politischen Geschehen, vom wirtschaftlichen Zeitzustand, von landschaftlicher Sonderentwicklung, ob und wieweit Schöpfer und Schöpfung Ergebnisse ihrer zeitlichen, geistigen und geographischen Umwelt sind.

Preis des „Deutschen Kulturatlas":
Der „Deutsche Kulturatlas" wird in Lieferungen zu je 8 Karten ausgegeben. Preis jeder Lieferung bei Subskription des ganzen Werkes RM 1.60. Außerhalb der Subskription können die Karten auch einzeln, und zwar je 8 Karten von beliebiger Wahl, bezogen werden. Preis dieser 8 Karten RM 2.—. Mit der 2. Lieferung wurden Sammelmappen in Ganzleinenausführung, die etwa 100 Karten fassen, zum Preise von RM 3.— ausgegeben.

Einen ausführlichen Prospekt mit Probekarte liefern wir gern kostenlos.

Walter de Gruyter & Co., Berlin W 10, Genthiner Str. 38

FSC
www.fsc.org
MIX
Papier | Fördert
gute Waldnutzung
FSC® C083411

Zeitfracht Medien GmbH
Ferdinand-Jühlke-Straße 7
99095 Erfurt, Deutschland
produktsicherheit@kolibri360.de